Der **Onlineservice InfoClick** bietet unter www.vogel-buchverlag.de nach Codeeingabe zusätzliche Informationen und Aktualisierungen zu diesem Buch.

InfoClick

In 3 Schritten zum Onlineservice

1. Einfach www.vogel-buchverlag.de aufrufen.
2. Auf das Logo **InfoClick** klicken.
3. Den unten stehenden Zugangscode und eine E-Mail-Adresse eingeben.

Ihr persönlicher Zugang zum Onlineservice ⇨ 329415830001

Kurt Reim

LabVIEW-Kurs

Kurt Reim

LabVIEW-Kurs

Grundlagen, Aufgaben, Lösungen

Vogel Buchverlag

Dipl.-Ing. Kurt Reim
Jahrgang 1947
begann seine berufliche Entwicklung mit einer Lehre als Elektromechaniker. Es folgten ein Studium an der Fachhochschule und Ingenieurtätigkeit, Studium an der TU Berlin, 5 Jahre Tätigkeit als wissenschaftlicher Mitarbeiter und 7 Jahre als Dipl.-Ing. Seit 1991 ist er Lehrer an einer Technikerschule in Nürnberg.

Weitere Informationen:
www.vogel-buchverlag.de

http://twitter.com/vogelbuchverlag
www.facebook.com/vogel.buchverlag
www.vogel-buchverlag.de/rss/buch.rss

ISBN 978-3-8343-3294-3
1. Auflage. 2014

Printed in Germany

Vorwort

Was ist LabVIEW?
LabVIEW ist eine Entwicklungsumgebung, mit deren Hilfe Programme für mess-, steuer- und regelungstechnische Anwendungen erstellt werden können. Verwendet wird dazu die grafische Programmiersprache G, die zur Abbildung technischer Prozesse entwickelt wurde. Sie unterscheidet sich von einer textorientierten Sprache dadurch, dass Funktionsblöcke dargestellt werden, die – entsprechend miteinander verbunden – den Datenfluss eines Programms abbilden.
Ein wesentliches Merkmal von LabVIEW ist die Möglichkeit, physikalische Signale in das Programm einzulesen, zu verarbeiten und visuell darzustellen. Dadurch kann ein LabVIEW-Programm nicht nur ein Messgerät ersetzen, sondern es bietet dem Benutzer die Möglichkeit, sich sein eigenes, auf die Messaufgabe zugeschnittenes Messgerät zu entwerfen. Ein LabVIEW-Programm bezeichnet man deshalb als VI (Virtuelles Instrument).
Diesem Buch liegt eine Studentenlizenz der LabVIEW-Version 2013 bei, die nach Freischaltung über National Instruments einsetzbar ist.

Hinweise zum Buch
Je länger man mit LabVIEW arbeitet, desto mächtiger und umfangreicher erscheint es. Paletten und Menüs liefern eine Vielzahl von Bedien- und Anzeigeelementen und eine nicht enden wollende Anzahl von Bearbeitungsfunktionen. Einsteiger sind davon oft irritiert, wenn nicht sogar ratlos.
Dieser vorliegende Kurs soll allen Einsteigern kurz und knapp die ersten Schritte in die LabVIEW-Welt erleichtern. Er basiert auf einem Skript zu der Lehrveranstaltung «Computergestützte Messtechnik» an der Rudolf-Diesel-Fachschule in Nürnberg. Ziel war es, den Schülern einen Überblick über die Struktur von LabVIEW zu verschaffen und sie dann Schritt für Schritt mit den wesentlichen Bausteinen der Programmiersprache bekannt zu machen. Jedes Kapitel liefert zuerst eine kurze theoretische Zusammenfassung der wichtigsten Funktionen und Eigenschaften eines Themas, danach bieten darauf abgestimmte Übungsaufgaben die Möglichkeit, das Erlernte zu sichern und zu festigen. Nach dem Durcharbeiten des Buches besitzt der Schüler eine solide Grundlage, um sich selbstständig in weitere Themenkreise von LabVIEW einzuarbeiten.
Bestimmt kann das Buch auch fortgeschrittenen Anwendern hilfreich sein, da es im Theorieteil wie eine «Formelsammlung» viele Eigenschaften und Funktionen von LabVIEW zusammenfasst, ordnet und übersichtlich präsentiert.
Objekte von LabVIEW enthalten sehr viele Funktionalitäten, so dass es unmöglich ist, diese alle zu beschreiben. Das ist in einem Buch auch nicht notwendig, denn die beste Beschreibung liefert LabVIEW selbst in seiner **Hilfe-Funktion**. Da dies die offizielle Referenz von LabVIEW ist, wird bei der Erklärung von Aufgaben auch häufig darauf verwiesen.
Obwohl die Beschreibungen in der Hilfe-Funktion oft sehr allgemein und dadurch etwas abstrakt formuliert sind, sollte man sie unbedingt häufig nutzen, da zu vielen Themen auch Verweise auf Beispielprogramme enthalten sind.
In diesem Buch beschränken sich die Erklärungen daher nur auf die für Bearbeitung und Lösung der Aufgaben notwendigen Kenntnisse, d.h., aus Menüs werden nur

konkret benötigte Punkte und der Umgang damit besprochen. Auch die dargestellten Bildschirmkopien (Screenshots) zeigen nicht immer die vollständigen Menüs an, sondern beschränken sich aus Platzgründen auf die im Text besprochenen Punkte. Die Übungsaufgaben sind so ausgewählt, dass damit ein möglichst breites Spektrum an unterschiedlichen Themen, Methoden und Eigenschaften von LabVIEW abgedeckt wird.

Einige der vorgestellten Beispiele sind anwendungstechnisch gesehen vielleicht etwas zu einfach, dadurch sind aber die zugrunde liegenden Funktionen besser zu verstehen.

Ein wichtiger Punkt dieses Buches ist nicht nur die Bereitstellung einer Anzahl von Übungsaufgaben, sondern auch die für einen Lernerfolg unbedingt notwendigen Lösungen dazu. Wie aber jeder Programmierer weiß, bieten sich bei einem Programmentwurf immer mehrere Lösungen an. Die vorgestellte Lösung ist also nicht «die richtige», sondern eine mögliche. Weiterhin findet jeder geübte Nutzer von LabVIEW in vielen vorgestellten Programmen Möglichkeiten zur Verbesserung oder Erweiterung. Aus Platzgründen wurde hier darauf verzichtet. Ebenso wird die sehr umfangreiche Fehlerbehandlung von LabVIEW nur in einem Kapitel prinzipiell angedeutet.

Abschließend möchte ich mich noch bei allen Schülern bedanken, die durch ihre rege Mitarbeit am Zustandekommen des Buches beteiligt waren. Dem Vogel Buchverlag danke ich für die gute Zusammenarbeit. Anregungen und Verbesserungsvorschläge aus dem Leser- und Benutzerkreis nimmt der Verlag gerne entgegen.

Alle Aufgaben des Buches stehen dem Leser zur Ausführung als VI zur Verfügung. Die Programmfunktion kann getestet werden, das Blockdiagramm ist jedoch gesperrt.

Anfragen können gerne an folgende E-Mail-Adresse gerichtet werden:
labview@vogel-buchverlag.de

Nürnberg — Kurt Reim

Inhaltsverzeichnis

Aufgaben

1 Entwicklungsumgebung

1.1 Entwurf eines Virtuellen Instruments (VIs)

1.1.1 Startfenster

Nach dem Aufruf von LabVIEW 2013 erscheint das Startfenster.

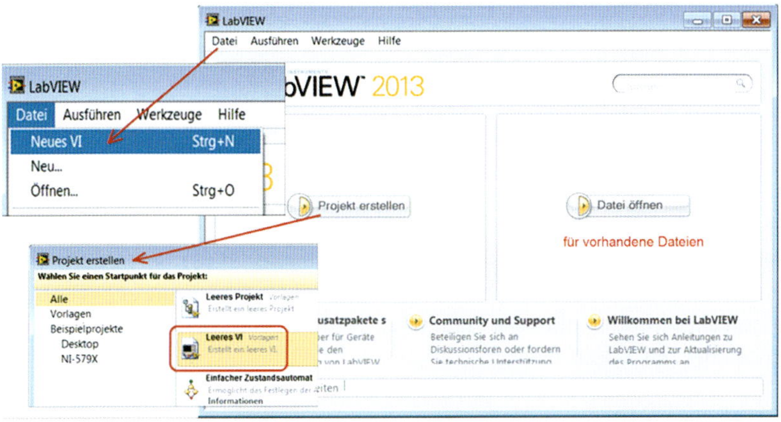

Der Start für den Entwurf eines neuen LabVIEW Programms (VI) erfolgt entweder
– mit *Datei → Neues VI* oder
– unter *Projekt erstellen* und einem Doppelklick auf *→ Leeres VI.*
Der Aufruf von vorhandenen VIs erfolgt mit dem Auswahlpunkt *Datei öffnen.*
Startet man mit *Neues/Leeres VI*, öffnen sich zwei hintereinander liegende, leere Fenster.
Man befindet sich im *Bearbeitungsmodus*.

1.1.2 Frontpanel und Blockdiagramm

Ein Klick in das jeweilige Fenster bringt es in den Vordergrund.

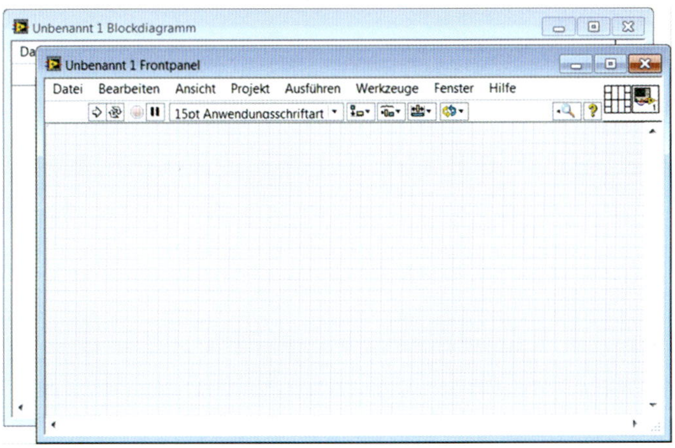

Strg+T öffnet beide Fenster auf dem Bildschirm.
Der Menüpunkt *Fenster* erlaubt die Auswahl, ob sie nebeneinander oder untereinander dargestellt werden.

Hauptmenü
Beide Fenster besitzen am oberen Rand ein Menü mit 8 Menüpunkten.

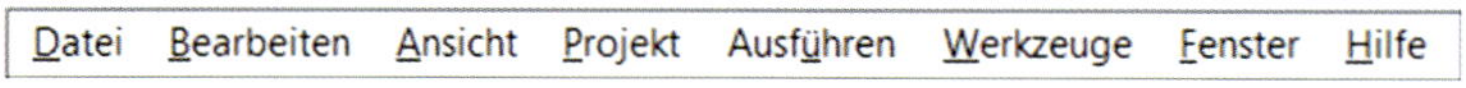

Das Hauptmenü bietet die Grundfunktionen für den Umgang mit einem VI, wie Speichern, Drucken, Start und Stopp, Zugriff auf Bearbeitungs- und Hilfsfunktionen sowie auf Zusatzprogramme.
Viele Funktionen des Hauptmenüs sind auch mit Tastenkombinationen (Shortcuts, z.B. **Strg+T**) aufrufbar. Nichtausführbare Menüpunkte sind ausgegraut.
Häufig gebrauchte Menüpunkte des Hauptmenüs findet man als Icon in den beiden Symbolleisten der jeweiligen Fenster.

Symbolleiste Frontpanel

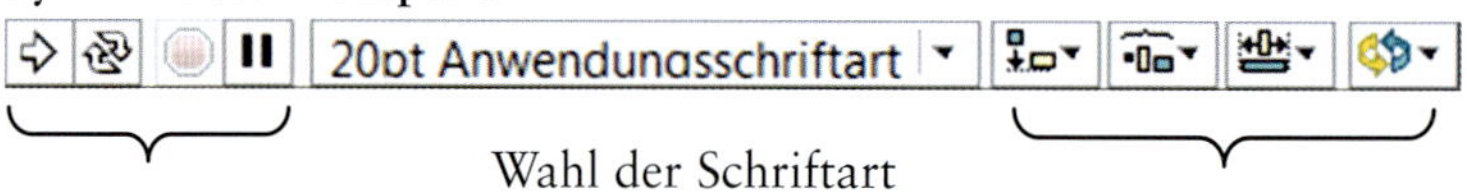

zur Ausführung eines VI — Wahl der Schriftart — zum Anordnen der Objekte

Symbolleiste Blockdiagramm

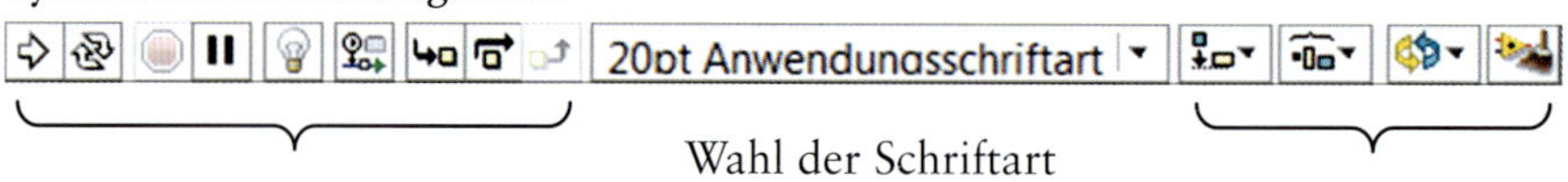

zur Ausführung eines VI — Wahl der Schriftart — zum Anordnen der Objekte

Nachfolgendes VI soll entworfen werden.

Funktion: Es besitzt die drei Eingabeelemente *Länge*, *Breite* und *Höhe* und die beiden Ausgabenelemente *Fläche* und *Volumen*. Aus den Eingabewerten werden die Ausgabewerte berechnet.

Frontpanel

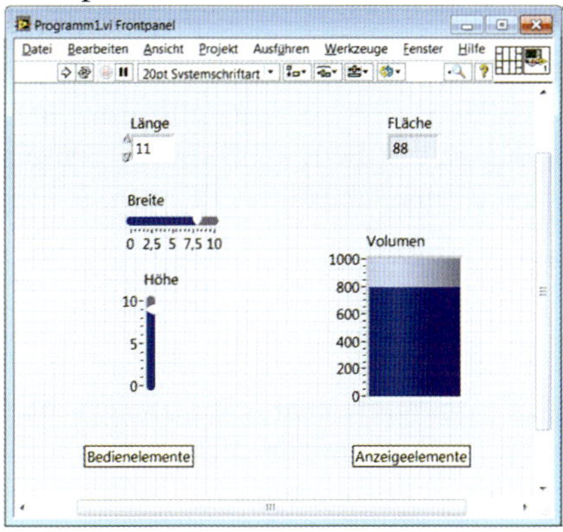

Blockdiagramm

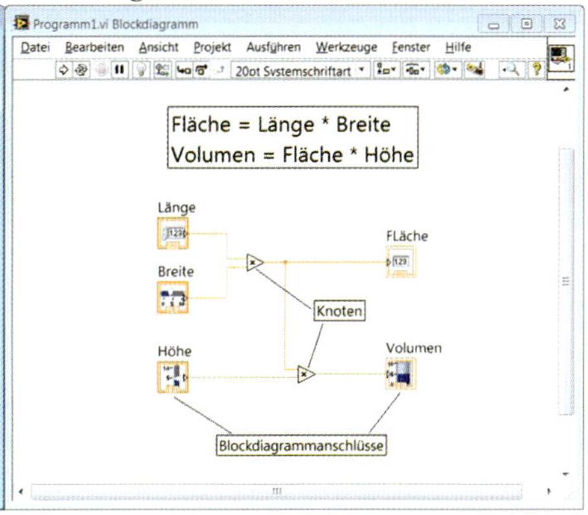

Frontpanel
ist die Bedienoberfläche des Programms. Es dient zur Eingabe von Daten oder Aktionen und stellt Ergebnisse und Ausgaben dar. Es ist die Schnittstelle zum Benutzer. Alle Bedienelemente und alle Anzeigeelemente werden auf der graukarierten Oberfläche platziert.

Bedienelement = Eingabeelement = Datenquelle
Anzeigeelement = Ausgabeelement = Datensenke

Blockdiagramm
ist das eigentliche Programm. Darin wird der Programmablauf festgelegt, hier werden die Daten bearbeitet. Die auf dem Frontpanel befindlichen Bedien- und Anzeigeelemente findet man hier als Funktionsblöcke mit Anschlüssen. Man nennt sie **Blockdiagrammanschlüsse.**
Eine Verbindung dieser Blockdiagrammanschlüsse durch Leitungen erlaubt den Datentransport zwischen Ein- und Ausgabe. Durch Einfügen von zusätzlichen Funktionsobjekten (man nennt sie allgemein **Knoten**) mit unterschiedlichen Funktionen (Addieren, Multiplizieren) ist eine vielseitige Bearbeitung der Daten möglich.

1.2 Arbeiten in den Fenstern

Für das Arbeiten in den Fenstern stehen zwei Menütypen zur Verfügung:

- ❑ Im Hauptmenü oder einer Symbolleiste wird mit dem Mauszeiger und Linksklick ein Menüpunkt oder ein Icon ausgewählt.
- ❑ Der Mauszeiger zeigt auf ein beliebiges Objekt, und ein Rechtsklick der Maus öffnet **das Kontextmenü:** Es zeigt alles an, was an dieser Stelle mit dem Objekt möglich ist. Die Auswahl wird mit Linksklick bestätigt.

Achtung

Das Kontextmenü ändert sich bei einem Objekt – je nachdem, welche Stelle / Eingang / Ausgang man mit der Maus anwählt.

Woher kommen die Eingabe-/Ausgabeelemente für das Frontpanel bzw. die Funktionsknoten des Blockdiagramms?
Sie stehen dem Benutzer auf sog. **Paletten** zur Verfügung. Sie sind über das Hauptmenü oder über das Kontextmenü der Arbeitsfläche (Rechtsklick) aufrufbar und enthalten alle Bauteile für die Bearbeitung der beiden Fenster. Da jedes Fenster unterschiedliche Aufgaben hat, besitzt jedes auch unterschiedliche Paletten.

1.2.1 Bearbeitung Frontpanel

Auf dem Frontpanel werden Bedien**elemente** und Anzeige**elemente** zur Datenein- und -ausgabe platziert. Dem Frontpanel zugeordnet ist die **Elemente**palette.
Man erhält sie im Frontpanelmenü unter *Ansicht → Elementepalette*.

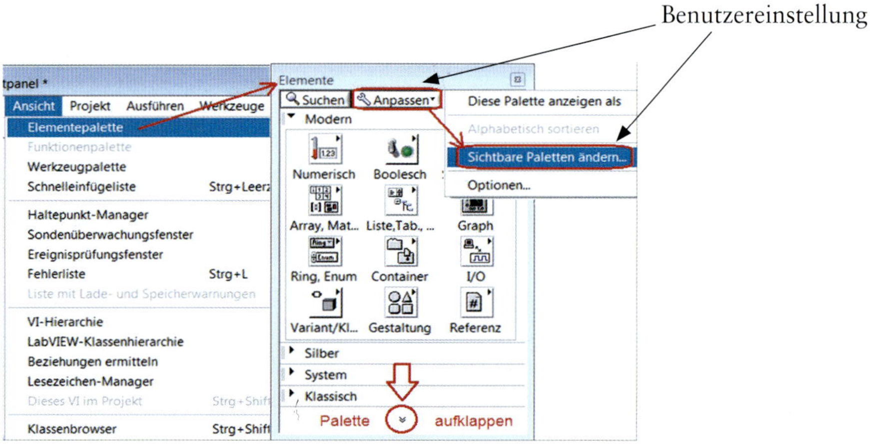

Klappt man die Elementepalette unten auf, sieht man, dass sie etliche Unterpaletten enthält, die zugeklappt (▶) oder aufgeklappt (▼) darstellbar sind.

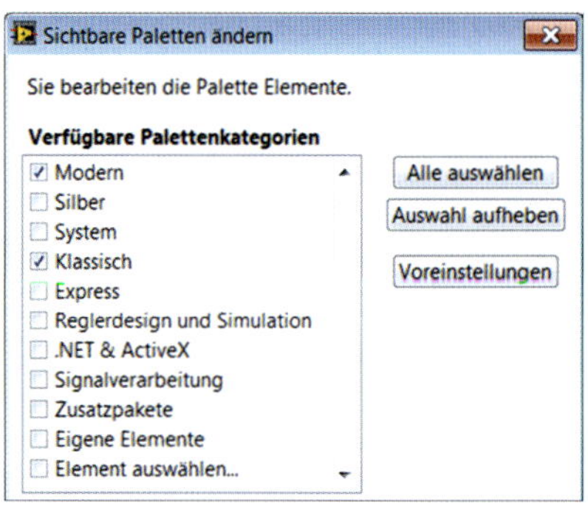

Da in diesem Buch nur wenige Paletten gebraucht werden, kann man sich zur besseren Übersicht den Inhalt seiner «eigenen» Elementepalette zusammenstellen. Dazu auf *Anpassen → Sichtbare Paletten ändern* klicken, im erscheinenden Auswahlmenü zum Löschen der Voreinstellung auf *Auswahl aufheben* klicken und die beiden Punkte
→ *Modern* und
→ *Klassisch* auswählen.

Nach dieser Einstellung liefert ein Rechtsklick auf die leere Frontpaneloberfläche die Elementepalette, d.h., es ist eine Platzierung von Elementen möglich.

Von der Unterpalette *Modern → Numerisch* ein numerisches Bedienelement mit Linksklick auswählen, auf die Arbeitsfläche schieben und mit Linksklick ablegen.

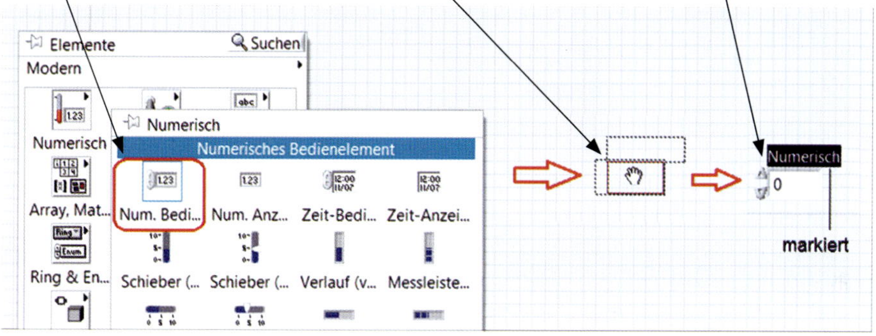

Direkt nach dem Ablegen des Objekts ist die voreingestellte Beschriftung schwarz markiert und kann sofort in die Bezeichnung Länge geändert werden.

Aufgabe: Platzieren Sie die noch fehlenden Ein- und Ausgabeobjekte auf das Frontpanel.

1.2.2 Bearbeitung Blockdiagramm

Im Blockdiagramm sind die auf dem Frontpanel platzierten Bedien- und Anzeigeelemente als Symbole oder als Terminals zu sehen. Vor dem Platzieren kann die Einstellung im Hauptmenü unter *Werkzeuge → Optionen → Blockdiagramm → Allgemein → Frontpanel-Elemente als Symbole darstellen* gewählt werden.

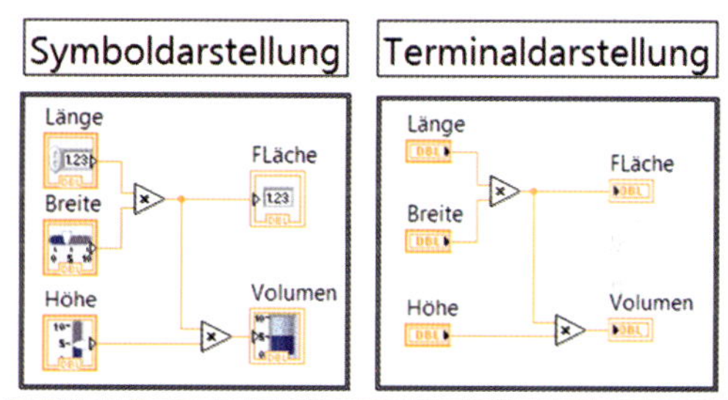

Es gibt keinen Funktionsunterschied zwischen den Darstellungen. Viele Symbole zeigen die Funktion der Elemente an, die Terminals benötigen weniger Platz. Eine Umschaltung der Darstellung ist im Kontextmenü möglich: *Als Symbol anzeigen* ein- oder ausschalten.
Im Blockdiagramm stehen die vom Bediener eingestellten Werte als Daten zur Verarbeitung bereit.

Grundsatz

Ein Bedienelement ist eine Datenquelle und besitzt rechts einen Ausgang.
Ein Anzeigeelement ist eine Datensenke und besitzt links einen Eingang.

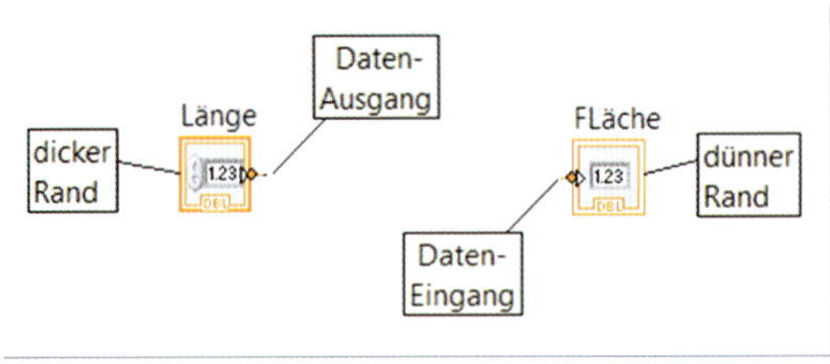

Die Bearbeitung der Daten erfolgt mit Objekten, die unterschiedliche **Funktionen** ausführen. Die dem Frontpanel zugeordnete Palette ist die ***Funktionenpalette***.

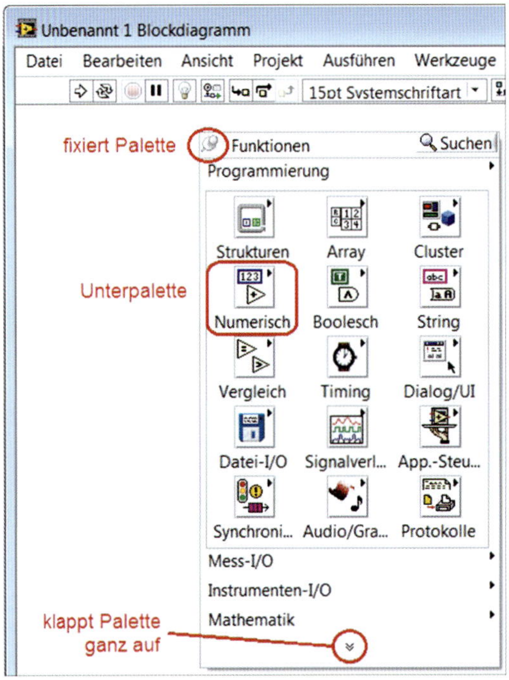

Sie wird im Blockdiagramm mit einem rechten Mausklick aufgerufen.
Mit einer Pinnnadel links oben lässt sich die Funtionenpalette fixieren, mit dem Symbol ∨ unten ganz aufklappen.
Die Palette *Programmierung* ist aufgeklappt dargestellt und zeigt die am häufigsten gebrauchten Unterpaletten an.
Eine Anpassung an eigene Bedürfnisse wie bei der Elementepalette ist möglich, aber mit den voreingestellten Paletten
→ ***Mess-I/O***
→ ***Instrumenten-I/O*** und
→ ***Mathematik***
nicht nötig.
Von der Unterpalette ***Programmierung → Numerisch*** ein Objekt mit Multiplizierfunktion auswählen, auf die Arbeitsfläche schieben und mit Linksklick ablegen.

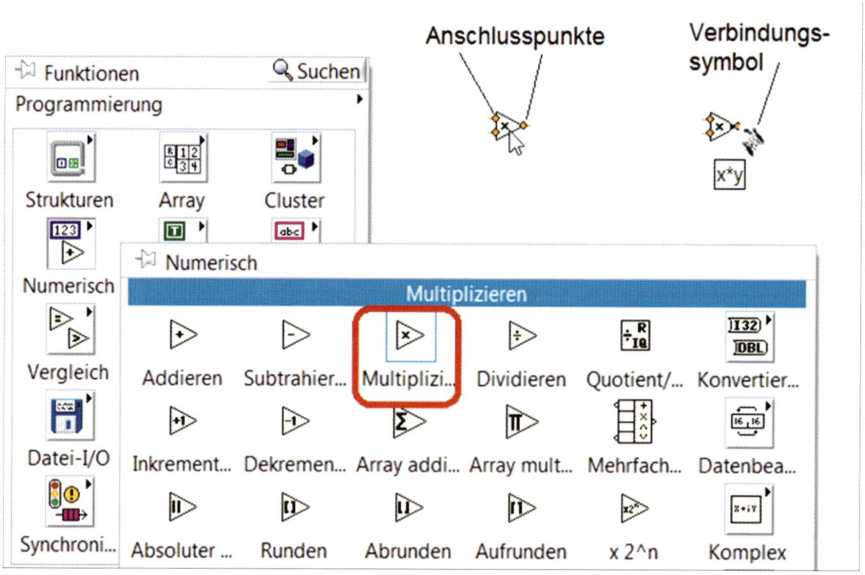

Die Maus über dem Objekt zeigt die Anschlusspunkte für Leitungen. Über einen Anschlusspunkt verwandelt sich der Mauszeiger in eine Drahtrolle. Ein Linksklick befestigt daran eine Leitung, die zu einem anderen Anschluss oder Leitung gezogen und dort befestigt werden kann.

Im vorliegenden Beispiel wird der Ausgang der Multiplizierfunktion mit dem Eingang des Anzeigeelements Fläche verbunden.

Aufgabe: Fügen Sie noch eine weitere Multiplizierfunktionen ein und erstellen Sie die fehlenden Verbindungen.

Ist das VI fertig, speichern Sie es mit **Strg+S** unter dem Namen *Programm1*.

1.3 Ausführen eines VI

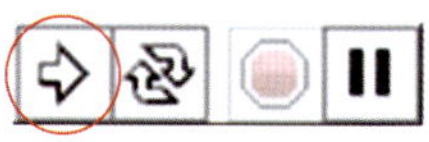

In der Symbolleiste ganz links findet man den Startknopf zur Ausführung. Wird er betätigt, befindet sich das VI im *Ausführungsmodus:* Das Programm läuft, das Karo im Frontpanel verschwindet.

Die Icons zum Start und Stopp des VI sind in den Symbolleisten beider Fenster vorhanden.

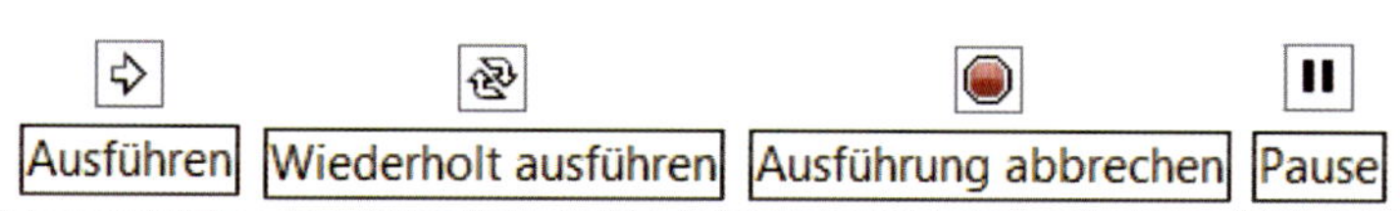

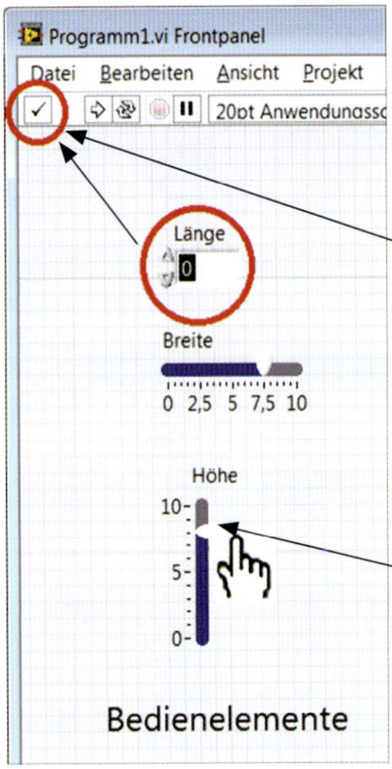

Sinnvolle Ergebnisse erhält man, wenn alle 3 Eingabewerte ungleich null sind. Dazu müssen Werte eingegeben bzw. eingestellt werden. Dies kann **vor** oder **während** der Programmausführung erfolgen. Ein Doppelklick auf das Eingabefeld von **Länge** markiert die enthaltene Zahl schwarz.
Sie kann durch eine nachfolgend eingegebene Zahl ersetzt werden.
Gleichzeitig erscheint am linken Rand der Symbolleiste die Schaltfläche *Texteingabe*.
Diese zeigt den aktiven Eingabemodus an. Er wird beendet durch die Enter-Taste oder einen Mausklick auf die Arbeitsfläche.
Wenn der Mauszeiger sich in eine Bedienhand verwandelt, kann ein Eingabeelement mit der Maus bedient werden.

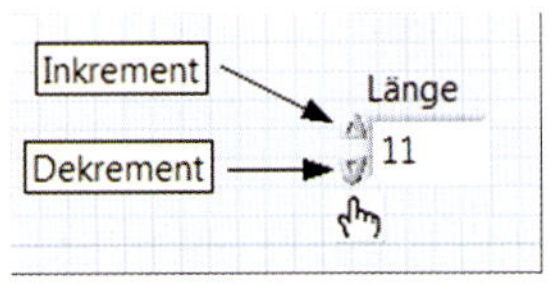

Im vorliegenden Fall ist die Ausführungsdauer sehr kurz, deshalb ist es sinnvoll, das VI mit 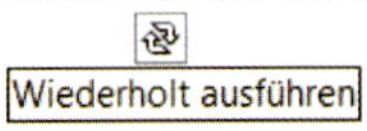 zu starten und eine Änderung der Eingabewerte während des Programmlaufs vorzunehmen. Das Ergebnis wird sehr anschaulich dargestellt.
Das VI läuft so lange, bis es mit *Ausführung abbrechen* gestoppt wird.

Ist der *Ausführen*-Pfeil gebrochen , kann das VI nicht gestartet werden.
Dies kommt vor, wenn sich Fehler im Programm befinden, wie z.B.

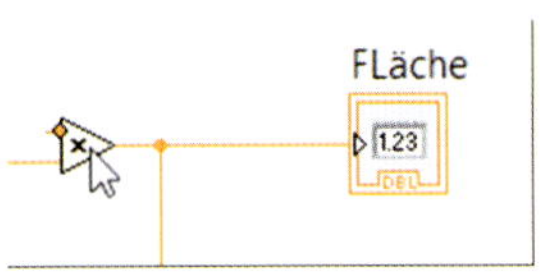

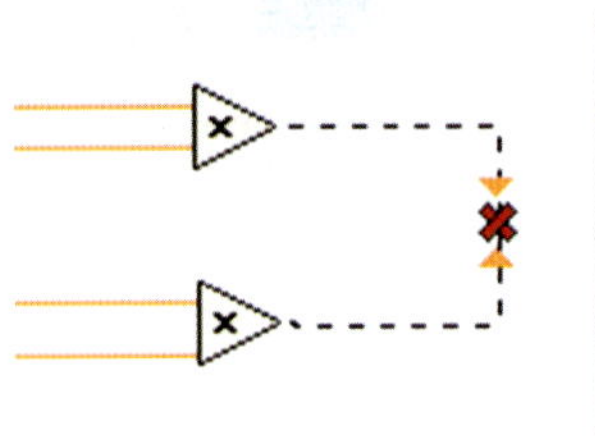

offener Eingang oder ungültige Verbindung (zwei Ausgänge).

Merken:
Löschen aller ungültigen Verbindungen mit Strg+B.

Klickt man trotzdem auf den gebrochenen *Ausführen*-Pfeil, so wird eine Fehlerliste angezeigt, die eine Beschreibung der vorhandenen Fehler enthält.

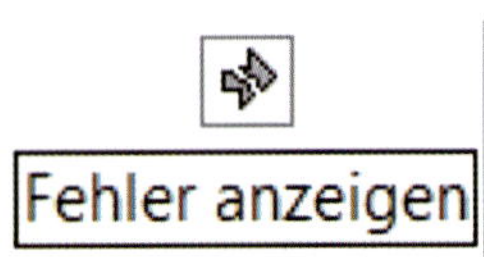

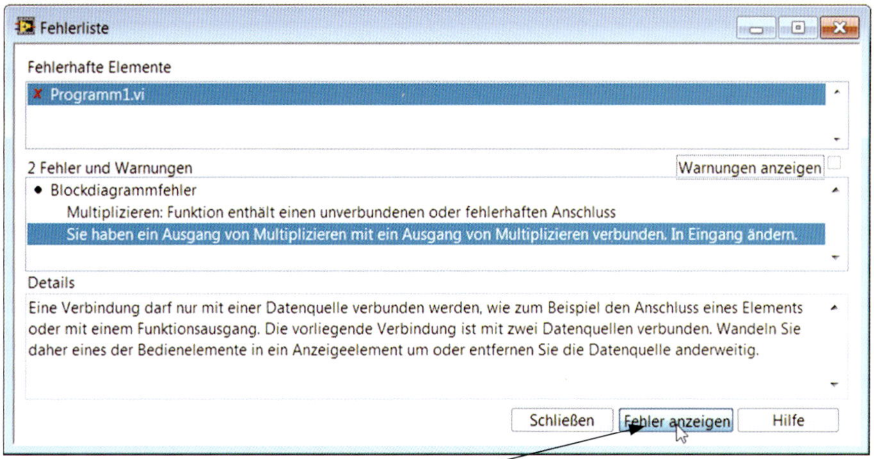

Ein Klick auf die Schaltfläche Fehler anzeigen markiert die Fehlerstelle im Blockdiagramm kurzzeitig mit einem schwarzen Quadrat.

1.4 Werkzeugpalette

Beim Bearbeiten eines VI bemerkt man, dass der Mauszeiger an verschiedenen Stellen über einem Objekt verschiedene Formen annimmt. Diese Mauszeigerformen nennt man **Werkzeuge.**
Oft ist es bei der Arbeit einfacher, den automatischen Werkzeugwechsel abzuschalten und ein festes Werkzeug zu wählen. Das ermöglicht die Werkzeugpalette.
Der Aufruf der Werkzeugpalette erfolgt im Menü des Frontpanels oder des Blockdiagramms unter *Ansicht → Werkzeugpalette* oder *Shift* + Rechtsklick.

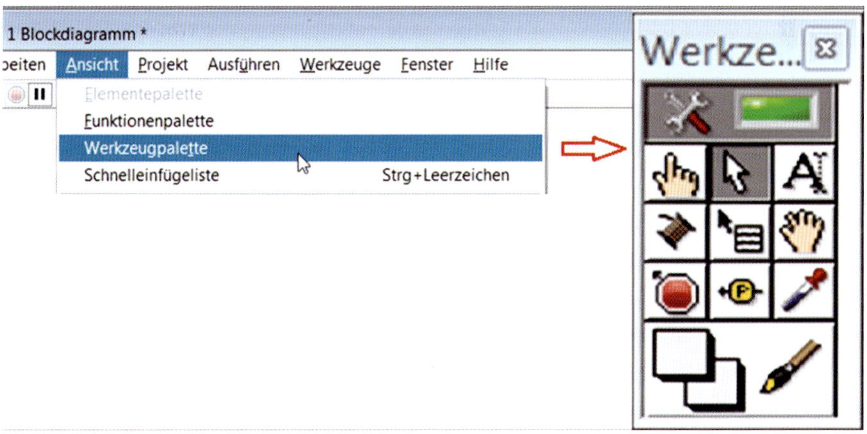

Linksklick auf die grüne LED schaltet die automatische Werkzeugauswahl ab (LED erlischt). Das gewählte Werkzeug ändert sich jetzt nicht mehr ortsabhängig.
Ein Linksklick auf die graue LED schaltet die automatische Werkzeugauswahl wieder ein (LED grün).

Bedeutung der einzelnen Icons:

1.5 Kontextmenü

Das Kontextmenü von Objekten ist das mächtigste Hilfsmittel bei der Arbeit mit LabVIEW. Es wird mit der **rechten Maustaste** aufgerufen. Dabei ist es wichtig zu wissen, dass jedes Teil sein eigenes Kontextmenü besitzt. In größeren Objekten gibt es viele verschiedene Kontextmenüs, die gewünschte Stelle im Objekt muss mit der Maus genau ausgewählt werden.
Hier einige grundsätzliche Eigenschaften, auf weitere Punkte dieses Menüs wird im Einzelnen noch bei ihrem Gebrauch in den Aufgaben eingegangen.

1.5.1 Kontextmenü von Bedien- und Anzeigeelementen

In der nachfolgenden Darstellung wird im Frontpanel und im Blockdiagramm das Kontextmenü des Bedienelements Länge aufgerufen.

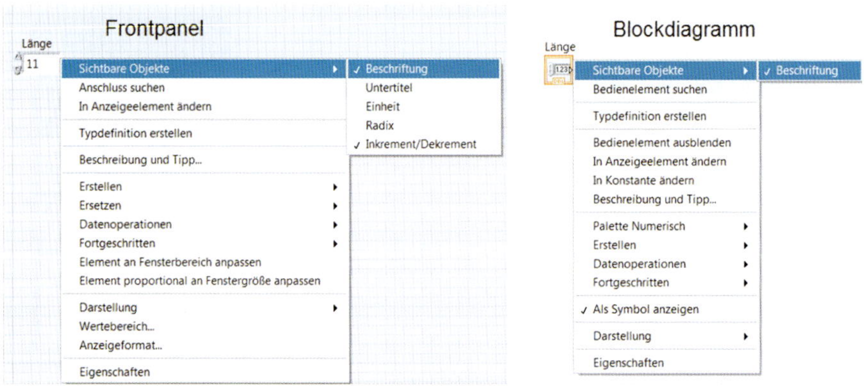

Sichtbare Objekte:
Bezieht sich auf darstellbare Teile von Bedien-/Anzeigeelementen, wie Beschriftungen, Titel, Legenden, Achsen und zusätzliche Anzeigen.
Ein Haken ☑ schaltet ein, kein Haken ☐ schaltet aus.

Anschluss suchen:
Ein Linksklick markiert den zugehörigen Anschluss im Blockdiagramm.

Bedienelement suchen:
Ein Linksklick markiert das zugehörige Bedienelement im Frontpanel.

In Anzeigeelement ändern:
Jedes Bedienelement lässt sich in ein Anzeigeelement, jedes Anzeigeelement in ein Bedienelement umwandeln.
Vorhandene, angeschlossene Leitungen zerbrechen dann, d.h. sind ungültig.

In Konstante ändern:
Im Blockdiagramm kann jedes Anzeigeelement und jedes Bedienelement in eine Konstante umgewandelt werden.
Konstanten sind nur im Blockdiagramm sichtbar!

Eigenschaften:
Hier kann das Erscheinungsbild von Elementen wie Farbe, Wertebereich, Anzeigeformat, Skalenart eingestellt werden. Für Bedienelemente kann eine Tastatursteuerung eingestellt werden.

Erstellen:
Im Blockdiagramm kann LabVIEW einen Anschluss automatisch beschalten. Ein Ausgang erhält ein Anzeigeelement, ein Eingang ein Bedienelement oder eine Konstante. Sehr hilfreiche Funktion!

1.5.2 Kontextmenü von Funktionsobjekten im Blockdiagramm

Kontextmenü des Funktionsobjekts Multiplizieren

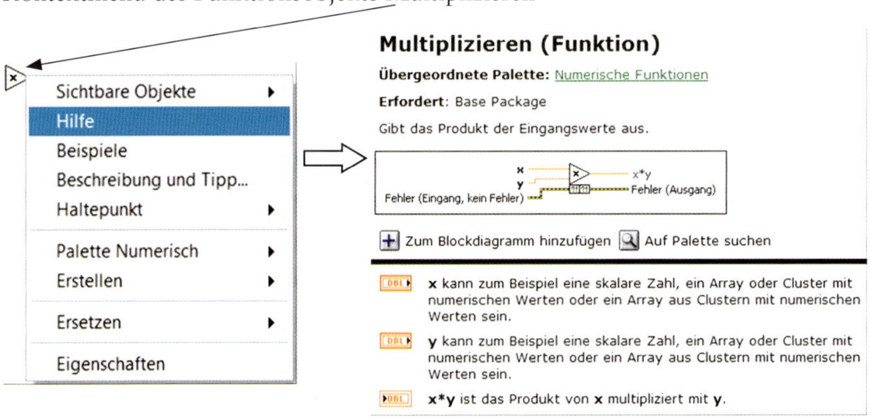

Hilfe:
Alle Funktionsobjekte besitzen im Kontextmenü eine leistungsfähige Hilfefunktion, die eine genaue Beschreibung des Funktionsobjekts liefert.

Erstellen:
Anschlüsse können automatisch mit Bedienelement, Anzeigeelement oder Konstante beschaltet werden. Sehr hilfreiche Funktion!

Ersetzen:
Bereits bestehende Objekte können durch andere ähnliche ersetzt werden. Das erspart das Erstellen von neuer Verdrahtung.

1.5.3 Kontextmenü einer Verbindungsleitung

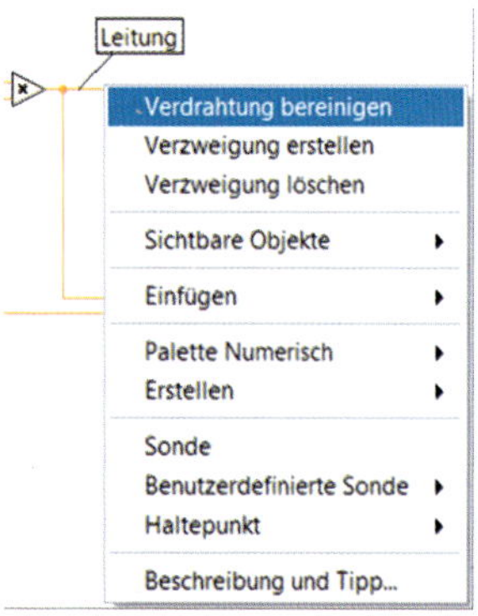

Verdrahtung bereinigen:
Erstellt kurze, übersichtliche Verbindung.

Verzweigung löschen:
Löscht Verbindungen.

Einfügen:
Erlaubt das Einfügen von Funktionsobjekten in Leitungen.

Sonde:
Setzt eine Sonde auf die Leitung.

Haltepunkt:
Setzt einen Haltepunkt auf die Leitung.

1.6 Hilfsmittel

1.6.1 Beispiele suchen

Aufruf im Startfenster oder im Hauptmenü unter *Hilfe → Beispiele suchen.*

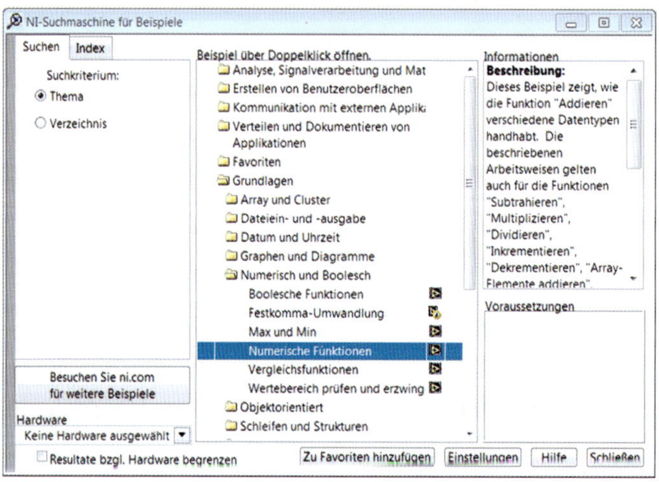

Nach Aufruf bietet eine Suchmaschine eine Vielzahl fertiger VIs, an denen die Arbeitsweise und Beschaltung von Objekten untersucht werden kann.

1.6.2 LabVIEW-Hilfe

Aufruf im Hauptmenü unter *Hilfe → LabVIEW Hilfe* oder *Strg+?* oder *F1*.

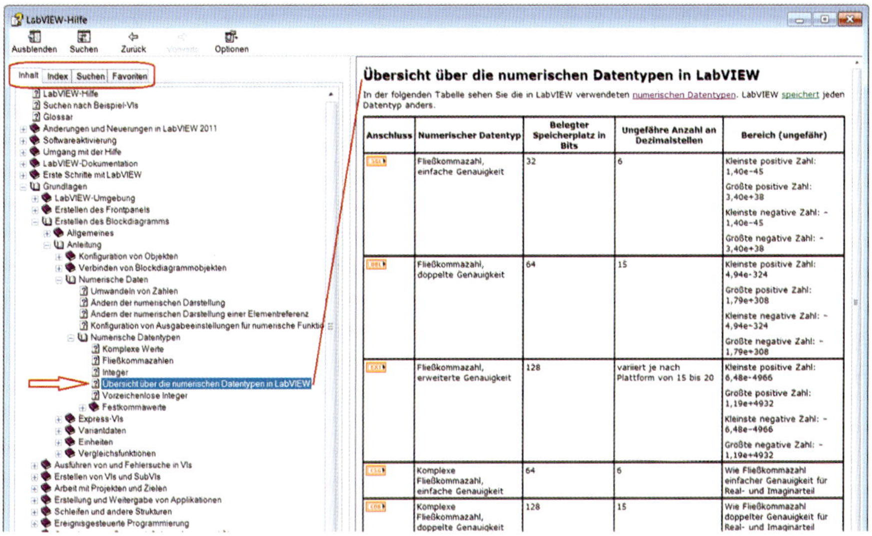

Dahinter verbirgt sich die offizielle Referenz für LabVIEW. Alles Wissenswerte über LabVIEW, alle gültigen Begriffe (Glossar!), Regeln und Festlegungen findet man hier.
Es gibt vier Wege (Registerkarten) zum gesuchten Thema:

1. eine Explorer-Darstellung *Inhalt*, kapitelweise sortiert ähnlich einem Fachbuch,
2. eine nach Stichwörtern sortierte alphabetische Liste *Index*,
3. eine Suchfunktion *Suchen*,
4. eine Registerkarte Favoriten zur Speicherung von oft benutzten Hilfe-Seiten. Sehr hilfreich!

1.6.3 Kontexthilfe

Aufruf im Hauptmenü unter *Hilfe → Kontexthilfe* anzeigen oder *Strg+H* oder ganz rechts in der Symbolleiste mit 

Die Kontexthilfe ist die kleine Schwester der LabVIEW-Hilfe. Wird sie aufgerufen, erscheint ein kleines Fenster auf der Arbeitsfläche, das eine Minihilfe zu dem vom Mauszeiger ausgewählten Objekt bietet.

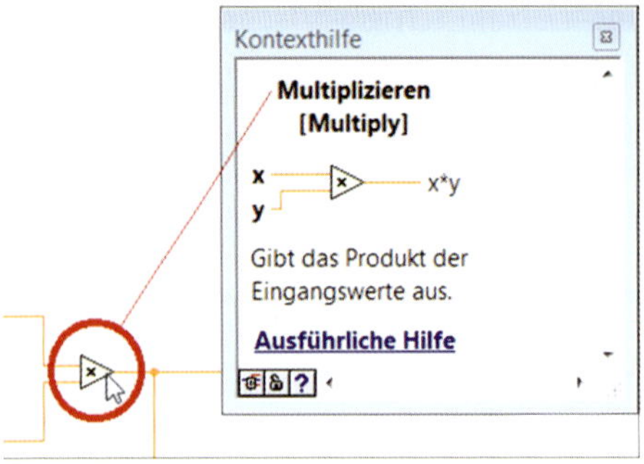

Die Kontexthilfe ist aktiv:
- im Blockdiagramm,
- im Frontpanel,
- im Bearbeitungsmodus,
- im Ausführungsmodus.

Ausführliche Hilfe führt zur großen Schwester LabVIEW Hilfe.

Im Frontpanel kann die Kontexthilfe einen benutzerspezifischen Text anzeigen:

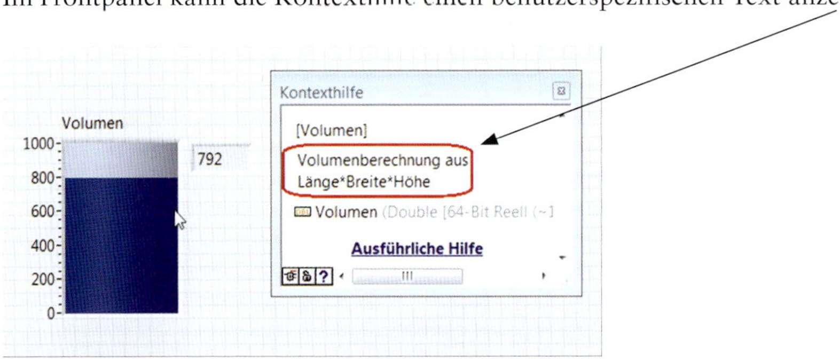

Erstellt wird der Text im Kontextmenü des Objekts unter:
Eigenschaften → Reiter *Dokumentation* → *Beschreibung*.

1.6.4 Hilfsmittel im Bearbeitungsmodus

Schnelleinfügeliste
Aufruf im Hauptmenü unter *Ansicht* → *Schnelleinfügeliste* oder *Strg+Leertaste*. Die Schnelleinfügeliste erlaubt das Auffinden der LabVIEW-Objekte über die Nameneingabe. Beispiel: Gesucht wird im Frontpanel ein numerisches Bedienelement.

Nach Aufruf öffnet sich ein Fenster mit einem Eingabefeld für das gesuchte Objekt. Darunter erscheinen die zur Eingabe passenden Indexeinträge. Mit einem Doppelklick wird das gesuchte Objekt ausgewählt und kann platziert werden.

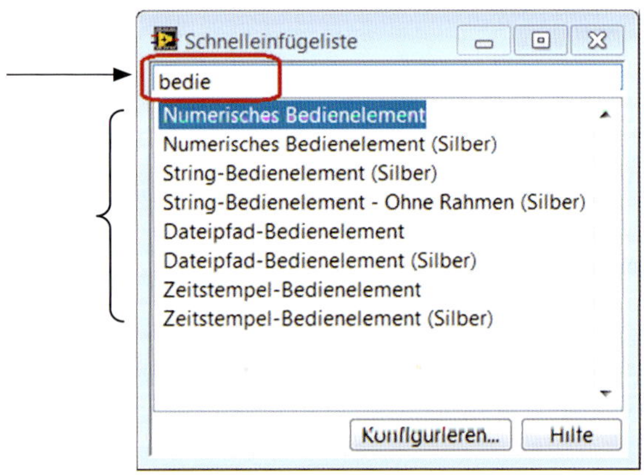

1.6.5 Hilfsmittel im Ausführungsmodus

Sind im Programm logische Fehler enthalten, d.h. das Programm läuft, macht aber nicht, was es soll, so gibt es Hilfsmittel, diese aufzuspüren.

Highlight-Funktion 

Damit ist der Datenfluss zu verfolgen. Eingeschaltet wird die Glühlampe in der Symbolleiste des Blockdiagramms. Nach dem Start des Programms werden die aktuellen Daten, die Orte ihrer Änderung und ihre Wege dargestellt.

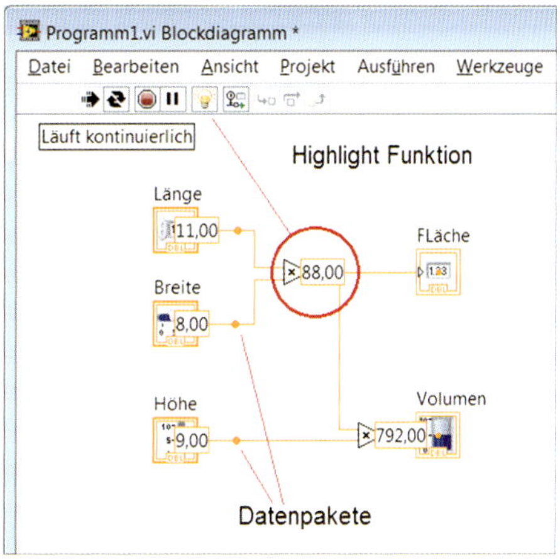

Sonden  P steht für *engl.: probe*: Tastkopf, Sonde.

Bei Fehlersuche in großen Programmen ist die Highlight-Funktion etwas unübersichtlich und langsam. Zur Verfolgung der Programmfunktion können auf Leitungen Sonden angebracht werden. Bringt man im Ausführungsmodus den Mauszeiger über eine Leitung, erscheint ein Sondenzeichen. Ein Linksklick befestigt die Sonde.

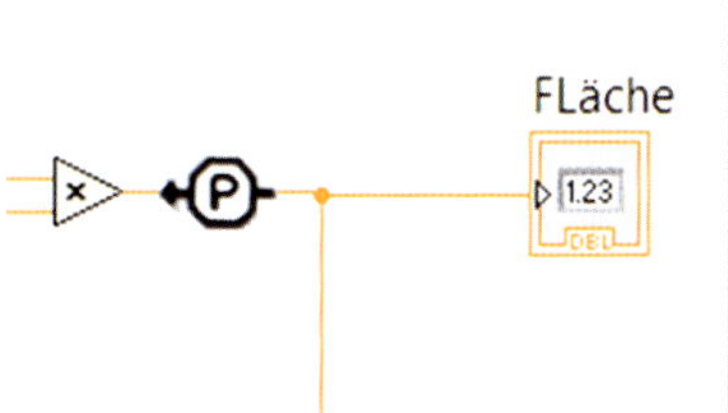

In einem Sondenüberwachungsfenster werden die zu der Sonde gehörigen Daten dargestellt.

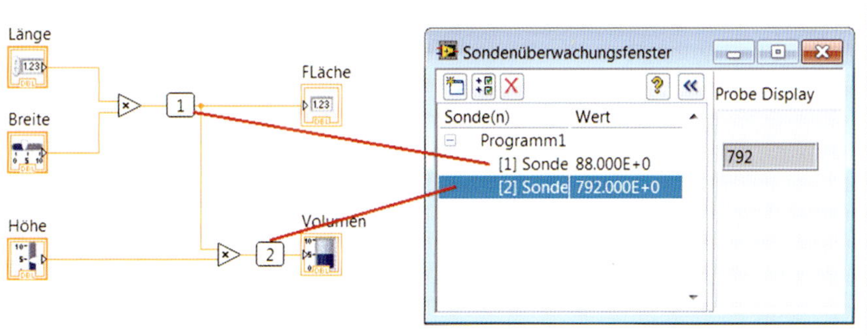

Die Befestigung von Sonden ist auch im Bearbeitungsmodus (Kontextmenü) möglich.

Haltepunkt

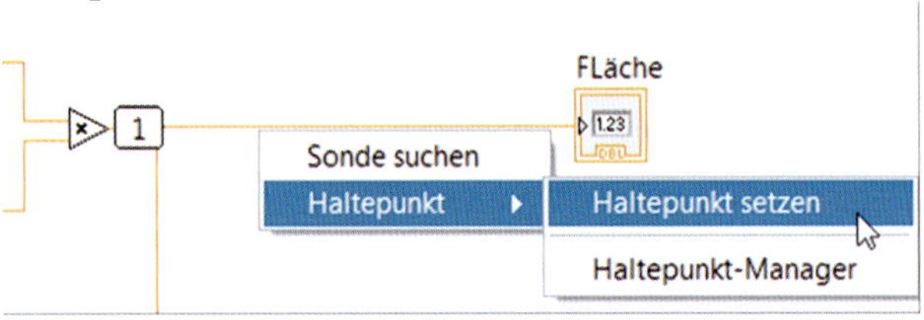

Zur genauen Untersuchung von Sondenwerten kann ein laufendes Programm an gewünschten Stellen unterbrochen werden.
Ein Haltepunkt wird im Kontextmenü eines Funktionsobjektes oder einer Leitung gesetzt.

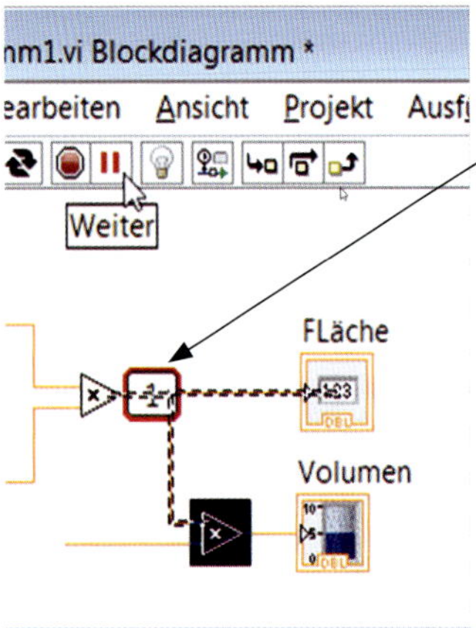

Hält die Ausführung des VI an, wird das mit einer Markierung gekennzeichnet.

Ein Klick auf die Pause-Taste startet das Programm wieder.

Haltepunkte können mit dem Haltepunkt-Manager bearbeitet werden.

1.7 Umgang mit Objekten

1.7.1 Markieren von Objekten

Eine Markierung erkennt man an einer sich bewegenden, schwarzweißen Umrandung (Ameisen). Die Markierung von Objekten, insbesondere von Bedien- und Anzeigeelementen, kann in LabVIEW etwas schwierig werden, da sich der Mauszeiger bei Bewegung über dem Objekt oft ändert.

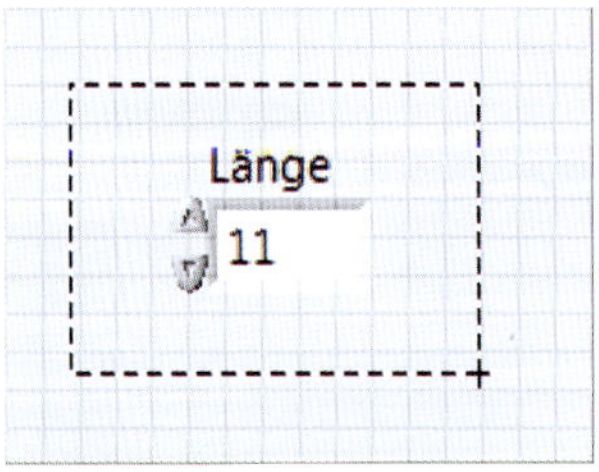

Die einfachste Form der Markierung ist das Aufziehen eines Rechtecks über ein oder mehrere Objekte. Dies ist auf den Arbeitsflächen Frontpanel und Blockdiagramm möglich, wenn der Mauszeiger ein Pluszeichen + bildet.

Hat das Maussymbol die normale Pfeilform, markiert ein Linksklick das gewählte Objekt einschließlich Beschriftung.

Zeigt der Mauszeiger auf die Beschriftung, wird nur diese markiert und kann getrennt vom Eingabefeld bewegt, aber nicht gelöscht werden.

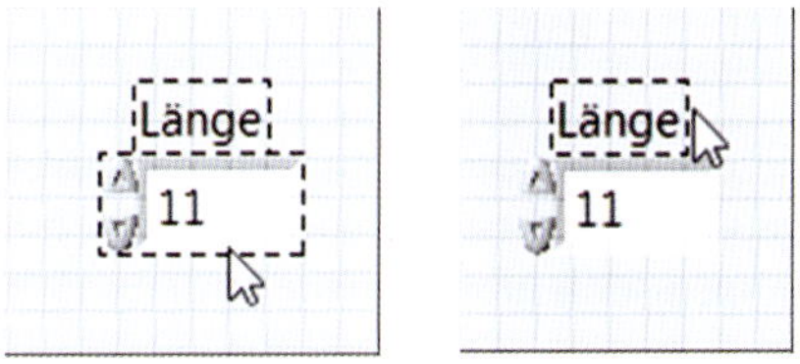

Markierte Objekte können

- ❑ wie bei einem Textverarbeitungsprogramm mit **Strg+X** ausgeschnitten, mit **Strg+C** in die Zwischenablage kopiert und mit **Strg+V** wieder auf der Arbeitsfläche eingefügt werden,
- ❑ mit einem Mauszeiger in Pfeilform oder mit den **Shift+←↑↓→** Pfeiltasten der Tastatur verschoben werden (in beiden Arbeitsflächen ist eine Einrastfunktion am Gitter mit **Strg+#** ein- und ausschaltbar),
- ❑ auf beiden Arbeitsflächen automatisch ausgerichtet und angeordnet werden (siehe Icons in den Symbolleisten **Objekte ausrichten/anordnen**),
- ❑ in Vorder- oder Hintergrund gebracht werden (unter Icon **Neu ordnen**).

Icons Symbolleisten

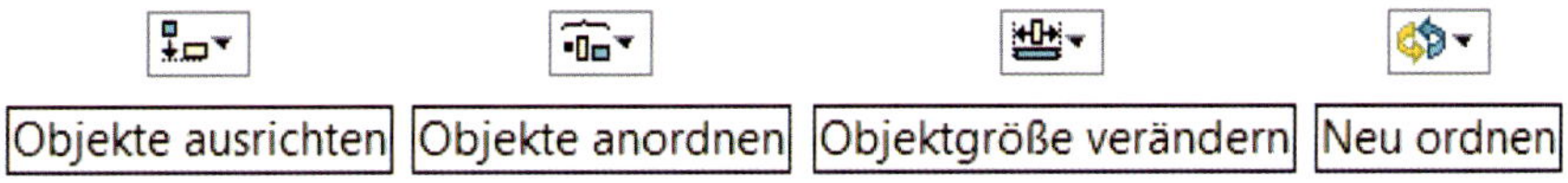

Die **Markierung von Text** erkennt man an dem schwarzen Hintergrund. Zahlen in einem Eingabefeld oder Text in einem Beschriftungsfeld werden durch einen Doppellinksklick markiert. Ein Dreifachklick markiert alle Wörter in einem Textfeld.

1.7.2 Objektgröße ändern

Bewegt man im Bearbeitungsmodus die Maus über Bedien- oder Anzeigeelemente, so tauchen an den Eingabefeldern, den Beschriftungen, an Schiebereglern oder anderen Flächen blaue Punkte auf. Diese so genannten

«Anfasspunkte»

erlauben die Veränderung der Abmessungen eines Elements. Nähert man sich einem Anfasspunkt, wird der Mauszeiger zu einem waagrechten, senkrechten oder schrägen Pfeil, der die mögliche Aufziehrichtung angibt.

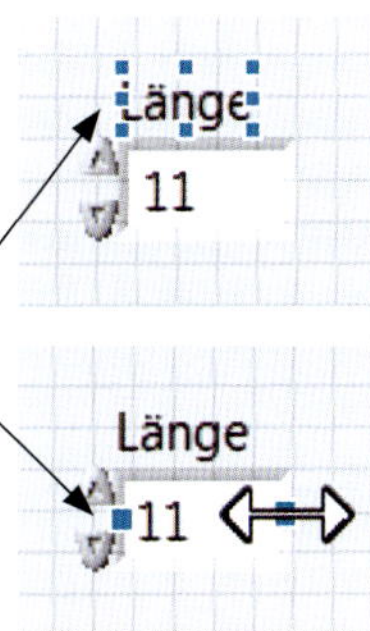

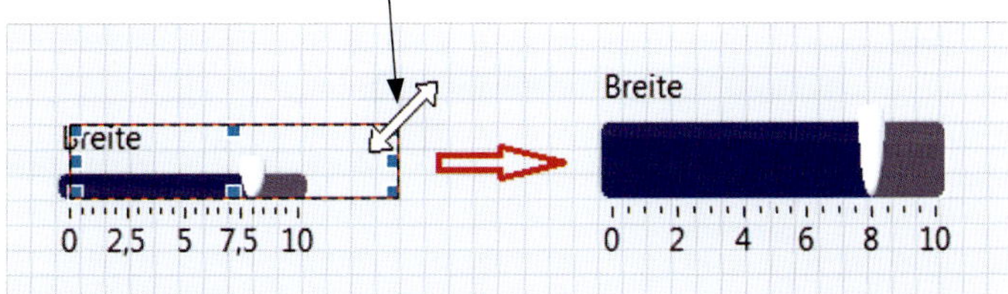

1.8 Express-VI

Ein aufmerksamer Benutzer von LabVIEW bemerkt bald, dass es im Blockdiagramm auf der Funktionenpalette (unten mit ∨ aufklappen) unter ***Express*** so genannte Express-VIs gibt, die eine umfangreiche Funktionalität aufweisen. Es sind vorgefertigte VIs, die bei Platzierung auf der Arbeitsfläche ein Konfigurationsfenster öffnen, in dem der Benutzer Einstellungen vornehmen kann.

Beispiel

Unter ***Funktionen → Express → Arithmetik & Vergleich → Formel*** findet man ein Express-VI zur arithmetischen Berechnung.

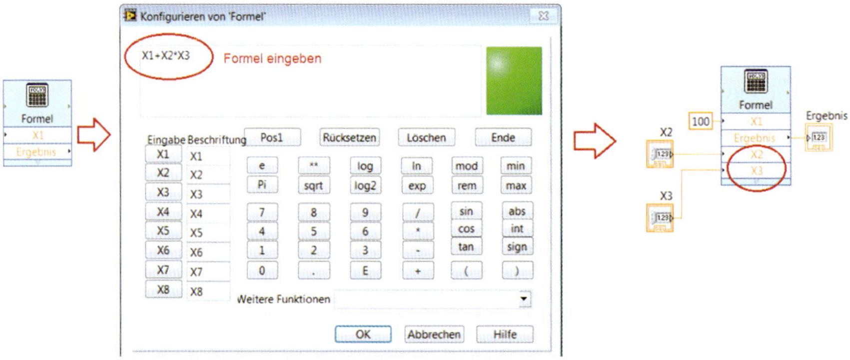

Wird in das Konfigurationsdialogfeld eine Formel eingegeben und mit OK bestätigt, passt das Express-VI sein Erscheinungsbild an und bietet Anschlussmöglichkeiten für die eingegebenen Variablen. Diese können dann entsprechend beschaltet werden. Viele Express-VIs werden durch Doppelklick geöffnet und können mit dem erscheinenden Dialogfeld an ihre Aufgabe angepasst werden. Möchte man diese Einstellmöglichkeiten im Ausführungsmodus ändern, findet man die Anschlüsse dafür durch Aufziehen an den Anfasspunkten.

Nach dem Motto «Konfigurieren statt Programmieren» stehen für Ein-/Ausgabe-Operationen und Signalbearbeitung zahlreiche Express-VIs zur Verfügung. Viele Aufgabenstellungen sind damit relativ einfach zu lösen, das Verständnis von LabVIEW nimmt aber leider nicht zu, da die internen Funktionen verborgen bleiben. Nicht verborgen bleibt die innere Funktionalität, wenn man im Kontextmenü die Möglichkeit der Umwandlung eines Express-VIs in ein SubVI (Unterprogramm) nutzt.

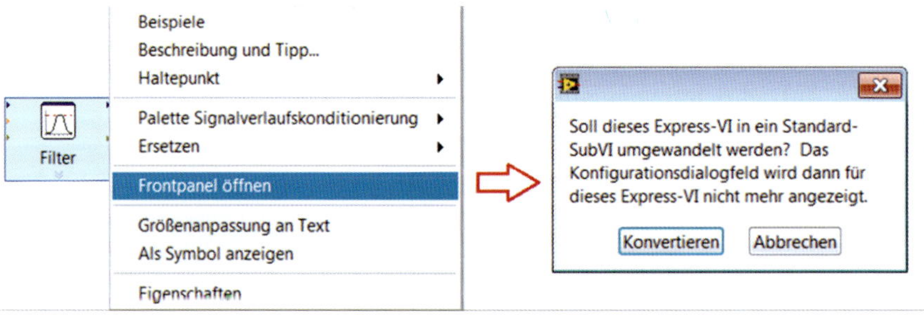

Im Kontextmenü *Frontpanel öffnen* oder *In SubVI Umwandeln* anklicken, und es öffnet sich ein VI mit Frontpanel und Blockdiagramm, an dem sich der Aufbau des VI studieren lässt.

1.9 Diverses

1.9.1 Passwortschutz

Ein VI kann mit einem Passwort geschützt werden. Das Programm kann gestartet und bedient werden, es ist jedoch kein Zugriff auf das Blockdiagramm mehr möglich. Die Passwortvergabe findet man im Hauptmenü unter *Datei → VI-Einstellungen → Kategorie → Schutz.* Der Schutz wird erst wirksam, wenn entweder

1. das Programm gespeichert, LabVIEW geschlossen und neu gestartet wird oder
2. im Hauptmenü unter *Werkzeuge → Optionen → Umgebung → Passwort Cache löschen* gewählt wird.

Wird einem gesperrten Programm das Passwort eingegeben, wird dieses im Passwort Cache gespeichert und bleibt es so lange bearbeitbar, bis dieser wieder gelöscht wird.

1.9.2 EXE-Programm

Von einem LabVIEW Programm ***progname.vi*** kann ein direkt vom Betriebssystem aufrufbares Programm ***progname.exe*** hergestellt werden. Dies ist jedoch nur mit der Vollversion von LabVIEW und nicht mit der Studentenversion möglich.

1.9.3 Blockdiagramm neu zeichnen

Klickt man in der Symbolleiste des Blockdiagramms das Icons «Aufräumbesen»
 an, so wird es neu gezeichnet.
Die Parameter dafür sind einstellbar im Hauptmenü unter
Werkzeuge → Optionen → Blockdiagramm → Blockdiagramm aufräumen.
Falls das Ergebnis nicht gefällt, stellt **Strg+Z** den alten Zustand wieder her.

1.9.4 VI speichern

Hauptmenü *Datei → Speichern* oder *Strg+S*

oder mit neuem Namen speichern:
Hauptmenü *Datei → Speichern unter.* Die Voreinstellung schließt das aufgerufene Programm unverändert und speichert das aktuelle unter dem neuen Namen.

1.9.5 VI ausdrucken

Hauptmenü *Datei → Drucken*.

1.9.6 Tastenkombinationen (Shortcuts)

Strg+Z	letzten Befehl rückgängig machen
Strg+T	beide Fenster (Frontpanel und Blockdiagramm) öffnen
Strg+/	Fenster auf Bildschirmgröße erweitern
Strg+E	Zwischen beiden Fenstern umschalten
Strg+B	alle gebrochenen Leitungen löschen
Strg+R	VI starten
Strg+.	Ausführung des laufenden VI stoppen
Strg+?	LabVIEW-Hilfe
Strg+H	Kontexthilfe einschalten / ausschalten
Strg+N	Neues VI
Strg+S	VI speichern
Strg+C	markiertes Objekt in Zwischenablage kopieren
Strg+V	Inhalt der Zwischenablage einfügen
Strg+X	markiertes Objekt löschen
Strg+A	alle Objekte markieren
Strg+#	Einrasten am Gitter einschalten / ausschalten
Strg+Shift	Verschiebehand; zum Verschieben der Arbeitsfläche
Shift+←↑↓→	Schnelles Verschieben markierter Objekte

Nicht vergessen!

- ❑ Mit Strg+Z kann man gemachte Fehler ungeschehen machen.
- ❑ Kopieren von Programmteilen immer nur im Blockdiagramm.
- ❑ Anfasspunkte (kleine blaue Vierecke) eines Objekts, weisen auf Aufziehmöglichkeit hin.
- ❑ STRG+B löscht alle gebrochenen Leitungen.
- ❑ Der Stoppknopf der Symbolleiste verhindert die Ausgabe von Schleifeninhalten.
- ❑ Das Kontextmenü *Erstellen →* ... liefert immer den passenden Datentyp zum Anschluss.
- ❑ Das Kontextmenü von Objekten ist an verschiedenen Stellen unterschiedlich.
- ❑ Zusammengesetzte Objekte markiert man mit einem aufgezogenen Rahmen.
- ❑ Ein Klick auf den gebrochenen Ausführungsknopf zeigt alle vorhandenen Fehler.
- ❑ Die Kontexthilfe zeigt die Datentypen von Leitungen und Anschlüssen.
- ❑ Die Kontextmenüpunkte *Ersetzen* und *Einfügen* sparen viel Verdrahtungsarbeit.
- ❑ Auch Leitungen haben ein Kontextmenü.

2 Numerische Funktionen

Bedien- und Anzeigeelemente sind zu finden im Kontextmenü des Frontpanels unter *Elemente → Modern → Numerisch.*

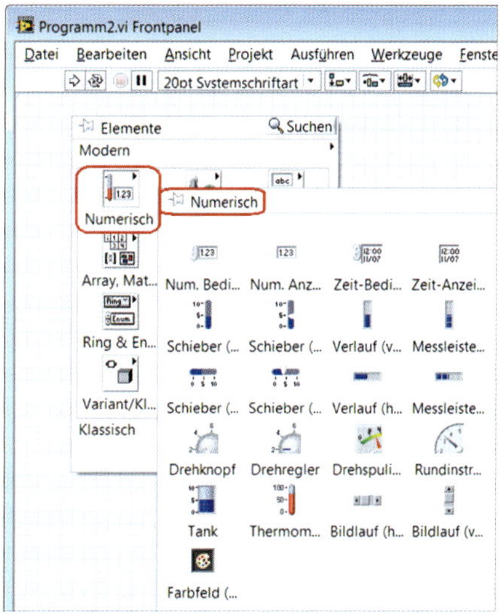

2.1 Bedienelemente zur Eingabe numerischer Daten (Datenquellen)

Datenquellen haben auf der rechten Seite einen «Ausgangs»-Pfeil und sind **dick** umrandet.

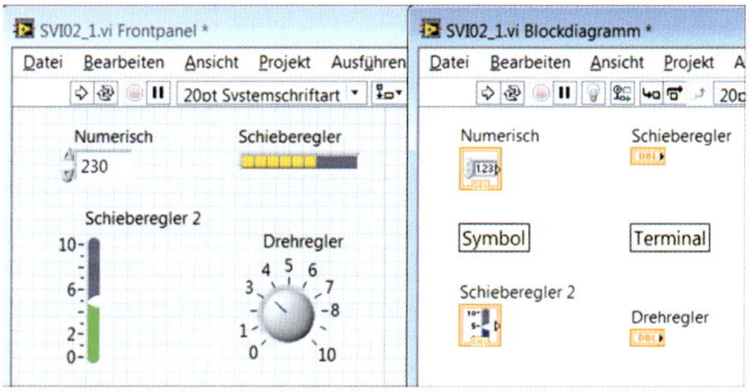

2.2 Anzeigeelemente zur Ausgabe numerischer Daten (Datensenken)

Datensenken haben auf der linken Seite einen «Eingangs»-Pfeil und sind **dünn** umrandet.

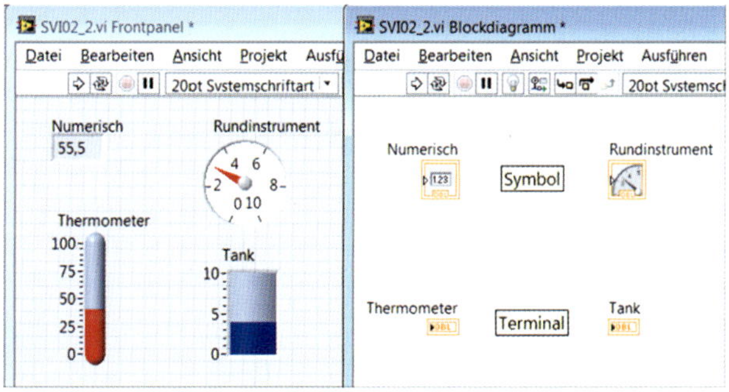

LabVIEW verwendet zur Zahlendarstellung verschiedene Datentypen:

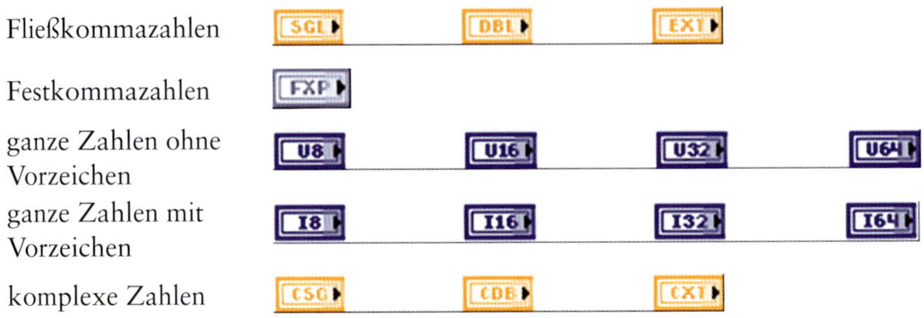

Der Unterschied zwischen den Datentypen besteht in der Anzahl der Bits, die zur Speicherung der Daten verwendet werden. Mit dem Datentyp ist der Wertebereich der Zahlen festgelegt.

Die Voreinstellung des Datentyps ist *DBL* (double), dies steht für Gleitkommazahl mit doppelter Genauigkeit (64 Bit). Der Wertebereich einer Zahl dieses Datentyps umfasst etwa den Bereich von $\pm 2 \cdot 10^{\pm 308}$.

Bei Verwendung anderer Datentypen wie z.B. *I8* (Integer 8 Bit) oder *U8* (Unsigned 8 Bit) ist bei arithmetischen Berechnungen der zulässige Wertebereich zu beachten.

Merksatz:

Bei Bereichsüberschreitung wird keine Fehlermeldung ausgegeben.

Beispiel

Bei einer Addition und nachfolgender Anzeige wird der zulässige Wertebereich von vorzeichenlosen Ganzzahlen mit 8 Bit (0 bis 255) überschritten!

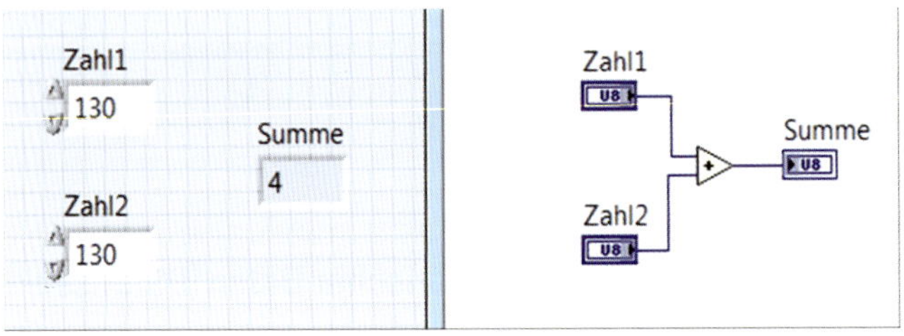

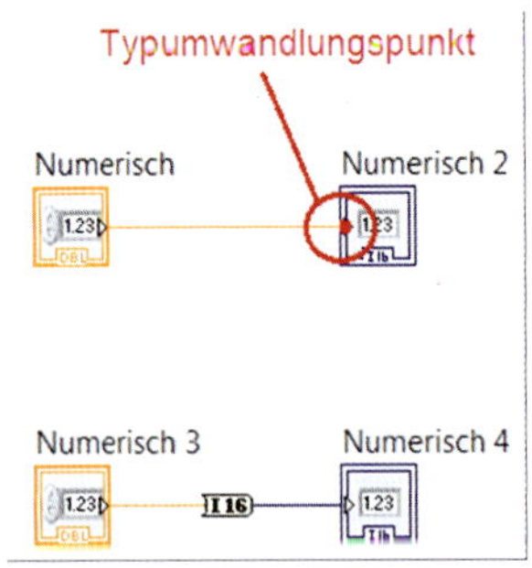

Im Frontpanel ist der verwendete Datentyp nicht zu erkennen!

Werden Objekte unterschiedlicher Datentypen miteinander verbunden, so wird intern automatisch eine Datentypumwandlung vorgenommen und mit einem roten Typumwandlungspunkt angezeigt.

Besser ist es, eine Typumwandlung mit einer *Konvertierungsfunktion* (hier: *Nach Wort-Integer*) vorzunehmen, da eine automatische Umwandlung die Laufzeit erhöht und mehr Speicherplatz benötigt.

Weitere Informationen zu den numerischen Datentypen und ihren Wertebereichen findet man in der LabVIEW-Hilfe.
Die Auswahl des Datentyps erfolgt im Frontpanel oder im Blockdiagramm mit dem Kontextmenü, entweder über ***Darstellung*** oder über ***Eigenschaften***.

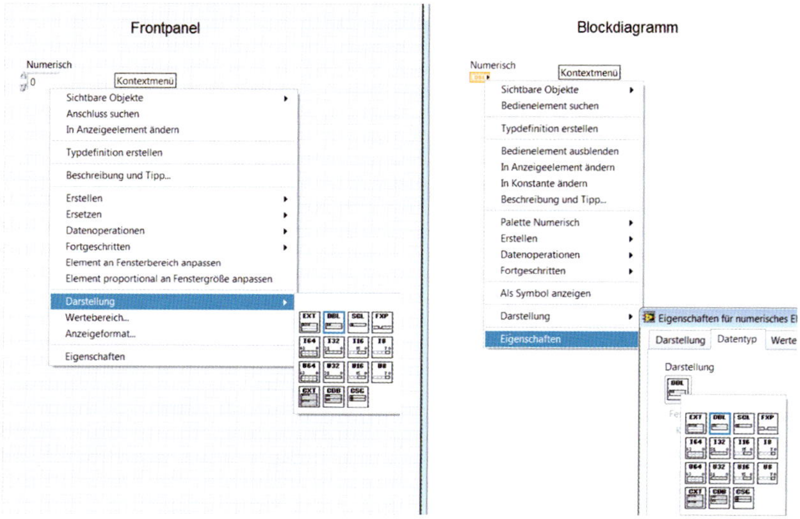

Wichtig:

Auch bei Konstanten ist ein Datentyp wählbar.

Sind Ein- und Ausgabeelemente auf dem Frontpanel platziert, können sie im Blockdiagramm verbunden werden. Die Objekte zur Bearbeitung numerischer Funktionen findet man auf der Palette ***Funktionen → Programmierung → Numerisch.***

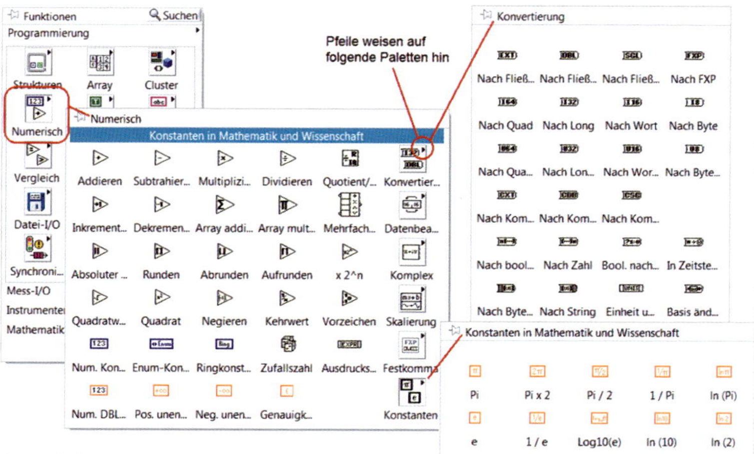

Aufgabe: Erstellen Sie ein VI, das den arithmetischen, geometrischen und harmonischen Mittelwert zweier positiver Ganzzahlen berechnet.

Hinweis: Wegen der positiven Ganzzahlen werden numerische Bedienelemente mit Datentyp *U16* gewählt. Die Anzeigeelemente müssen Datentyp *DBL* sein. Eine Konstante im Blockdiagramm wird mit Kontextmenü ***Erstellen → Konstante*** am Anschluss des Knotens erzeugt.

Formeln: $M_{\text{arith}} = \dfrac{a+b}{2} \qquad M_{\text{geo}} = \sqrt[2]{ab} \qquad M_{\text{harm}} = \dfrac{2ab}{a+b}$

Frontpanel:

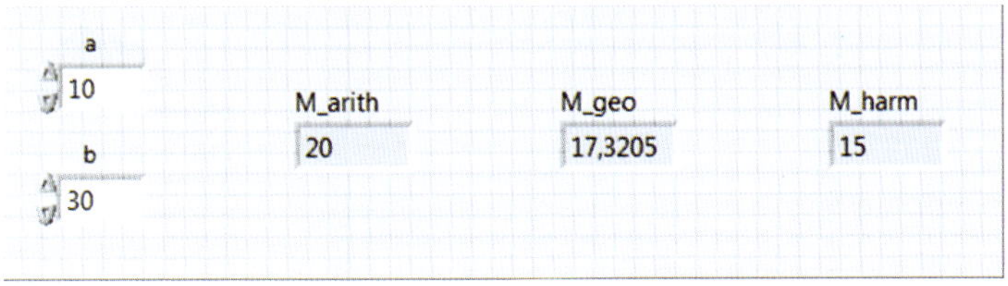

Blockdiagramm:

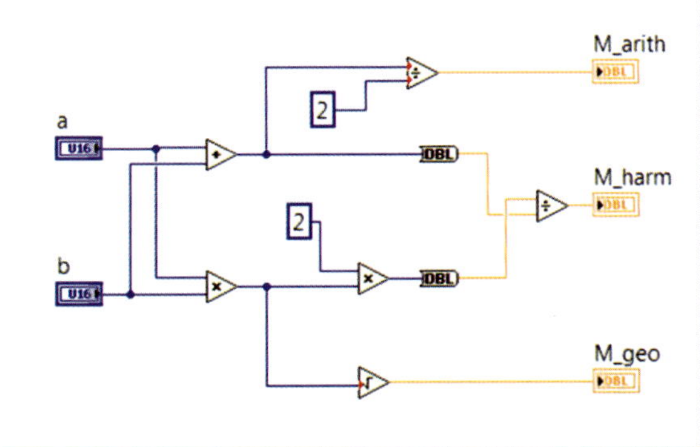

Wird das vorliegende VI mit den Zahlen a=0 und b=0 gestartet, liefert die Berechnung des harmonischen Mittelwerts den Wert **NaN**, was für **Not a Number** steht, da der Bruch $\frac{0}{0}$ nicht definiert ist.

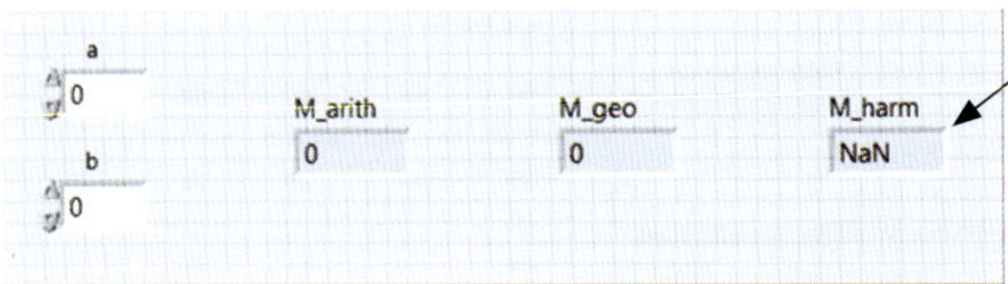

Dieser Fehler passiert häufig, wenn man ein VI neu aufruft und die Anfangswerte Null sind. Damit die Anfangswerte **nicht** Null sind, muss das VI mit Zahlen $\neq 0$ gespeichert werden.
Zahlen in Eingabeelementen werden zusammen mit dem VI gespeichert, wenn man sie vorher im Kontextmenü ***→ Datenoperationen → Aktuellen Wert als Standard*** deklariert.

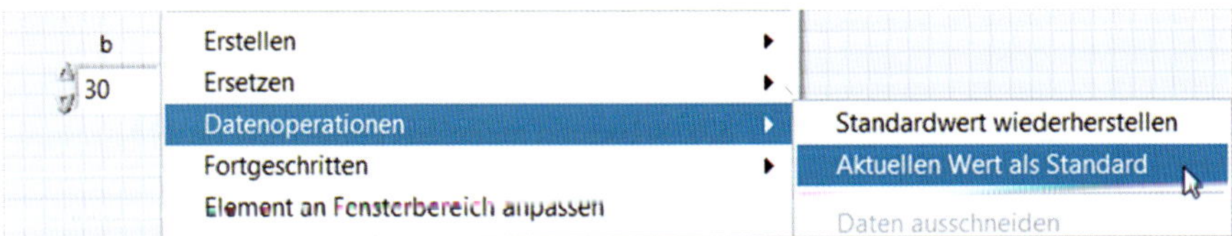

Aufgabe: Starten Sie das VI mit den Zahlen a = 127 und b = 259 und kommentieren Sie das Ergebnis von M_{harm}. Verwenden Sie die Kontexthilfe zur Anzeige des Datentyps der Leitung.

2.3 Formelknoten

Die gleiche Aufgabe kann auch mit einem **Formelknoten** gelöst werden. Diesen findet man auf der Palette: ***Funktionen → Programmierung → Strukturen→ Formelknoten.***

Vorgehensweise:

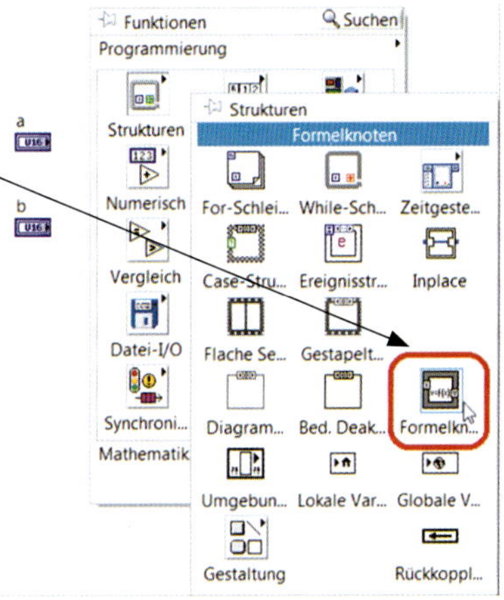

Formelknoten auswählen und aufziehen.

Mit Kontextmenü Eingänge (Eingangsvariable) und Ausgänge (Ausgangsvariable) hinzufügen und mit beliebigen Variablennamen beschriften.

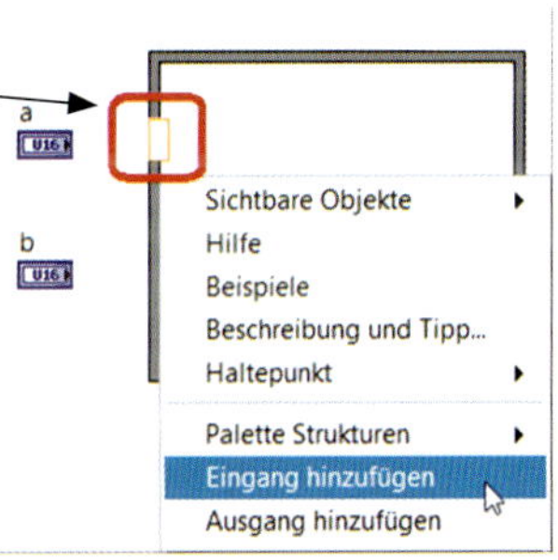

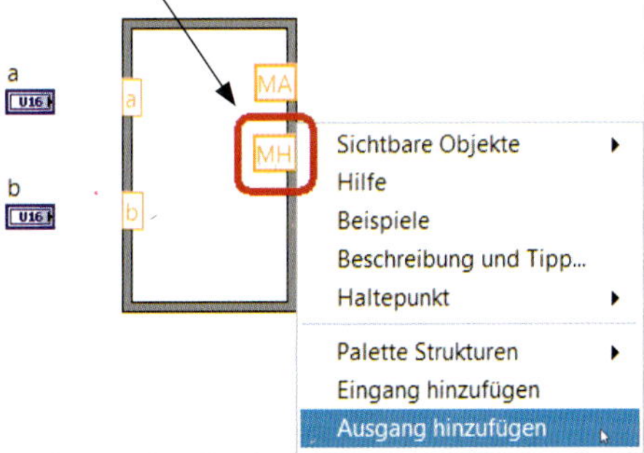

In einer C-ähnlichen Syntax die gewünschten Formeln in den Formelknoten eintragen.

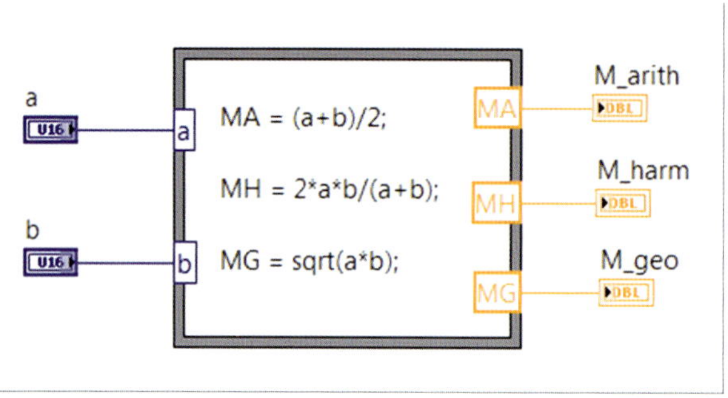

Wichtig:
Jede Zuweisung muss mit einem Semikolon (;) enden.

2.4 Ausdrucksknoten

Ein **Ausdrucksknoten** arbeitet ähnlich, jedoch ist nur **eine** Eingangs- und Ausgangsvariable erlaubt. Damit sind einfache algebraische Ausdrücke berechenbar.

Beispiel:
Aus dem Kreisdurchmesser soll die Kreisfläche berechnet werden.

Formel: $A = \frac{d^2 \cdot \pi}{4}$

Frontpanel:

Blockdiagramm:

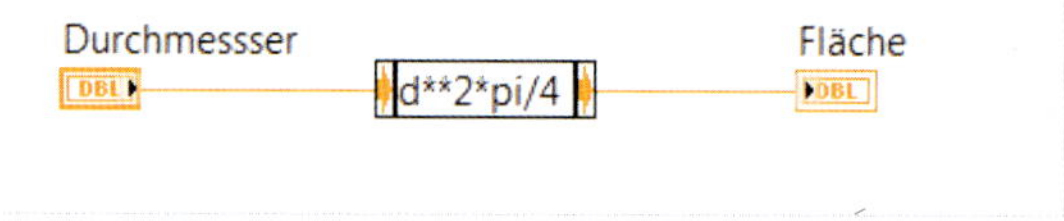

Hier ist d der Eingangswert; der Ausgang liefert das Ergebnis der Berechnung.

Den Ausdrucksknoten findet man auf der Palette: *Funktionen → Programmierung → Numerisch → Ausdrucksknoten.*

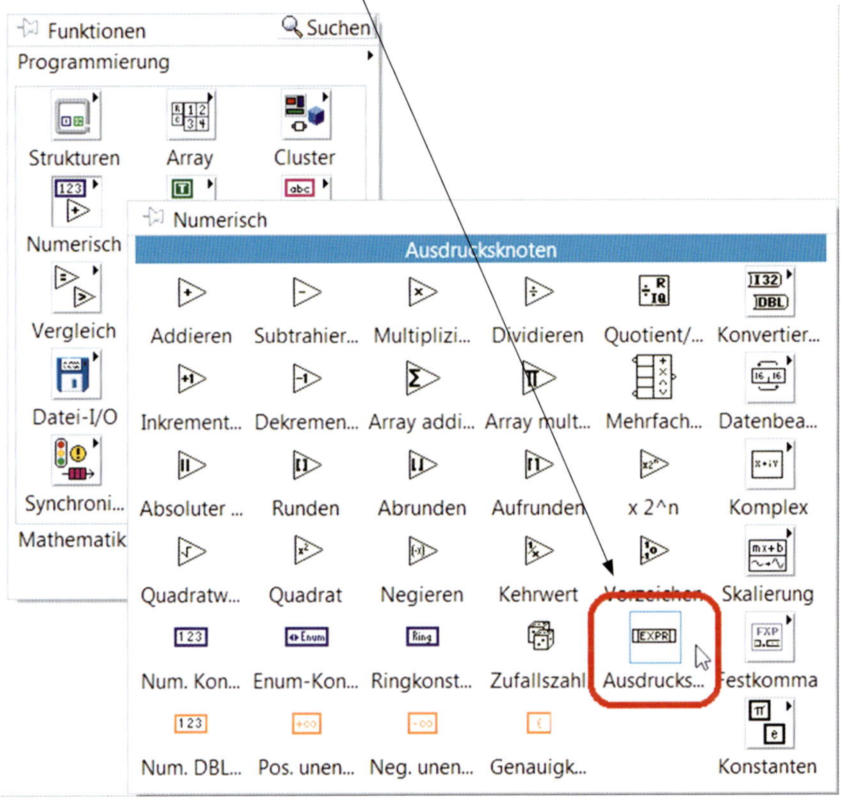

Aufgabe: Erstellen Sie die Berechnung der Mittelwerte mit Ausdrucksknoten.

Aufgaben

Aufgabe 2.01 Temperaturumrechnung

Erstellen Sie ein VI, das einen Fahrenheitwert in einen Celsiuswert umrechnet. Eingestellt wird die Fahrenheittemperatur am linken Bedienelement, rechts wird die zugehörige Celsiustemperatur angezeigt. Das Objekt findet man im Frontpanel unter *Elemente → Modern → Numerisch → Thermometer* als Anzeigeelement. Umwandlung in Bedienelement mit Kontextmenü: *In Bedienelement ändern.*

Formel: Die Celsiustemperatur C errechnet sich aus der Fahrenheittemperatur F wie folgt:

$$C = (F - 32) \cdot \frac{5}{9}$$

Hinweis: Starten Sie das VI mit 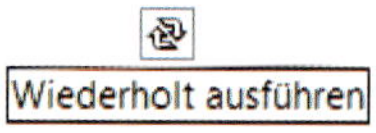

Frontpanel:

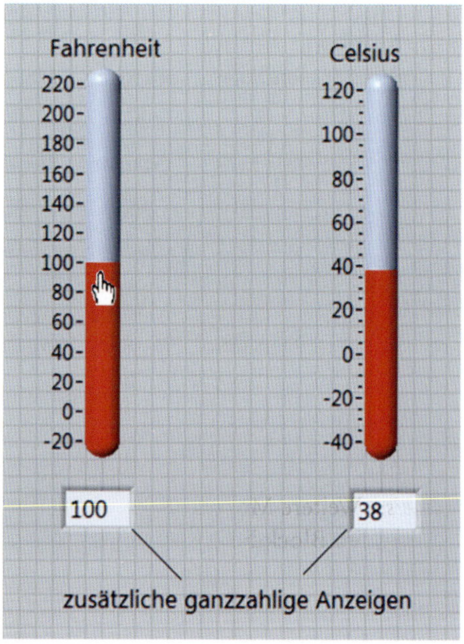

Stellen Sie für beide Objekte unter *Eigenschaften → Skala* den Anzeigebereich (Minimum, Maximum) ein. Untersuchen Sie mögliche Skalendarstellungen.
Untersuchen Sie in *Eigenschaften → Darstellung* die Einstellmöglichkeiten für Beschriftung und Untertitel. Vergleichen Sie diese mit den Kontextmenüpunkten *Sichtbare Objekte* im Frontpanel und Blockdiagramm.
Verändern Sie die Größe und die Füllfarbe der Objekte.
Fügen Sie zwei zusätzliche numerische Anzeigeelemente ein, die den Skalenwert ganzzahlig anzeigen.
Untersuchen Sie die Rundungs- und Konvertierungsfunktionen für eine ganzzahlige Anzeige.

Aufgabe 2.02 Gesamtwiderstand

Erstellen Sie ein VI, das zwei Eingabefelder für die Widerstandswerte R_1 und R_2 besitzt. Ausgegeben werden der Gesamtwiderstand der Reihenschaltung R_r und der Parallelschaltung R_p von R_1 und R_2.

Formel: Reihenschaltung: $R_r = R_1 + R_2$ Parallelschaltung: $R_p = \frac{R_1 \cdot R_2}{R_1 + R_2}$

Hinweis: Verwenden Sie zur grafischen Gestaltung des Frontpanels Objekte aus *Elemente → Modern → Gestaltung*. Mit Icon *Neu ordnen* der Symbolleiste in den Hintergrund stellen.
Verwenden Sie zur Platzierung der Rahmen und der Schrift im Frontpanelmenü den Punkt *Bearbeiten → Ausrichtung am Gitter*.
Wählen Sie in den Kontextmenüs für die Bedienelemente *R1* und *R2* bei *Eigenschaften → Wertebereich → Inkrement* eine Schrittweite 10 für die Inkrement-Einstellung.

Frontpanel:

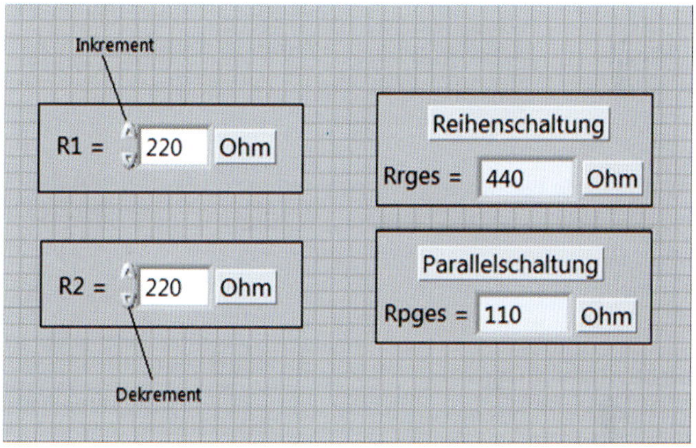

Hinweis: Weitere Möglichkeiten zur Ausrichtung von Objekten im **Frontpanel und im Blockdiagramm** findet man in der jeweiligen Symbolleiste.

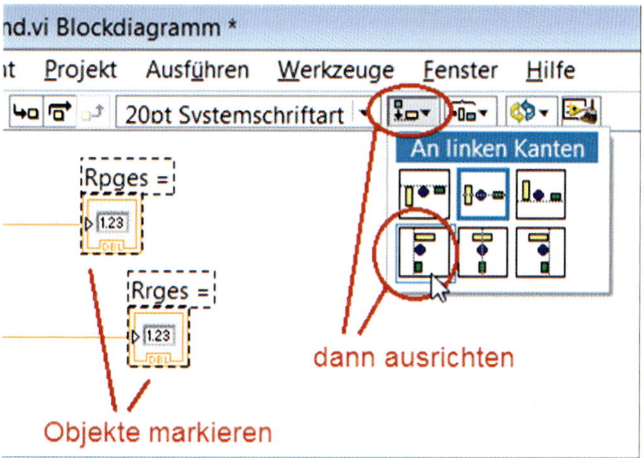

Aufgabe 2.03 Kugel / Kegel

Erstellen Sie ein VI, das die Oberfläche A und das Volumen V einer Kugel ausgibt. Eingegeben wird der Durchmesser d.

Formeln: Oberfläche: $A = d^2 \cdot \pi$ Volumen: $V = d^3 \cdot \frac{\pi}{6}$

Hinweis: Starten Sie das VI mit Wiederholt ausführen.
Gestaltungselemente (Kreise) mit Icon *Neu ordnen* in den Hintergrund stellen.

Frontpanel:

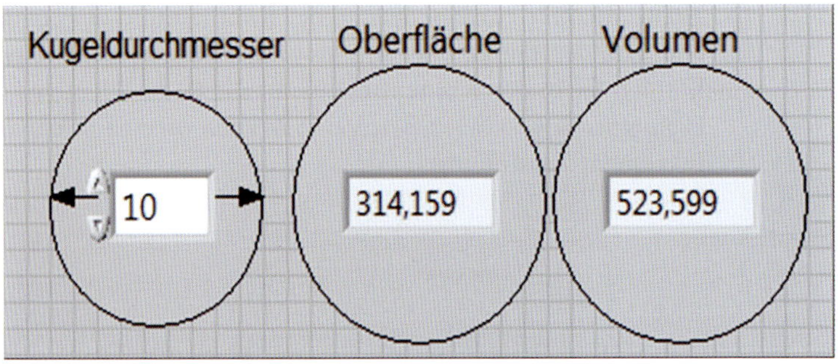

Erstellen Sie ein VI, das die Mantellinie *s*, die Oberfläche *A* und das Volumen *V* eines Kegels ausgibt. Eingegeben wird der Radius *r* und die Höhe *h*.

Formeln: Mantellinie: $s = \sqrt{r^2 + h^2}$ Oberfläche: $A = r \cdot \pi(r + s)$

Volumen: $V = r^2 \cdot h \cdot \frac{\pi}{3}$

Hinweis: Starten Sie das VI mit Wiederholt ausführen
Verwenden Sie keinen Formelknoten!

Frontpanel:

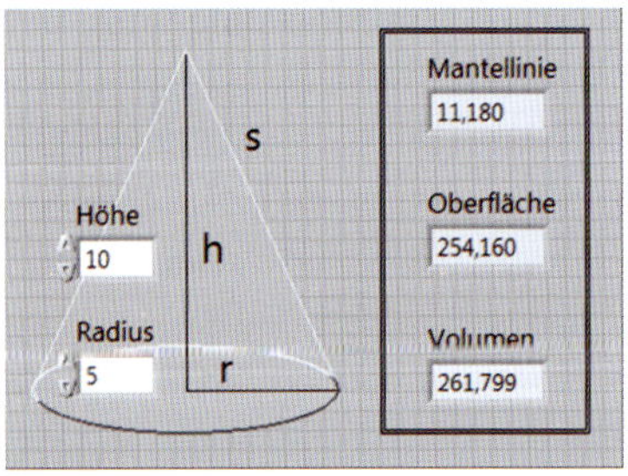

Sehen Sie sich die Ausführung im Blockdiagramm mit der Highlight-Funktion an. Nähere Einzelheiten dazu in Kapitel *4 Schleifen*.

Aufgabe 2.04 Höhenmessung / Sonnenstand

Erstellen Sie ein VI, das mit Hilfe einer Entfernungsmessung s und einer Winkelmessung α die Höhe h eines Gebäudes berechnet. Eingegeben wird s in Metern und α in Grad, ausgegeben wird die Höhe h in Meter.

Formel: $h = s \cdot \tan \alpha$

Hinweis: Winkelfunktionen findet man im Blockdiagramm auf der Palette ***Funktionen→ Programmierung → Mathematik → Funktionen → Trigonometrische Funktionen.***
Umwandlungsfunktionen für Winkeleinheiten findet man auf der Palette ***Funktionen → Programmierung → Numerisch → Skalierung***.

Frontpanel:

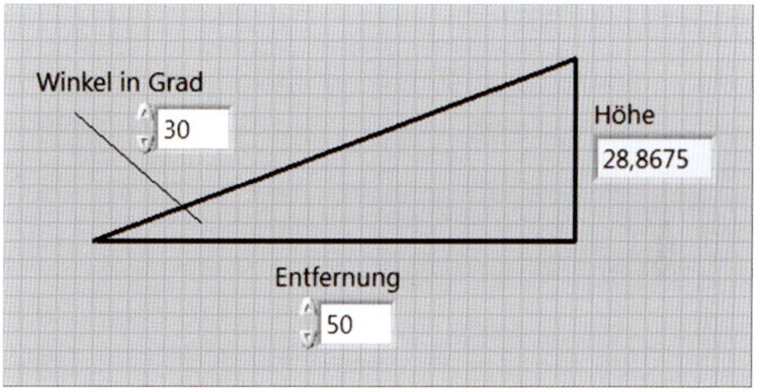

Erstellen Sie ein VI, das den Sonnenstand mit Hilfe der Schattenlänge s eines 2 m langen Schattenstabes berechnet. Eingegeben wird die Schattenlänge s in Metern, ausgegeben wird der Höhenwinkel β in Grad.

Formel: $\beta = \arctan \frac{h}{s}$

Frontpanel:

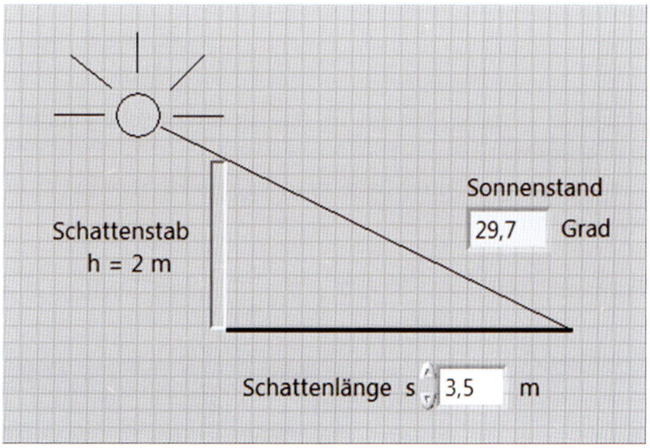

Aufgabe 2.05 Zylinderdichte

LabVIEW bietet bei numerischen Berechnungen die Möglichkeit, mit Einheiten zu rechnen.
Beispiel mit Länge · Breite = Fläche ➔ Einheiten: m · m = m^2

Dazu wird an einem Eingabeelement der Menüpunkt ***Sichtbare Objekte → Einheit*** gewählt.

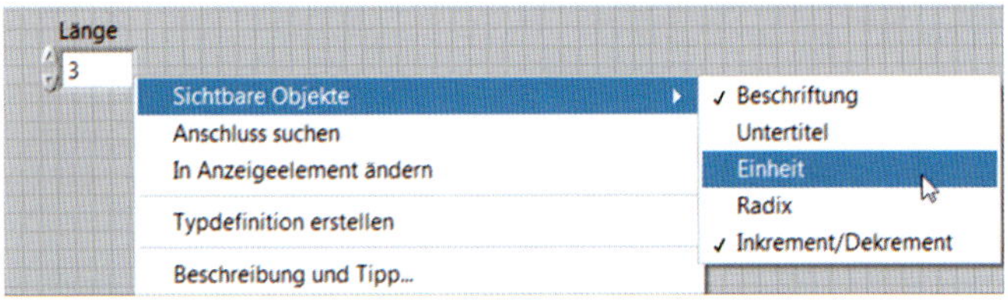

In das erscheinende Eingabefeld wird die Einheit ***m*** eingegeben.

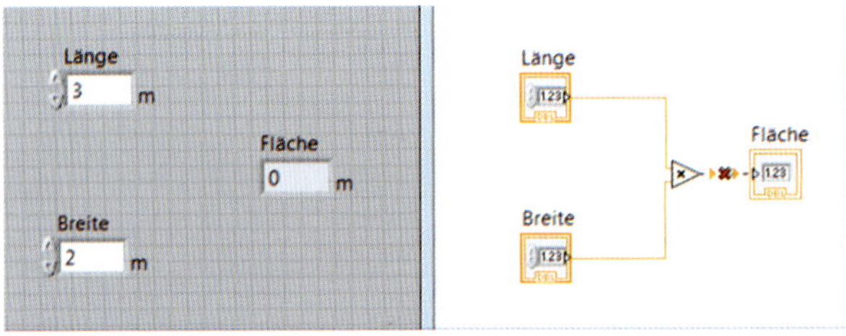

Werden einheitenbehaftete Objekte miteinander verknüpft, überprüft LabVIEW, ob die Einheitengleichung erfüllt ist. Ist das nicht der Fall, ist das VI nicht ausführbar.

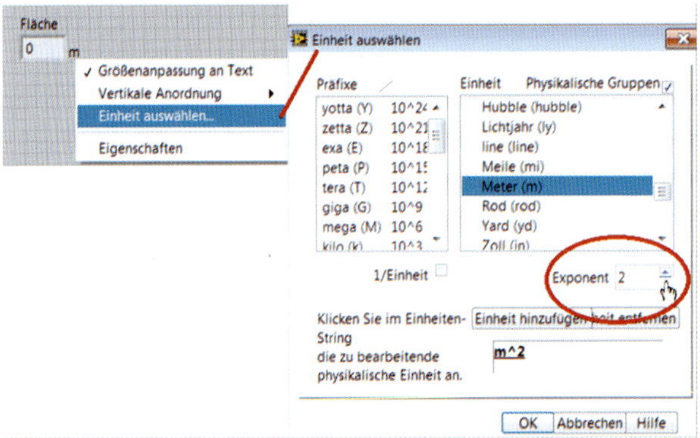

Im vorliegenden Fall müsste das Anzeigeelement *Fläche* die Einheit m^2 aufweisen.

Eine Korrektur der Einheit ist über das Kontextmenü des ***Einheitenfeldes*** möglich: ***Einheit auswählen***

Aufgabe: Erstellen Sie ein VI, das die spezifische Dichte eines Metallzylinders in g/cm^3 ausgibt.
Eingegeben wird die Masse m in kg, die Höhe h in cm und der Zylinderdurchmesser d in mm.

Formel: Volumen: $V = d^2 \cdot h \cdot \frac{\pi}{4}$ spez. Dichte: $\rho = \frac{m}{V}$

Frontpanel:

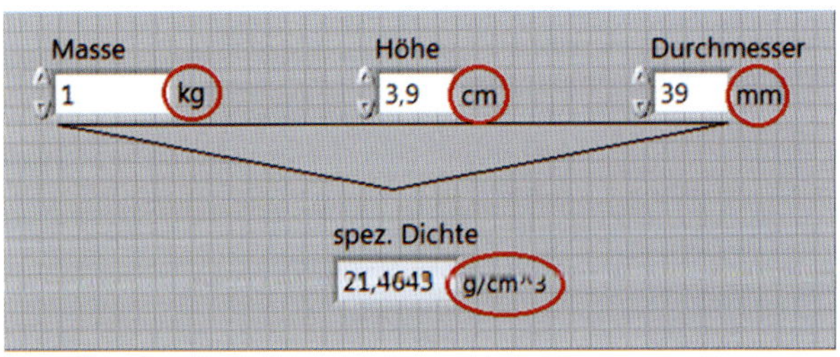

Aufgabe 2.06 Leitungslänge

Die Länge einer Leitung wird mit einer Widerstandsmessung ermittelt. Der Ohmwert R wird in das VI eingegeben. Für einen Querschnitt von $A = 1{,}5\ \text{mm}^2$ soll die zugehörige Länge l der Kupferleitung ($\rho = 0{,}0178\ \Omega\text{mm}^2 / \text{m}$) berechnet werden.

Formel: Länge $l = \dfrac{R \cdot A}{\rho}$

Hinweis: Verwenden Sie bei den Ein- und Ausgabeelementen Einheiten. Die grafische Darstellung ist eine Messleiste (horizontal). Sie ist zu finden unter ***Elemente → Modern → Numerisch → Messleiste***.

Benutzen Sie das Eigenschaftenmenü, um:

- ❑ den Datentyp in *DBL* zu ändern (*Datentyp*)
- ❑ die Skalendarstellung einzuschalten (*Skala*),
- ❑ die Zahlenanzeige einzuschalten (*Darstellung*),
- ❑ die Füllfarbe zu ändern (*Darstellung*),
- ❑ den Maximalwert der Skala zu ändern (*Skala*),
- ❑ den Inkrementwert für *Widerstandswert* auf 10 mΩ zu ändern (*Wertebereich*),
- ❑ eine ganzzahlige Zahlenanzeige einzustellen (*Anzeigeformat*).

Frontpanel:

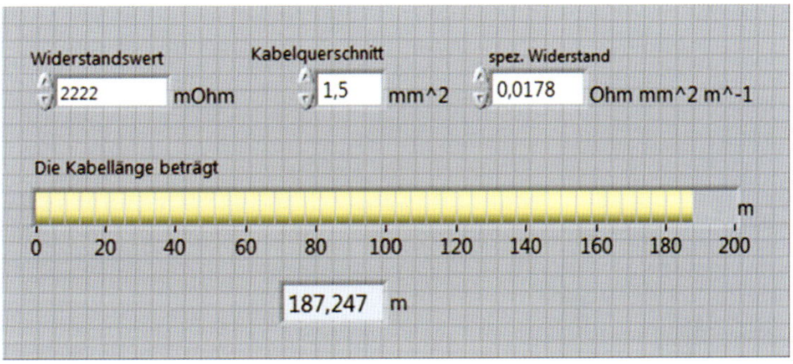

Aufgabe 2.07 Geschwindigkeitsmessung

Von einem Fahrzeug wird die Durchfahrtszeit zwischen zwei Lichtschranken gemessen. Der Abstand der beiden Lichtschranken beträgt 10 m, die Messzeit wird vom Messgerät in Millisekunden ausgegeben. Die Anzeige der Geschwindigkeit erfolgt in km/h. Für das Programm ersetzt ein Drehregler das Zeitmessgerät.

Formel: $v = \frac{s}{t}$

Hinweis: Ändern Sie die Minimal- und Maximalwerte des Drehreglers auf 200 und 2000 ab. Denken Sie daran, im Kontextmenü die Skalenwerte von *Zeit* mit ***Datenoperationen → Aktuellen Wert als Standard*** zu deklarieren!
Werden für die Ein- und Ausgabeobjekte keine Einheiten verwendet, muss der Programmierer beim Programmentwurf die Umrechnung der Einheiten berücksichtigen.
Lösen Sie die Aufgabe mit und ohne Einheiten.

Frontpanel:

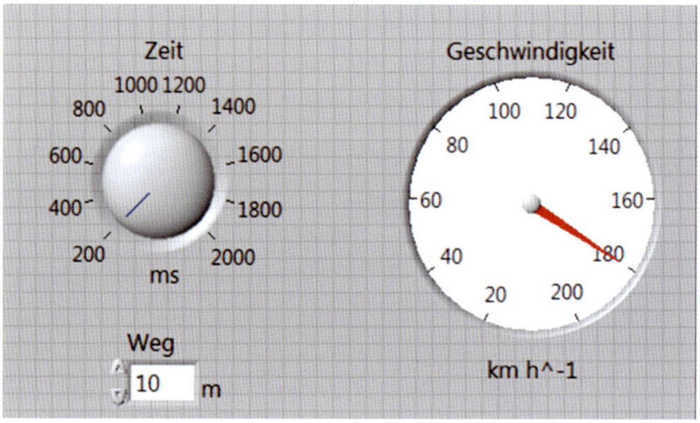

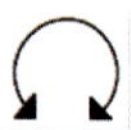

Die Endpunkte von runden Bedien- oder Anzeigeelemente werden verschoben, indem man den Skalenstrich mit dem Mauszeiger anwählt bis das Symbol erscheint. Dann anklicken und zum gewünschten Platz ziehen.

Aufgabe 2.08 Zeit

Erstellen Sie ein VI mit einem numerischen Bedienelement, das einen Zeitwert in Sekunden enthält. Dieser Wert soll umgerechnet werden in Stunden, Minuten und Sekunden.

Hinweis: Starten Sie das VI mit 

Frontpanel:

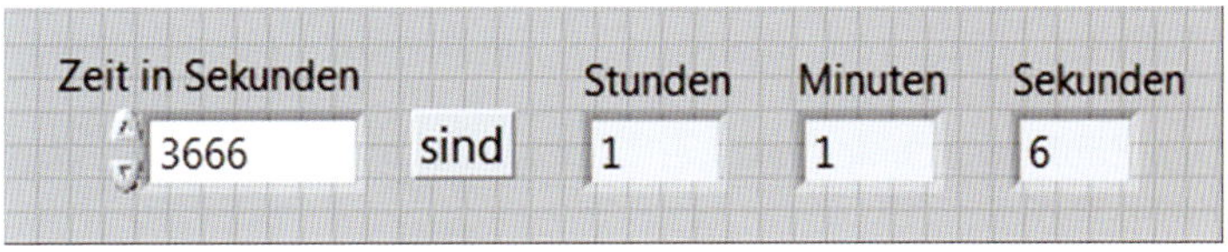

Dieses Objekt kann hilfreich sein: 

Zu finden ist die Funktion unter ***Funktionen → Programmierung → Numerisch → Quotient und Rest.*** Eine Funktionsbeschreibung finden Sie in ***Hilfe***.
Ein ganz normales numerisches Anzeigeelement kann auch für Zeitanzeige-Format konfiguriert werden. Zu finden unter ***Eigenschaften → Anzeigeformat → Typ → Relative Zeit*** (Laufbalken ganz nach unten schieben). Dann das Anzeigeformat HH:MM:SS wählen. Umgerechnet wird es automatisch.

Frontpanel:

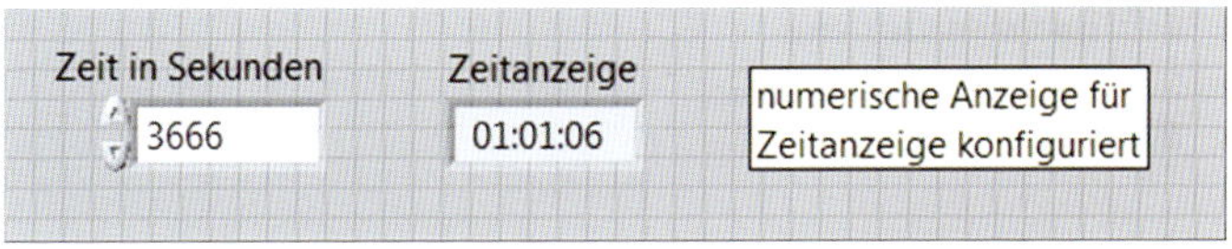

Aufgabe 2.09 Farbsynthese

Machen Sie sich für die nachfolgende Aufgabe zunächst mit der Entstehung der Farben bei digitaler Graphik vertraut. Jede Grundfarbe (Rot, Grün, Blau) wird mit einem 8-Bit-Wert dargestellt (dezimal von 0 bis 255 bzw. hexadezimal von 00 bis FF). Diese 3 Bytes ergeben bei einer gewichteten Addition einen 24-Bit-Wert $\underbrace{11111111}_{\text{Rotwert}}\ \underbrace{11111111}_{\text{Grünwert}}\ \underbrace{11111111}_{\text{Blauwert}}$ oder eine 6-stellige Hex-Zahl FFFFFF mit der Zuordnung.

Den Zahlenwert einer Farbe erhält man aus Blauwert + 256 · Grünwert + 65536 · Rotwert.
Erstellen Sie ein VI mit Farbeingabe und Farbausgabe und verbinden Sie beide miteinander.
Die Farbeingabe findet man im Frontpanel unter *Elemente → Modern → Numerisch → Farbfeld.*

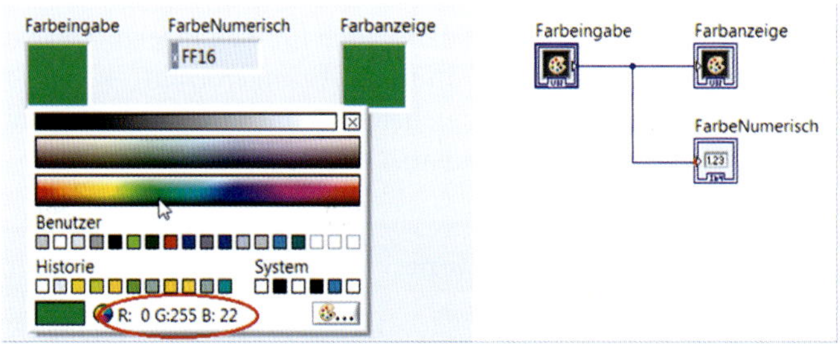

Im Kontextmenü kann das Bedienelement in ein Anzeigeelement geändert werden. Klickt man mit der Bedienhand auf die Farbeingabe, öffnet sich ein Eingabe-Farbmenü, das eine Farbeinstellung mit drei Farbbalken erlaubt. Unter ***Benutzer*** sind vordefinierte Farben von LabVIEW-Objekten darstellt. Bei einer beliebigen Farbauswahl werden die numerischen Werte der 3 Grundfarben R, G, B angegeben.

Aufgabe: Erstellen Sie ein VI, das mittels 3 Schiebereglern (0 bis 255, ganzzahliger Datentyp) für die Grundfarben Rot, Grün, Blau in einem Farbfeld alle 16,7 Millionen Farben darstellt. Dafür müssen die drei Zahlenwerte wie oben angegeben addiert werden.
Zeigen Sie den numerischen Farbwert in Hex-Darstellung an.

Starten Sie das VI mit 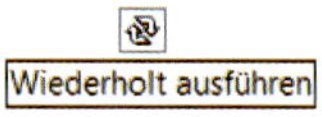

Frontpanel:

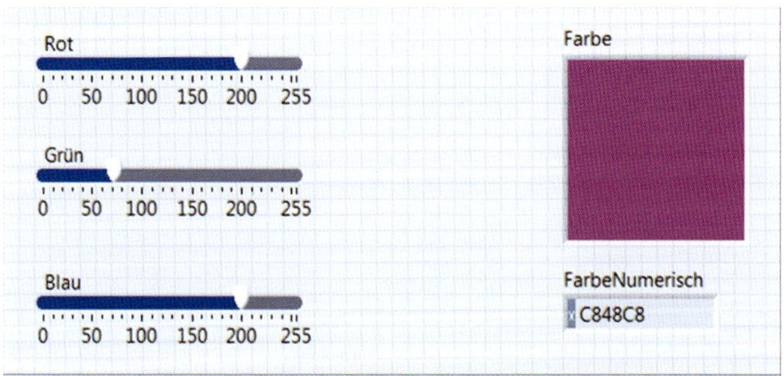

3 Boolesche Funktionen

Bedien- und Anzeigeelemente sind zu finden im Kontextmenü des Frontpanels unter *Elemente → Modern → Boolesch* oder auf der Palette *Elemente → Klassisch → Boolesch.*

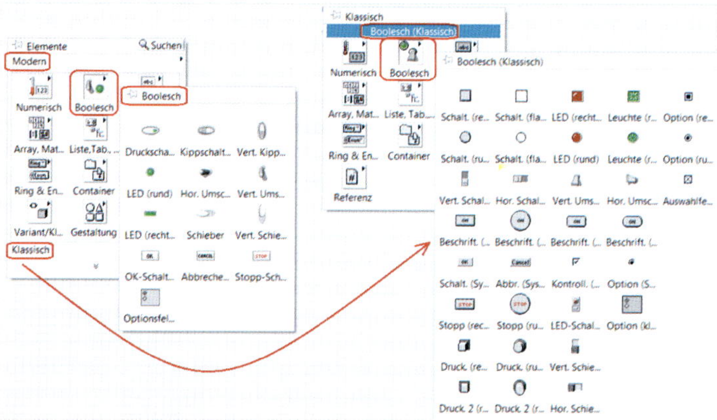

Frontpanel:

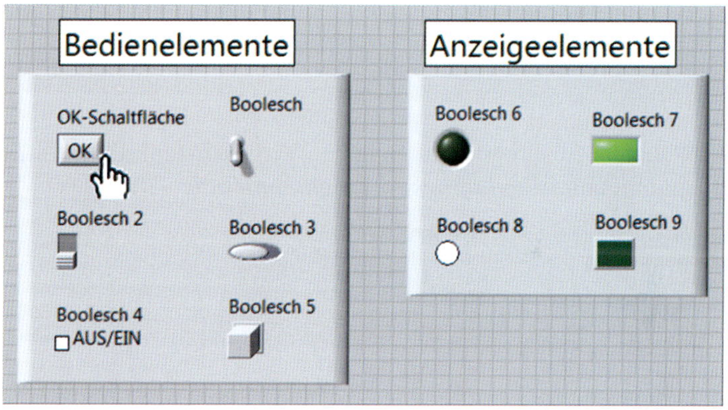

Eine Bedienung ist mit der Maus möglich, wenn diese die Form einer Bedienhand annimmt (Bearbeitungsmodus).

Blockdiagramm:

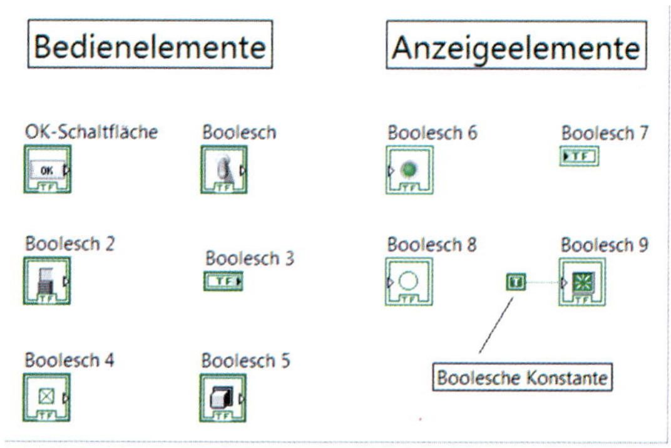

Der im Blockdiagramm zu erkennende Datentyp **TF** steht für TRUE / FALSE (Wahr / Falsch) und kann ein zweiwertiges Datum speichern, wie z.B. EIN-AUS, 1-0, H-L oder JA-NEIN.
Boolesche Datentypen und ihre Leitungen sind grün.
Boolesche (oder auch logische) Datentypen werden gebraucht

- ❑ beim Vergleichen numerischer Werte oder
- ❑ beim logischen Verknüpfen von Zuständen.

3.1 Vergleichen numerischer Werte

Beispiel:
Es soll geprüft werden, ob Zahl1 größer als Zahl2 ist.

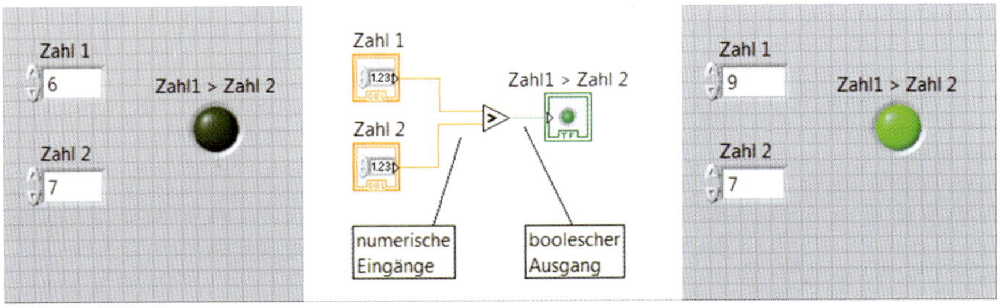

Die Objekte zur Programmierung von Vergleichsfunktionen findet man im Blockdiagramm unter ***Funktionen → Programmierung → Vergleich.***

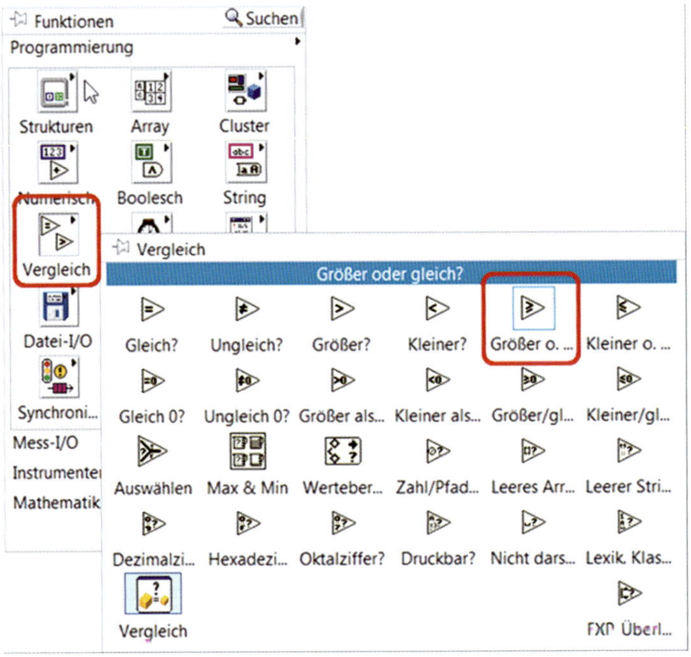

Hinweis: Die Überprüfung von zwei Gleitkommazahlen auf Gleichheit ist nicht ganz einfach, da beide nur dann gleich sind, wenn alle Bits (32 oder 64) gleich sind. Besonders wenn veränderliche Bedienelemente zum Einsatz kommen, kann oft eine Gleichheit zweier Werte wegen der Größe des Inkrements nicht erreicht werden.

Beispiel:

Im folgenden VI wird eine Gleichheit nie angezeigt, wenn der Schieberegler mit der Maus betätigt wird.

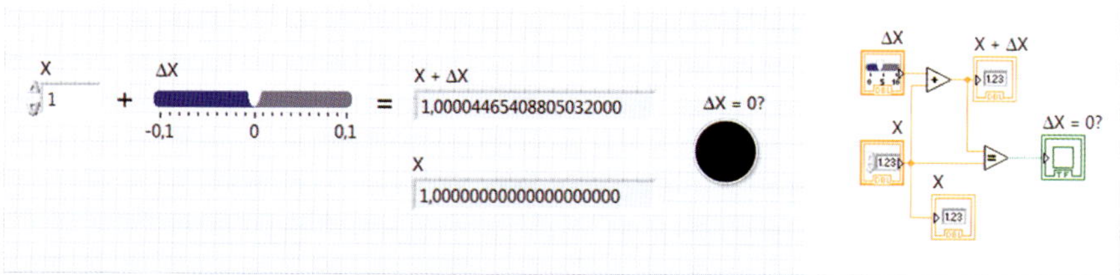

In solchen Fällen ist es besser, den Wert Δx mit den Operatoren *größer oder gleich?* bzw. *kleiner oder gleich?* zu überprüfen.

3.2 Logische Verknüpfungen

Beispiel:

Die Lampe soll *EIN* sein, wenn Schalter1 *UND* Schalter2 *EIN* sind.

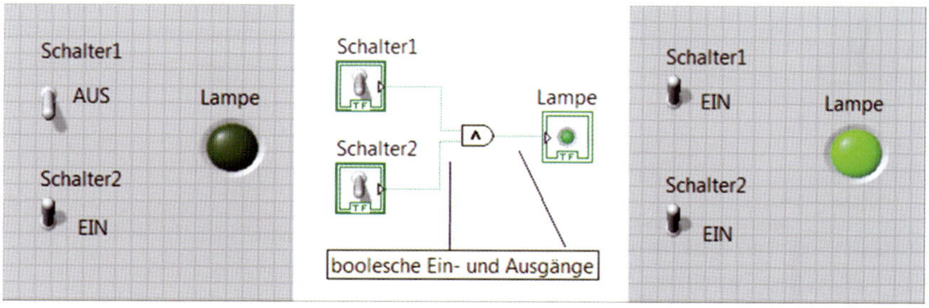

Die Objekte zur Verknüpfung von booleschen Daten findet man im Blockdiagramm unter ***Funktionen → Programmierung → Boolesch.***

Auf dieser Palette sind auch die beiden logischen Konstanten TRUE und FALSE zu finden. Ebenso wie numerische Konstante sind sie nur im Blockdiagramm sichtbar.

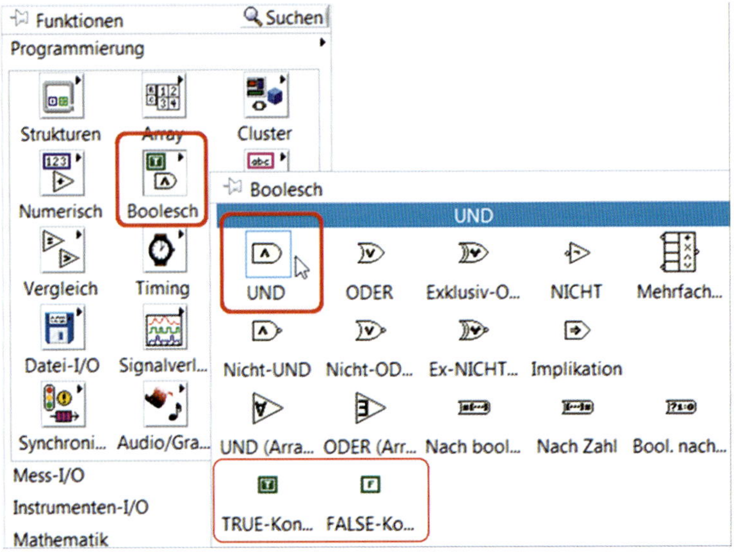

Boolesche Bedien- und Anzeigeelemente auf dem Frontpanel können zusätzlich zur Beschriftung und zum Untertitel einen Text anzeigen (boolescher Text), der den Zustand des booleschen Elements beschreibt, z.B. bei einem Schalter *EIN–AUS* oder *Vorwärts–Rückwärts* usw. Eingeschaltet und eingegeben wird der boolesche Text im Kontextmenü unter ***Eigenschaften → Booleschen Text anzeigen.***
Auf dem Frontpanel kann er markiert und verschoben werden.

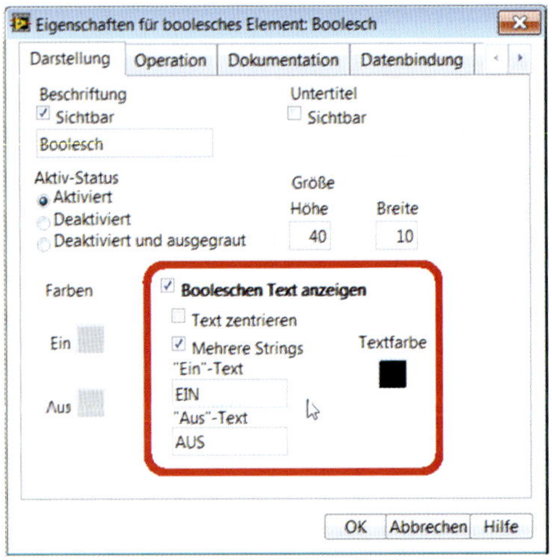

Ebenso wie bei realen Schaltern kann den booleschen Schaltelementen in LabVIEW unterschiedliches Schaltverhalten zugewiesen werden. Eine Auswahl aus 6 verschiedenen Möglichkeiten erfolgt im Kontextmenü unter

Eigenschaften → Operation oder unter *Schaltverhalten*

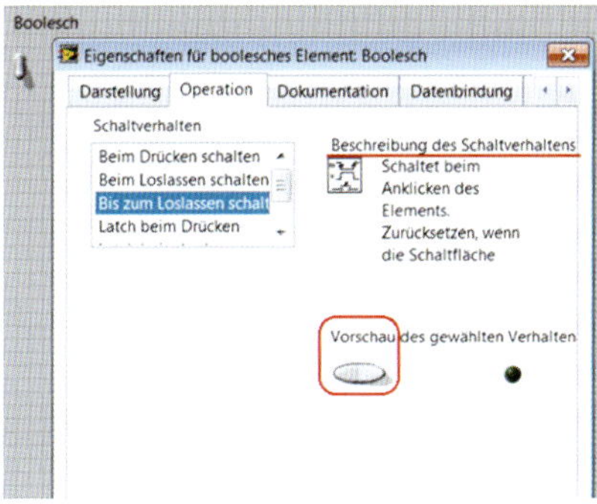

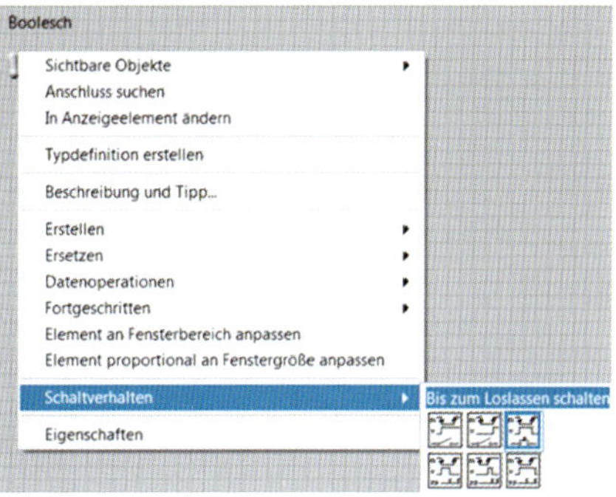

Eine Vorschau des Schaltverhaltens ist durch Betätigen des Schalters zu erkennen.

Logische Verknüpfungen arbeiten nicht nur mit booleschen Daten, sondern auch mit ganzen Zahlen. Dabei werden die einzelnen Bits der binären internen Zahlendarstellung stellenweise miteinander verknüpft.

Beispiel:

UND-Verknüpfung der Zahlen 5 und 11

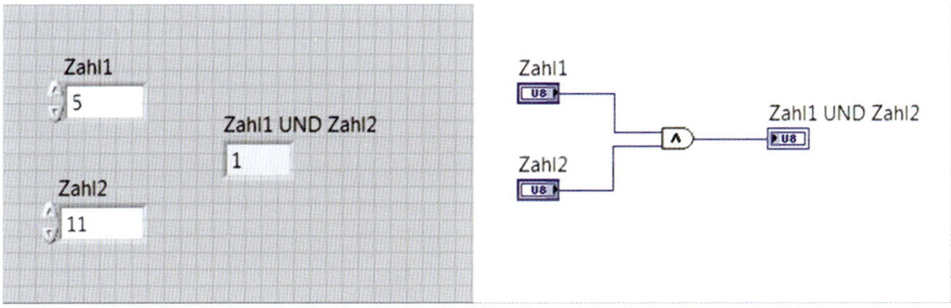

Das Beispiel ist leichter zu verstehen, wenn man eine binäre Zahlendarstellung wählt. Numerische Zahlendarstellungen von Bedien- oder Anzeigeelementen bieten die Möglichkeit, die Basis des Stellenwertsystems (Radix) sichtbar zu machen.
Kontextmenü *Sichtbare Objekte → Radix*

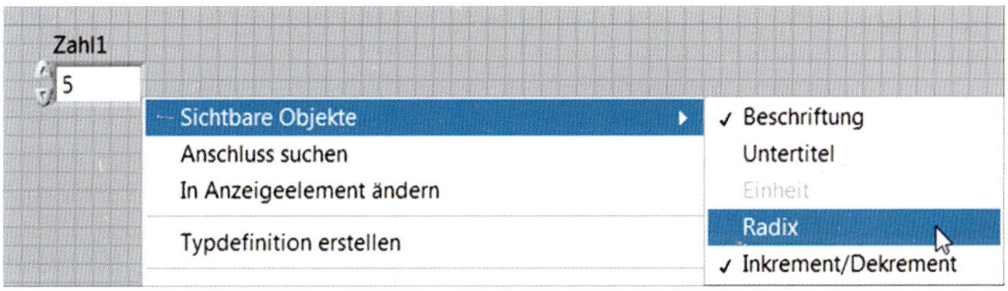

Ist Radix eingeschaltet, so erscheint links neben der Zahl ein kleines graues Feld mit dem Buchstaben **d** für dezimal. Bewegt man die Maus auf diese Radixanzeige, erscheint die Bedienhand. Mit einem Linksklick werden bei ***ganzzahligen*** Datentypen 5 mögliche Darstellungsweisen angezeigt (bei Gleitkommazahlen nur 2).

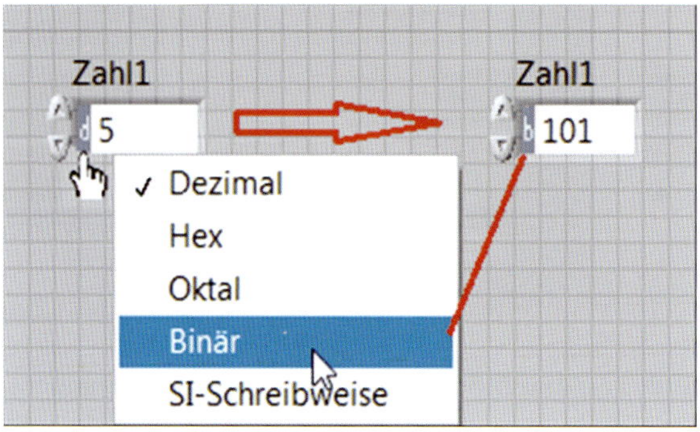

In dem gezeigten Beispiel wird die dezimale Zahl 5 in eine binär dargestellte 5 umgewandelt.

Achtung:
Ist die binäre Darstellung eingestellt, ist eine Zahleneingabe nur mit 0 und 1 möglich.

Die gleichen Betrachtungen gelten auch für die anderen logischen Verknüpfungen.

Beispiel:
ODER-Verknüpfung der Zahlen 5 und 11

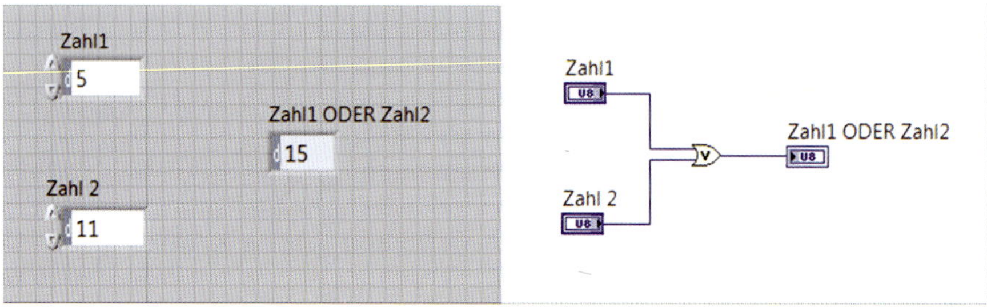

Für die beiden Beispiele erhält man die angegebenen Ergebnisse.

Zahl1	5:	00000101
Zahl2	11:	00001011
Zahl1 UND Zahl2		00000001
Zahl1 ODER Zahl2		00001111

Aufgaben

Aufgabe 3.01 Soll-Ist-Vergleich

Mit einem Schieberegler wird ein Sollwert eingestellt. Dieser wird mit einem ebenfalls durch Schieberegler einstellbaren Istwert verglichen. Eine Anzeige mit 3 LEDs zeigt, ob der Istwert kleiner, gleich oder größer als der Sollwert ist.

Hinweis: Stellen Sie für beide Schieberegler den Datentyp *I16* ein.

Starten Sie das VI mit 

Frontpanel:

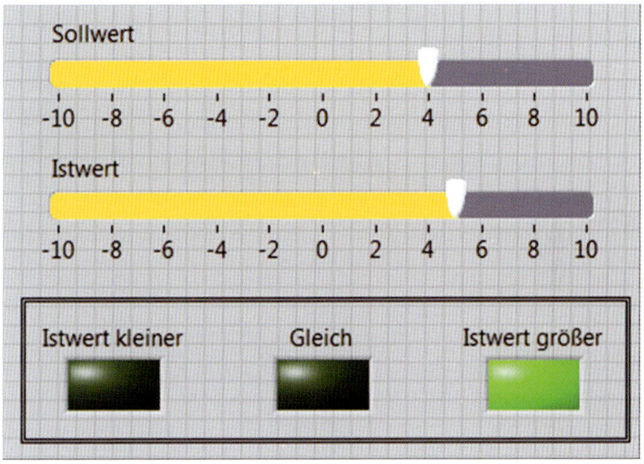

Zusatzaufgabe:
Ändern Sie den Datentyp beider Schieberegler in *DBL*.
Testen Sie das Programm auf Gleichheit.
Ändern Sie die Skaleneinteilung für den Sollwert auf –20 bis +20 ab.

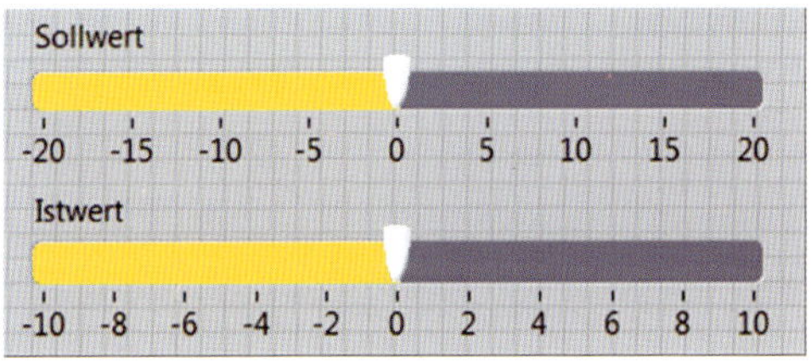

Testen Sie das Programm auf Gleichheit.

Erweitern Sie das Frontpanel mit einer Analoganzeige, die den Betrag der Differenz von Ist- und Sollwert ausgibt.

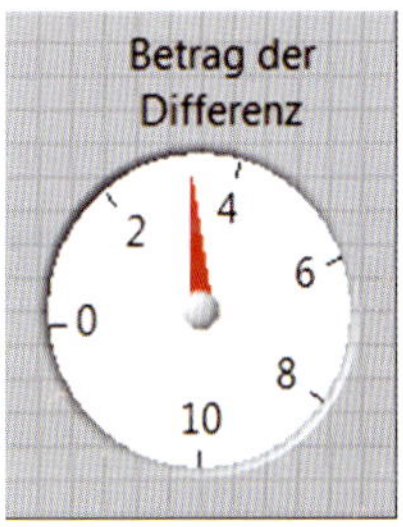

Aufgabe 3.02 Safe-Schloss

Erstellen Sie ein VI, in dem mit 4 Einstellknöpfen eine Zahlenkombination eingestellt wird. Stimmt die Zahlenkombination mit einer im Blockdiagramm fest eingegebenen, 4-stelligen ganzzahligen Konstanten (z.B. 1234) überein, so leuchtet die rote Kontrollleuchte grün auf und trägt die Beschriftung **OFFEN**.

Starten Sie das VI mit 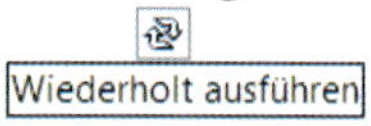

Frontpanel:

Welcher Datentyp ist für die Einstellknöpfe ungeeignet? Begründen Sie Ihre Antwort.

Hinweis: Möchte man ein Verschieben der Knöpfe beim Bedienen verhindern, markiert man alle zu fixierenden Objekte (Rahmen herumziehen) und wählt danach im Frontpanel Icon ***Neu ordnen → Gruppieren.***

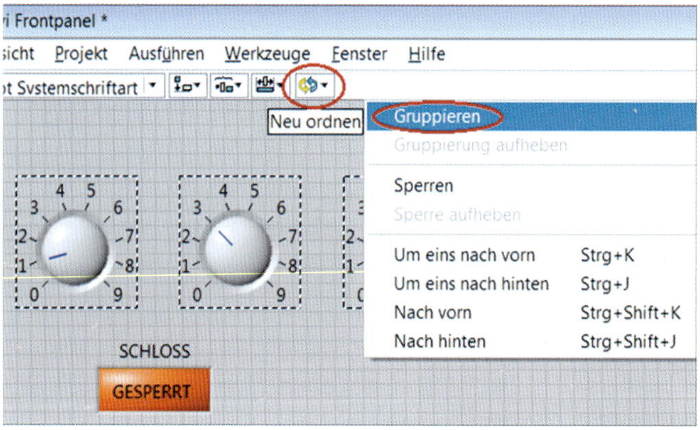

Die markierten Objekte können nicht mehr gegeneinander verschoben werden. Sollen sie auch insgesamt nicht mehr auf dem Frontpanel verschiebbar sein, nochmals markieren und dann im gleichen Menü den Punkt ***Sperren*** wählen.

Aufgabe 3.03 Bargraph

Mit einem analogen Schieberegler (Datentyp *DBL*) als Bedienelement wird ein Wert eingestellt. Dieser Wert soll als Bargraph in digitaler Form mit 10 LEDs angezeigt werden. Die Schaltschwelle für die LED liegt jeweils bei: ***Analogwert*** ≥ **#,5**, d.h., die LEDs schalten EIN wie folgt: LED1 ≥ 0,5; LED2 ≥ 1,5; LED3 ≥ 2,5; LED4 ≥ 3,5 usw.

Starten Sie das VI mit 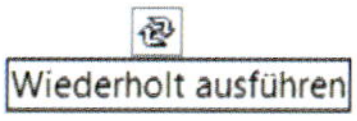

Frontpanel:

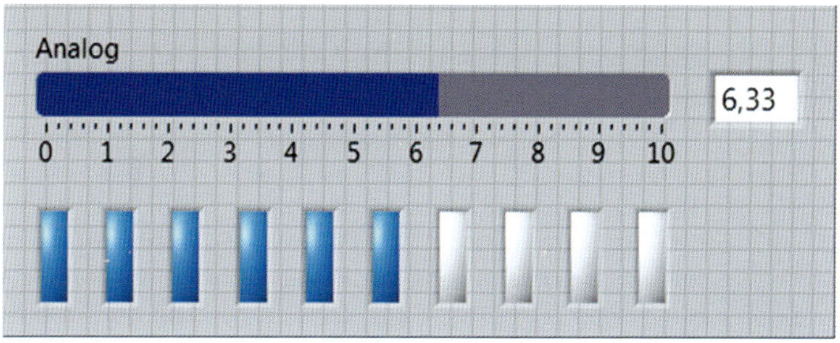

Sollen nach dem Erstellen des Frontpanels die Abmessungen oder Farben aller LEDs geändert werden, so ist das nur mit viel Aufwand bei jeder einzelnen LED möglich. Dies kann durch die Verwendung einer **Typdefinition** vereinfacht werden. LabVIEW bietet damit die Möglichkeit von *benutzerdefinierten* Bedien- und Anzeigeelementen. Vorgehensweise für die dargestellte Aufgabe:

1. Eine rechteckige LED aufs Frontpanel platzieren.
2. Im Kontextmenü ***Typdefinition erstellen***.
   Das Symbol im Blockdiagramm erhält ein schwarzes Eselsohr.

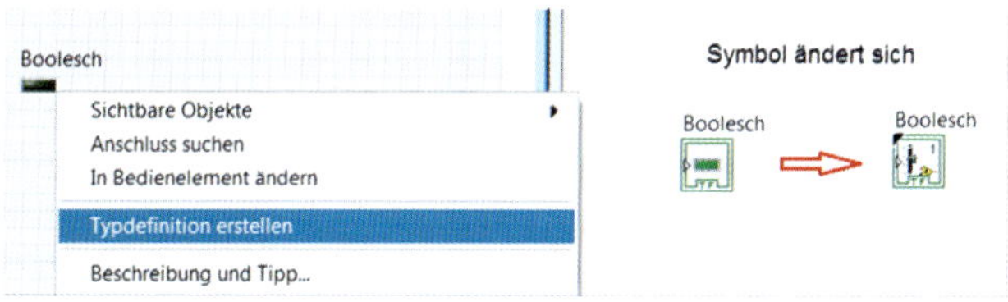

3. Jetzt im Kontextmenü ***Typdefinition öffnen***.
   Im Pulldown-Menü des neuen Fensters den Menüpunkt ***Strikte Typ-Def.*** wählen.

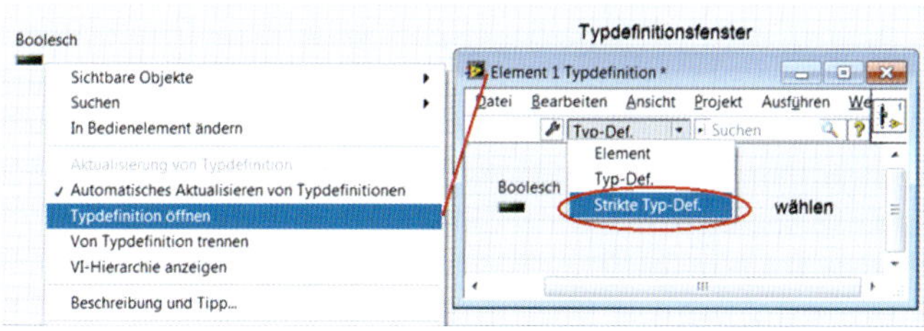

4. Fenster schließen und einen Namen für das Element wählen: Es wird eine Datei mit der Erweiterung *.ctl (für Control) erstellt, die benutzerspezifische Änderungen speichert, die in diesem Typdefinitionsfenster durchgeführt werden.
5. Beschriftung ausschalten, dann LED neunmal kopieren. LED graphisch anordnen.
6. Jetzt nochmals ***Typdefinition öffnen*** und in diesem Fenster mit Eigenschaften z.B. die Farbe der LED ändern. Dann Fenster schließen und speichern. Die Farbe bei ***allen*** LEDs hat sich geändert.

Aufgabe 3.04 Füllstand

Der Füllstand H eines Tanks soll mit 5 Signallampen (LEDs) überwacht werden. Die LEDs sollen bei folgenden Grenzen ansprechen:

- *TANK LEER* ist EIN, wenn $H \le 10$, *FAST LEER* ist EIN, wenn $10 < H < 20$,
- *NORMALBETRIEB* ist EIN, wenn $10 < H < 90$,
- *FAST VOLL* ist EIN, wenn $80 < H < 90$, ÜBERLAUF ist EIN, wenn $H \ge 90$.

Der Wasserstand H wird mit einem Schieberegler (*DBL*) eingestellt.
Schalten Sie im Kontextmenü der LED den Punkt ***Sichtbare Objekte → Beschriftung*** aus und geben Sie die Beschriftung der Elemente in ***Eigenschaften → Darstellung → Booleschen Text*** anzeigen ein. Dadurch wird der Text nur im EIN-Zustand dargestellt.

Starten Sie das VI mit 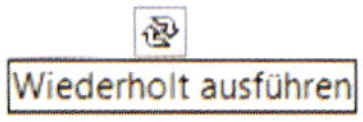

Frontpanel:

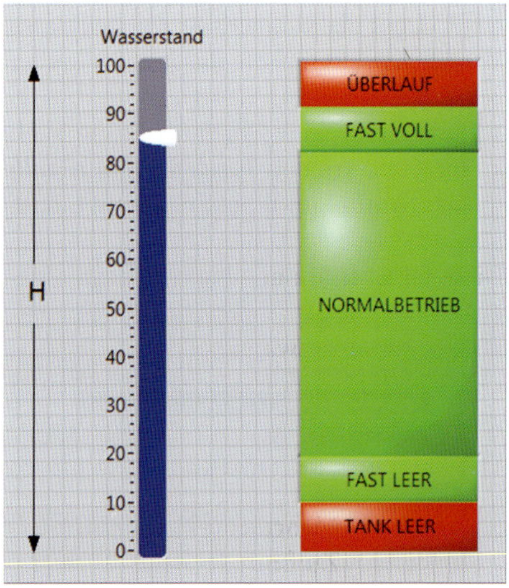

Zusatzaufgabe:
Sind die LEDs *TANK LEER* und ÜBERLAUF eingeschaltet, so sollen sie als zusätzliche Warnung im «Blinkend»-Modus betrieben werden.
Man verwendet dazu ein Objekt, das die Eigenschaft «blinken» eines Anzeigeelements einschalten kann. Es ist im Kontextmenü der LED unter ***Erstellen → Eigenschaftsknoten → Blinkend*** zu finden. Zum Beschreiben muss im Kontextmenü ***In Schreiben ändern*** ausgewählt werden. Wird es mit einem booleschen Wert True beschaltet, blinkt die Anzeige.
Näheres siehe Lösung.

Aufgabe 3.05 DIP-Schalter

1. Auf dem Frontpanel sind 4 DIP-Schalter dargestellt. Deren Einstellung soll als Dezimalzahl errechnet und dargestellt werden.
2. Eine eingegebene Dezimalzahl soll als Dualzahl mit LED-Anzeigen angezeigt werden.

Hinweis: Verwenden Sie für Schalter und Anzeige Objekte der Palette *Elemente → Klassisch→ Boolesch (Klassisch).*

Starten Sie das VI mit 

Frontpanel:

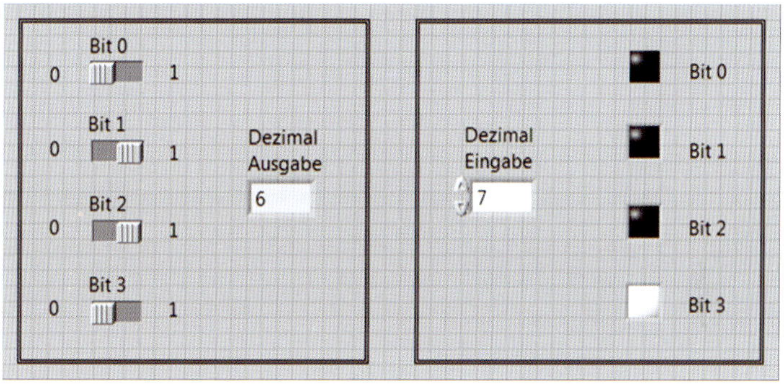

Diese Objekte können hilfreich sein:

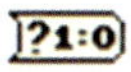

Umwandlung eines booleschen Werts in einen Zahlenwert.
Zu finden unter *Funktionen → Programmierung → Boolesch.*

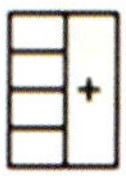

Mehrfacharithmetik.
Zu finden unter *Funktionen → Programmierung → Numerisch.*

Quotient und Rest: Berechnet den ganzzahligen Quotienten und den Rest einer Division.
Zu finden unter *Funktionen → Programmierung → Numerisch.*

Näheres dazu in den Hilfe-Funktionen.

4 Schleifen

Vorbemerkung
Um das Verhalten von Schleifen anschaulich zu machen, werden in Beispielen und Aufgaben zwei Hilfsmittel benutzt:

1. Veränderliche Daten werden mit Zufallszahlen erzeugt. Dazu wird die Funktion ***Zufallszahl*** benutzt, die bei Ausführung eine willkürliche Zahl doppelter Genauigkeit liefert, die größer als 0 und kleiner als 1 ist.
   Die Funktion findet man im Blockdiagramm unter
   Funktionen → Programmierung → Numerisch → Zufallszahl(0-1) 
2. Zur anschaulichen Darstellung des Programmablaufs wird eine Wartezeit in die Schleifen eingebaut und damit die Ausführungsdauer der Schleife bewusst verlangsamt.
   Die Zeitfunktion dafür findet man im Blockdiagramm unter *Funktionen → Programmierung → Timing → Bis zum nächsten Vielfachen von ms warten.*
   Mit einer Konstanten von 1000 erreicht man eine Wartezeit von 1 Sekunde. Damit sind veränderliche Anzeigen leicht zu beobachten.

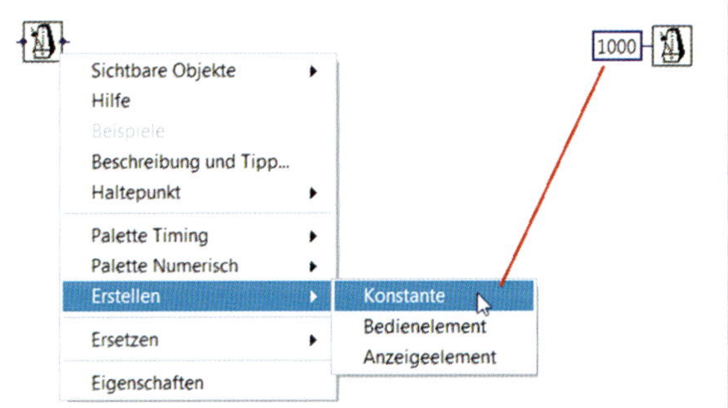

Schleifen dienen der Steuerung der Programmausführung. Der in einer Schleife enthaltene Code wird mehrfach ausgeführt.
Man findet Schleifen im Blockdiagramm unter *Funktionen → Programmierung → Strukturen*.

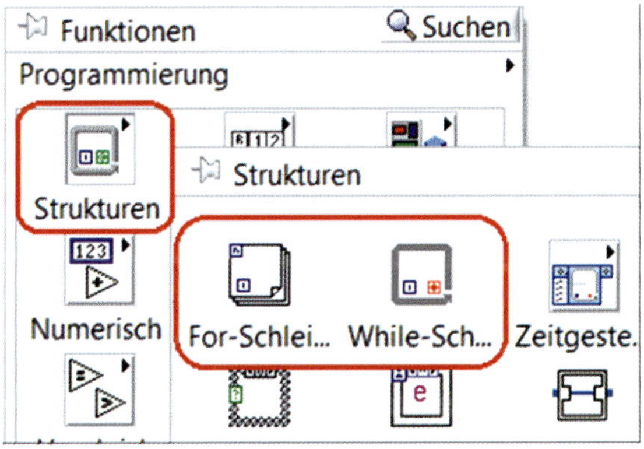

Das gewünschte Icon wird angeklickt, auf dem Blockdiagramm platziert und mit der Maus auseinandergezogen.
Es gibt drei Möglichkeiten, einen Code in der Schleife zu platzieren:

1. Der Code wird beim Erstellen in die leere Schleife platziert.
2. Die Schleife wird über einen bereits vorhandenen Code gezogen und nimmt diesen auf.
3. Mit *Strg+V* wird der Code aus der Zwischenablage in die Schleife eingefügt.

Achtung:
Haben Objekte einen schwarzen Schatten, befinden sie sich **nicht** in der Schleife, obwohl es vielleicht so aussieht.

4.1 While-Schleife

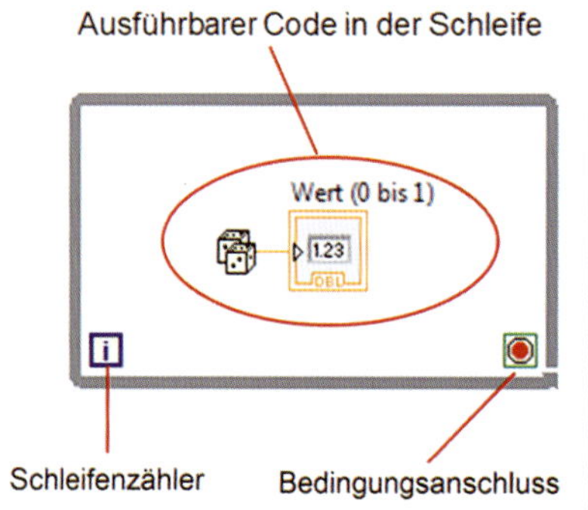

Sie kann den Startknopf «***Wiederholt ausführen***» ersetzen. Der Code innerhalb der Schleife wird so lange ausgeführt, bis eine bestimmte Bedingung erfüllt ist. Die While-Schleife ist eine fußgesteuerte Schleife, d.h., die Überprüfung der Bedingung erfolgt nach jedem Durchlauf des Schleifeninhalts. Sie wird also immer mindestens einmal ausgeführt.

Nach dem Aufziehen enthält die While-Schleife zwei Objekte:

1. Den Schleifenzähler (auch Iterationsanschluss oder Indexvariable)

Er hat einen numerischen Ausgang, der die aktuelle Anzahl der Durchläufe (Iterationen) der Schleife liefert (Datentyp I32).

2. Den Bedingungsanschluss.
Er hat einen Eingang für einen booleschen Wert.
Für den Bedingungsanschluss sind zwei Betriebsarten der Schleife wählbar:

Enthält der Bedingungsanschluss einen roten Punkt, wird
– die Schleife abgebrochen, wenn der Eingangswert TRUE ist oder
– die Schleife ausgeführt, wenn der Eingangswert FALSE ist.

Enthält der Bedingungsanschluss einen grünen Kreis, wird
– die Schleife ausgeführt, wenn der Eingangswert TRUE ist, oder
– die Schleife abgebrochen, wenn der Eingangswert FALSE ist.

Die Umschaltung zwischen beiden Bedingungen erfolgt entweder im Kontextmenü

- der Schleife oder
- des Bedingungsanschlusses.

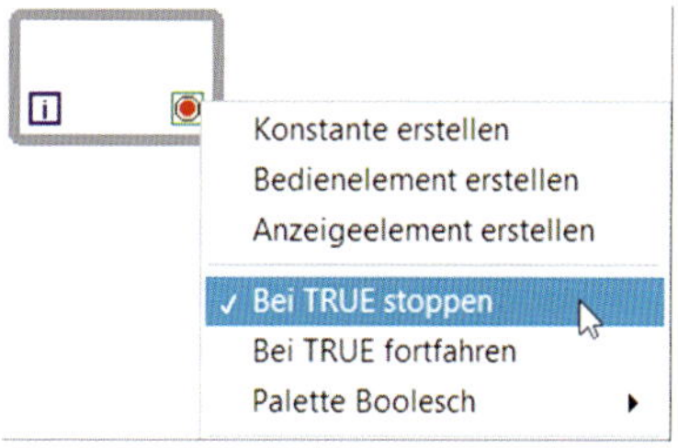

Der Eingang des Bedingungsanschlusses muss immer beschaltet sein, z.B. mit einem Schalter/Taster. Damit er die richtige Schaltfunktion aufweist, wählt man im Kontextmenü den Menüpunkt → *Bedienelement erstellen.*

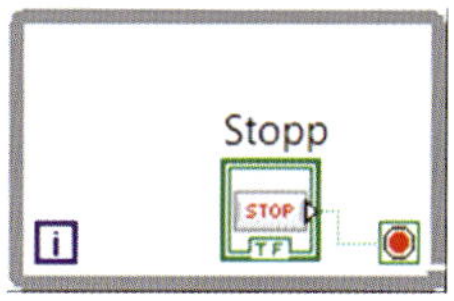

Ist der Eingang des Bedingungsanschlusses nicht beschaltet, kann das VI nicht gestartet werden, der Ausführungspfeil zerbricht.

Die While-Schleife kommt zum Einsatz, wenn die Anzahl der Schleifendurchläufe vor Beginn der Ausführung ***nicht bekannt*** ist, sondern die Schleife bei einem eingetretenen Ereignis beendet werden soll, wenn beispielsweise bei einer Berechnung ein bestimmter Wert erreicht ist oder manuell eine Stopp-Taste betätigt wird.

4.2 For-Schleife

Der For-Schleife wird durch Beschaltung am Zählanschluss N mitgeteilt, wie oft der enthaltene Code ausgeführt werden soll.

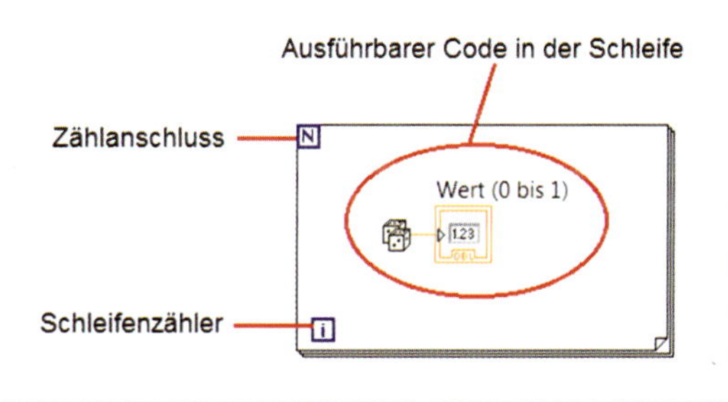

Nach dem Aufziehen enthält die Schleife zwei Objekte:

1. 
Den Schleifenzähler (auch Iterationsanschluss oder Indexvariable). Er hat einen numerischen Ausgang, der die aktuelle Anzahl der Durchläufe (Iterationen) der Schleife liefert. Gleiche Funktion wie While-Schleife.

2. 
Den Zählanschluss.
Der Zählanschluss hat einen numerischen Eingang, in dem die Anzahl der Ausführungen der Schleife eingegeben wird (Datentyp I32).

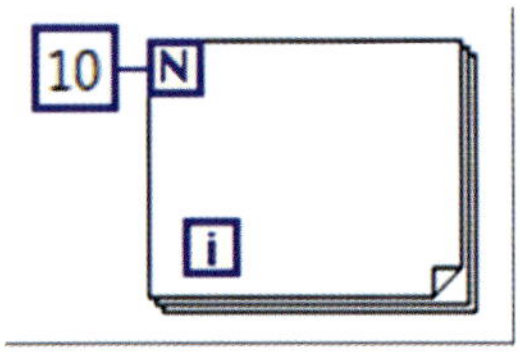

Der Eingang des Zählanschlusses muss immer beschaltet sein, z.B. mit einer Konstanten. Im Kontextmenü den Menüpunkt → *Konstante erstellen* wählen. (Ausnahme siehe Abschnitt 11.3)

Ist der Eingang des Zählanschlusses nicht beschaltet, kann das VI nicht gestartet werden, der Ausführungspfeil zerbricht.

Die For-Schleife prüft vor der Ausführung, ob die Anzahl der Ausführungen erfüllt ist. Die For-Schleife ist kopfgesteuert, d.h., für N = 0 wird die Schleife nicht ausgeführt. Die For-Schleife kommt zum Einsatz, wenn die Anzahl der Schleifendurchläufe vor Beginn der Ausführung ***bekannt*** ist, z.B. es sollen N = 10 Rechnungen ausgeführt werden.
In die For-Schleife kann ein Bedingungsanschluss eingefügt werden (über das Kontextmenü).
Die Ausführung der Schleife wird dann gestoppt, wenn

- entweder die Anzahl N der Ausführungen erreicht ist
- oder die Abbruchbedingung erfüllt ist,

je nachdem, welches Ereignis zuerst eintrifft.
Für beide Schleifentypen gilt:

Schleifenzählerfunktion
Der Schleifenzähler beginnt mit der Zählung der Durchläufe bei i = 0, d.h., nach dem ersten Durchlauf der Schleife ist i = 0, nach dem zweiten Durchlauf ist i = 1 usw. Hat der Schleifenzähler den Wert i = 10, wurde die Schleife 11-mal durchlaufen. Allgemein: i = Durchlauf – 1.

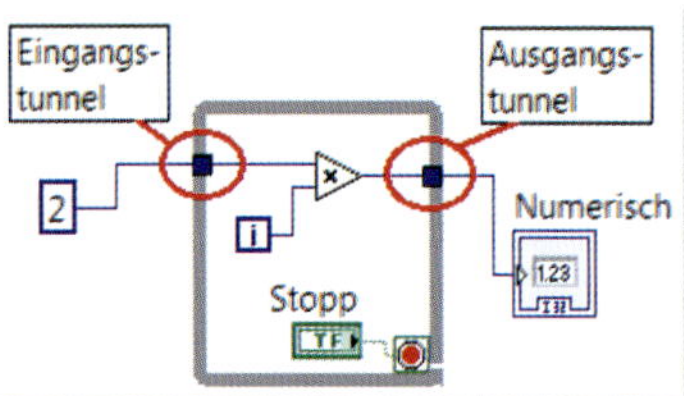

Datenaustausch
Der Datenaustausch mit Objekten außerhalb der Schleife findet über Tunnel statt. Eingangstunnel liefern Daten in die Schleife, Ausgangstunnel liefern Daten aus der Schleife.

Wichtig:

Die Schleife wird erst ausgeführt, wenn alle Eingangstunnel der Schleife Daten geliefert haben.
Wird die Schleife ausgeführt, so werden Änderungen der Eingangsdaten innerhalb der Schleife nicht erkannt.
Erst nach der Ausführung der Schleife liefern Ausgangstunnel Daten aus der Schleife.
Achtung: Wenn eine Schleife läuft, kommen über Tunnel keine Daten in die Schleife und keine Daten aus der Schleife.
Aber: Daten, die während eines Durchlaufs innerhalb der Schleife entstehen, können an den nächsten Durchlauf weitergegeben werden.

Das Instrument dazu ist das Schieberegister. Erzeugt wird ein Schieberegister mit dem Kontextmenü am Schleifenrand: → ***Schieberegister hinzufügen.***
Ein Schieberegister hat zwei Anschlüsse, einen Eingang und einen Ausgang. Vor der Beschaltung ist seine Farbe Schwarz. Es kann mit allen zulässigen Datentypen beschaltet werden.

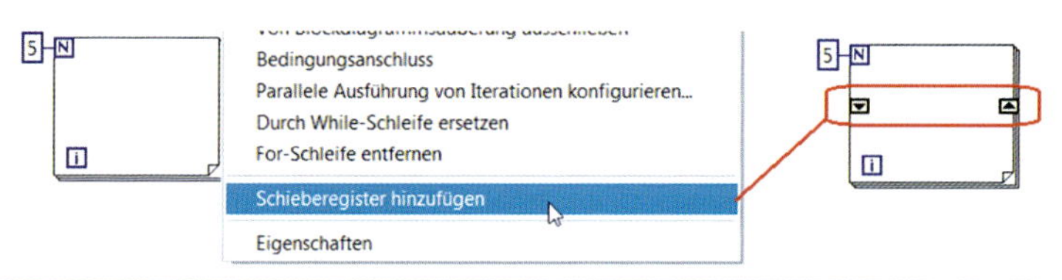

Nachfolgendes Beispiel zeigt beim ersten Start des VI im Sekundentakt die ersten fünf geraden Zahlen an.
Funktion: Am Schieberegistereingang liegt (weil ohne Beschaltung) der Default-Wert 0 an. Zu diesem wird 2 addiert, die Summe in ***Anzeige*** dargestellt und im Schieberegisterausgang gespeichert. Nach einer Wartezeit von 1 Sekunde ist der erste Durchlauf beendet.
Der 2. Durchlauf startet jetzt am Schieberegistereingang mit dem gespeicherten Wert vom Schieberegisterausgang. Bei der Addition ergibt sich der Wert 2 + 2, beim nächsten Durchlauf 4 + 2 usw.

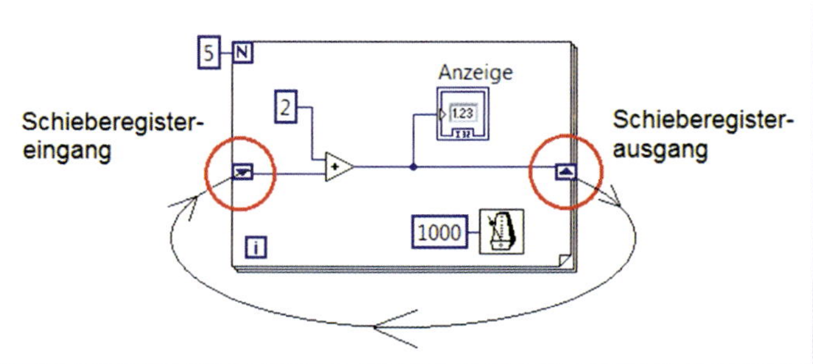

Allgemein: Nach Beendigung jedes Schleifendurchlaufs werden die Daten vom Schieberegisterausgang herausgeführt und stehen beim nächsten Durchlauf als Eingangsdaten am Schieberegistereingang zur Verfügung.
Im vorliegenden Beispiel wird die For-Schleife fünfmal ausgeführt. In ***Anzeige*** werden nacheinander die Werte 2, 4, 6, 8, 10 angezeigt.

Wird das Programm nochmals gestartet, zeigt *Anzeige* die Werte 12, 14, 16, 18, 20.

Achtung:

Der letzte Wert (hier 10) ist im Schieberegister noch enthalten!! Solange sich das Programm im Arbeitsspeicher befindet, wird kein neuer Default-Wert 0 am Schieberegistereingang erzeugt.

Soll das Programm bei jedem Start mit Eingangswert 0 ausgeführt werden, muss das Schieberegister **initialisiert** werden.
Dies erfolgt durch Beschalten mit einer Konstanten, hier Null.
Jetzt wird bei jedem Programmstart als erster Wert die Null eingelesen.

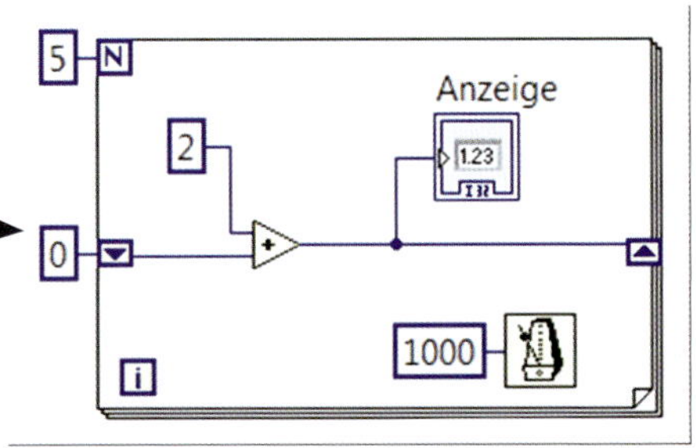

Der Schieberegistereingang kann aufgezogen werden, indem man ihn mit der Maus anwählt, bis ein zweiseitiger Pfeil entsteht. Dieser wird nach unten gezogen, so dass weitere Schieberegistereingänge entstehen. Jedes Element liefert das Ergebnis eines weiter davorliegenden Durchlaufs.
Oder im Kontextmenü des Schieberegisters den Punkt ***Element hinzufügen*** wählen.

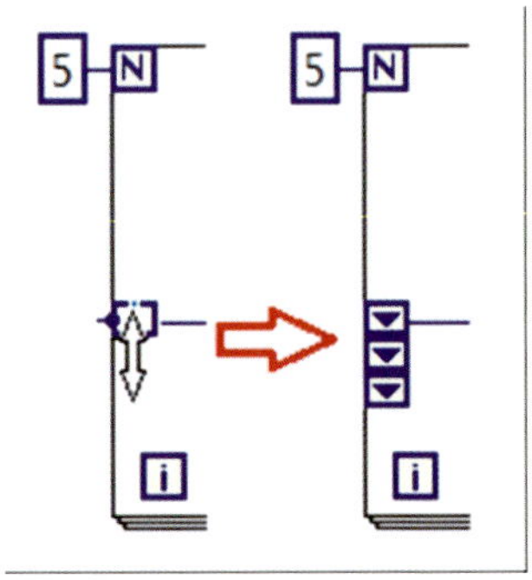

Tunnel:
Verbindet man die Leitung von ***Anzeige*** mit dem Schleifenrand (Doppelklick), so entsteht ein Ausgangstunnel. Ruft man das Kontextmenü des Tunnels auf, findet man unter dem Stichwort *Tunnelmodus* vier Einträge. Wählt man *Letzter Wert,* so wird der Tunnelanschluss ausgefüllt dargestellt und liefert nach Beendigung der Schleife den Wert des letzten Durchlaufs nach außen, hier die Zahl 10.
Wählt man *Indizieren*, so enthält der Anschluss eckige Klammern [ ] und weist auf die Ausgabe eines Arrays hin. Dieses enthält alle Zahlen, die während der Ausführung der Schleife in dem Tunnel anfallen.

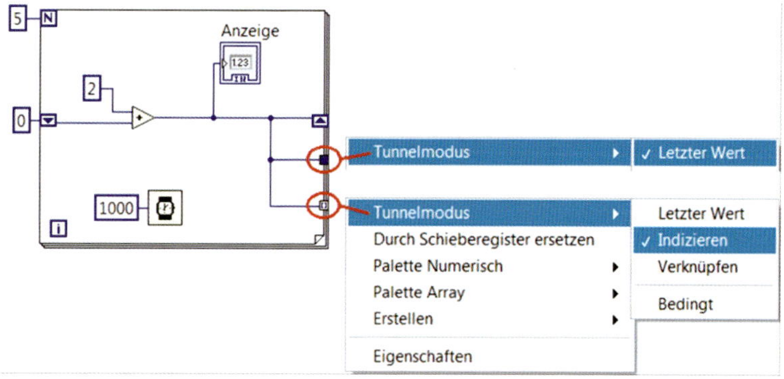

Wählt man an beiden Tunneln mit dem Kontextmenü *Erstellen → Anzeigeelement,* so erkennt man den Unterschied der Funktion. Am Anschluss *Letzter Wert* wird eine einfache Anzeige, am Anschluss *Indizieren* eine Arrayanzeige erstellt (dicke Anschlussleitung beachten).

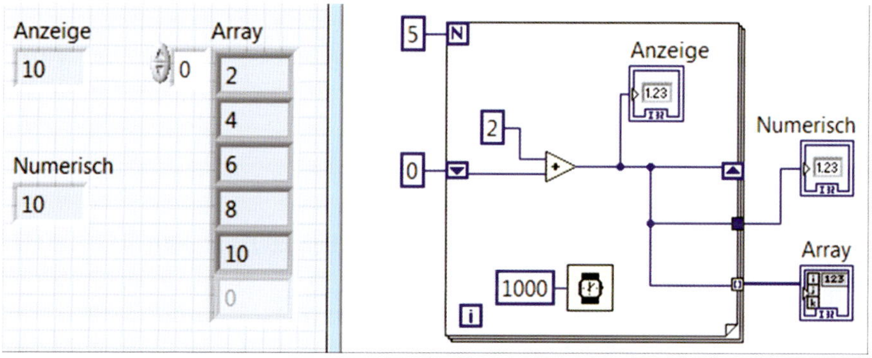

Wie dem Bild zu entnehmen ist, enthält die Arrayanzeige alle 5 während der Schleifenausführung entstehenden Daten.

Was ist ein Array?

Ein Array (Datenfeld) ist ein Behälter für mehrere Daten des gleichen Datentyps. Alle in einem Array befindlichen Daten besitzen zur Unterscheidung einen Index. In einem indizierten Tunnel erfolgt die Indizierung automatisch. Der zugehörige Index wird geliefert von dem Schleifenzähler (Indexvariable i). Das Datum des ersten Durchlaufs bekommt den Index i = 0, das des zweiten Durchlaufs den Index i = 1 usw. Sichtbar gemacht werden die gesammelten Daten im autoindizierten Tunnel mit einem Arrayanzeigeelement.
Wurde das Array mit dem Kontextmenü *Erstellen → Anzeigeelement* erzeugt, so wird nur das erste Datum mit dem Index 0 dargestellt. Will man möglichst viele Einträge des Arrays sehen, kann man es entweder an den Anfasspunkten oder an einer beliebigen Ecke aufziehen. Elemente des Arrays ohne Eintrag sind ausgegraut. Ein Klick auf den Inkrement Pfeil der ***Indexanzeige*** erhöht den Index auf 1, und das Datum mit dem Index 1 steht nun an erster Stelle.

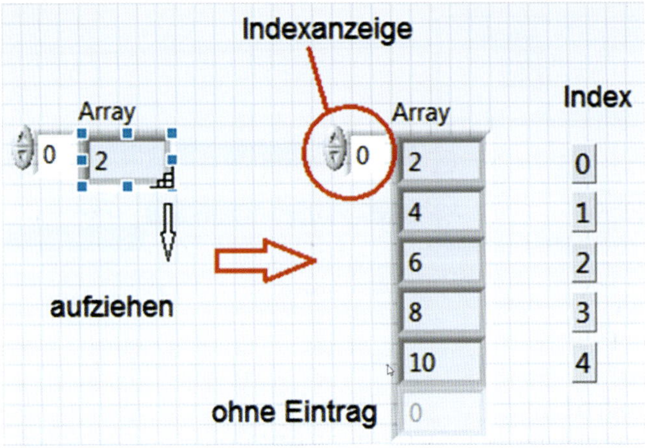

Der Umgang mit Arrays und seinen Funktionen wird in Kapitel 11 behandelt.

4.3 Ablaufreihenfolge

Das nachstehende Programm wird 50-mal durchlaufen und enthält drei voneinander unabhängige Abschnitte:

1. Zeigt die Anzahl der Durchläufe an.
2. Wartezeit von 100 ms.
3. Erzeugung und Anzeige einer Zufallszahl zwischen 200 und 300.

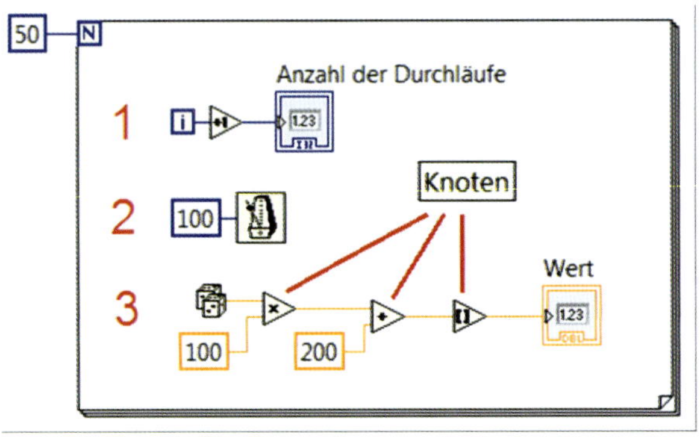

Das erste Mal sind in einem VI-Codeteile vorhanden, die nicht miteinander verbunden sind.

Es stellen sich Fragen:
In welcher Reihenfolge werden die einzelnen Abschnitte ausgeführt?
In welcher Reihenfolge wird überhaupt ein VI ausgeführt?

Bis jetzt waren in den Aufgaben alle Elemente und Funktionen miteinander durch Leitungen verbunden. Betrachtet man mit der Highlight-Funktion die Ausführung eines VI (z.B. Aufgabe 2.03 Kegel), so beginnt sie immer bei den Datenquellen und setzt sich dann zu den Datensenken fort, wo sie endet. Die Funktionselemente oder allgemeiner «**Knoten**» werden scheinbar chaotisch durcheinander ausgeführt. (Unter Knoten versteht man ein programm-/funktionsausführendes Element, das Ein- und Ausgänge besitzt). Dem Ganzen liegt jedoch ein Prinzip zugrunde, das sog. **Datenflussprinzip**:

> **Ein Knoten wird dann ausgeführt, wenn an seinen Eingängen alle Daten vorhanden sind.**
> **Die Bearbeitungsreihenfolge in LabVIEW ist datenabhängig, d.h., sie wird vom Vorhandensein der Daten bestimmt.**

Sind Elemente im Programmcode nicht durch Leitungen miteinander verbunden (wie im vorliegenden Fall), so werden die Teile quasi parallel ausgeführt, da alle 3 Teile Datenquellen besitzen. Dies kann man bei der Ausführung des Beispiels sehen: Die *Anzahl der Durchläufe* und *Wert* ändern sich während der Ausführung ständig. Welcher Teil zuerst mit der Ausführung beginnt, ist nicht vorhersagbar! Ohne besondere Vorkehrungen werden sie in einer nicht definierten Reihenfolge ausgeführt. Ein anschauliches Beispiel zur Bearbeitungsreihenfolge findet man in Aufgabe 4.02.

Wichtig:

Wird ein laufendes VI mit dem Stopp-Icon der Symbolleiste abgebrochen, wird auch die Schleife abgebrochen und kann deshalb an außerhalb liegende Anschlüsse keine Daten mehr ausgeben!

Abschließend noch eine kleine Aufgabe aus der Mathematikgeschichte.

Aufgabe: Schreiben Sie ein VI, das die Summe der Zahlen von 1 bis 100 bildet.

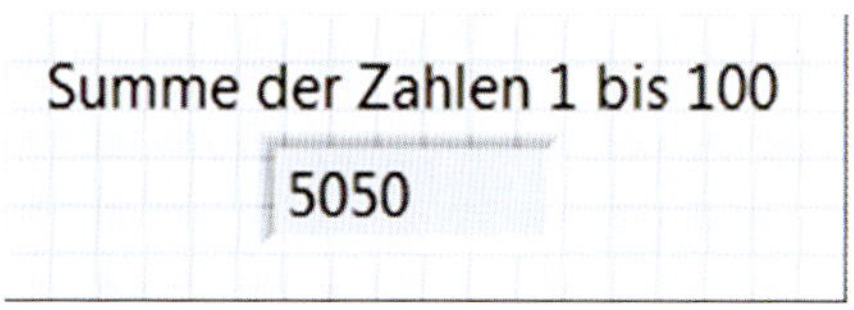

Carl Friedrich Gauß hatte dafür als Kind ohne Hilfsmittel wenige Minuten gebraucht. Näheres dazu unter Wikipedia – Gaußsche Summenformel.

Aufgaben

Aufgabe 4.01 Würfel1

Ein Würfelgenerator soll jede Sekunde eine Zahl zwischen 1 und 6 würfeln. Erst nach Abbruch des Programms mit der Stopp-Taste soll die Anzahl der erfolgten Würfe angezeigt werden.

Hinweis: Starten Sie das VI mit (einmalig) Ausführen
Überlegen Sie, wie man die *Zufallszahl (0-1)* multipliziert und rundet, um immer Zahlen zwischen 1 und 6 zu erhalten.

Frontpanel:

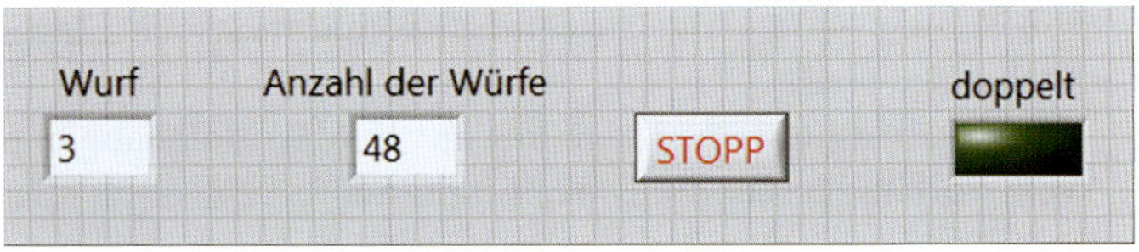

Frage 1: Welchen Unterschied macht es, ob Sie das Programm mit der STOPP -Taste oder dem Bedienknopf Ausführung abbrechen der Symbolleiste beenden?

Aufgabe: Erweitern Sie das VI mit folgender Funktion: Wenn zweimal nacheinander die gleiche Zahl fällt, wird dies mit einer Lampe signalisiert. Verwenden Sie dazu ein Schieberegister (Kontextmenü am Schleifenrand).

Frage 2: Welche Fehlfunktion kann auftreten, wenn das VI gestoppt und danach wieder gestartet wird? Wie kann diese Fehlfunktion vermieden werden?

Aufgabe: Wird das VI öfters ausgeführt, wird während des Programmlaufs die Anzahl der Würfe des vorherigen Spiels angezeigt. Sorgen Sie dafür, dass bei Programmstart in der Anzeige *Anzahl der Würfe* der Wert 0 erscheint.
Ein möglicher Lösungsweg ist ähnlich wie in Lösung 3.04 für «blinkend» beschrieben.
Das zugehörige Objekt ist im Kontextmenü ***Erstellen → Methodenknoten → Standardwert wiederherstellen*** zu finden.

Aufgabe: Die gleiche Funktion wie ein Schieberegister hat ein Rückkopplungsknoten. Man findet ihn unter ***Funktionen → Programmierung → Strukturen → Rückkopplungsknoten.***
Untersuchen Sie seinen Einsatz und Möglichkeiten.

Aufgabe 4.02 Würfel2

Erstellen Sie ein VI, das zwei Würfelspiele in zwei getrennten Schleifen enthält. Bauen Sie in jede Schleife eine Zeitverzögerung von 50 ms ein.

Spiel 1: Es wird 100-mal eine Zahl zwischen 1 und 6 gewürfelt. Während der Ausführung werden die Anzahl der Würfe und die Anzahl der geworfenen Sechser anzeigt.

Spiel 2: Es wird ein Würfelbecher mit 3 Würfeln simuliert, der so lange würfelt, bis ein Dreier-Pasch (beliebiger Augenzahl) geworfen wird. Die Zahlen und die Anzahl der Würfe werden während der Ausführung angezeigt.

Frontpanel:

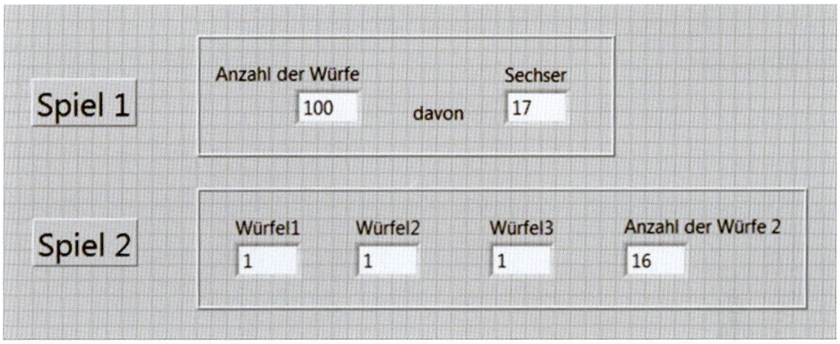

Hinweis: Diese Funktion kann bei der Lösung der Aufgabe nützlich sein: 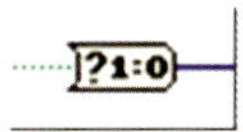

Sie wandelt einen booleschen Wert in eine Zahl um. Zu finden unter ***Funktionen → Programmierung → Boolesch → Boole nach Wert (0,1).***

- ❑ Starten Sie das VI mit Ausführen und beobachten Sie die Ausführung.
  Beide Schleifen werden anscheinend parallel ausgeführt.
- ❑ Schalten Sie die Highlight-Funktion ein und starten Sie das VI.
  Die Ausführung des Codes wechselt zwischen den Schleifen hin und her.

Beide Schleifen sind voneinander unabhängig, die Reihenfolge der Ausführung ist willkürlich und nicht vorhersagbar (insbesondere bei Programmänderungen).
Schafft man zwischen beiden Schleifen eine Abhängigkeit, so gilt das Datenflussprinzip. Die Schleife kann als Knoten betrachtet werden, der erst dann ausgeführt wird, wenn an den Eingängen alle Daten vorhanden sind.
Überlegen Sie, wie erreicht werden kann, dass zuerst das *Spiel 1* und danach das *Spiel 2* abläuft.

Aufgabe 4.03 Sägezahn

Erstellen Sie ein VI, das einen Funktionsgenerator mit Sägezahn simuliert. Mit einem Drehregler ist die Amplitude zwischen 0 V und 10 V einstellbar.
Darstellung am Oszilloskop:

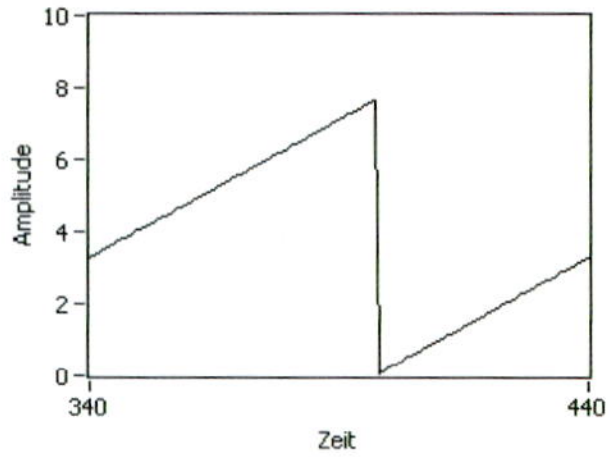

Frontpanel:

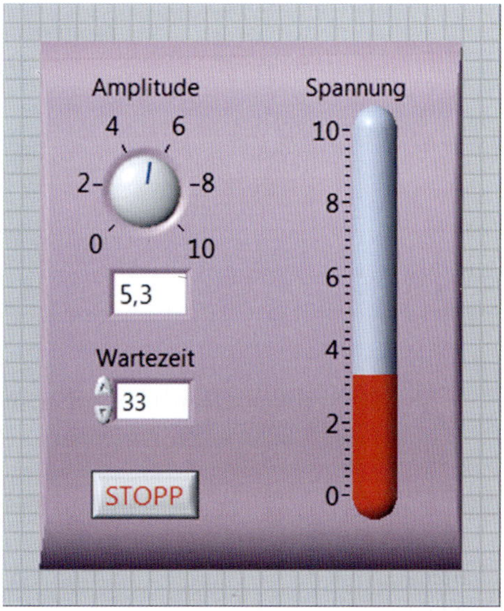

Hinweis: Die Anzeige des Sägezahnverlaufs erfolgt mit einem Thermometer.
Die eingestellte Amplitude wird durch 100 geteilt. Dieser Wert wird schrittweise aufaddiert (Wartezeit 10 ms). Wenn der Amplitudenwert erreicht ist, beginnt der Addiervorgang wieder bei Null.
Verwenden Sie zur Addition ein Schieberegister.
Verwenden Sie zur Eingabe der Wartezeit für die Zeitfunktion ein numerisches Eingabeelement.
Bei der Umschaltung auf Null ist das Objekt *Auswählen*  hilfreich.
Es ist zu finden unter ***Funktionen → Programmierung → Vergleich.***

Ordnen Sie die Bedien- und Anzeigeelemente auf einem Bedienfeld an.

1. ***Elemente → Modern → Gestaltung → Horizontale Rundbox***
2. Auseinanderziehen, bis alle Elemente bedeckt sind, und markieren.
3. Symbolleiste Icon ***Neu Ordnen → Nach hinten (Strg+Shift+J).***
4. Hauptmenü ***Ansicht → Werkzeugpalette → Farbe setzen.***

Aufgabe 4.04 Netzteil

Erstellen Sie ein VI, das den Ausgangsspannungsverlauf eines Netzteils simuliert. Mit einem Drehregler ist eine Gleichspannung in 1-V-Schritten zwischen 8 V bis 24 V einstellbar. Dieser soll eine Brummspannung (Zufallszahl) überlagert werden, deren Amplitude in 0,5-V-Schritten zwischen 0 und 2 V eingestellt werden kann. Der Spannungswert wird im Sekundentakt ausgegeben.

Darstellung am Oszilloskop:

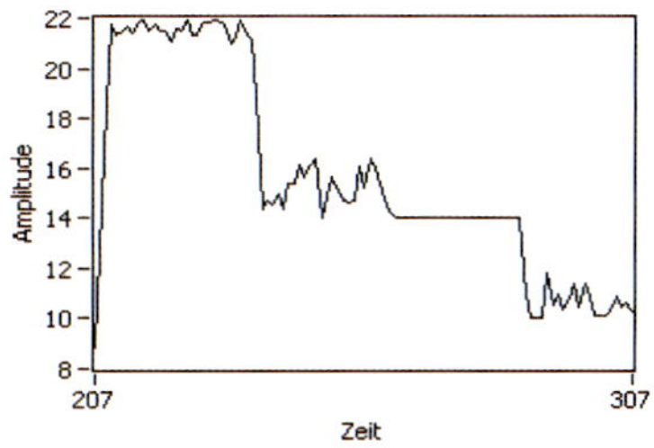

Frontpanel:

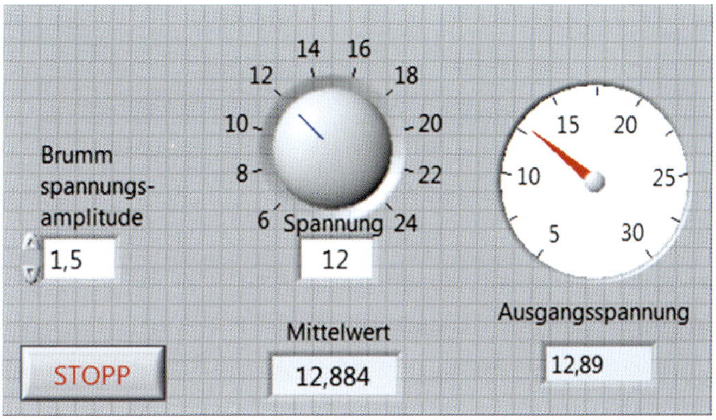

Schalten Sie bei dem Drehregler *Spannung* und der Anzeige *Ausgangsspannung* eine zusätzliche Zahlenanzeige ein: Im Kontextmenü unter ***Sichtbare Objekte → Zahlenanzeige.***

Diese kann unter ***Anzeigeformat*** formatiert werden.

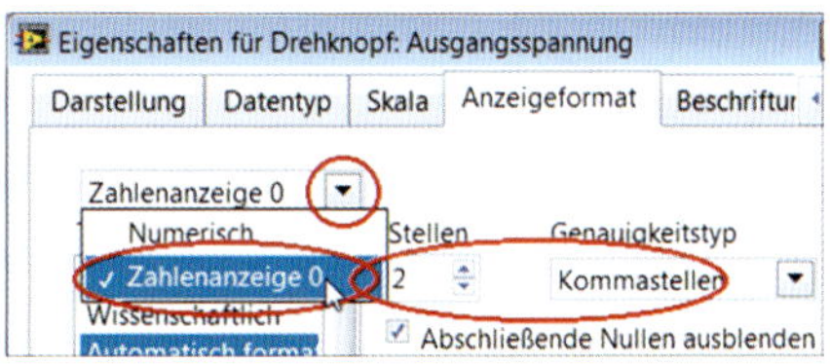

Erweitern Sie das VI mit folgender Funktion:

Der Mittelwert der letzten 5 Spannungswerte soll ausgegeben werden. Fügen Sie ein Schieberegister ein und verwenden Sie im Kontextmenü des Schieberegisters die Option ***Element hinzufügen*** 5-mal. Damit kann nicht nur auf das Element des letzten Schleifendurchlaufs zurückgegriffen werden, sondern auch auf das vorletzte, das drittletzte, das viertletzte und das fünftletzte.

Aufgabe 4.05 Blinklicht

Erstellen Sie ein VI, das eine blinkende Lampe simuliert. Mit einem Schalter wird ein Blinklicht ein- bzw. ausgeschaltet. Die Blinkfrequenz ist mit einem Schieberegler einstellbar.

Frontpanel:

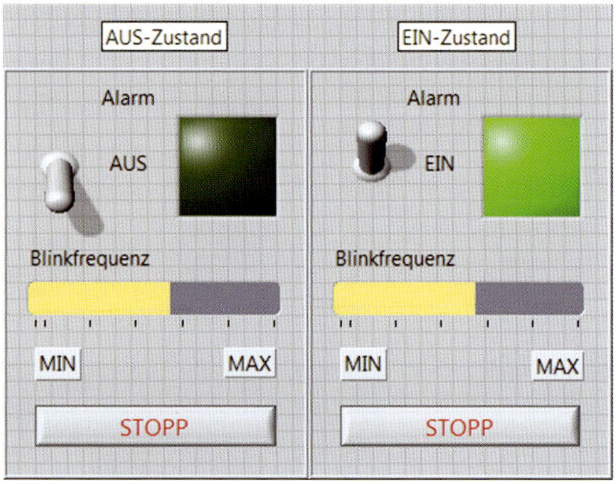

Hinweis: Zur Rückkopplung von logischen Schaltzuständen wird ein Schieberegister mit einer While-Schleife verwendet.
Die Blinkfrequenz wird durch eine Wartezeit mit Schieberegler realisiert.

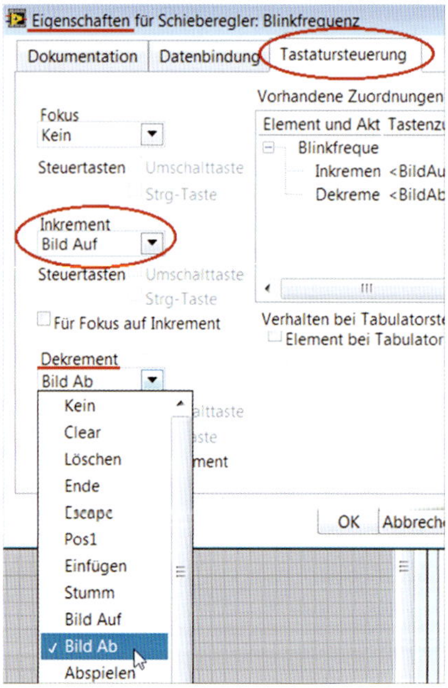

LabVIEW bietet die Möglichkeit, Bedienelemente nicht nur mit der Maus, sondern auch mit der Tastatur zu betätigen. Bauen Sie für den Schieberegler *Blinkfrequenz* eine Tastatursteuerung ein. Die Möglichkeit findet man unter ***Eigenschaften*** → Registerkarte → ***Tastatursteuerung.***
Verwenden Sie die Cursortasten *Bild Auf* und *Bild Ab.*

Aufgabe 4.06 Schleifenfunktionen1

Welche Werte sind nach Programmende in den Anzeigen enthalten?

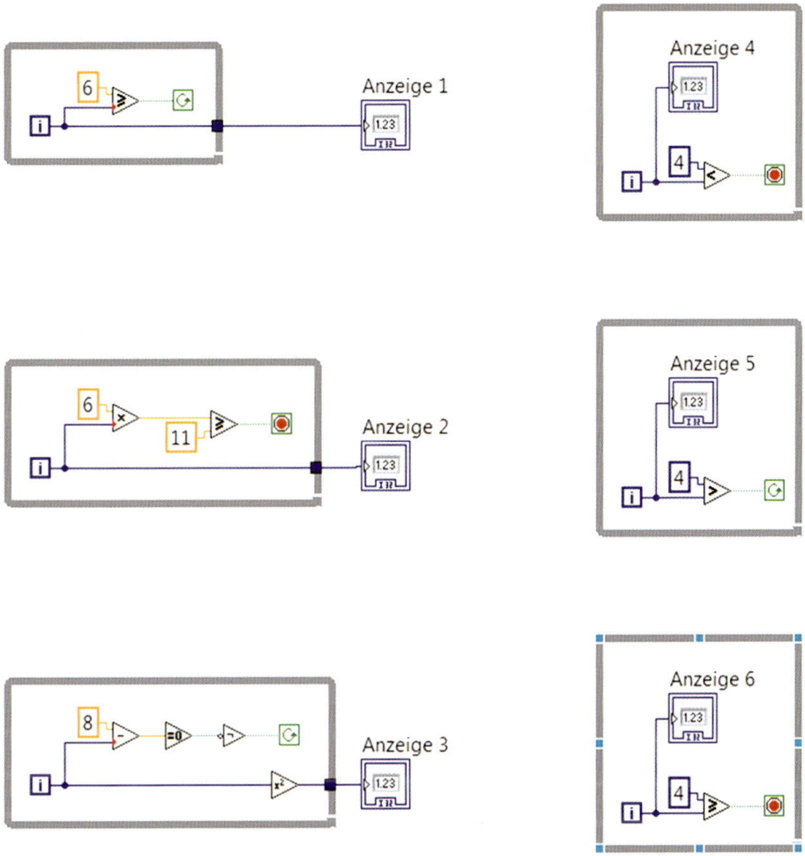

Aufgabe 4.07 Schleifenfunktionen2

Welche Werte sind nach Programmende in den Anzeigen enthalten?

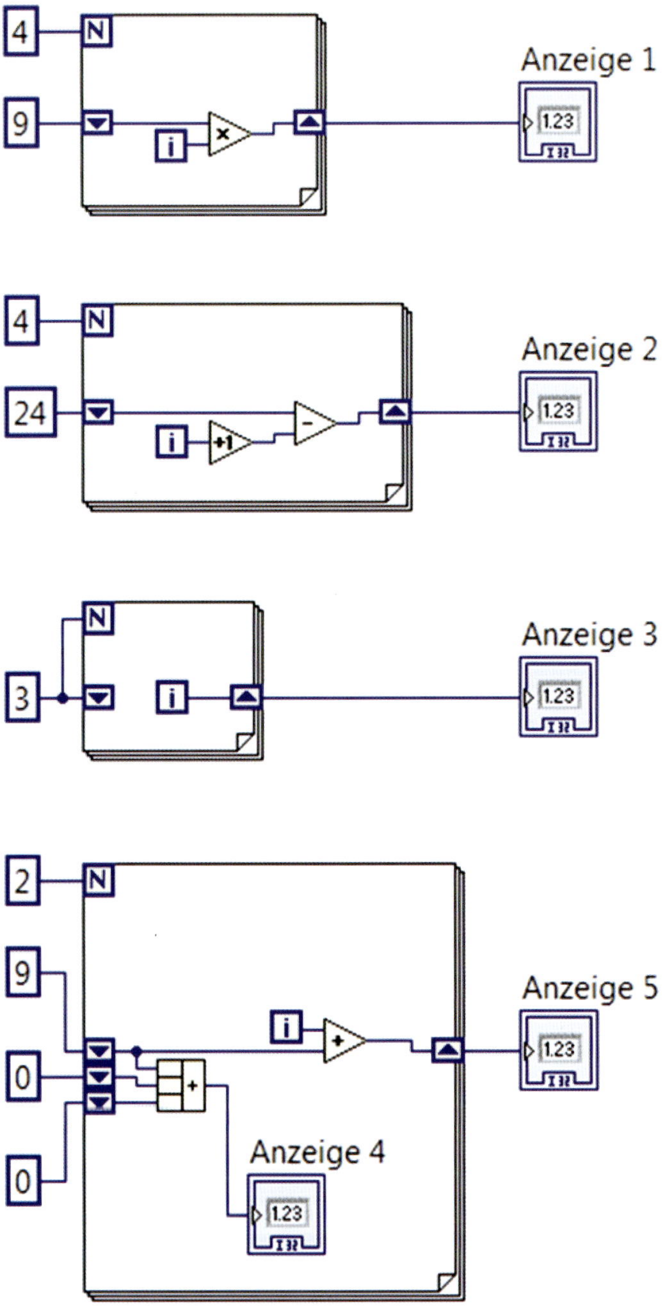

Aufgabe 4.08 Schleifenfunktionen3
Welche Werte sind nach Programmende in den Anzeigen enthalten?
Sind Lampe1 und Lampe2 ein- oder ausgeschaltet?

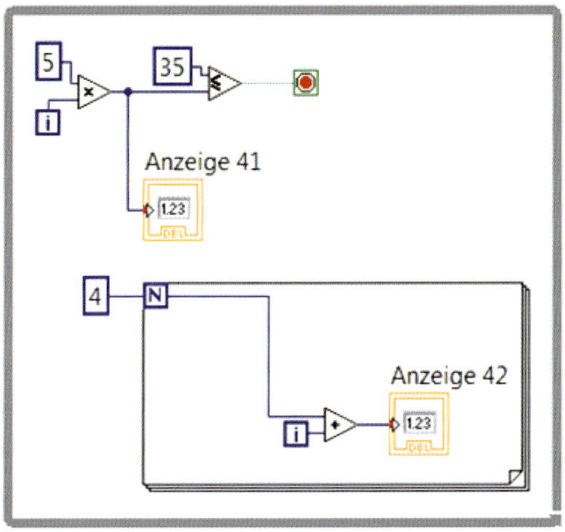

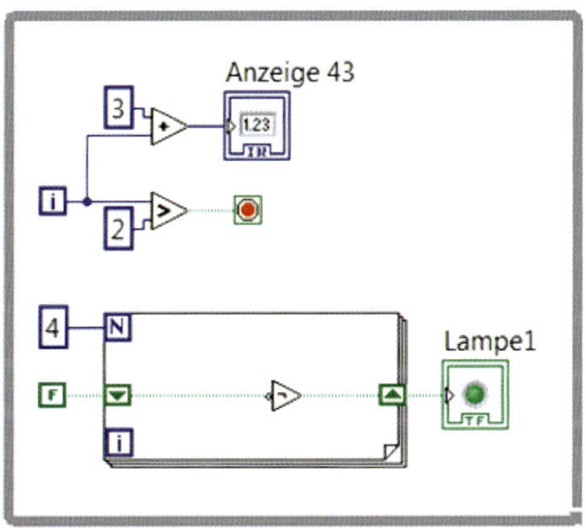

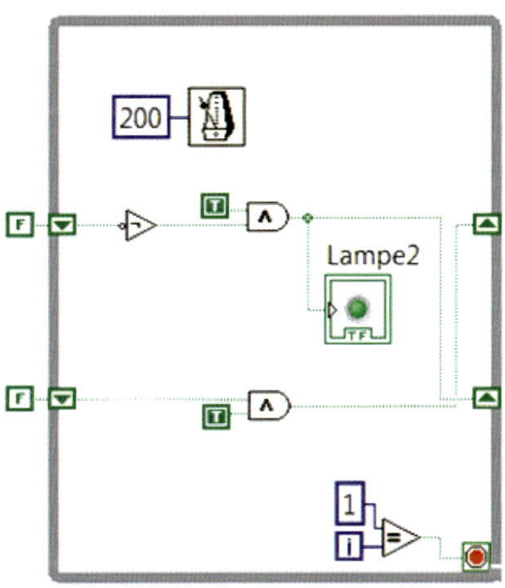

Aufgabe 4.09 Schleifenfunktionen4

Welche Werte sind nach Programmende in den Anzeigen enthalten?

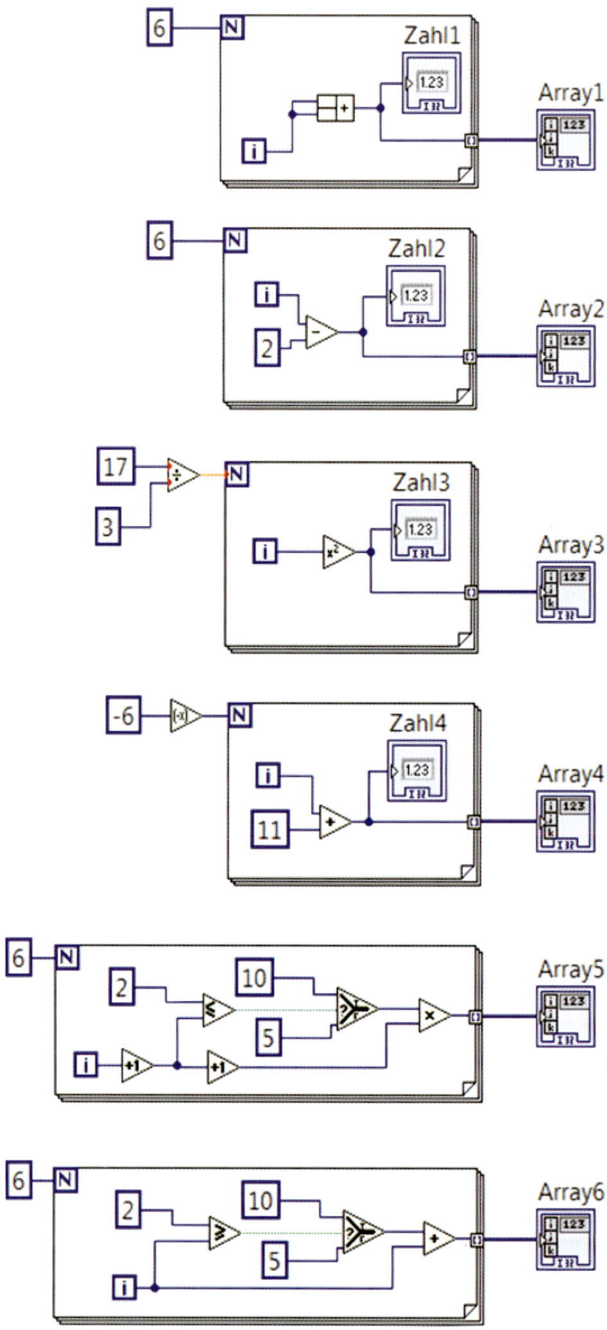

5 Graphische Anzeigen

Vorbemerkung
Bei der Besprechung von graphischen Anzeigen hat man es oft mit zwei Datenstrukturen zu tun: ***Array und Cluster.*** Datenstrukturen deshalb, weil beide dafür geschaffen sind, es mit großen Datenmengen aufzunehmen. Beide bekommen in diesem Buch etwas später jeweils ein Kapitel gewidmet, sollen aber hier kurz zum Verständnis der graphischen Anzeigen angesprochen werden.
Array und Cluster kann man sich als Behälter vorstellen, die viele Sachen (Daten) aufnehmen können.
Array: Alle Daten müssen vom gleichen Typ sein, es sind alle Datentypen von LabVIEW erlaubt, mit *Ausnahme* Array, d.h., in einer Arrayzelle darf kein Array stecken. Deshalb werden Arrays oft in Cluster eingebaut. Auf jeden Inhalt einer Arrayzelle kann mit einem Index zugegriffen werden (Indexzähler!).
Cluster: Die Daten in einem Cluster können beliebigen Typs sein (auch Array). Sie haben keine Indizierung und werden mit der Funktion «Bündeln» erstellt.
Für beide Strukturen gilt: In einem Behälter sind nur Elemente gleicher Art (nur Bedienelemente oder nur Anzeigeelemente) erlaubt.
Da Graphen nur einen Eingang haben, ist es notwendig, die Daten von (mehreren) Kurven oder Achsen zusammenzufassen. Dafür sind Array und Cluster sehr gut geeignet: Etwas pauschal kann man sagen, Arrays enthalten die Daten, Cluster enthalten die Arrays.

Hinweis: Bei der Arbeit mit Graphen ist im Kontextmenü oft kein *Hilfe*-Menüpunkt vorhanden. Dann die Kontexthilfe *Strg+H* aufrufen. Sie liefert Hinweise zu den Datentypen in den Verbindungsleitungen und einen Link zur *Ausführlichen Hilfe*. Auch die Kontextfunktion *Erstellen → Anzeigeelement* kann weiterhelfen.

Graphen bieten sehr viele Einstellmöglichkeiten, die im Eigenschaftenfeld oder im Kontextmenü wählbar sind. Hier nochmals allgemein die Visualisierung eines Beispiels einer Einstellanweisung. In *Eigenschaften → Skalen → y-Achse → Autoskalierung* ausschalten und von –1 bis +1 einstellen. Auch eine Beschriftung der Achsen ist hier möglich.

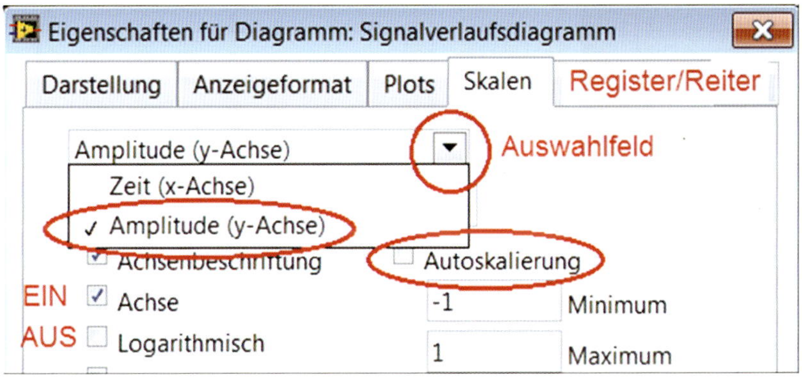

Graphische Anzeigen (oder kurz Graphen) von Daten werden auf dem Frontpanel platziert. Man findet sie auf der Palette *Elemente → Modern → Graph.*
Unter anderem gibt es: *Signalverlaufsdiagramm, Signalverlaufsgraph und XY-Graph.*

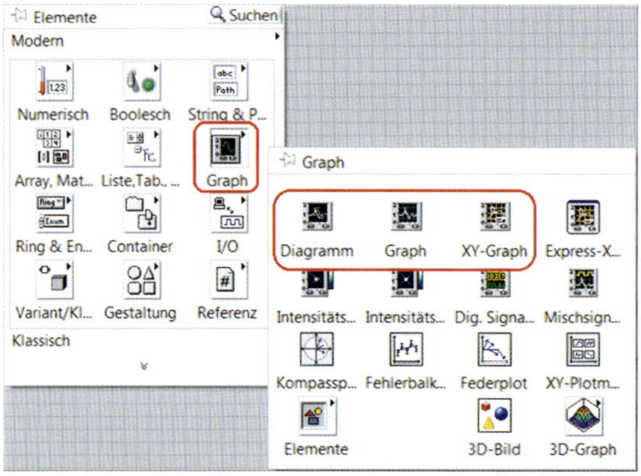

5.1 Signalverlaufsdiagramm

Zur Darstellung kontinuierlich anfallender Daten ist das Signalverlaufsdiagramm geeignet. Es kann einzelne, am Eingang anstehende Werte auf der Y-Achse auftragen, wobei sich mit jedem Datum der x-Wert um $\Delta x = 1$ erhöht. Die Daten werden sozusagen wie auf einer Perlenschnur aneinandergereiht. Gespeichert werden die Daten in dem Pufferspeicher *Diagramm-Historienlänge* (Kontextmenü). Der Default-Wert beträgt 1024, er kann verändert werden.

Beispiel:

Darstellung von 4 Sinusschwingungen in 360°, wobei i als Gradzahl benutzt wird, die ins Bogenmaß umgerechnet wird.
Schalten Sie vor dem Start unter Eigenschaften die Autoskalierung beider Achsen ab und geben Sie für die x-Achse 0 bis 360 und für die y-Achse –1 bis +1 ein.

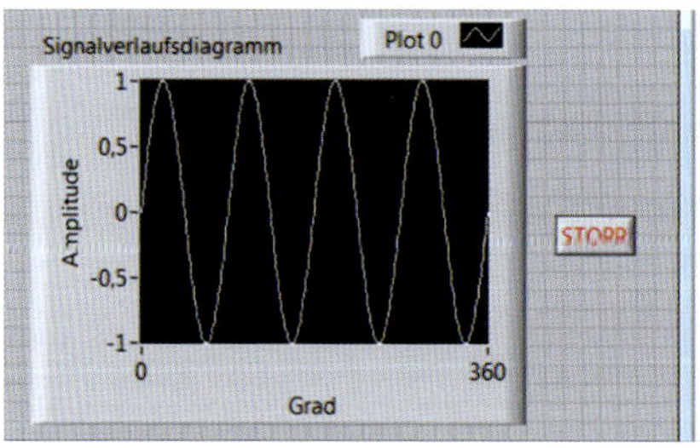

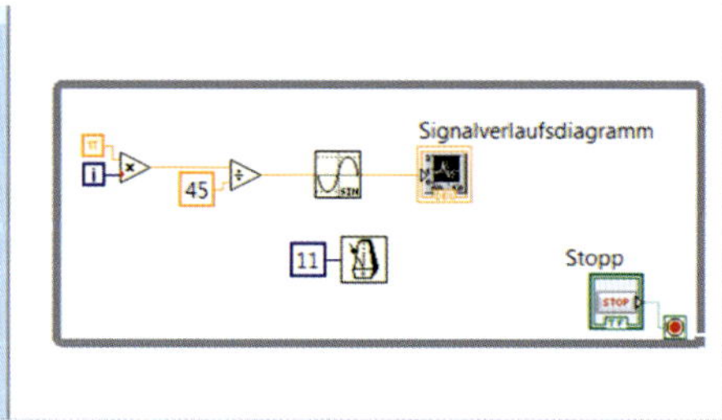

Aktualisierungsmodus

Wird die zulässige Anzahl der Daten im x-Bereich überschritten, so setzt ein Aktualisierungsmodus ein, der Platz für die Darstellung neuer Daten schafft. Dieser ist in *Eigenschaften → Darstellung* einstellbar.

1. ***Streifendiagramm:*** Alte Daten wandern nach links und neue Daten kommen vom rechten Bildrand nach.
2. ***Oszilloskopdiagramm:*** Die alten Daten werden gelöscht und die neuen werden wieder von links beginnend geschrieben.
3. ***Laufdiagramm:*** Wie ein Scheibenwischer zieht eine rote Linie von links die neuen Daten ins Bild und löscht rechts die alten.

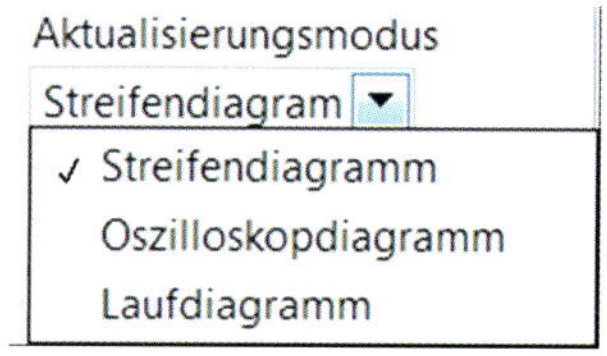

Alte, aus dem Bild gewanderte Daten werden sichtbar, wenn in *Eigenschaften → Darstellung* die ***Bildlaufleiste*** eingeschaltet und der Schieber betätigt wird. Maximal sind jedoch nur die im Pufferspeicher enthaltenen *Historie Daten* zu sehen.

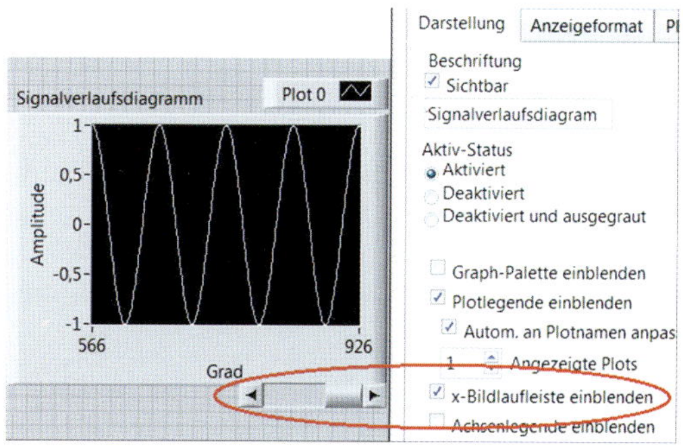

Mehrere Kurven

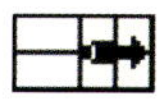

Mit dem Signalverlaufsdiagramm können auch mehrere Kurven in einem Graph dargestellt werden. Sie müssen vorher zusammengefasst, «*gebündelt*» werden.
Die Funktion dafür ist zu finden unter ***Funktionen → Programmierung → Cluster → Bündeln***.
Die Bündelfunktion packt beide Daten in einen «Cluster-Behälter» und übergibt diesen in jedem Durchlauf dem Signalverlaufsdiagramm.

Beispiel:

Zusammen mit der Sinusschwingung wird eine Zufallszahlenfolge dargestellt.

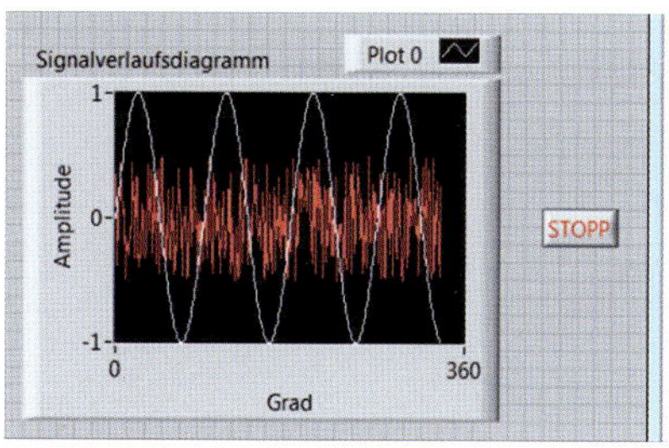

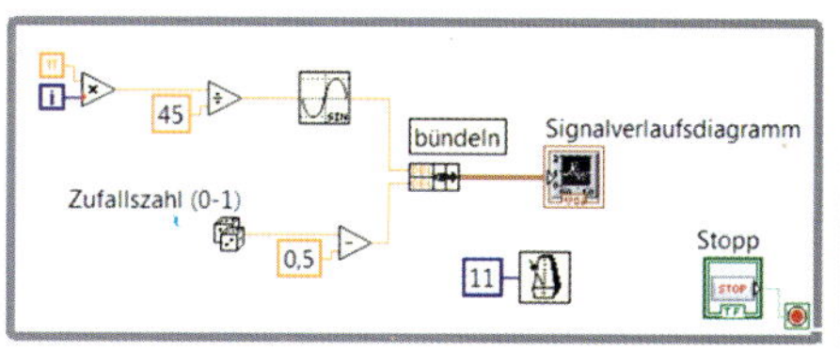

Möchte man beide Kurven getrennt voneinander im eigenen Fenster, im Kontextmenü den Menüpunkt ***Plots stapeln*** wählen.

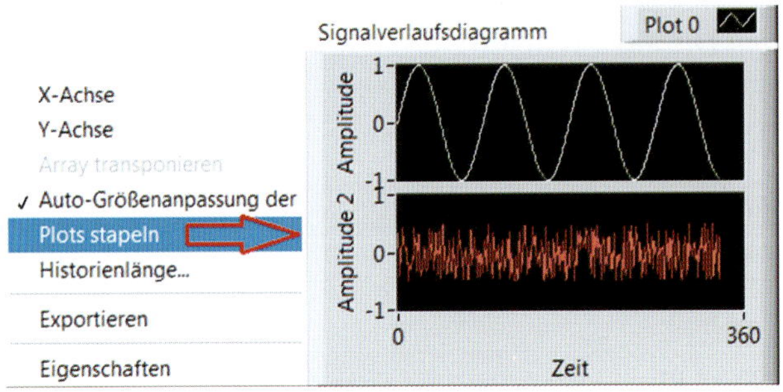

Wird ein Signalverlaufsdiagramm mehrfach hintereinander gestartet, verliert es nicht die Daten (ähnlich Schieberegister). Die neuen Daten werden an diejenigen der vorherigen Ausführung angehängt.
Das Löschen von Kurven erfolgt

- ❑ im ***Bearbeitungsmodus***: Kontextmenü ***Datenoperationen → Diagramm löschen;***
- ❑ im ***Ausführungsmodus:*** Während des Programmlaufs immer mit Kontextmenü ***Diagramm löschen*** oder
- ❑ im ***Ausführungsmodus*** bei Programmstart mit einem Eigenschaftsknoten: ***Erstellen → Eigenschaftsknoten → Historiedaten.*** Der Eigenschaftsknoten Historiedaten muss zur Datenlöschung mit einem leeren Array beschaltet werden. Dazu Kontextmenü Eigenschaftsknoten ***In Schreiben ändern,*** danach Kontextmenü am Eingang ***Erstellen → Konstante.***

Damit sichergestellt ist, dass der Eigenschaftsknoten ***vor*** der Ausführung der Schleife ausgeführt wird, macht man sich das Datenflussprinzip zunutze und schafft an der Schleife einen Eingang.

Die Kontexthilfe STRG+H zeigt den Datentyp der Verbindung an.

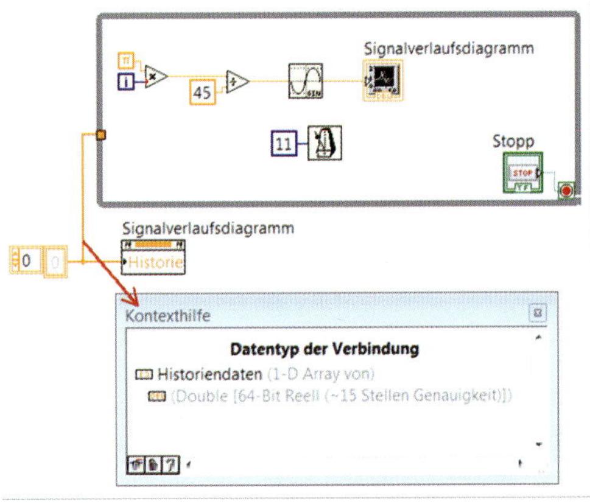

5.2 Signalverlaufsgraph

Der Signalverlaufsgraph nimmt am Eingang nur Daten in «Behältern» (Cluster oder Array) entgegen und zeigt sie an.

Beispiel:

Darstellung einer Sinusschwingungen von 0 bis 360°, wobei i als Gradzahl benutzt wird, die ins Bogenmaß umgerechnet wird. Es wird eine For-Schleife verwendet, die nach der Beendigung der Ausführung ein Array mit den Sinuswerten am Ausgang liefert.

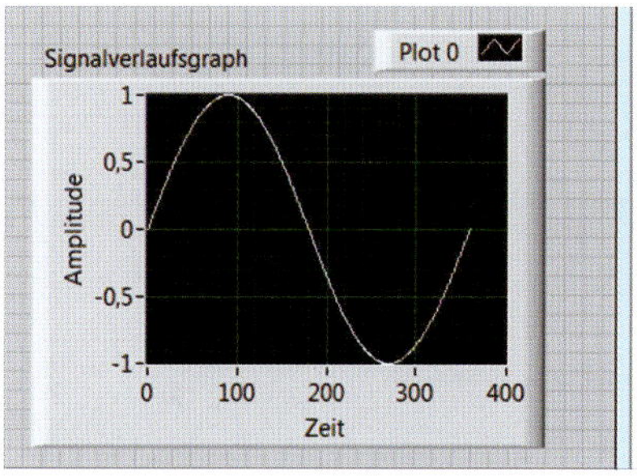

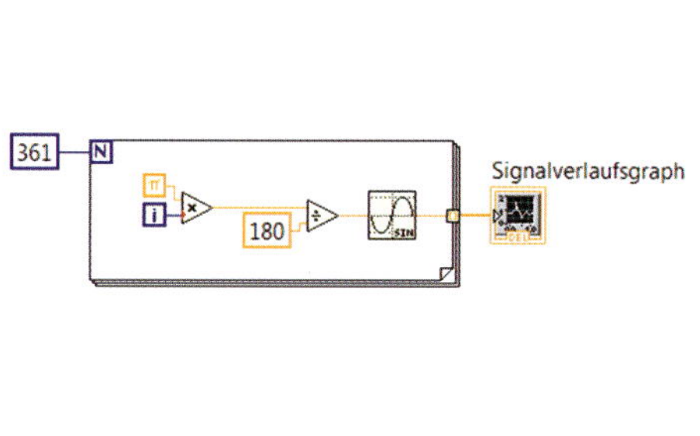

Die Autoskalierung beider Achsen liefert die passenden Werte.
Ein wiederholtes Ausführen liefert das gleiche Bild.
Im vorliegenden Fall werden ähnlich wie im Signalverlaufsdiagramm die Daten in x-Richtung nacheinander mit dem Abstand $\Delta x = 1$ aufgetragen. Beim Signalverlaufsgraphen können auch der Beginn der Aufzeichnung $\boldsymbol{x_0}$ und der Abstand $\boldsymbol{\Delta x}$ der einzelnen Daten für die Darstellung vom Benutzer frei gewählt werden. Diese beiden Werte werden mit dem Daten-Array zu einem Cluster gebündelt und dem Signalverlaufsgraphen übergeben. Brauchbar ist diese Möglichkeit bei der Darstellung von Messwerten, die mit Zeitparametern versehen werden.

Beispiel:

Beginn der Aufzeichnung bei 50, Abstand der x-Werte 2 (bis 770).

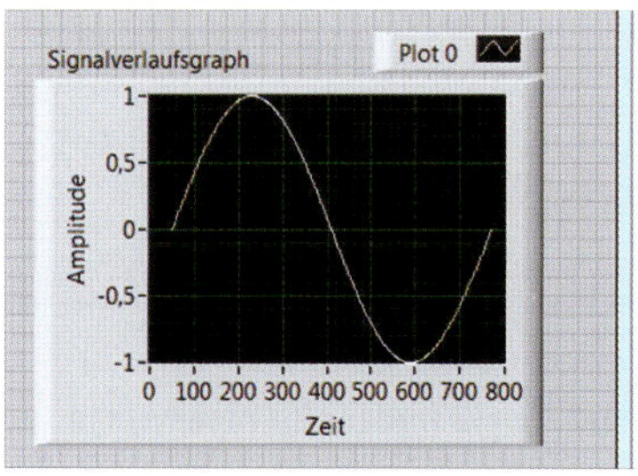

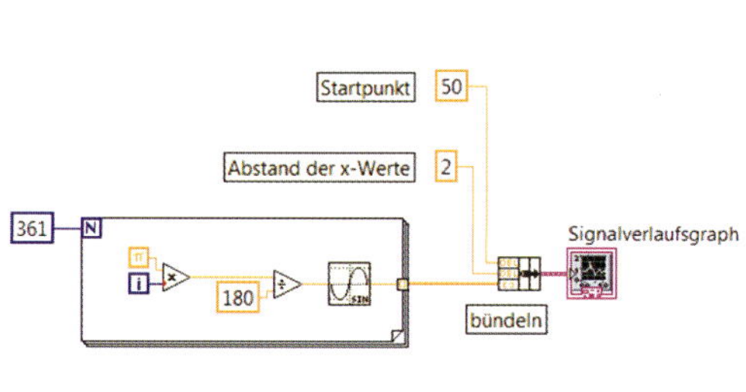

Die Verbindungsleitung zum Signalverlaufsgraphen (pink) hat den Datentyp Cluster aus 3 Elementen: *DBL*, *DBL*, *1D-Array*

Mehrere Kurven

Mehrere Kurven in einem Signalverlaufsgraphen müssen vorher in **ein** Array gepackt werden.
Jede Kurve verursacht am indizierten Ausgang ein 1D-Array (eindimensional). Bei zwei Kurven werden beide 1D-Arrays mit der Funktion ***Array erstellen*** zu einem 2D-Array (zweidimensional) zusammengefasst.

Man findet die Funktion unter *Funktionen → Programmierung → Array → Array erstellen.* Mehre Eingänge sind durch Aufziehen am Anfasspunkt möglich.

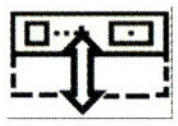

Beispiel:

Darstellung der Sinusschwingung und einer Zufallszahlenfolge.

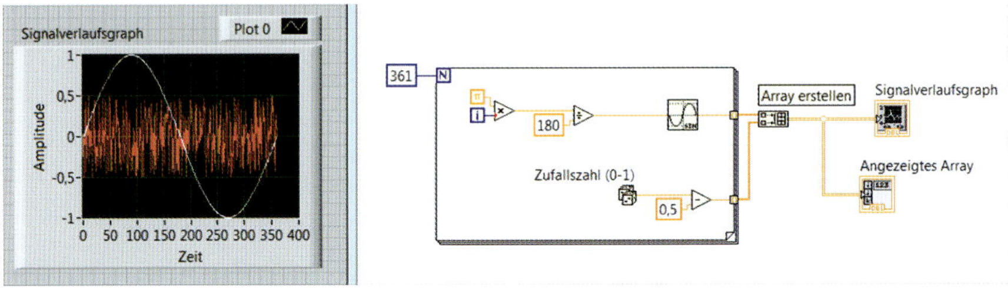

So kann man sich den Zusammenbau der Arrays vorstellen:

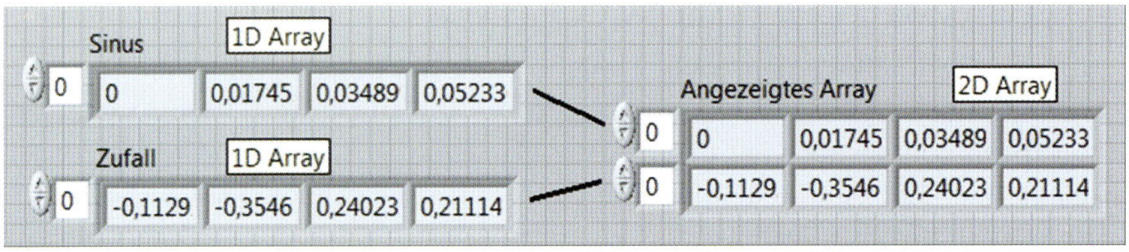

5.3 XY-Graph

XY-Graphen stellen Kurven aus einer beliebigen Anzahl von Werten mit unterschiedlichen Datentypen dar. Die Reihenfolge der Werte kann gleichmäßig oder ungleichmäßig sein. Somit können Funktionen oder Kennlinien aus Mathematik und Technik nach der Form $y=f(x)$ dargestellt werden. Während beim Signalverlaufsgraphen nur y-Werte aufgetragen werden, müssen beim XY-Graphen x- und y-Werte zuvor zusammengefasst werden. Dies geht auf verschiedene Weise.

Beispiel:

Auf der x-Achse werden ab $x_0 = 0$ mit einem Abstand $\Delta x = 3$ fünfzehn Zufallswerte zwischen 1 und 2 aufgetragen.

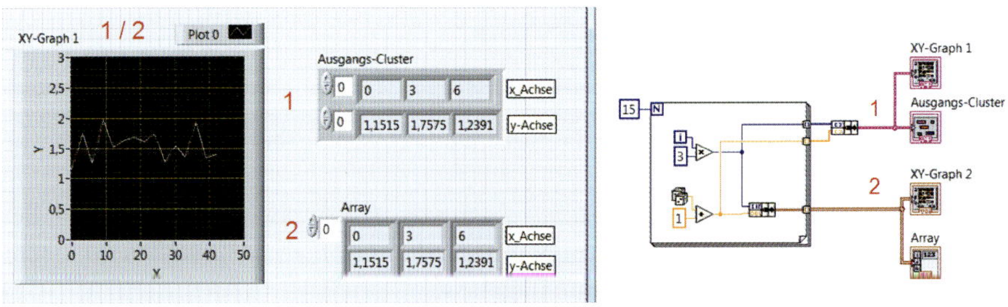

Zur Demonstration werden im Blockdiagramm zwei verschiedene gleichwertige Lösungen mit der Bezeichnung 1 und 2 erzeugt. Beide *XY*-Graphen zeigen dasselbe Bild. Im oberen Teil 1 werden außerhalb der Schleife die beiden im Tunnel durch automatische Indizierung erzeugten Arrays (Typ *I32* und *DBL*) gebündelt zu einem Ausgangs-Cluster mit 2 Arrays.
Im unteren Teil 2 werden innerhalb der Schleife die Datentypen *I32* und *DBL* zu einem Cluster gebündelt und ergeben im Tunnel durch automatische Indizierung ein Array mit Clusterelementen.
In beiden Fällen enthält das erste (oberste) gebündelte Element die Daten für die *X*-Achse, das darunter folgende die Daten für die *Y*-Achse.

Mehrere Kurven
Bei mehreren Kurven bleibt das Prinzip gleich. Zuerst kommen die Daten der *x*-Achse, dann Kurve y1, y2 usw.

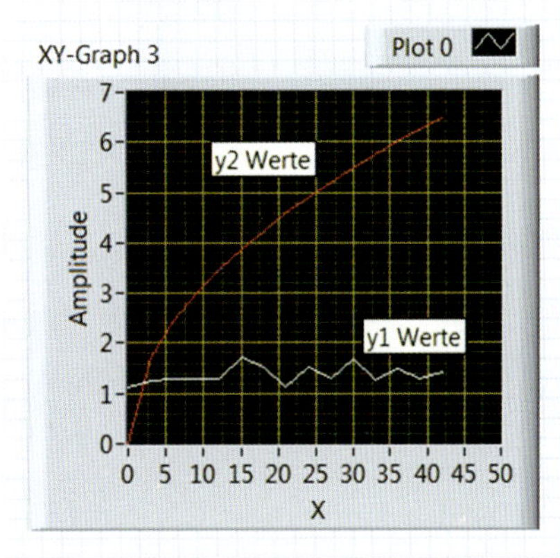

Beispiel:

Die Darstellung *x* und *y* erfolgt wie im letzten Beispiel, jetzt aber zusätzlich mit Kurve $y2 = \sqrt{x}$. Zur Demonstration der Möglichkeiten werden vier verschiedene gleichwertige Lösungen erzeugt.
Alle vier XY-Graphen zeigen dasselbe Bild.
Die im Blockdiagramm vorhandenen numerischen Anzeigeelemente Array 3,4,5,6 sind für die Funktion unwichtig, fürs Verständnis aber sehr wertvoll.
Zur Erinnerung: Ein Array erkennt man an seiner Indexanzeige.

Erläuterung der nachfolgenden Darstellung:
In allen vier Arrays werden die Daten für den vierten *x*-Wert angezeigt (er hat den Index 3, weil die Indexzählung bei null beginnt). Seine Werte sind $x = 9$, $y1 = 1{,}792$ und $y2 = 3$. Vergleicht man die Anordnung in den 4 Arrays, so erkennt man die unterschiedliche Schachtelung der beteiligten Strukturen.
Array 3: Ist ein 1D-Array aus Cluster mit zwei 1D-Arrays (*INT*, *DBL*).
Array 4: Ist ein 1D-Array aus Cluster mit 3 Elementen (*INT*, *DBL*, *DBL*).
Array 5: Ist ein 1D-Array aus Cluster mit 1D-Array aus Cluster mit (*INT*, *DBL*).
Array 6: Ist ein 1D-Array aus Cluster mit 3 Elementen (*INT*, *DBL*, *DBL*).

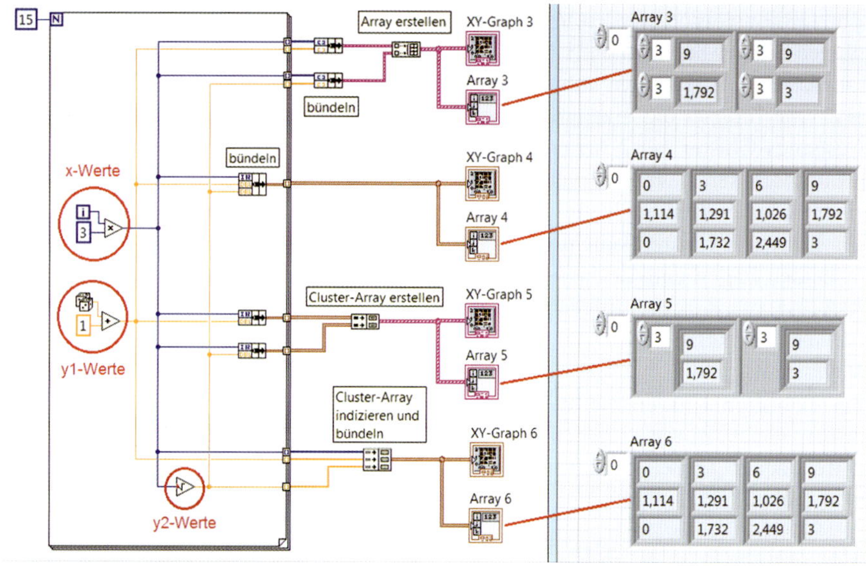

Array 3 und Array 5 sind ähnlich: Array aus Cluster mit Arrays (Farbe Pink).
Array 4 und Array 6 sind gleich: Array aus Cluster (Farbe Braun), aber unterschiedlich entstanden.
Die beiden Funktionen *Cluster-Array erstellen* und *Cluster-Array indizieren und bündeln* findet man im Blockdiagramm auf der Palette ***Funktionen → Programmierung → Cluster.***
Obiges Beispiel zeigt, dass es keinen Mangel an Kombinationsmöglichkeiten gibt. Deshalb ist es zur Übung sehr hilfreich, sich die zahlreichen Beispiele in LabVIEW anzusehen. Diese findet man im Hauptmenü unter
Hilfe → Beispiele suchen → Grundlagen → Graphen und Diagramme

Signalverlaufsgraph und XY-Graph löschen
Will man die Inhalte von Signalverlaufsgraph und XY-Graph löschen, gibt es mehrere Möglichkeiten:

1. In der Bearbeitungsphase: Im Kontextmenü ***Datenoperationen→ Graph löschen.***
2. In der Ausführungsphase: Im Kontextmenü den Eintrag ***Erstellen → Methodenknoten → Standardwert wiederherstellen*** wählen. Dieser braucht keine Beschaltung.

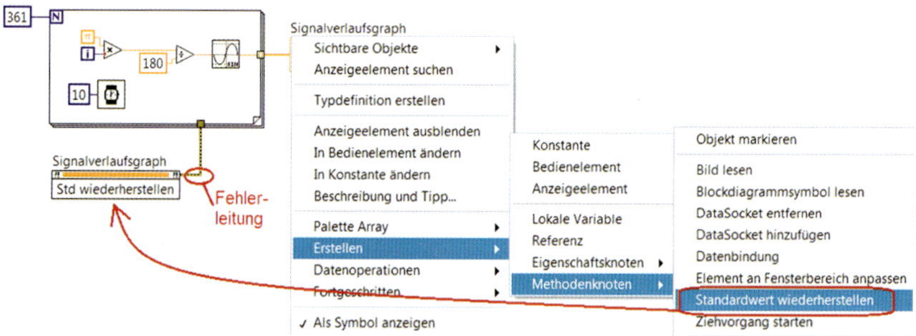

3. In der Ausführungsphase: Im Kontextmenü den Eintrag ***Erstellen → Eigenschaftsknoten → Wert*** wählen, danach ***In ‚Schreiben' ändern*** und dann am Eingang mit ***Erstellen → Konstante*** beschalten. Dann im Kontextmenü der Array-Konstanten ***Datenoperationen → Array-Inhalt löschen***.

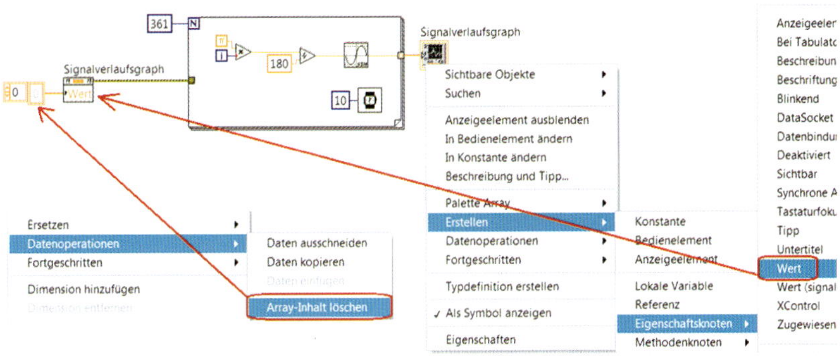

Wichtig:

Für beide Knoten sollte man sicherstellen, dass sie immer zu Beginn des Programms ausgeführt werden. Dazu wird der Ausgang der Fehlerleitung (siehe Kapitel 10) mit der For-Schleife verbunden.

Aufgaben

Aufgabe 5.01 Frequenzänderung / Phasenverschiebung

Verwenden Sie als Grundlage für die nachfolgenden Aufgaben das VI aus Kapitel 5 Graphische Anzeigen, das mit einem Signalverlaufsgraphen eine Sinusfunktion von 0 bis 360° darstellt.

Aufgabe 1: Erweitern Sie das VI derart, dass die Frequenz der Funktion erhöht werden kann.

Aufgabe 2: Erweitern Sie das VI derart, dass eine Phasenverschiebung der angezeigten Sinuskurve von –90° bis +90° einstellbar ist.

Hinweis: Damit die gewünschten Änderungen sichtbar werden, muss die For-Schleife ständig in einer While-Schleife wiederholt werden.

Frontpanel:

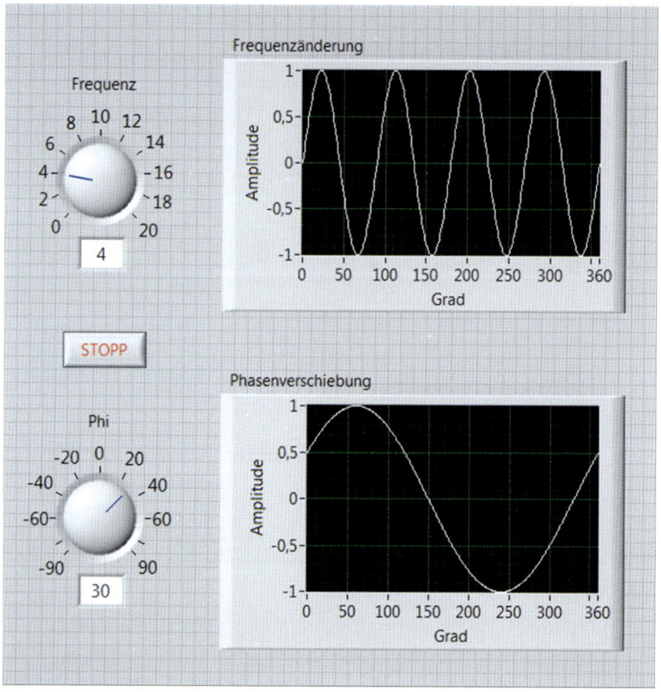

Aufgabe 5.02 Augenblicksleistung

Erstellen Sie ein VI, das in einem Signalverlaufsgraph zwei Sinusfunktionen darstellt: eine Sinusfunktion von 0 bis 360° und eine zweite, mit Drehknopf um ± 90° verschiebbare Sinusfunktion.

In einem zweiten Signalverlaufsgraph soll das Produkt beider Kurven dargestellt werden. Diese Darstellung entspricht dem Verlauf der Augenblicksleistung von Spannung und phasenverschobenem Strom nach der Formel $p = u \cdot i = \hat{u}\sin(\omega t) \cdot \hat{i}\sin(\omega t + \varphi)$.

Frontpanel:

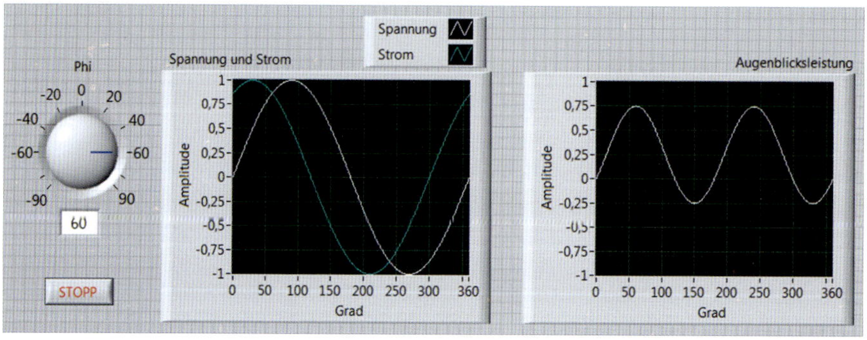

Aufgabe 5.03 Blindwiderstand

Erstellen Sie ein VI, das den Blindwiderstand einer Spule als Funktion der Frequenz $X_L = f(f)$ aufträgt. *Stopp-Frequenz* und *Induktivität* sind Bedienelemente.

Hinweis: Verwenden Sie ***i*** der Schleife als laufende Größe und berechnen Sie damit die Frequenz. Diese soll bei 100 beginnen und sich in 100er-Schritten ändern. Blindwiderstand der Induktivität: $X_L = 2\pi f L$.
Stellen Sie bei *Stopp-Frequenz* einen Inkrementwert von 100 ein.
Stellen Sie bei *Induktivität* das Anzeigeformat auf *SI-Schreibweise* und einen Inkrementwert von 0,01 ein.
Verwenden Sie einen Eigenschaftsknoten, damit das Maximum der x-Achse immer den eingestellten Stopp-Frequenzwert aufweist. Diesen findet man unter ***Erstellen → Eigenschaftsknoten → X-Achse → Bereich → Maximum.*** Danach ***In Schreiben ändern*** und beschalten.

Frontpanel:

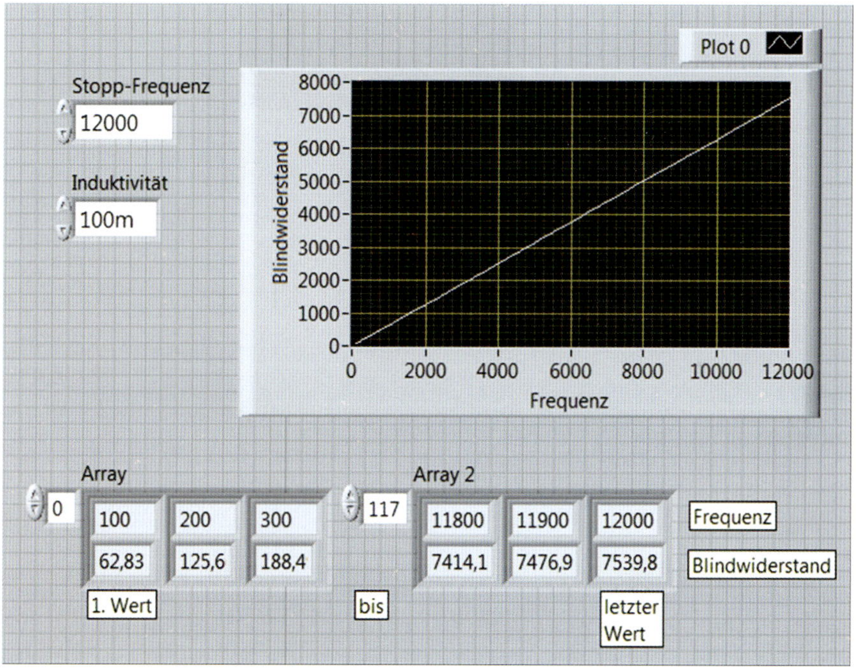

Frage: Verwenden Sie eine For- oder eine While-Schleife?
Welchen Graphen verwenden Sie zur Darstellung $X_L = f(f)$?

Erweitern Sie das VI durch die Darstellung einer zusätzlichen Kurve, die den Verlauf des Blindwiderstand eines Kondensators zeigt: $X_C = \dfrac{1}{2\pi f C}$.
Verwenden Sie für die Kapazität den Zahlenwert 200n.

Aufgabe 5.04 Lissajous-Figur

Erstellen Sie ein VI, das mit einem XY-Graphen eine Lissajous-Figur darstellt. Diese Funktion ist von einem Oszilloskop im XY-Betrieb bekannt. Am x-Eingang liegt eine Sinus-Spannung, am y-Eingang eine um 90° dazu verschobene Spannung an.

Hinweis: Verwenden Sie die Sinus- und Cosinus-Funktion für die x- und y-Achse. Sind beide Amplituden gleich groß, wird ein Kreis angezeigt.

Erweitern Sie das VI derart, dass für die Sinusfunktion mit einem Drehregler eine Phasenverschiebung von ±90° einstellbar ist.

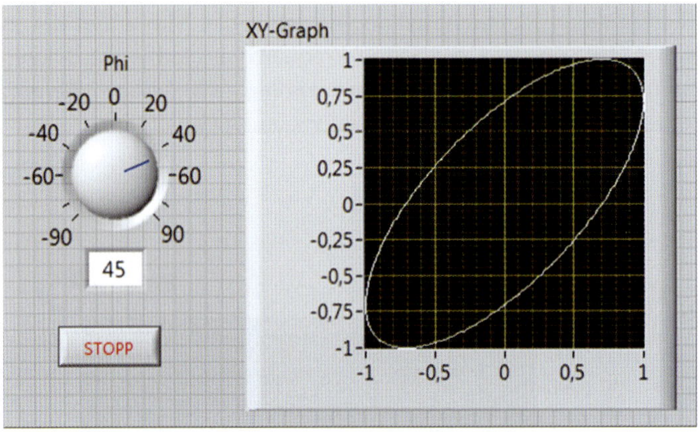

Aufgabe 5.05 Flimmer-Box

In folgenden Abschnitten geht es um Zeitmessung und Ausführungsreihenfolge von Objekten. Dazu ist es hilfreich, den Ablauf der Ausführung beobachten zu können. Bauen Sie eine graphische Anzeige, die, wenn sie ausgeführt wird, nichts anderes macht als 10 regellose Punkte in einem XY-Graphen darzustellen.

Erzeugt werden diese Punkte mit zwei Zufallszahlen (Würfel). Ein Würfel erzeugt den x-Wert, der andere den y-Wert. Beide werden in einer For-Schleife mit N=10 erzeugt, zusammengebündelt und mit einem XY-Graphen dargestellt. Fügt man eine Wartezeit von 1 ms ein, so dauert die Ausführung der For-Schleife ≈ 10 ms, da die Ausführungszeit der Würfel im µs-Bereich liegt.

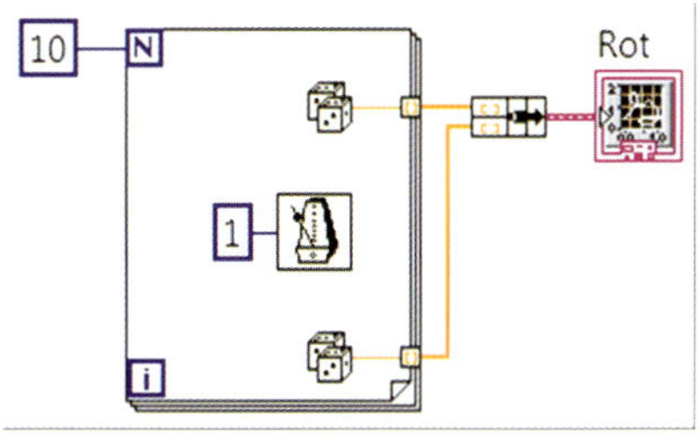

Steckt man diese For-Schleife in eine zweite For-Schleife mit N = 100, so dauert die Ausführung beider Schleifen ca. 1 Sekunde.
In dieser Zeit sieht man im XY-Graphen ein Flimmern roter Punkte, wenn Sie im Eigenschaftenmenü des XY-Graphen folgende Einstellungen vornehmen:

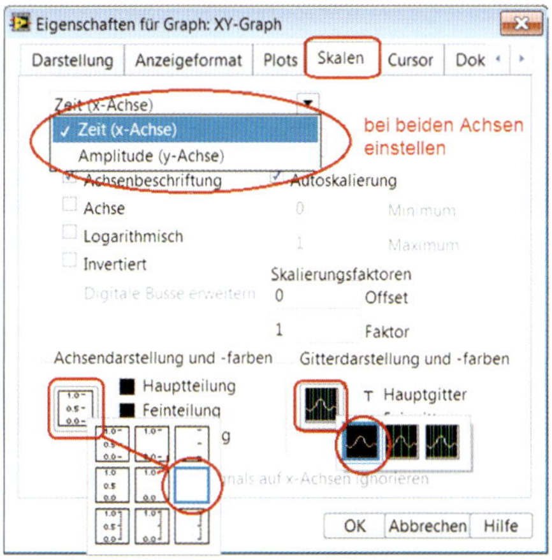

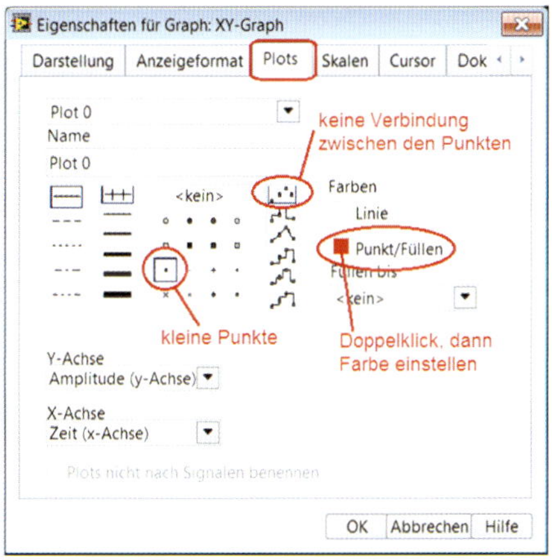

Auf der Registerkarte *Skalen*
bei der x- **und** der y-Achse einstellen:
- Achsendarstellung ausschalten
- Gitterdarstellung ausschalten

auf der Registerkarte *Plots*
- Punkte nicht verbinden
- kleine Quadratpunkte
- Farbe Rot (Grün, Blau) wählen

Schieben Sie den XY-Graphen an den Anfasspunkten (innen für den schwarzen Bildschirm und außen für das gesamte Objekt) so zusammen, dass die Box etwas größer ist als eine Zahleneingabe. **Größenvergleich:**

Erzeugen Sie zwei weitere Flimmer-Boxen mit den Farben Grün und Blau.

Achtung:

Beim Kopieren eines VIs müssen Sie den Code **im Blockdiagramm** kopieren, Alle Anzeigen (der XY-Graph) und Bedienelemente des Frontpanels werden dann automatisch mitkopiert. Umgekehrt geht das nicht!

Speichern Sie die 3 Flimmer-Boxen.

6 Case

Mit Hilfe der Case-Struktur sind Fallunterscheidungen möglich.
Case findet man im Blockdiagramm unter *Funktionen → Programmierung → Strukturen → Case-Struktur.*
Case anklicken, auf dem Blockdiagramm ablegen und mit der Maus auseinanderziehen.
Das Einfügen von Code erfolgt wie bei den Schleifen.

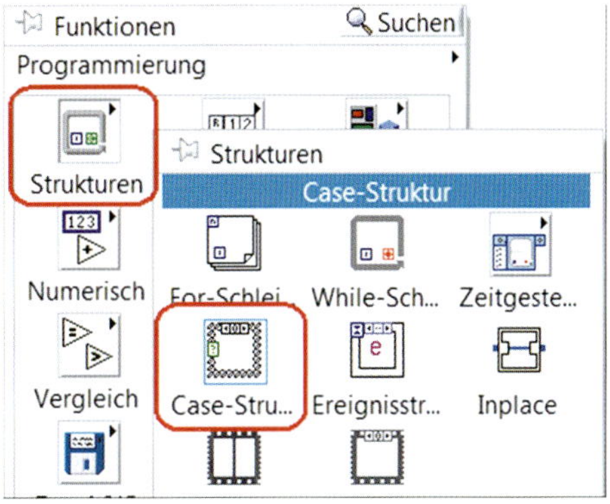

6.1 Boolesche Case-Struktur

Sie besteht aus einem sichtbaren Rahmen mit dem Eintrag *True* und einem dahinter verborgenen, ***nicht sichtbaren*** Rahmen mit dem Eintrag *False*. Ein Mausklick auf den Inkrement- oder Dekrementpfeil im Selektorfeld schaltet die Darstellung zwischen beiden Rahmen um.

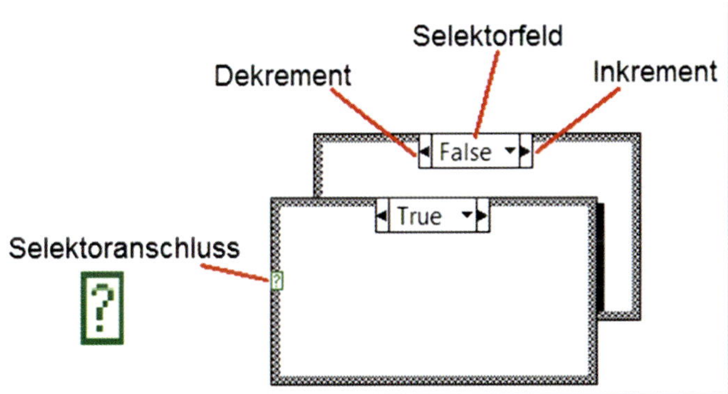

In beiden Rahmen kann Code eingetragen werden. Welcher Rahmen ausgeführt wird, entscheidet die Beschaltung des Selektoranschlusses:

- ❑ Ist der Selektoranschluss *True,* wird der Inhalt von Rahmen *True* ausgeführt;
- ❑ ist der Selektoranschluss *False*, wird der Inhalt von Rahmen *False* ausgeführt.

Hinweis: Im nachfolgenden Beispiel wird für eine Textanzeige der Datentyp *String* verwendet. Ähnlich wie bei anderen Datentypen gibt es Bedien- und Anzeigeelemente dafür auf dem Frontpanel unter *Elemente → Modern → String & Pfad.* Im Blockdiagramm stehen Textkonstante unter *Funktionen → Programmierung → String → String-Konstante* zur Verfügung, die nach der Platzierung beliebig beschreibbar sind.
Strings werden in Kapitel 9 behandelt.

Beispiel:

Mit einer Case-Struktur sollen der Reihen- und Parallelwiderstand von den Widerständen R1 und R2 berechnet werden. Die Schaltungsart wird mit dem Schalter *Schaltung* ausgewählt und mit einer Textanzeige *String* angezeigt.

Frontpanel | Blockdiagramm | zugehöriger True-Rahmen

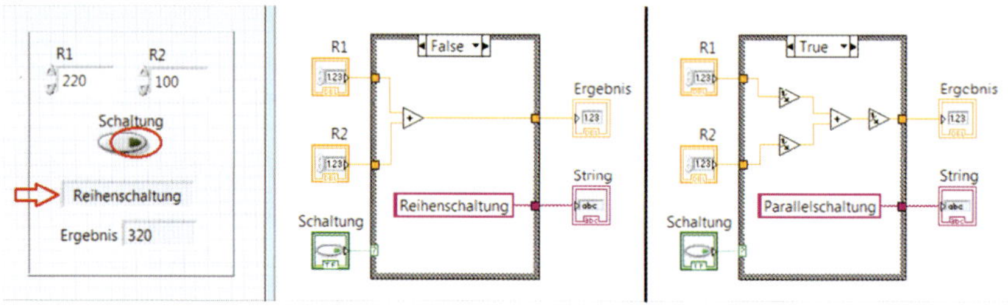

Ist der Schalter ausgeschaltet, wird das Ergebnis der Reihenschaltung, ist er eingeschaltet, wird das Ergebnis der Parallelschaltung angezeigt.

Tritt bei der Bearbeitung ein weißer Ausgangstunnel auf, ist dieser im anderen Rahmen noch nicht beschaltet.

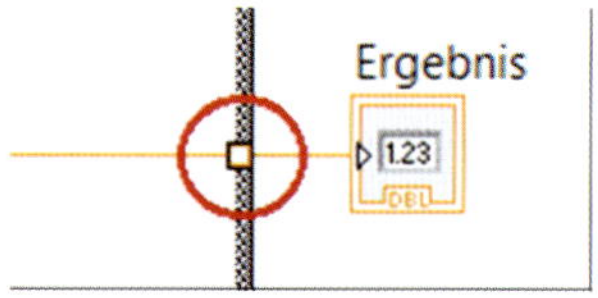

6.2 Numerische Case-Struktur

Die Case-Struktur arbeitet nicht nur mit einer booleschen (zweiwertigen) Auswahl, sondern kann auch numerische Werte am Selektoranschluss unterscheiden.
Wird am Selektoranschluss ein normales numerisches Bedienelement (*DBL*) angeschlossen, ändert sich die Beschriftung in den Selektorfeldern. Aus *True* und *False* wird 1 und 0, der Selektoranschluss wird blau, d.h., es werden beliebige, **ganzzahlige** (auch negative) Werte erkannt. Um mehrere Fallunterscheidungen zu nutzen, müssen zusätzliche Rahmen in den Case eingefügt werden.

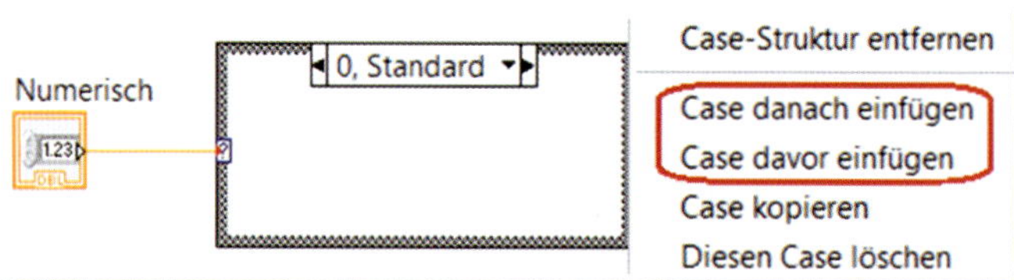

Die Umschaltung zwischen den Rahmen erfolgt mit den Inkrement-/Dekrementpfeilen ◄► oder einfacher mit dem Pulldown-Menü *Rahmenauswahl* ▼ im Selektorfeld, das alle im Case vorhandenen Rahmen anzeigt.

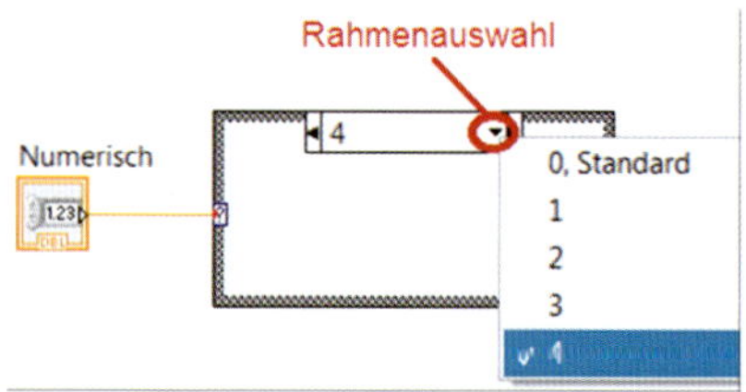

Ist beim Einfügen neuer Rahmen die Reihenfolge durcheinander geraten, so kann diese im Kontextmenü mit *Cases neu anordnen..* korrigiert werden.
Ins Selektorfeld können nicht nur einzelne, fortlaufende Zahlen, sondern auch beliebige Kombinationen und Bereiche eingetragen werden.
Der dargestellte Rahmen wird ausgeführt bei

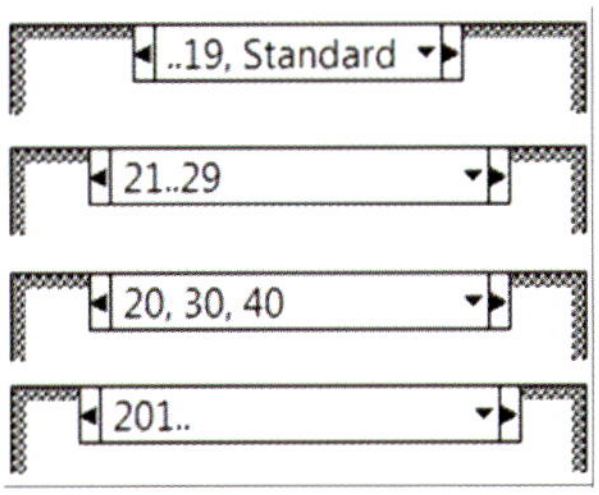

allen Zahlen kleiner gleich 19 und bei Standard

allen Zahlen von 21 bis 29 (jeweils eingeschlossen)

bei den Zahlen 20, 30 und 40

bei allen Zahlen größer gleich 201.

Ist einer am Bedingungsanschluss liegenden Zahl kein Rahmen zugeordnet, wird der Rahmen mit *Standard* ausgeführt (im obigen Beispiel bei negativen Zahlen, bei 31 bis 39 usw.). Deshalb muss **ein** Rahmen **immer** den Textausdruck *Standard* enthalten. Ist dies nicht der Fall, kann das VI nicht gestartet werden.
Diese numerische Case-Struktur ist ideal geeignet zur Auswertung von unterschiedlichen Zahlenwerten, z.B. von Messwerten die abhängig von ihrem Wert unterschiedlich behandelt werden müssen (siehe Aufgabe 6.06).

Für die numerische Case-Funktion ist eine Zahleneingabe als Bedienelement nicht optimal. Es gibt bessere Varianten zur Beschaltung des Selektoranschlusses. Diese findet man im Frontpanel unter *Elemente → Modern → Ring & Enum.* Alle fünf Objekte sind Eingabeelemente mit Datentyp *U16*, d.h., sie liefern am Ausgang einen ganzzahligen Wert ohne Vorzeichen.
Dieser kann, muss aber nicht für die Case-Ansteuerung verwendet werden. Vorteil für den Bediener ist, dass den ausgegebenen Zahlen Texte oder Grafiken zugeordnet werden können.

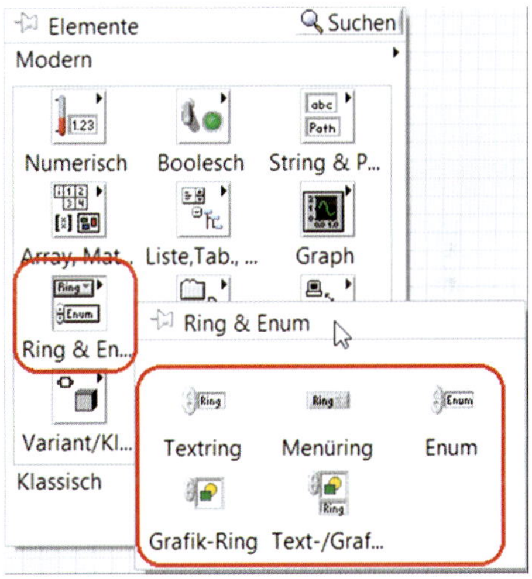

6.3 Ringelement

Die Ringelemente *Textring* und *Menüring* bieten die Möglichkeit, Objekte anzulegen, indem man im Eigenschaftenmenü unter dem Reiter *Objekte bearbeiten* in der Spalte *Objekte* beliebige Texte einträgt (Doppelklick), die dann bei Ausführung angezeigt werden und die nebenstehende Zahl am Ausgang des Rings liefern (Aufgabe 6.01 Taschenrechner).

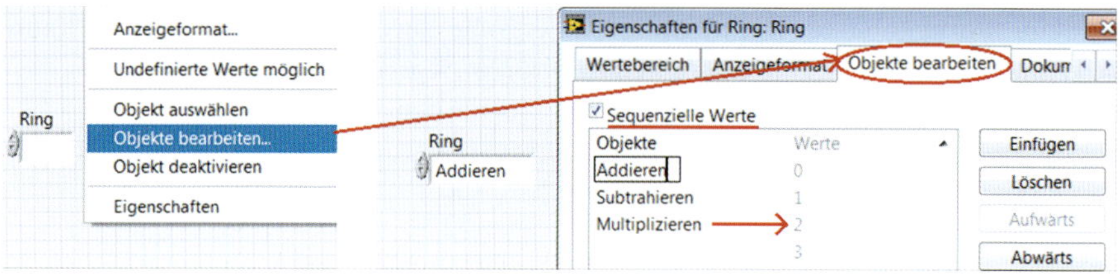

Mit den Inkrement/Dekrement Pfeilen ist eine ringförmige Auswahl aller Einträge möglich. Ist *Sequentielle Werte* eingeschaltet, sind die numerischen Werte aufsteigend von 0 ab vorgegeben. Ist *Sequentielle Werte* ausgeschaltet, können in der Spalte *Werte* den Texten beliebige Zahlen zugeordnet werden. Wird der Datentyp von Textring geändert (z.B. auf *DBL*), gibt das Ringelement auch Gleitkommazahlen aus. Damit werden verschiedene Auswahlmöglichkeiten auch ohne Case-Funktion sinnvoll (Aufgabe 6.02 Obstpreise).
Beide Ringelemente können im Kontextmenü in Anzeigeelemente umgewandelt werden.

6.4 Enum

Das Element *Enum* wird in LabVIEW als eigener Datentyp behandelt, weil es aus einer Kombination aus String (Text) und vorzeichenloser Ganzzahl besteht. Es ist ein Aufzählungstyp und für die Bearbeitung von begrenzten und bekannten Auswahllisten wie z.B. Wochentage, Monate, Messstellen usw. geeignet. Es wird im Eigenschaftenmenü genauso konfiguriert wie das Ringelement, bei Ausführung werden alle eingegebenen Texte zusammen mit den zugehörigen Zahlen in einen angeschlossenen Case übertragen.
Schließt man einen mit 4 Texten konfigurierten Enum-Typ an den Selektoranschluss eines booleschen Case an, so werden die Texte und die Reihenfolge automatisch auf beide Rahmen übertragen.

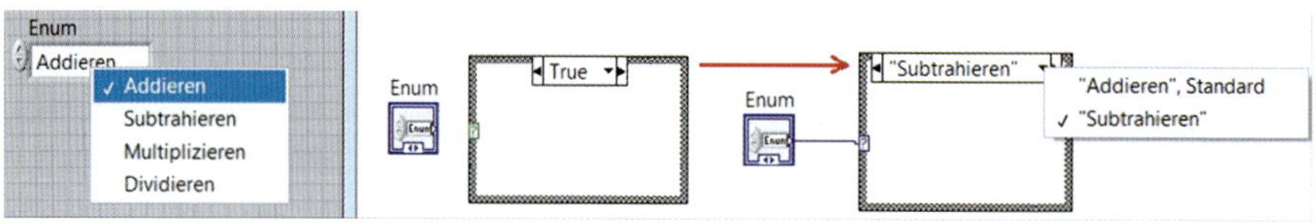

Ein anschließendes ***Case für jeden Wert hinzufügen*** liefert die noch fehlenden Rahmen und Texte für die Case-Funktion.

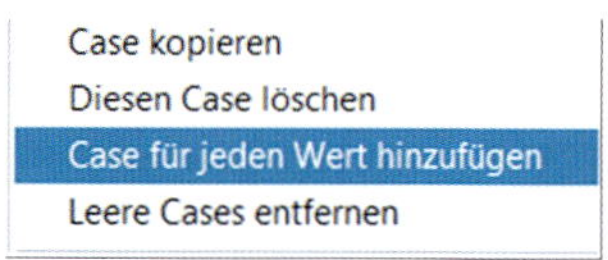

Ebenfalls Enum-Datentypen liefern die beiden Eingabeelemente *Registerkarte* und *Optionsfelder*.

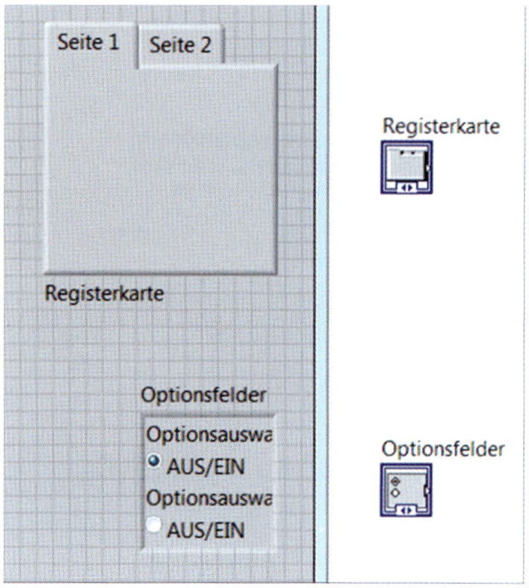

Registerkarte
Findet man im Frontpanel unter *Elemente → Modern → Container → Registerkarte.*
Auf den Seiten einer Registerkarte können Bedien- und Anzeigeelemente aufgebracht werden.

Optionsfelder
Findet man im Frontpanel unter *Elemente → Modern → Boolesch→ Optionsfelder.*
Der Auswahl kann ein Schaltverhalten zugeordnet werden.

Hinweis: Bei der Entwicklung von VIs mit Case-Funktionen kann eine Flimmerbox (Aufgabe 5.05) hilfreich sein.

Aufgaben

Aufgabe 6.01 Taschenrechner

Erstellen Sie ein VI, das eine Taschenrechnerfunktionen bietet. Es sollen zwei Zahlen miteinander addiert, subtrahiert, multipliziert und dividiert werden. Die Rechenart wird mit einem Text- oder Menüring eingestellt.

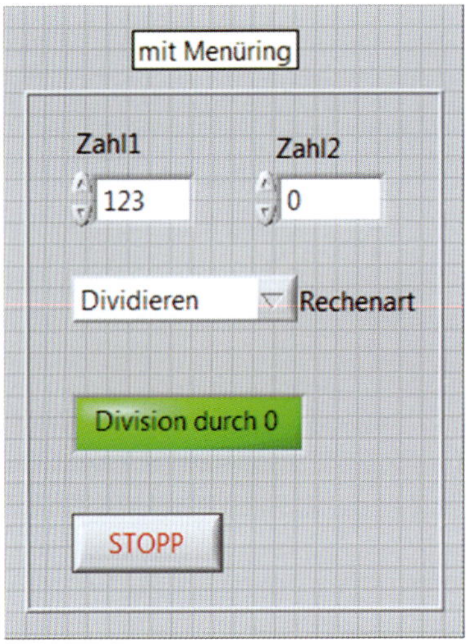

Erweitern Sie das VI derart, dass bei einer Division durch null das Ergebnisfeld verschwindet und an dieser Stelle eine Warnung «Division durch 0» erscheint. Verwenden Sie dazu *Erstellen → Eigenschaftsknoten → Sichtbar*.

Aufgabe 6.02 Obstpreise

Es soll der Preis von abgewogenem Obst berechnet werden. Von einer Waage mit Schnittstelle wird das Gewicht des Obstes in das VI eingelesen (numerisches Eingabeelement *Gewicht in Gramm*). Mit Hilfe eines Auswahlfeldes *Obst* sind vier verschiedene Obstsorten und ihr Kilopreis einstellbar. Der *Preis* für das gemessene Gewicht wird ausgegeben. Verwenden Sie z.B. folgende Zuordnungen:

Bananen	1,90 Euro/kg	Orangen	2,70 Euro/kg
Äpfel	2,20 Euro/kg	Trauben	3,50 Euro/kg

1. Lösen Sie die Aufgabe mit Textring und ohne Case-Funktion. Tragen Sie in den Textring die 4 Obstsorten ein. Ändern Sie den Datentyp des Rings auf *DBL*. Geben Sie unter *Objekte bearbeiten* die Zahlenwerte der Kilopreise ein. Danach den Ringausgang mit dem Gewicht multiplizieren.

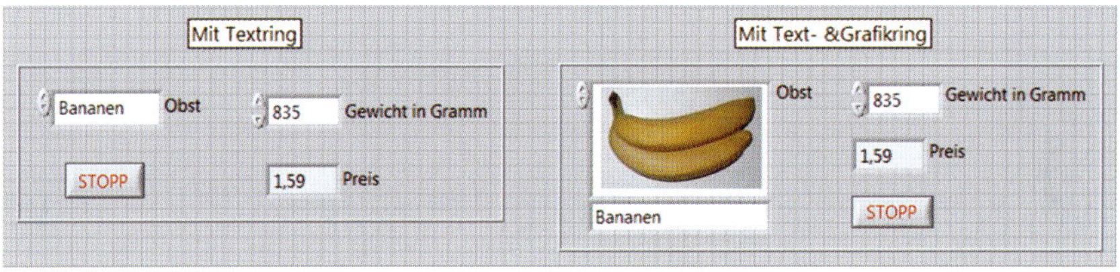

2. Ersetzen Sie den *Textring* durch einen *Text- &Grafikring*. Dieser hat zwei Anzeigefelder: eines für Text und eines für Bilder/Fotos. Das Foto (.jpg) wird wie folgt eingebaut:
   Mit dem Inkrementwähler zuerst das gewünschte Textobjekt auswählen, im Hauptmenü unter ***Bearbeiten → Bild in Zwischenablage einfügen*** wählen und das Bild aus dem Dateiauswahlfenster anklicken. Danach im Kontextmenü des Text- &Grafikrings ***Bild aus Zwischenablage einfügen.***

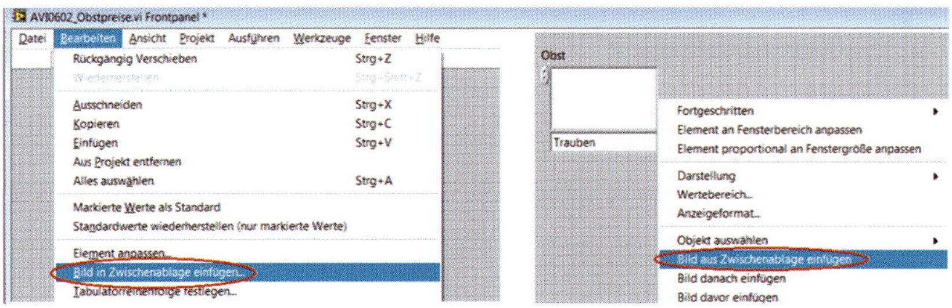

Hinweis: Verwenden Sie keine großen Bilddateien. Obiges Foto hat eine Größe von ca. 150 × 100 Pixel. Die Größe des Text- &Grafikrings ist an den Anfasspunkten veränderlich und kann angepasst werden.

Aufgabe 6.03 Winkelfunktionen

Es sollen die vier Winkelfunktionen Sinus, Kosinus, Tangens und Kotangens von 0 bis 360° mit einem Signalverlaufsgraphen dargestellt werden (VI dazu siehe Kapitel 5). Die Auswahl erfolgt mit Enum- und Case-Funktion.

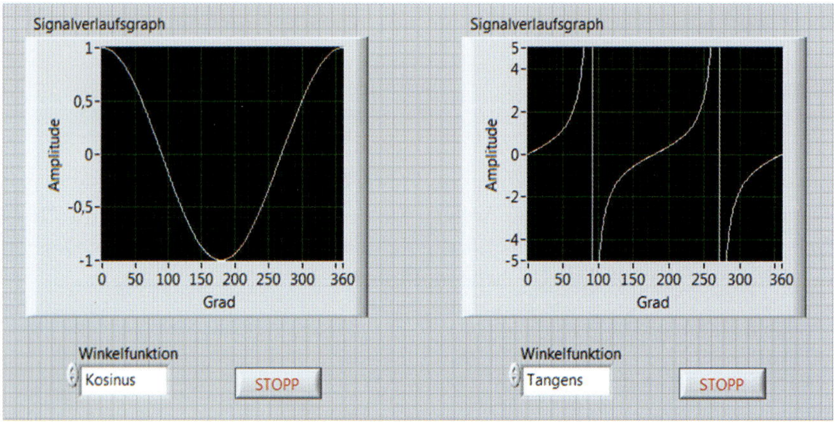

Schreiben Sie zunächst in einem Enum unter ***Eigenschaften → Objekte bearbeiten*** in die Spalte *Objekte* die vier Winkelfunktionen. Schließen Sie eine Case-Funktion an und erweitern Sie diese mit ***Case für jeden Wert hinzufügen*** auf vier Rahmen. Der Code für die Winkelfunktionen wird im Case platziert, der Signalverlaufsgraph außerhalb. Eine Autoskalierung der y-Achse scheidet aus, da Tangens und Kotangens unendlich werden. Minimum und Maximum-Werte der y-Achse müssen zur Laufzeit (im Ausführungsmodus) geändert werden. Dies erfolgt mit einem Eigenschaftsknoten: ***Erstellen → Eigenschaftsknoten → Y-Achse → Bereich → Minimum / Maximum.*** Danach ***In Schreiben ändern*** und mit den entsprechenden Werten (Konstante) beschalten. Beide in die jeweiligen Case-Rahmen platzieren.

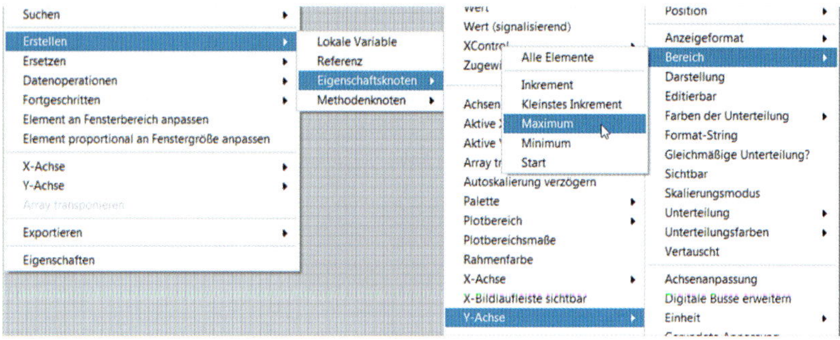

Aufgabe 6.04 Würfelanzeige

Erstellen Sie ein VI, das bei Betätigung der Taste *Würfeln* (*Schaltverhalten → Latch beim Drücken*) eine Zahl zwischen 1 und 6 liefert.

Hinweis: Die Taste *Würfeln* ist am Selektoranschluss eines booleschen Cases angeschlossen. Im Rahmen True befindet sich der Würfelgenerator, der False-Rahmen ist leer!

Die Anzeige der geworfenen Zahl erfolgt auf zwei Arten:

1. Anzeige mit Grafik-Ring

Die Anzeige des Würfelgenerators ist ein Grafik-Ring (im Frontpanel unter *Elemente → Modern → Ring & Enum → Grafik-Ring*), der mit 6 beliebigen Zahlenbildern geladen wird: Im Hauptmenü unter *Bearbeiten → Bild in Zwischenablage einfügen*. Danach im Kontextmenü des Grafik-Rings *Bild aus Zwischenablage einfügen*.

Hinweis: Zur Erzeugung eines JPG-Bildes kann man in einem Grafik- oder Bildbetrachtungsprogramm einen Rahmen aufziehen und mit Strg+C den Inhalt in die Zwischenablage einfügen. Bildgröße beachten (unten ca. 100 × 100 Pixel).

2. Anzeige mit echter Würfelanzeige

Die gewürfelte Zahl wählt einen aus 6 Rahmen einer numerischen Case-Funktion. In jedem Rahmen befinden sich 7 boolesche Konstanten, die mit 7 LEDs außerhalb des Rahmens verbunden sind. Wird beispielsweise die Zahl 1 geworfen, so ist im Rahmen 1 die LED7 mit einer *True*-Konstanten, alle anderen 6 LEDs mit *False*-Konstanten beschaltet.
Mit dem Eigenschaftsknoten *sichtbar* werden die nicht geworfenen Augen (LEDs) unsichtbar gemacht.

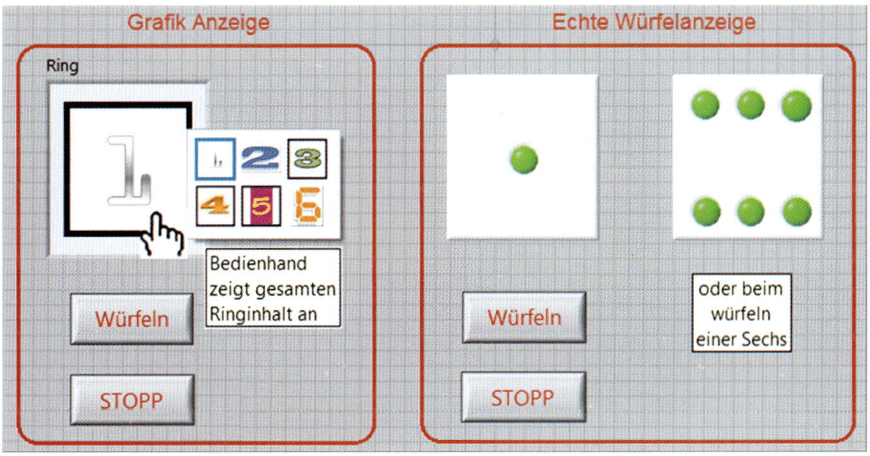

Aufgabe 6.05 Stern-Dreieck-Umrechnung

In elektrischen Netzen kann es notwendig sein, stern- und dreiecksförmige Widerstandsschaltungen in die jeweils andere Form umzurechnen.
Die Formeln dafür lauten:

Stern- in Dreieckschaltung

$$R_1 = R_B + R_C + \frac{R_B R_C}{R_A} \quad R_2 = R_A + R_C + \frac{R_A R_C}{R_B} \quad R_3 = R_A + R_B + \frac{R_A R_B}{R_C}$$

Dreieck- in Sternschaltung

$$R_A = \frac{R_2 R_3}{R_1 + R_2 + R_3} \quad R_B = \frac{R_1 R_3}{R_1 + R_2 + R_3} \quad R_C = \frac{R_1 R_2}{R_1 + R_2 + R_3}$$

Erstellen Sie ein VI für diese Umrechnungen und verwenden Sie dafür eine **Registerkarte.**
Diese findet man im Frontpanel unter ***Elemente → Modern → Container → Registerkarte.***
Auf den Seiten einer Registerkarte können Bedien- und Anzeigeelemente aufgebracht werden. Platziert man diese im Blockdiagramm in dem jeweiligen Case-Rahmen, so werden beim Umschalten der Registerkarte (Klick auf den Reiter) auch die Bedien- und Anzeigeelemente mit umgeschaltet. Vorteil: Platzsparende Anordnung von Anzeigen.

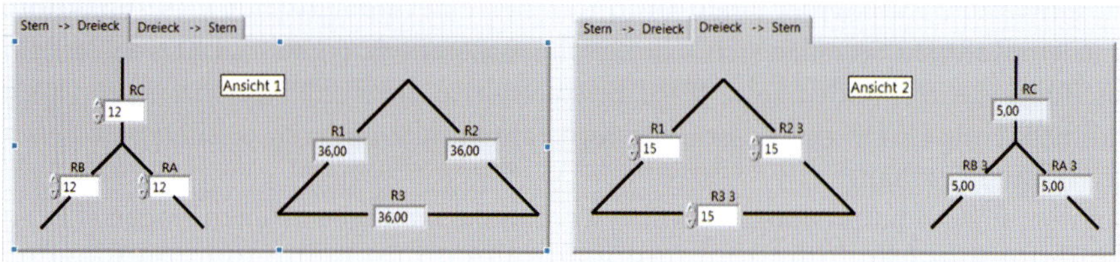

Hinweis: Verwenden Sie zur Berechnung der Formeln unter ***Funktionen → Programmierung → Strukturen→*** einen ***Formelknoten.***

Zusatz: Benutzen Sie eine Registerkarte für die Aufgabe 6.03 Winkelfunktionen.

Aufgabe 6.06 Durchflussmessung

Der Wasserstand *h* in einem Entwässerungskanal wird mit einem Druckaufnehmer gemessen. Die Messwerte bewegen sich im Bereich von 0,2 bis 3 m. Daraus soll die Durchflussmenge *Q* des Wassers berechnet werden. Der Zusammenhang zwischen dem Wasserstand und dem Durchfluss ist nichtlinear und wird mit folgender Rechenvorschrift durchgeführt:

Wasserstand	Durchflussmenge	Textausgabe
$0 \leq h \leq 0{,}2$ m	$Q = 0$	kein Messwert
$0{,}2$ m $< h \leq 0{,}5$ m	$Q = \dfrac{h - 0{,}05}{0{,}8}$	unter 50 cm
$0{,}5$ m $< h \leq 1$ m	$Q = \dfrac{h - 0{,}375}{0{,}33}$	50 bis 100 cm
1 m $< h \leq 2$ m	$Q = \dfrac{h - 0{,}72}{0{,}156}$	1 bis 2 m
2 m $< h$	$Q = \dfrac{h - 1{,}25}{0{,}09}$	über 2 m

Frontpanel:

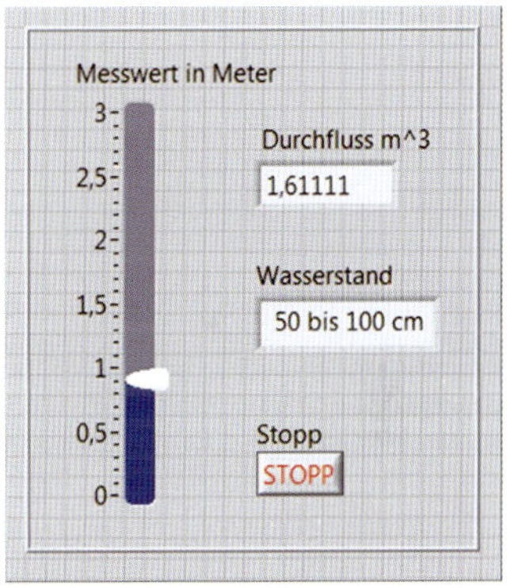

Gibt man in die Zahlenwertgleichung den Messwert in Metern ein, erhält man den Durchfluss in der Einheit m^3/s. Verwenden Sie keine Einheitenrechnung!
Für die Aufgabe wird der Messwert des Wasserstands mit einem Schieberegler simuliert.

Hinweis: Der Messwert wird von einem Messgerät im ASCII-Code in Metern geliefert und ist nach der Umrechnung eine Gleitkommazahl. Case-Strukturen arbeiten aber nur mit ganzen Zahlen am Selektoranschluss. Rechnen Sie deshalb vorher den Messwert in cm um: $0{,}2 \cdot 100 = 20$. Damit kann eine Auswahl der Case-Rahmen erfolgen.
Zur Kontrolle ist es sinnvoll, eine Textausgabe einzubauen. Man erkennt, ob bei verschiedenen Eingangswerten der jeweils richtige Case ausgeführt wird.

Zusatz: Stellen Sie die Kennlinie des Zusammenhangs $Q = f(h)$ graphisch dar, indem Sie den Schieberegler durch die Variable ***i*** ersetzen und eine Schleife 300-mal ausführen.

Frontpanel:

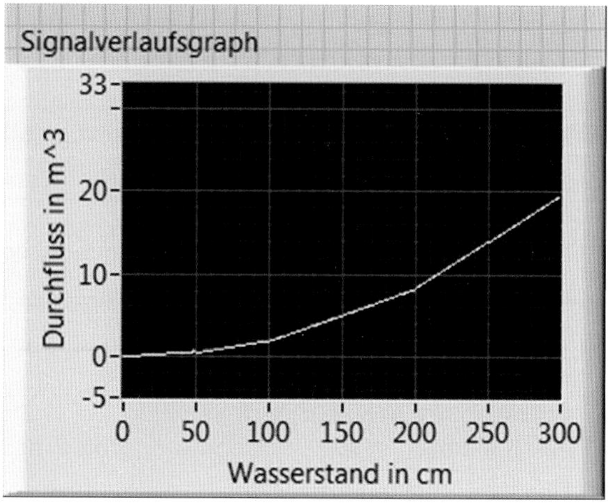

7 Sequenz und lokale Variable

Gibt es in einem VI Programmteile, die keine Verbindung miteinander haben, wird die Ausführungsreihenfolge nicht durch das Datenflussprinzip bestimmt. Mit Hilfe einer Sequenz ist es möglich, die Reihenfolge der Ausführung von Programmteilen festzulegen, ohne eine Datenverbindung zwischen ihnen herzustellen.
Das LabVIEW-Benutzerhandbuch empfiehlt allerdings, den häufigen Einsatz einer Sequenz zu vermeiden, weil dadurch die übliche parallele Ausführung unterbunden wird. Die Sequenz findet man im Blockdiagramm unter ***Funktionen → Programmierung → Strukturen → Flache Sequenz*** oder ***Gestapelte Sequenz.***

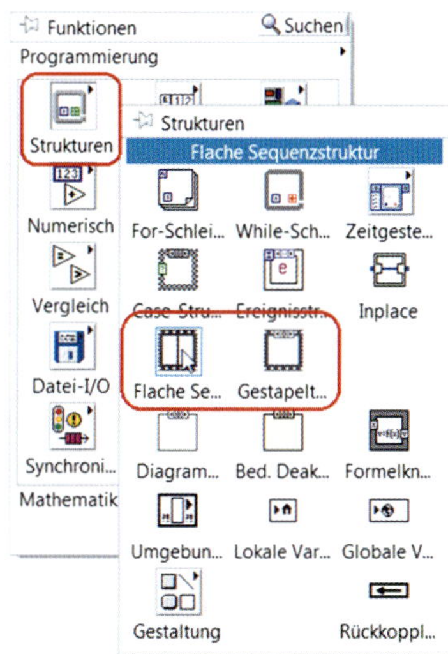

Eine Sequenz wird angeklickt, auf das Blockdiagramm platziert und mit der Maus auseinandergezogen.
Man erhält einen Rahmen mit perforiertem Rand, ähnlich einem Filmstreifen. Wählt man im Kontextmenü ***Rahmen danach einfügen***, so erscheint in der flachen Sequenz ein Rahmen daneben, in der gestapelten Sequenz ein Rahmen dahinter, zu erkennen am Auftauchen eines Selektorfeldes.

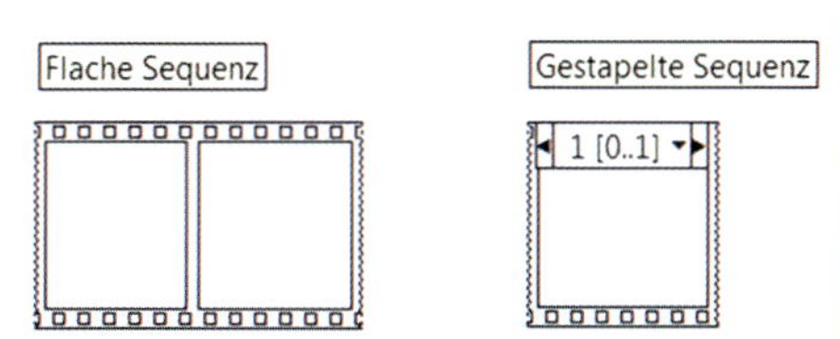

7.1 Sequenz

Bei Hinzufügen weiterer Rahmen liegen wie bei der Case-Struktur in der gestapelten Sequenz alle Rahmen hintereinander, und ein Selektorfeld bietet die Möglichkeiten, mit den ◀ ▶ Inkrement-/Dekrement-Pfeilen durch die Rahmen zu blättern und mit ▼ die Liste aller Rahmen zu öffnen.
Beide Sequenzen arbeiten identisch, das unterschiedliche Layout ist bei verschiedenen Anwendungen hilfreich. Im Kontextmenü können beide Typen in die jeweils andere umgewandelt (ersetzt) werden.
Wie der Filmstreifen andeutet, wird mit der Sequenz die Reihenfolge der Ausführung festgelegt:

- Bei der flachen Sequenz beginnt die Ausführung im linken Rahmen und endet bei dem letzten rechten Rahmen.
- Bei der gestapelten Sequenz beginnt die Ausführung im Rahmen 0, dann Rahmen 1, 2 usw. bis zum letzten Rahmen.

Hinweis: In folgenden Beispielen werden öfters Ausführungszeiten eines VIs angegeben. Sie entsprechen nicht Echtzeitbedingungen und dienen nur als Anhaltspunkt für relative Vergleiche. Auch sind sie abhängig vom Prozessortyp des PCs.

Beispiel:

Wird nebenstehendes VI mit Wiederholt ausführen gestartet, erkennt man die parallele Ausführung der 3 Würfelspiele an den sich gleichzeitig ändernden Anzeigen A, B und C.

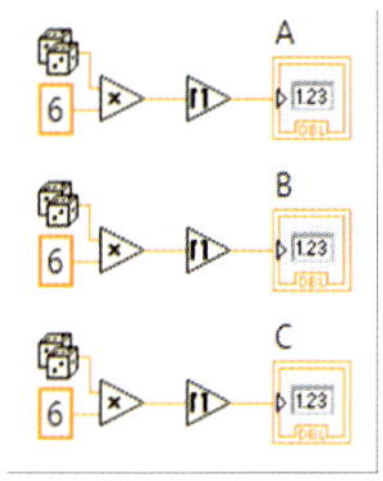

Soll nun, aus welchen Gründen auch immer, die Reigenfolge der Ausführung festgelegt werden, so ist dafür eine Sequenz geeignet.

Beispiel:

Wird nachfolgendes VI mit eingeschalteter Highlight-Funktion gestartet, erkennt man die Ausführungsreihenfolge: zuerst B, dann A und dann C.

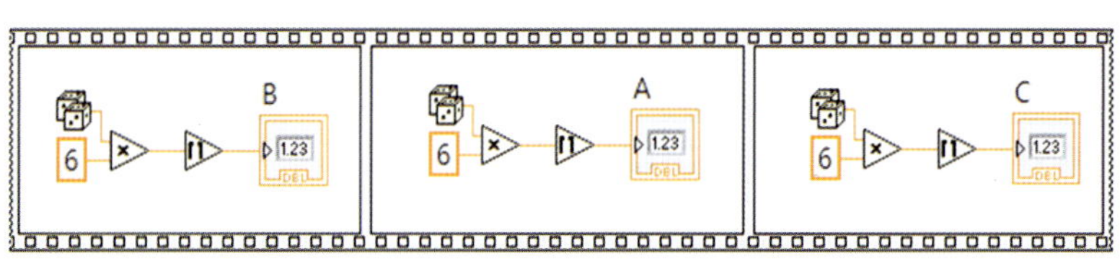

Damit man diese Reihenfolge auch mit Wiederholt ausführen erkennen kann, muss man die Ausführungszeit des Codes in den Rahmen vergrößern, z.B. mit mehreren Würfelspielen.

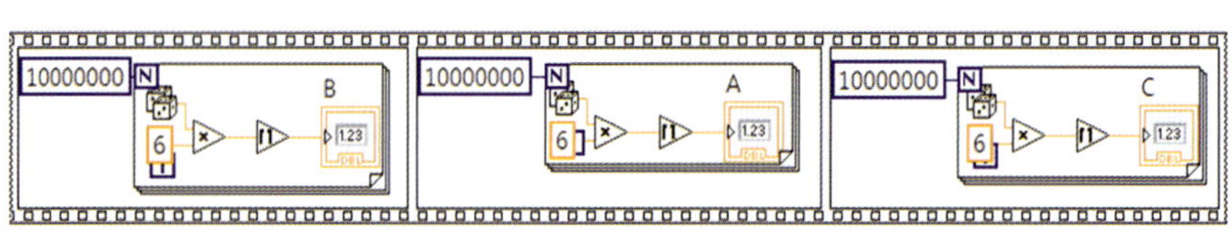

Bei 10 Millionen Würfelspielen pro Rahmen ist die Reihenfolge der Bearbeitung trotz der hohen Geschwindigkeit des Rechners sichtbar.
Diese Geschwindigkeit zu messen, ist wegen der sequentiellen Ausführung der Rahmen jetzt möglich. Zur Messung von Zeitintervallen innerhalb eines Programms verwendet man die Zeitfunktion ***Timerwert(ms)***, zu finden im Blockdiagramm unter ***Funktionen → Programmierung → Timing → Timerwert(ms)***.

Die Funktion liest den augenblicklichen Wert der Systemzeit des PC aus. Wird die Systemzeit zu einem späteren Zeitpunkt ein weiteres Mal ausgelesen, kann durch Differenzbildung die verstrichene Zeit zwischen den beiden Lesezeitpunkten ermittelt werden.

Beispiel:

Im nachfolgenden VI wird die Zeitdauer von 10 Millionen Würfelspielen gemessen.

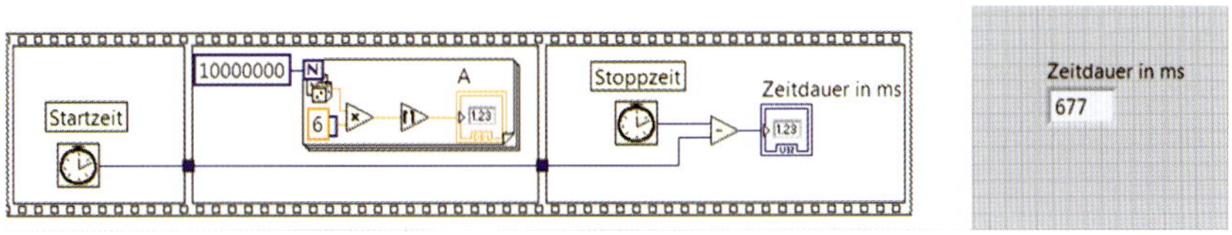

Vor dem Start der Würfelspiele wird im ersten Rahmen die Startzeit gelesen. Im zweiten Rahmen wird 10 000 000-mal gewürfelt, danach im dritten Rahmen die Stoppzeit gelesen und davon die Startzeit abgezogen. In der Anzeige *Zeitdauer* wird die Würfelzeit in Millisekunden angegeben.

Die Übergabe der Startzeit erfolgt in der flachen Sequenz mit Verbindungen durch die Rahmen. Auch für die Rahmen einer Sequenz gilt das Datenflussprinzip: Der Rahmen wird ausgeführt, wenn an allen Eingangstunneln Daten anliegen; ist die Ausführung eines Rahmens beendet, erhalten alle Ausgangstunnel ihre Daten.

7.2 Gestapelte Sequenz

Die Übergabe von Daten zwischen den Rahmen erfolgt in der gestapelten Sequenz anders.

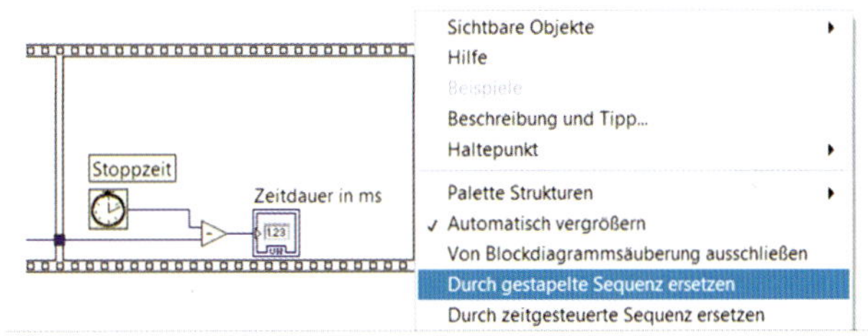

Man erkennt das, wenn im Kontextmenü der obigen, flachen Sequenz zur Zeitmessung der Punkt *Durch gestapelte Sequenz ersetzen* aufgerufen wird. In jedem der hintereinander liegenden Rahmen befinden sich kleine Vierecke, die Datenein- und -ausgänge darstellen.

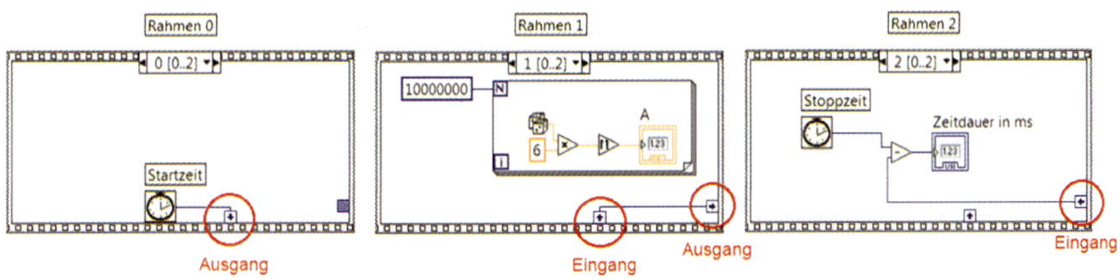

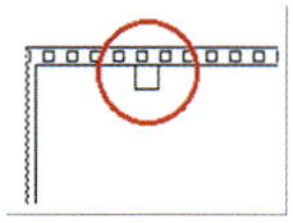

Diese Vierecke sind so genannte ***Lokale Sequenz-Variable*** und können auch vom Benutzer hinzugefügt werden: Soll ein Datum in der gestapelten Sequenz aus einem Rahmen herausgeführt werden, wählt man im Kontextmenü den Punkt ***Lokale Sequenz-Variable hinzufügen***.

Am Rande der Sequenz erscheint ein kleines Viereck, das beschaltet werden **muss**. Wird es mit einer Datenquelle verbunden, wirkt es in diesem Rahmen als Datenausgang und erscheint in allen anderen Rahmen als Dateneingang, der beschaltet werden **kann**.
Lokale Sequenz-Variable dienen zur Datenübergabe in einer gestapelten Sequenz.

7.3 Lokale Variable

Lokale Variable dienen der Datenübergabe vom Frontpanel zu beliebigen Stellen im Blockdiagramm. Erstellt werden sie

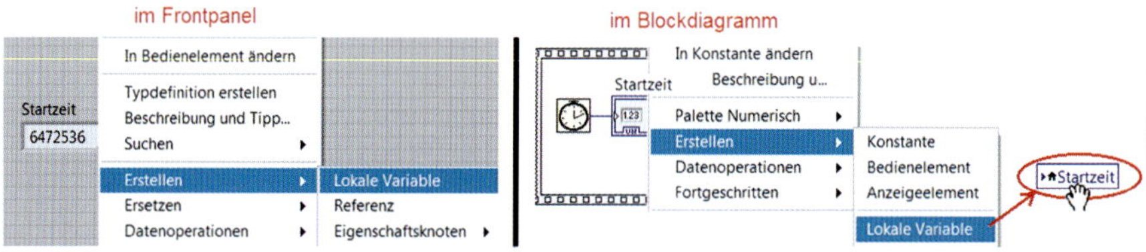

mit dem Kontextmenü ***Erstellen → Lokale Variable.***

Wichtig:

Lokale Variable können im Frontpanel oder im Blockdiagramm für jedes Bedienelement oder Anzeigeelement erstellt werden; sie werden aber immer im Blockdiagramm platziert.

Beispiel:

Die obige Zeitmessung der 10^7 Würfelspiele wird mit lokalen Variablen durchgeführt. Dazu müssen die Zeitfunktionen mit Anzeigeelementen beschaltet werden. Die Anzeige der ersten Erfassung bekommt den Namen Startzeit, die der zweiten Erfassung den Namen Stoppzeit. Die Verbindungen durch die Rahmen entfallen.

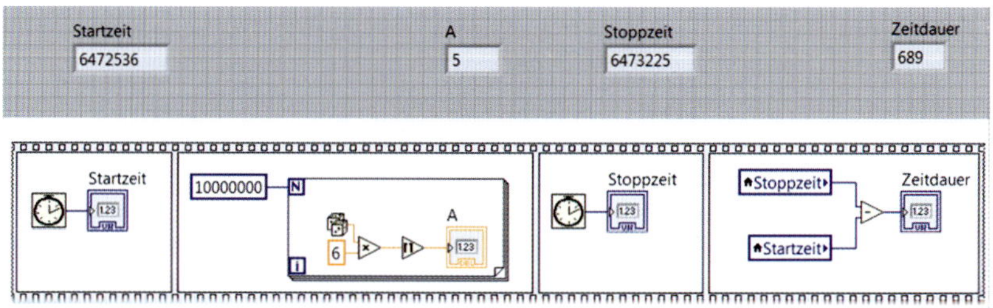

Die beiden lokalen Variablen *Startzeit* und *Stoppzeit* werden erstellt und im vierten Rahmen platziert.
Da *Startzeit* im Frontpanel als Anzeige/Datensenke arbeitet, wird auch die lokale Variable *Startzeit* als Datensenke (Eingang links, dünne Umrandung) erstellt. Zur Berechnung der Startzeit soll sie aber den erfassten Wert ausgeben, d.h., sie muss als Datenquelle (Ausgang rechts, dicke Umrandung) wirken. Im Kontextmenü ist die Umstellung ***In Lesen ändern*** möglich.

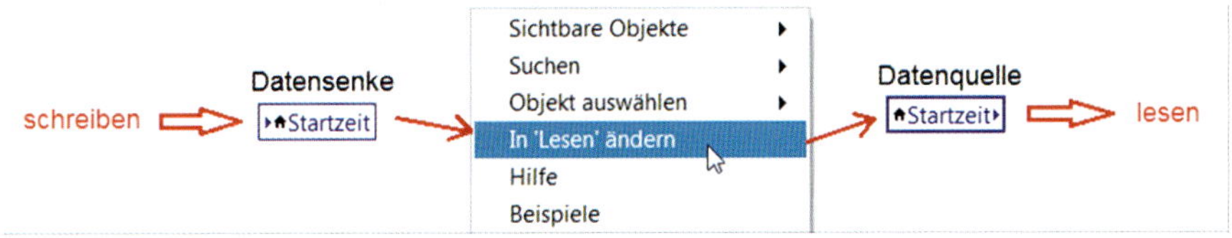

Jetzt kann der enthaltene Wert ausgelesen und zur Rechnung verwendet werden. Beide lokale Variable werden im vierten Rahmen platziert, da bei dessen Ausführung gewährleistet ist, dass die Erfassung der Zeitpunkte von Start und Stopp bereits durchgeführt wurde. Die Rechnung liefert dann den gesuchten Wert.

Beispiel:

Eine weitere Anwendung von lokalen Variablen zeigt folgendes Beispiel.

Während der Ausführung von Rahmen 2 flimmert die Anzeige *A* und zeigt am Ende eine beliebige Zahl des Würfels an.
Mit einer lokalen Variablen *A* im Rahmen 3 kann diese Anzeige gelöscht bzw. verändert werden:

Die Anzeige im Frontpanel wird dadurch geändert.

Man erstellt eine lokale Variable *A* und platziert sie in Rahmen 3. Sie arbeitet als Datensenke mit Eingang links. Dieser wird mit einer beliebigen Konstante beschaltet, die dann bei Ausführung von Rahmen 3 in die Anzeige des Frontpanels übernommen wird.
Lokale Variable können natürlich auch ohne Sequenzen verwendet werden, die Ausführungsreihenfolge ist dann aber besonders zu beachten.

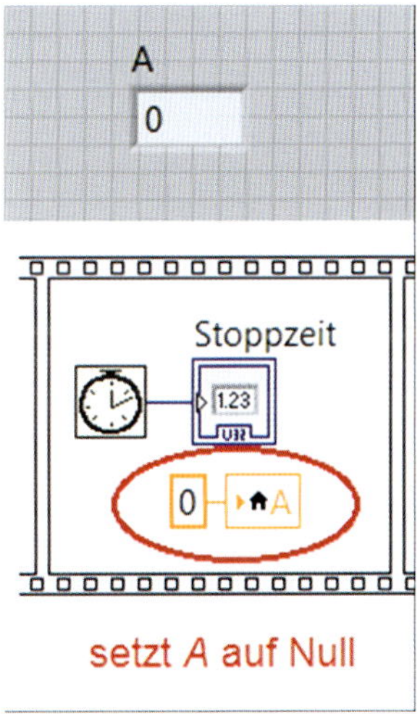

Aufgaben

Aufgabe 7.01 Wartezeitmessung / Eieruhr

Wartezeitmessung

In einigen bisher erstellten VIs wurde zur Zeitverzögerung eine Wartezeitfunktion von LabVIEW eingesetzt. Auf der Palette ***Funktionen → Programmierung → Timing*** findet man drei Möglichkeiten, eine Wartezeit in ein Programm einzubauen:

1. Warten (ms)
2. Bis zum nächsten Vielfachen von ms warten
3. das Express-VI **Verzögerung**

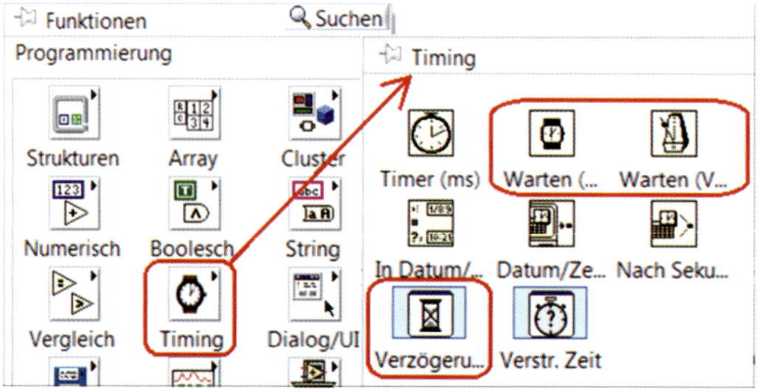

Testen Sie diese 3 Funktionen mit einer Sequenz.

Verwenden Sie eine Sequenz mit Start- und Stoppzeiterfassung und setzen Sie in dem Rahmen dazwischen nacheinander die drei Funktionen ein. Variieren Sie die Eingabewerte im Millisekunden- und im Sekundenbereich.

Eieruhr

Schreiben Sie ein VI, das die Funktion eines Kurzzeitmessers ausführt. Es kann ein Zeitwert von maximal 60 eingestellt werden, der in einer Schleife in Einerschritten dekrementiert wird. Bei 0 stoppt die Schleife.

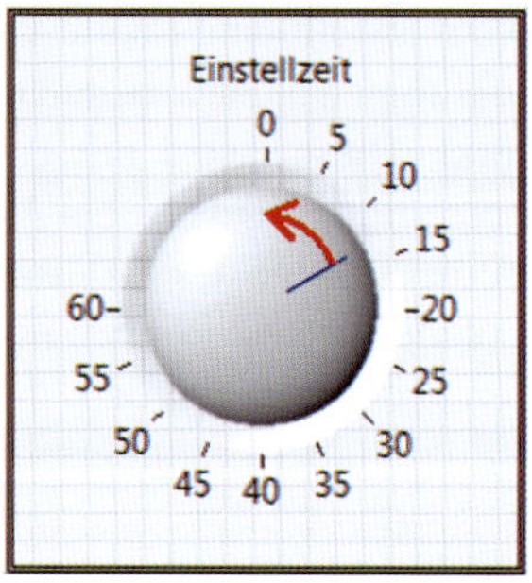

Erzeugen Sie eine realistische Funktion des Einstellknopfes, der, sich zurückdrehend, die ablaufende Zeit anzeigt. Verwenden Sie dazu eine lokale Variable, die mit dem jeweils aktuellen Wert beschrieben wird.

Wenn die Zeit abgelaufen ist, soll ein akustisches Signal ertönen. Man findet die Funktion dafür im Blockdiagramm unter ***Funktionen → Programmierung → Audio & Grafik → Signalton.*** Die Hilfefunktion erklärt die Beschaltung.

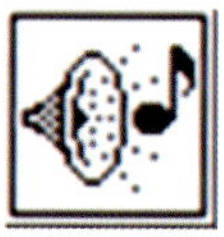

Testen Sie die Eieruhr mit dem VI Wartezeitmessung.

Aufgabe 7.02 Summe 1/x

Schreiben Sie ein VI, das eine Reihe nach folgender Formel berechnet:

$$\sum_{n=1}^{x} \frac{1}{n} = \frac{1}{1} + \frac{1}{2} + \frac{1}{3} + \frac{1}{4} + \frac{1}{5} + \ldots + \frac{1}{x} = Summe$$

Programmfunktion:

Vor Programmstart gibt der Bediener in *Vorgabe* eine beliebige Zahl zwischen 10 und 20 ein. Nach dem Start wird die obige Reihe mit einer While-Schleife so lange ausgeführt, bis *Summe* den eingegebenen Wert *Vorgabe* übersteigt.
Die Anzahl der Schleifendurchläufe soll angezeigt werden.
Messen Sie mit einer Sequenz die Zeitdauer ab Programmstart, bis der *Vorgabe*-Wert erreicht ist.

Frontpanel:

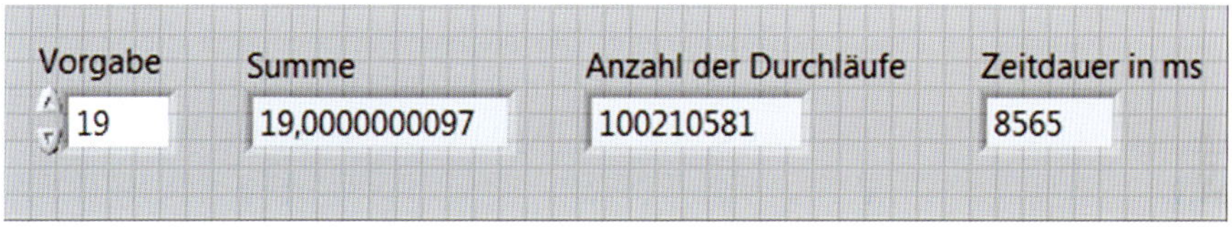

Zusatz: Erweitern Sie das VI derart, dass nach Programmstart der Wert *Zeitdauer in ms* auf 0 gesetzt wird. Verwenden Sie dazu eine lokale Variable.

Aufgabe 7.03 Würfeltreffer

Diese Aufgabe zeigt, dass auch ein Treffer bei einer Wahrscheinlichkeit von 1 : 10 Millionen möglich ist, wenn man oft und lange genug würfelt.

Programmfunktion: Nach Programmstart wird der Benutzer zur Eingabe einer maximal 7-stelligen *Sollzahl* aufgefordert. Danach startet ein Würfelgenerator, der Zahlen von 0 bis 9.999.999 würfelt. Die Anzahl der Versuche bis zum Treffer der *Sollzahl* und die notwendige Zeit dafür werden gemessen.
Die Eingabe der *Sollzahl* wird von einer in LabVIEW eingebauten Dialogfunktion (Pop-up bei Ausführung) entgegengenommen.

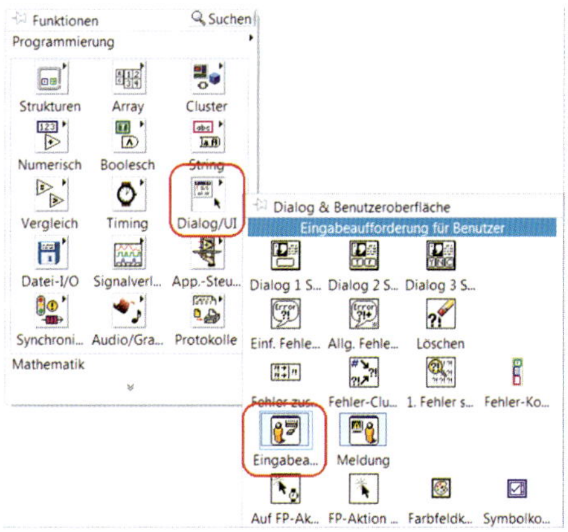

Man findet sie unter ***Funktionen → Programmierung → Dialog & Benutzeroberfläche → Eingabeaufforderung für Benutzer.***

Ruft man das Express-VI ***Eingabeaufforderung*** auf, öffnet sich der Knoten zum Konfigurieren des Pop-Up-Fensters.

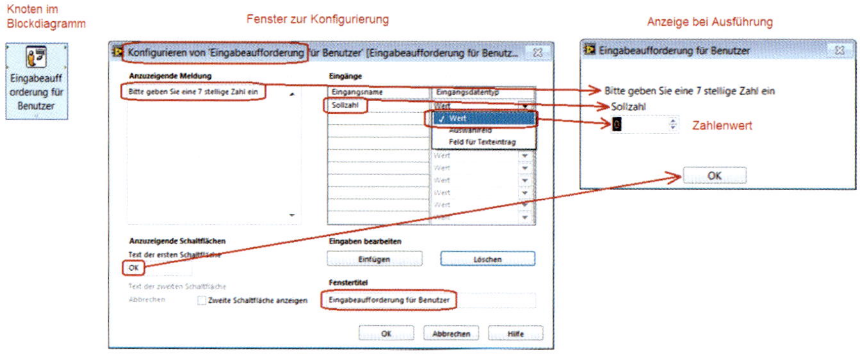

Hinweis: Verwenden Sie zur Zeitmessung eine Sequenz. In dem ersten Rahmen steckt die Eingabeaufforderung. Der nächste Rahmen liest die Startzeit mit der Timerfunktion. Der 3. Rahmen enthält den Würfelgenerator in einer While-Schleife, die abbricht, wenn die eingegebene *Sollzahl* fällt. Der 4. Rahmen liest die Stoppzeit ein und berechnet die Zeitdauer. Diese und die Anzahl der Versuche werden angezeigt.

Frontpanel:

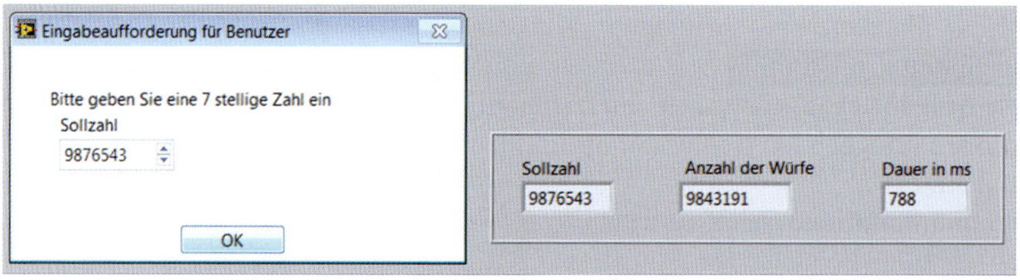

8 SubVI

Wie in anderen Programmiersprachen, gibt es auch in LabView Unterprogramme. Ein Unterprogramm wird **SubVI** genannt und zunächst wie ein normales VI erstellt. Damit es bei Gebrauch in anderen VIs im Blockdiagramm eingefügt werden kann, bekommt es nach Fertigstellung Anschlüsse und ein graphisches Symbol zur Erkennung.

8.1 Erstellen eines SubVI

Beispiel:

Es wird ein VI erstellt, das eine Zahl im Eingabeelement *Celsius* als Celsiuswert C interpretiert und den umgerechneten Fahrenheitswert F im Anzeigeelement *Fahrenheit* ausgibt. Die Formel lautet $F = C \cdot \frac{9}{5} + 32$.

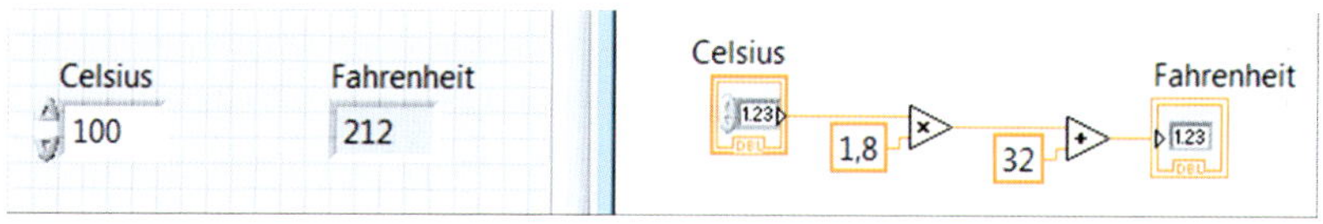

Obiges VI wird zu einem SubVI, wenn Anschlüsse festgelegt werden. Dazu dient das **Anschlussfeld** im Frontpanel rechts neben der Symbolleiste. Bewegt man die Maus dorthin, erscheint das Symbol *Drahtspule*. Mit der rechten Maustaste im Kontextmenü ***Muster*** anklicken und dann das Symbol mit der passenden Anzahl von Anschlussfeldern auswählen. Im vorliegenden Fall sind zwei Anschlussfelder nötig: ein Eingang (Celsius) und ein Ausgang (Fahrenheit).

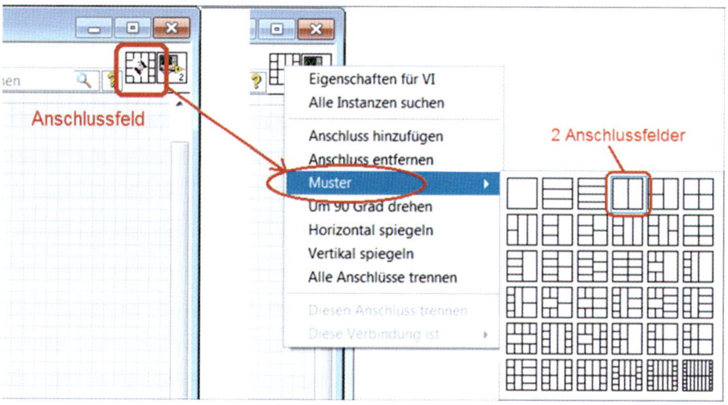

Nach der Auswahl sind im Anschlussfeld nur noch zwei Felder vorhanden, die mit den zugehörigen Ein- und Ausgabeelementen zu verbinden sind.

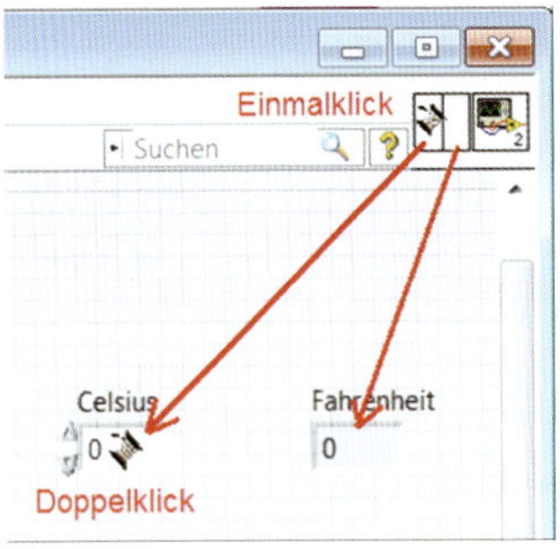

Bewegt man die Maus zum linken Anschlussfeld, verwandelt sich der Mauszeiger zur Drahtspule. Ein Einfachklick mit linker Maustaste färbt das Feld schwarz, ein nachfolgender Doppelklick auf *Celsius* färbt das Feld in der Farbe des Datentyps. Das Gleiche geschieht mit dem rechten Anschlussfeld und *Fahrenheit*.

Jetzt sind der Ein- und Ausgang des SubVI definiert.

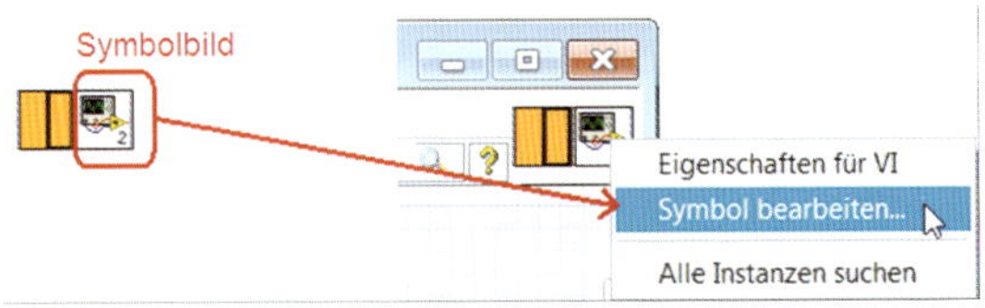

Damit es später bei der Einbindung als solches erkannt wird, kann das Symbolbild rechts neben dem Anschlussfeld bearbeitet werden.

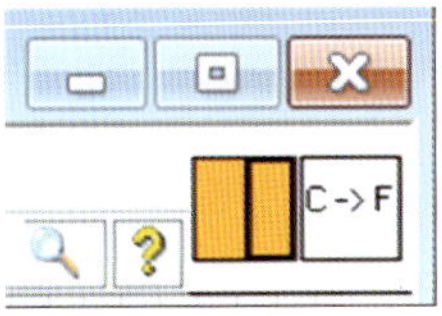

Mit Kontextmenü (oder Doppelklick) aufs Symbolbild wird der *Symbol-Editor* aufgerufen, der ähnlich wie das Programm **Paint** arbeitet und mit dessen Hilfe ein aussagekräftiges Symbol erstellt werden kann. Näheres zur Bedienung ist in der LabVIEW-Hilfe unter ***Dialogfeld „Symbol-Editor“*** zu finden.

Hier wird der Text C -> F in das Symbol eingetragen.

Danach das VI unter einem beliebigen Dateinamen (hier **Sub_CinF.vi**) speichern und schließen.

8.2 Benutzung des SubVI

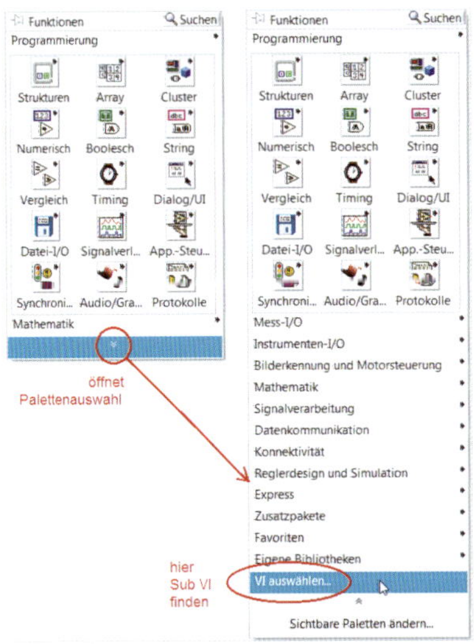

Im Startfenster *Leeres VI* aufrufen und im Blockdiagramm die Funktionenpalette öffnen. Am unteren Rand die Palettenauswahl aufklappen und unter dem Menüpunkt ***VI auswählen*** das gespeicherte SubVI finden, anklicken und auf der Arbeitsfläche platzieren

Dieses als SubVI definierte Objekt verhält sich nun genauso wie andere Funktionen in LabVIEW, es kann markiert, beliebig oft kopiert, gelöscht und in Blockdiagrammschaltungen eingebaut werden.

Eine Annäherung mit der Maus zeigt die Anschlüsse mit den definierten Bezeichnungen. Sie können nun wie gewohnt beschaltet werden, z.B. mit Ein- und Ausgabeelementen o.Ä.

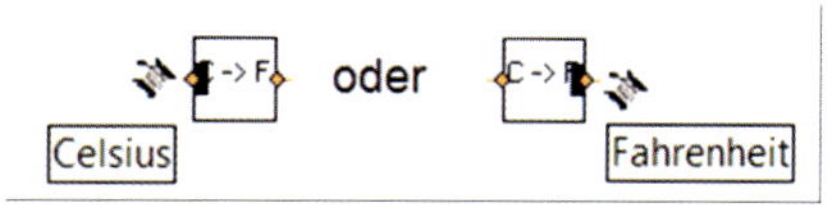

Beispiel:

Das erstellte SubVI wird in dem (Haupt-)Programm *Mittelwert* mehrmals aufgerufen. Die von den Messstellen gelieferten Celsiuswerte werden umgerechnet und davon der Mittelwert gebildet.

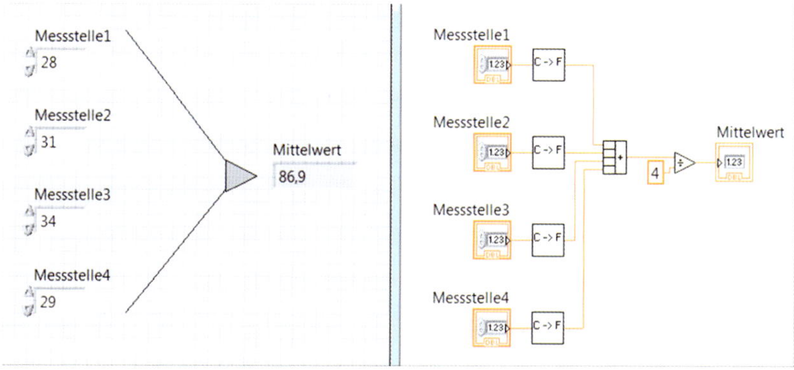

Achtung:

Werden Änderungen in einem SubVI vorgenommen und gespeichert, wirken sie sich überall dort aus, wo das SubVI eingesetzt wird!
Wird der Dateiname eines SubVIs geändert, kann es das aufrufende Programm nicht mehr finden!

8.3 Automatische Erstellung eines SubVI

Das nachfolgende Bild zeigt die automatische Erstellung eines SubVI. Dabei werden zunächst alle Teile ausgewählt und markiert, die in dem fertigen SubVI enthalten sein sollen. Blockdiagrammanschlüsse (Eingabe- und Anzeigeelemente) sollte man nicht in die Auswahl mit einbeziehen, da Eingangs- und Ausgangsleitungen im markierten Bereich automatisch damit beschaltet werden. Wählt man im Hauptmenü unter *Bearbeiten → SubVI erstellen,* wird der markierte Bereich durch das SubVI ersetzt.

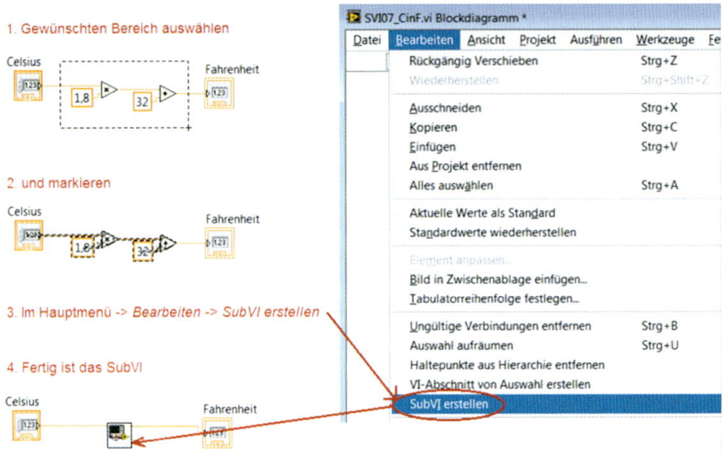

Ein Doppelklick auf das Symbol  öffnet es und man stellt fest, dass Eingabe- und Anzeigeelemente auch im SubVI enthalten sind. Im Anschlussfeld sind zwei Anschlüsse belegt; das Symbolbild kann bearbeitet werden. Vor dem Schließen das SubVI speichern.
Aufgerufen wird ein gespeichertes SubVI im Blockdiagramm mit der Funktionenpalette (unten aufklappen mit ∨) unter dem Menüpunkt *VI auswählen*. Es wird wie eine beliebige Funktion auf der Arbeitsfläche platziert und angeschlossen.
Sind in einem VI mehrere unterschiedliche oder ineinander verschachtelte SubVI enthalten, findet man die Zusammenhänge zwischen ihnen im Hauptmenü unter dem Menüpunkt *Ansicht → VI-Hierarchie*.

Für obiges Beispiel erhält man:

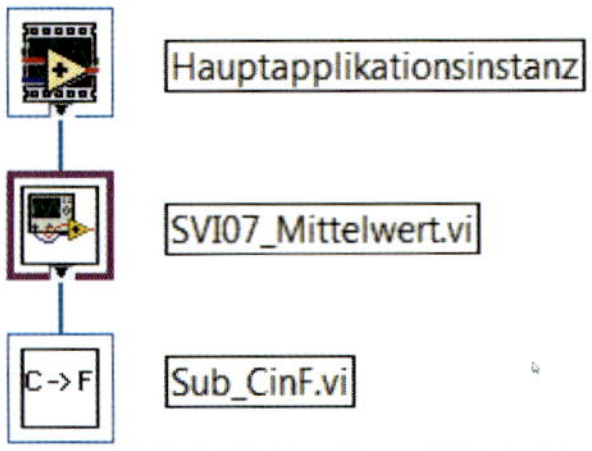

Schauen Sie sich eine Hierarchie eines LabVIEW-Beispiels an, z.B. im Hauptmenü *Hilfe → Beispiele suchen...→ Grundlagen → Numerisch und Boolesch → Vergleichsfunktionen*.

Aufgaben

Aufgabe 8.01 Rechenoperationen

Schreiben Sie ein SubVI, das verschiedene Rechenoperationen mit der Zahl in *Eingabe* ausführt und in *Ausgabe* das Ergebnis anzeigt.
Die Auswahl der Rechenoperation erfolgt mit einer Enum-Funktion.

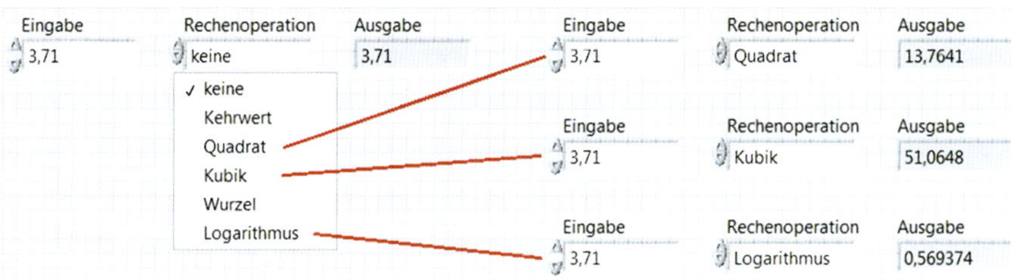

Setzen Sie das SubVI in einem VI ein und untersuchen Sie seine Funktionen, speziell Eingaben mit negativen Werten oder Null.

Erweiterung:
Bei nichtzulässigen Rechenoperationen liefert LabVIEW durch das angezeigte Ergebnis einen Hinweis darauf, wie z.B. *NaN* (Not a Number) oder *Inf* (Infinite).
Bauen Sie in das erstellte VI zwei zusätzliche Funktionen ein, die bei unzulässigen Rechenoperationen auftreten:

1. eine Textausgabe, in der ein Grund dafür genannt wird, und
2. eine Warnlampe *Verboten*, die aufleuchtet.

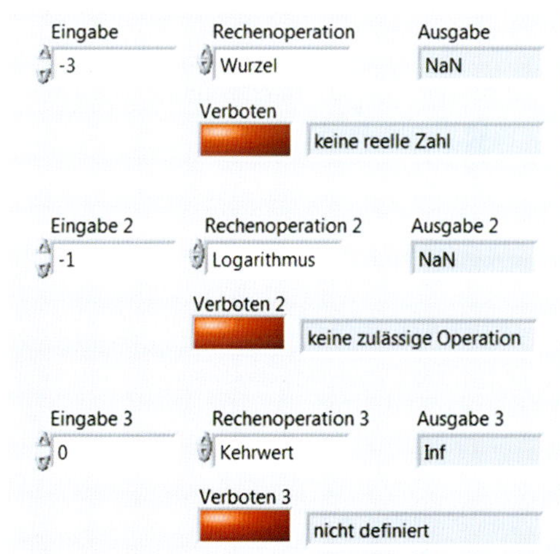

Wie eine Fehlerbehandlung bei SubVIs aussehen könnte, wird in Kapitel 10 besprochen.

Aufgabe 8.02 SubVI Tiefpass/Hochpass

Entwerfen Sie zwei SubVIs, die den Betrag der Übertragungsfunktion von Tiefpass und Hochpass berechnen.

Hinweis: Stellen Sie für die Bedienelemente *R* und *C* unter ***Eigenschaften → Anzeigeformat → SI-Schreibweise*** ein.

Tiefpass

Die drei Eingabewerte *Frequenz f*, *Widerstand R* und *Kapazität C* liefern den Ausgabewert U_a / U_e nach folgender Formel: $\frac{U_a}{U_e} = \frac{1}{\sqrt{1 + (2\pi fRC)^2}}$

Frontpanel:

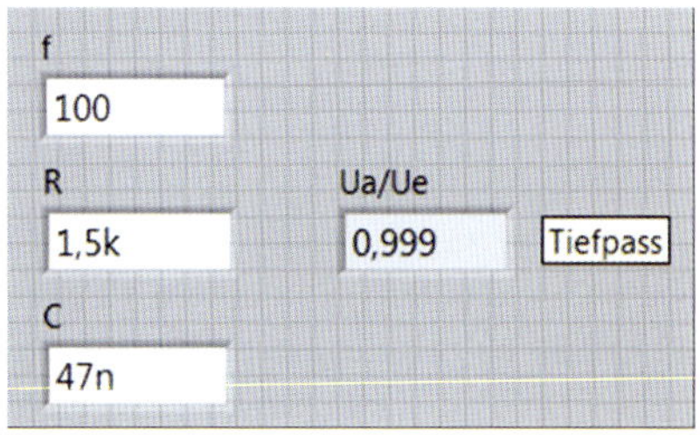

Aufgabe: Zum Einsatz als SubVI definieren Sie die zugehörigen Ein- und Ausgänge und entwerfen folgendes Symbol:

Hochpass

Die drei Eingabewerte *Frequenz f*, *Widerstand R* und *Kapazität C* liefern den Ausgabewert U_a / U_e nach folgender Formel: $\frac{U_a}{U_e} = \frac{1}{\sqrt{1 + \left(\frac{1}{2\pi fRC}\right)^2}}$

Frontpanel:

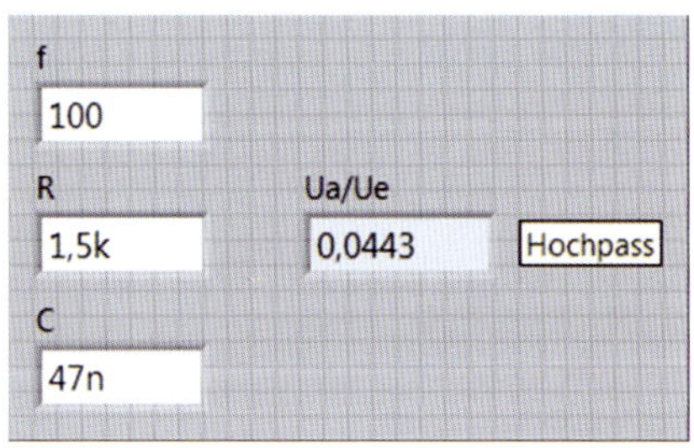

Aufgabe: Zum Einsatz als SubVI definieren Sie die zugehörigen Ein- und Ausgänge und entwerfen folgendes Symbol:

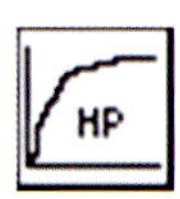

Aufgabe 8.03 Übertragungsfunktion

Erstellen Sie ein VI, das für einen Tiefpass und einen Hochpass den Betrag der Übertragungsfunktion $U_a/U_e = f(f)$ in **einem** XY-Graphen über der Frequenz aufträgt. Verwenden Sie zur Berechnung die in Aufgabe 8.02 erstellten SubVIs.
Verwenden Sie für die Darstellung die Eingabewerte $R = 1500\ \Omega$ und $C = 47$ nF. Der Frequenzbereich ist fest vorgegeben und läuft von $f_{start} = 100$ Hz bis $f_{stopp} = 50$ kHz.

Frontpanel:

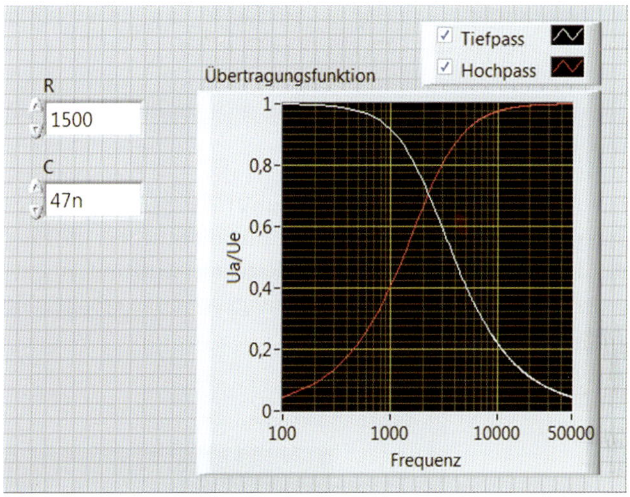

Hinweise:

1. Erzeugen Sie die veränderliche Frequenz mit Hilfe der Indexvariablen i einer While-Schleife, die bei der Frequenz 50 000 abgebrochen wird (siehe Aufgabe 5.03).
2. Machen Sie im Eigenschaftenmenü des XY-Graphen folgende Einstellungen:
   – logarithmische Teilung der x-Achse unter ***Skalen → Logarithmisch***
   – unter ***Darstellung → Plotlegende einblenden → angezeigte Plots → 2***
   – Eintrag der Namen Tiefpass und Hochpass unter ***Plots → Namen***
3. Im Kontextmenü der Plotanzeige unter ***Sichtbare Objekte → Plotanzeigeoption***
   Damit kann die jeweilige Kurve ein- und ausgeschaltet werden.

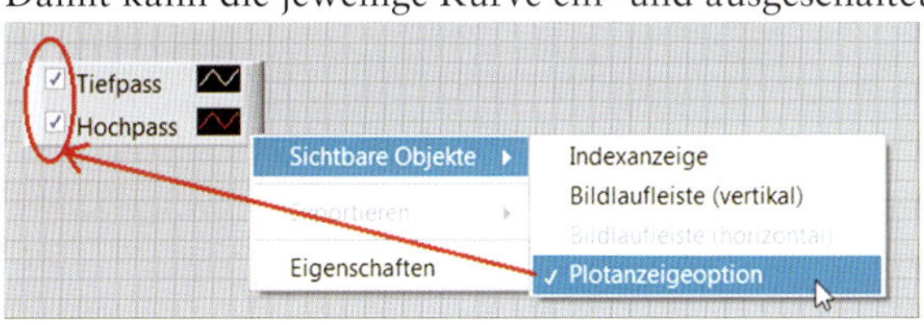

4. Passen Sie die Inkrementeinstellung von R und C an die jeweiligen Werte an, z.B. bei C unter ***Wertebereich → Inkrement → 1,000 E-9,*** dann ändert sich C in 1-nF-Schritten.

Frage: Durch welche Ergänzung kann eine Änderung der Werte von R und C während der Laufzeit im Graphen sichtbar gemacht werden?

Aufgabe 8.04 Rechteckschwingung

Nach Fourier lässt sich jede periodische Funktion als Summe von harmonischen Funktionen darstellen. Oder umgekehrt: Durch Überlagerung von harmonischen Schwingungen mit passenden Amplituden und Phasen kann jede periodische Funktion erzeugt werden.

Summiert man nach der Formel

$$y(t) = \hat{u}\left(\sin\omega t + \frac{1}{3}\sin 3\omega t + \frac{1}{5}\sin 5\omega t + \frac{1}{7}\sin 7\omega t + \frac{1}{9}\sin 9\omega t + \frac{1}{11}\sin 11\omega t + \ldots\right)$$

alle ungeradzahligen Harmonischen einer sinusförmigen Grundschwingung, entsteht eine Rechteckschwingung.
Verwenden Sie aus der Aufgabe 5.01 den Teil *Frequenzänderung* und wandeln Sie ihn ab. Erstellen Sie daraus ein SubVI mit den Eingängen *i und Frequenz*. Dieses SubVI wird 6-mal verwendet und summiert, wobei die Eingabe *Frequenz* die Zahl der Harmonischen angibt. Das Ergebnis wird mit einem Signalverlaufsgraphen dargestellt. Mit den angegebenen Eingabewerten erhalten Sie nachfolgende Darstellung.

Frontpanel:

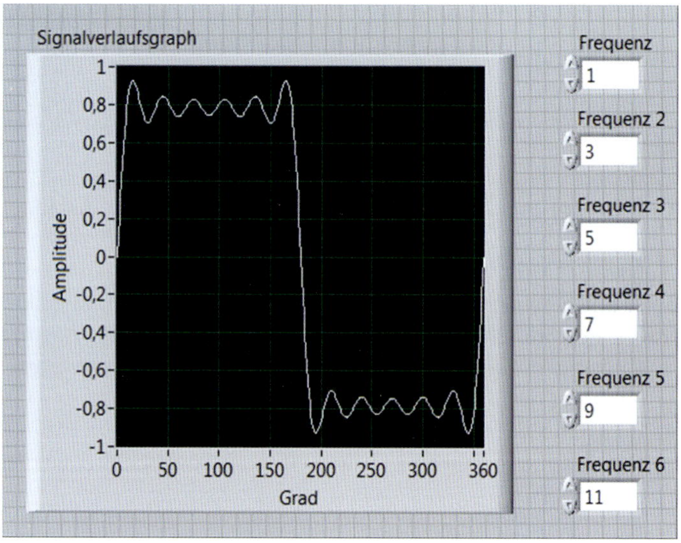

Werden mehr Harmonische verwendet, nähert sich die Rechteckschwingung weiter dem Ideal an.

9 Strings

Zur Darstellung von Daten in Programmen gibt es verschiedene Möglichkeiten. Zahlen werden beispielsweise mit verschiedenen Datentypen in unterschiedlicher Genauigkeit und Größe dargestellt. Alphanumerische Daten (Buchstaben, Ziffern und Satzzeichen) werden häufig im ASCII-Code dargestellt. Der ASCII-Code ist ein 7-Bit-Code. Er besteht aus 128 Zeichen, davon 33 nichtdruckbare und 95 druckbare Zeichen. Die druckbaren Zeichen beginnen in der ASCII-Tabelle (siehe Anhang) mit dem Leerzeichen (SP für Space) und sind auf der Tastatur enthalten:

```
 !"#$%&'()*+,-./0123456789:;<=>?
@ABCDEFGHIJKLMNOPQRSTUVWXYZ[\]^_
`abcdefghijklmnopqrstuvwxyz{|}~
```

Die ersten 32 nichtdruckbaren ASCII-Zeichen sind Steuerzeichen, die der Steuerung der Ausgabegeräte (Drucker, Monitor) dienen, wie z.B. Wagenrücklauf oder Zeilenvorschub.
Zur Codierung internationaler «Sonder»-Zeichen, wie die deutschen Umlaute äöüÄÖÜ und ß, wird der ASCII-Code auf 8 Bit erweitert. Diese zusätzlichen 128 Zeichencodierungen (obere Hälfte des ASCII-Codes) sind für Betriebssysteme und Sprachen unterschiedlich und in sog. *Codeseiten* definiert.

Definition:

Eine Aneinanderreihung von ASCII-Zeichen wird als **Zeichenkette** oder **String** bezeichnet. Die Farbe des Datentyps *String* ist Pink.

Strings werden in Programmen gebraucht
- für alle Arten von Textmeldungen,
- zum Erfassen und Verarbeiten von nichtnumerischen Daten,
- zur Datenübertragung von und zu Messgeräten,
- zur Speicherung von Daten in Dateien,
- für Dateinamen und Pfadangaben.

Objekte zur Ein- und Ausgabe von Strings werden im Frontpanel platziert. Man findet sie unter ***Elemente → Modern → String & Pfad.***

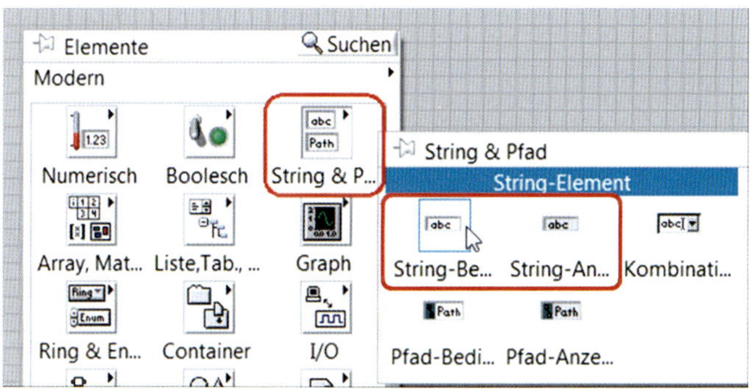

Beispiel:

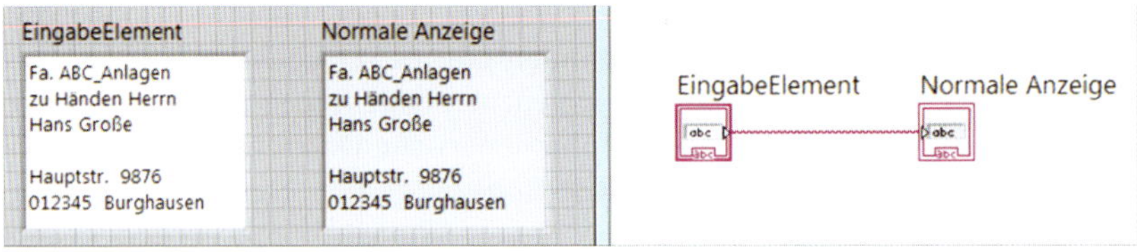

Verbindet man eine Stringeingabe mit einer Stringanzeige (auf gewünschte Größe aufziehen) und startet die Eingabe mit einem Doppelklick in das Feld, befindet man sich im Eingabemodus, zu erkennen an einem senkrechten Strich oder an der Schaltfläche *Texteingabe* ganz links in der Symbolleiste. In diesem Modus werden alle Zeichen angenommen, das Verhalten entspricht dem eines Editors. **Dies ist sowohl im Bearbeitungs- wie im Ausführungsmodus möglich.** Abgeschlossen wird die Eingabe mit einem Mausklick auf die Arbeitsfläche. Befindet sich das Programm im Ausführungsmodus (mit *Wiederholt ausführen* starten), so wird die Eingabe erst dann in die Anzeige übernommen. Ist im Kontextmenü der Punkt *Wert beim Schreiben einlesen* eingeschaltet, so wird die Anzeige bereits beim Schreiben aktualisiert.
Schaltet man im Kontextmenü den Punkt *Auf eine Zeile begrenzen* ein, bewirkt ein Return den Abbruch des Eingabemodus.

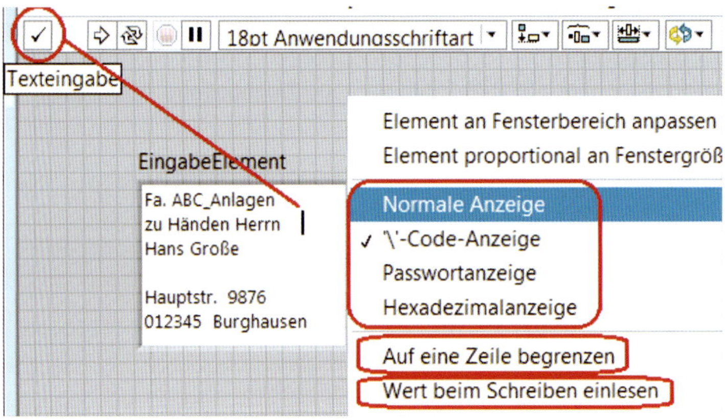

Bei Eingabe- und bei Anzeigeelementen kann zwischen vier verschiedenen Darstellungsarten des Strings umgeschaltet werden. Die Inhalte werden durch die Umschaltung nicht verändert.

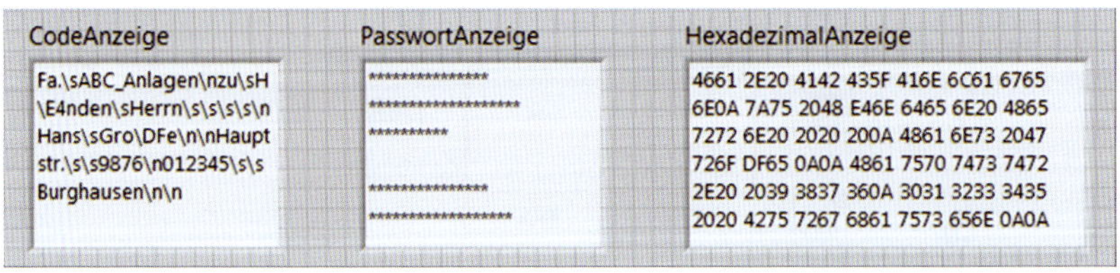

Die «\»-Code-Anzeige
ermöglicht das Sichtbarmachen von nichtdruckbaren Zeichen wie z.B. dem *Leerzeichen* oder *Neue Zeile*. Der *Backslash* \ deutet an, dass das unmittelbar folgende Zeichen ein Steuerzeichen darstellt.

ASCII-Code	Bezeichnung	Escape-Code	Hex-Code	Bedeutung
SP	Space	\s	20	Leerzeichen
LF	Line Feed	\n	0A	Neue Zeile
CR	Carriage Return	\r	0D	Wagenrücklauf
FF	Form Feed	\f	0C	Seitenvorschub
HT	Horizontal Tabulator	\t	09	Tabulator
BS	Back Space	\b	08	Rückschritt

Deutsche Sonderzeichen werden in der Code-Anzeige mit einem Backslash und ihrem Hex-Code angezeigt: ä = \E4 oder ß = \DF.

Die Passwortanzeige
stellt alle druckbaren Zeichen als * dar.

Die Hexadezimalanzeige
zeigt von allen Zeichen den zweistelligen Hex-Code an (siehe ASCII-Tabelle).

Achtung:
Ist ein Bedienelement auf Hexadezimalanzeige eingestellt, ist auch die Eingabe nur im Hex-Code möglich.

Hinweis: Auch bei Konstanten im Blockdiagramm sind diese 4 Darstellungsarten einstellbar.

Die Bearbeitungsmöglichkeiten von Strings im Blockdiagramm sind sehr umfangreich. LabVIEW stellt dafür sehr viele leistungsfähige und zum Teil komplizierte Funktionen zur Verfügung.

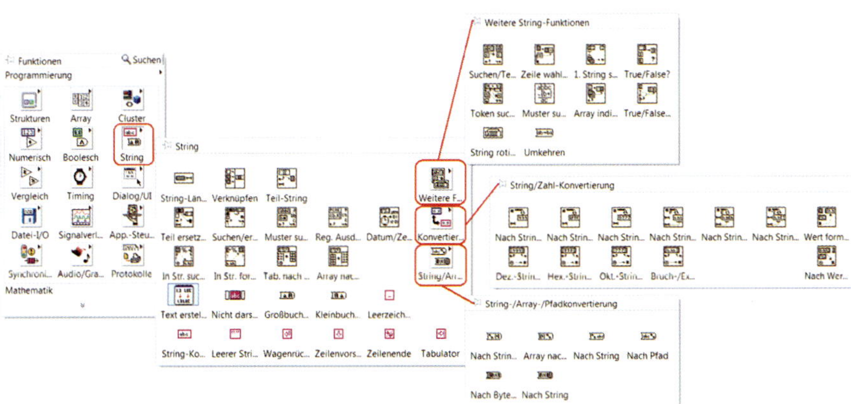

Es ist deshalb sinnvoll, bei ihrem Einsatz

1. die eingebaute Hilfe-Funktion von LabView ausführlich zu verwenden,
2. die Funktionen vor dem ersten Gebrauch gründlich zu untersuchen.

Dazu ein einfaches Beispiel.

Beispiel:

Aus einer Liste mit Messwerten soll die Einheit *Ampere* durch den Buchstaben *A* ersetzt werden. Dies kann die Funktion *String suchen und ersetzen*

1. Platzieren Sie die Funktion im Blockdiagramm und beschalten alle Eingänge mit *Erstellen → Bedienelement* und alle Ausgänge mit *Erstellen Anzeigeelement.*
2. Geben Sie in die Eingabeelemente Daten ein und starten Sie das VI mit *wiederholt ausführen.*
3. Variieren Sie die veränderlichen Werte und beobachten die Auswirkungen.

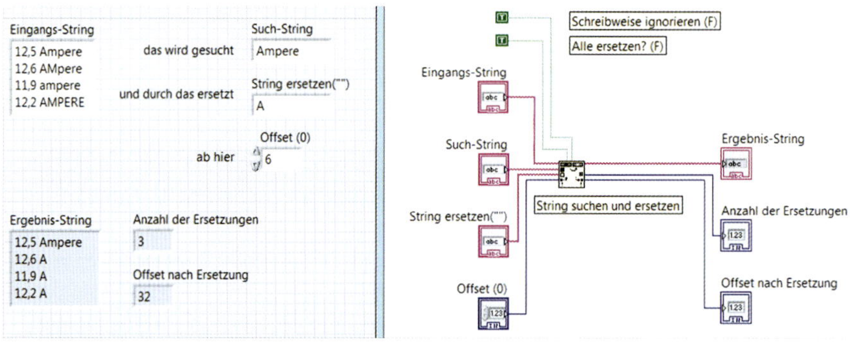

Benutzt man LabView zur Steuerung von Messgeräten, so wird die gesamte Datenübertragung mit Strings durchgeführt. Einstellwerte müssen als String an das Messgerät übergeben werden, Messwerte werden vom Messgerät als String ausgegeben. Für Umwandlungen in beide Richtungen ***Numerischer Wert → String*** oder ***String → Numerischer Wert*** gibt es Konvertierungsfunktionen.

Beispiel:

Messgerät einstellen

Mit einem Drehknopf *(U32)* im Frontpanel soll an einen über GPIB-Schnittstelle angeschlossenen Frequenzgenerator die Frequenz eingestellt werden. Der dazu erforderliche String, den der Frequenzgenerator versteht, lautet für die Frequenz 1500 Hz: «FREQ 1500».

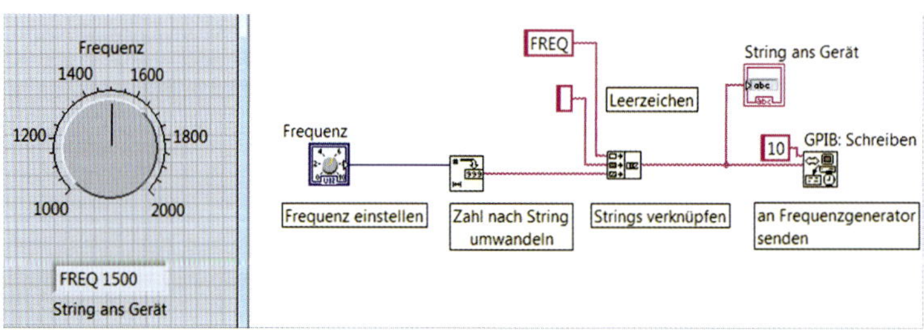

Der *U32*-Zahlenwert des Drehreglers wird mit der Funktion *Zahl nach String* umgewandelt und danach mit der Funktion *Strings verknüpfen* an die Zeichenkette FREQ_ (mit Leerzeichen) angehängt.

Beispiel:

Messwert vom Messgerät einlesen

Ein Voltmeter sendet einen Spannungswert in der Form +1.23400000E+00. Dies ist eine Zeichenkette von 15 ASCII-codierten Zahlen, mit der nicht gerechnet werden kann. Nach einer Umwandlung erhält man eine numerische Zahl (*DBL*).

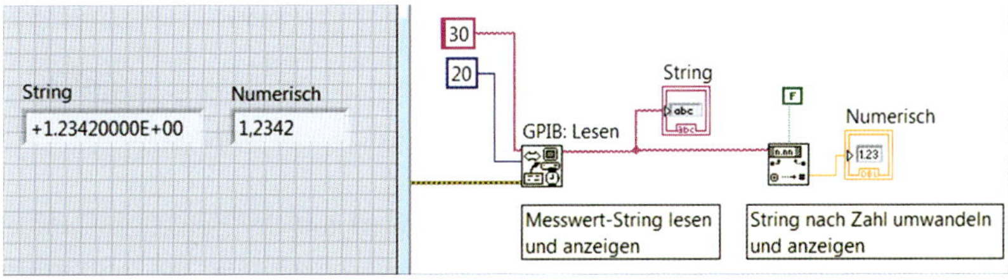

Die False-Konstante interpretiert den Punkt als Dezimalzeichen.

Aufgaben

Aufgabe 9.01 Stringumwandlungen

1. Funktion ***Zahl nach String***

Mit dem Drehregler *(DBL)* wird ein Zahlenwert eingestellt, der in die Stringausgabe eingebaut werden soll.

Frontpanel:

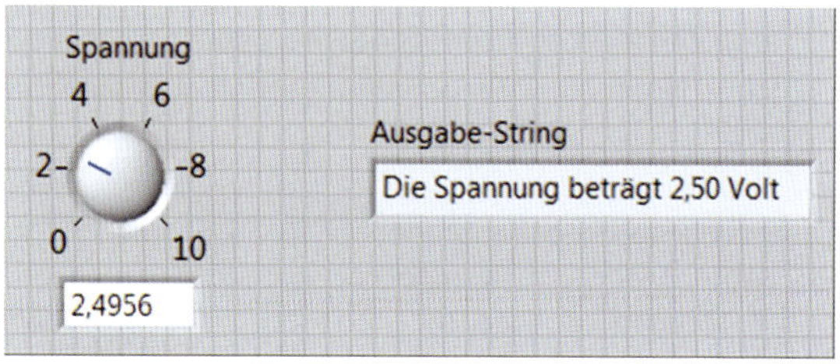

Hinweis: Wandeln Sie zuerst den numerischen Wert mit der Funktion ***Zahl nach String (Fließkommadarstellung)*** um und verknüpfen ihn dann mit den beiden Stringkonstanten 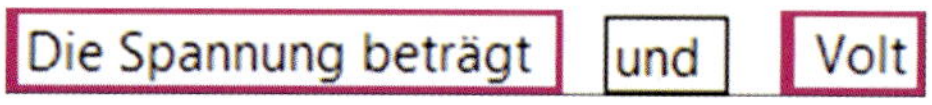

Mit 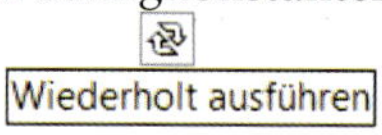

starten und Drehregler betätigen.

Zusatz: Das gleiche Ergebnis erreicht man mit etwas weniger Aufwand mit der Funktion ***In String formatieren***.
Untersuchen Sie diese Funktion und lösen Sie die Aufgabe damit.

2. Funktion ***String nach Zahl***

Nehmen Sie den String von Aufgabe 1 und wandeln Sie den enthaltenen Zahlenstring in einen numerischen Wert um.
Dafür gibt es verschiedene Funktionen.

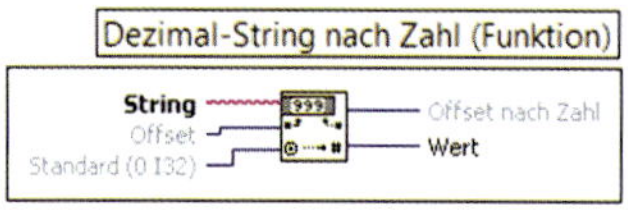

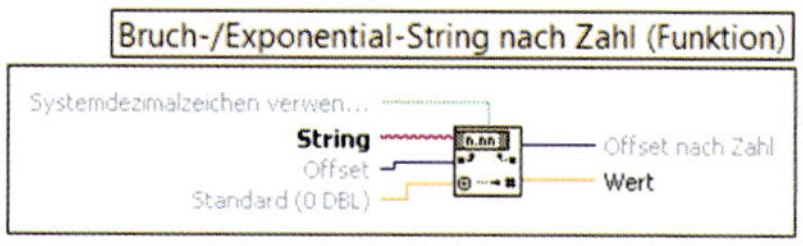

Untersuchen Sie beide Möglichkeiten und wählen Sie die geeignete aus.

Aufgabe 9.02 Stringfunktionen1

Untersuchen Sie die im nachstehenden Frontpanel angegebenen Funktionen. Beschalten Sie die Funktion im Blockdiagramm mit *Erstellen → Bedien-/Anzeigeelement* und geben Sie die angegebenen Werte ein. Starten Sie mit *Wiederholt ausführen* und variieren Sie die Zahlenwerte (auch in den Strings).
Untersuchen Sie die Arbeitsweise des Bedienelements *Regulärer Ausdruck* in der Funktion *Muster suchen*. Verwenden Sie die Hilfe-Funktion.

Frage: Welchen Inhalt muss *Regulärer Ausdruck* haben, damit allgemein alle Ziffern erkannt werden?

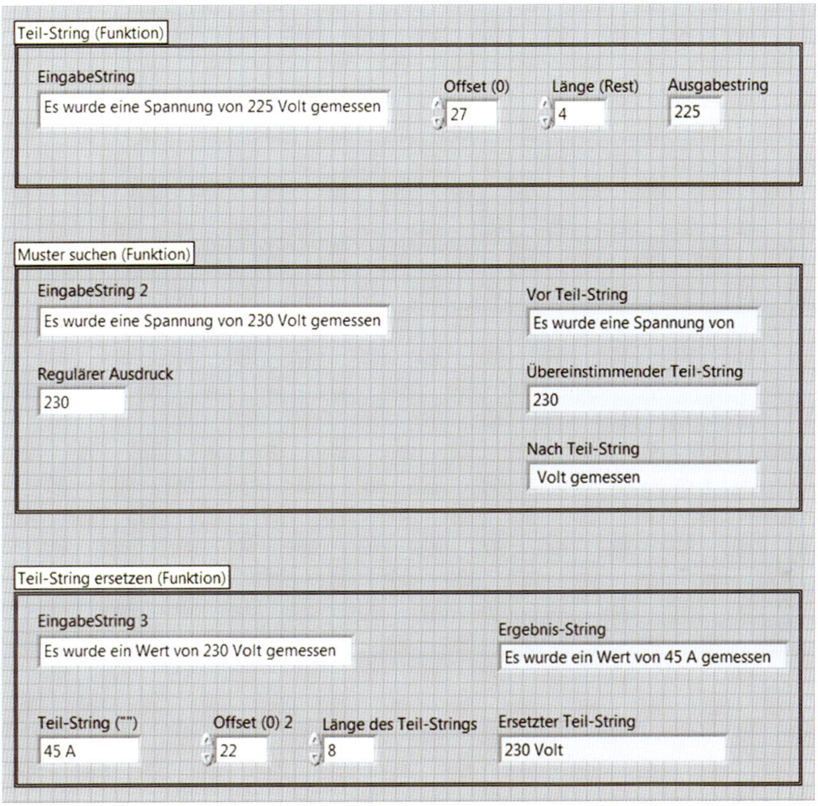

Aufgabe 9.03 Stringfunktionen2

Untersuchen Sie die im nachstehenden Frontpanel angegebenen Funktionen. Suchen Sie die jeweilige Funktion auf den Stringpaletten und beschalten Sie sie mit Bedien- und Anzeigeelement.

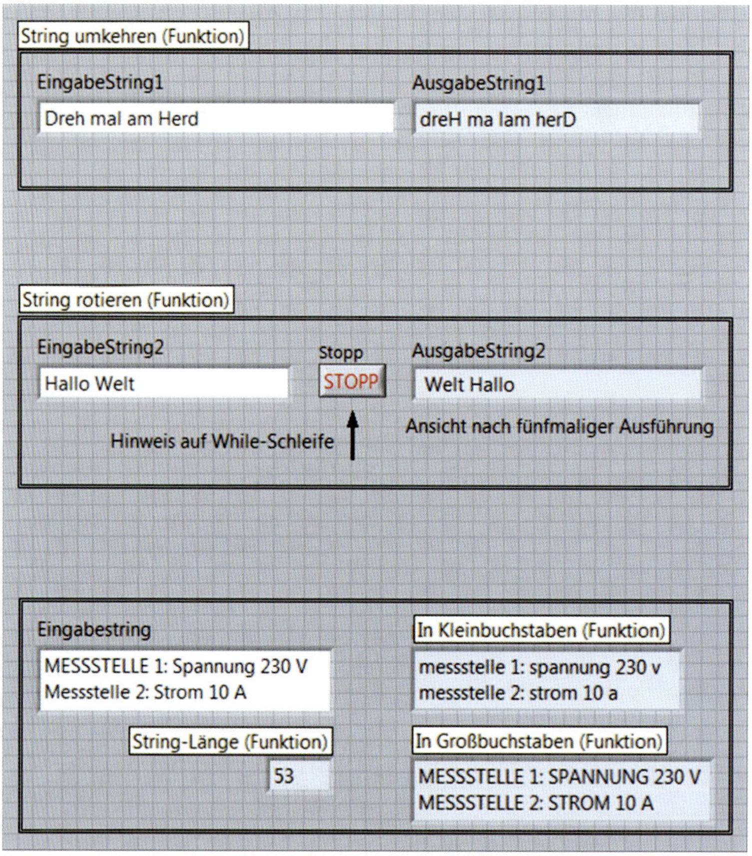

Hinweis: Bei *String rotieren* benötigen Sie eine While-Schleife mit Schieberegister.

Aufgabe 9.04 ASCII-Generator

In dem String-Ausgabeelement ***AusgabeString*** sollen im Sekundentakt alle Großbuchstaben von A bis Z (ASCII-Code dezimal 65 bis 90) angezeigt werden. Erzeugt werden die Buchstaben mit Hilfe der Funktion ***Typumwandlung*** (Palette ***Funktionen → Programmierung → Numerisch → Datenbearbeitung***), die aus einem dezimalen Wert des Datentyps *U8* das zugehörige ASCII-Zeichen erstellt.

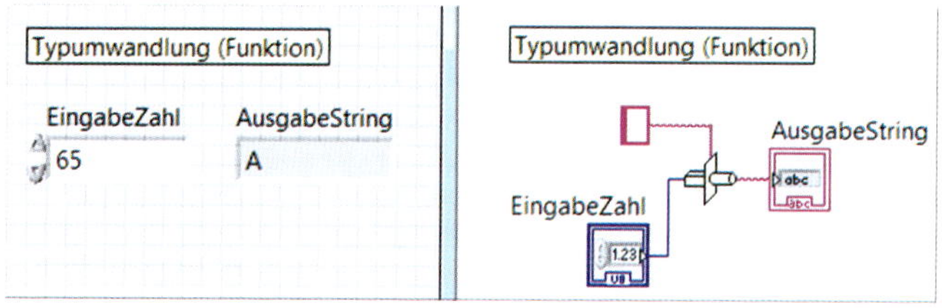

Ersetzen Sie im obigen Beispiel das Bedienelement *EingabeZahl* durch eine laufende Zahl, die bei 65 beginnt und in Einerschritten ansteigt (aus dem Indexzähler *i* einer Schleife erstellen). Die Schleife soll abbrechen

- ❑ entweder durch Betätigung der Stopp-Taste
- ❑ oder bei Erreichen des letzten Zeichens Z.

Zusatzaufgabe1: Ändern Sie das entworfene VI so ab, dass nach dem Großbuchstaben **Z** als nächste Anzeige der Kleinbuchstabe **a** (dezimal 97) erscheint. Abbruch der Schleife mit Stopp-Taste oder bei **z** (dezimal 122).

Bei der Umschaltung von 90 auf 97 ist das Objekt ***Auswählen*** hilfreich. Es ist zu finden unter ***Funktionen → Programmierung → Vergleich.***

Sorgen Sie dafür, dass der Datentyp am Eingang der Funktion *Typumwandlung* immer ein Datentyp *U8* anliegt. Das kann man mit dieser Funktion erzwingen **U8**; zu finden auf Palette ***Funktionen → Programmierung → Numerisch → Konvertierung → Nach vorzeichenlosen Byte-Integer.***

Zusatzaufgabe 2: Ändern Sie das entworfene VI so ab, dass vor dem ersten Großbuchstaben A alle ASCII-Zahlen von 0 bis 9 (dezimal 48 bis 57) erscheinen.

Der entworfene Generator erzeugt alle alphanumerischen Zeichen der ASCII-Codetabelle.

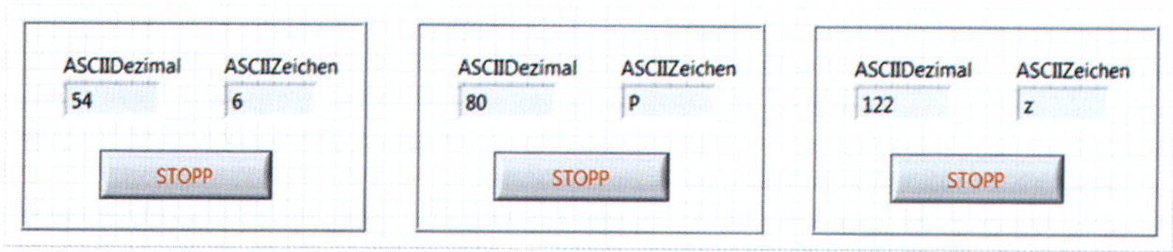

Aufgabe 9.05 Datum/Zeitangabe als String

Will man die aktuelle *laufende* Zeit in einem Programm verwenden, so ist dazu die Funktion im Blockdiagramm *Funktionen → Programmierung → Timing → Datum/ Zeit in Sekunden ermitteln* notwendig.

Den von dieser Funktion gelieferten aktuellen Datums- und Zeitwert des PCs kann man sich mit einem **Zeitstempel** anzeigen lassen:
Erstellen Anzeigeelement (oder im Frontpanel unter *Elemente → Modern → Numerisch → Zeitstempel-Anzeigeelement*).

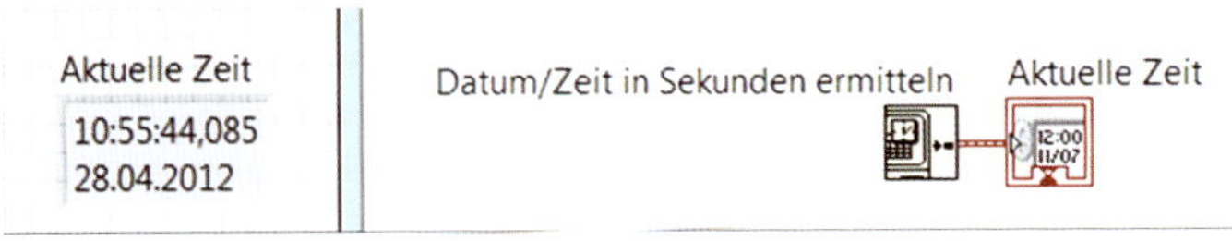

Der Zeitstempel ist ein eigener Datentyp in LabVIEW.

Unter *Eigenschaften → Anzeigeformat* kann eine individuelle Einstellung der Anzeige des Zeitstempels erfolgen.

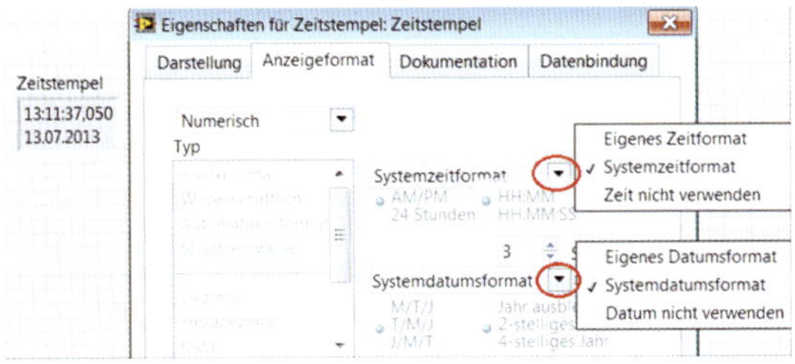

Die Umwandlung der aktuellen Zeit- und Datumsangaben in einen String ermöglicht die Funktion *Datum-/Zeit formatieren* auf der Palette *Funktionen → Programmierung → Timing*.

Aufgabe: Erzeugen Sie in einer While-Schleife im Sekundentakt einen zufälligen *Messwert* (*DBL*) im Bereich von 0 bis 10 und verknüpfen Sie diesen mit der aktuellen Zeit- und Datumsangabe zu einem String.
Verwenden Sie folgende Formatierung:

- ❑ Messwert 7 Stellen, 2 Nachkommastellen,
- ❑ zwei Leerzeichen vor der Zeitangabe,
- ❑ Tabulator zwischen Zeit- und Datumsangabe,
- ❑ String beenden mit Zeichen *Neue Zeile* \n.

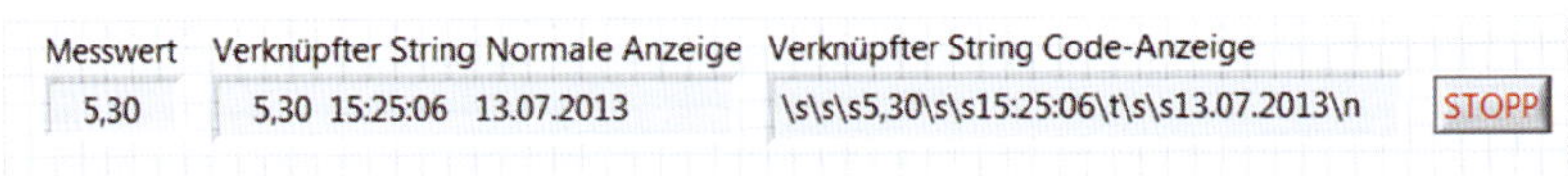

Hinweis: In Kapitel 16 wird der Datentyp *Signalverlauf* vorgestellt, der einen Messwert zusammen mit der Erfassungszeit in ein Cluster packt.

10 Cluster

Ein Cluster (Verbund) ist ein Datentyp, mit dessen Hilfe es möglich ist, mehrere thematisch zusammengehörige Daten unterschiedlichen Typs zusammenzufassen.

Beispiel:

Die Beschreibung/Kennzeichnung eines Buches erfolgt z.B. über

- den Titel (String),
- den Preis (numerischer Wert),
- die Lieferbarkeit (boolescher Wert),
- den Autor (String),
- die Auflage (numerischer Wert),
- die ISBN-Nummer (String),
- das Erscheinungsdatum (Zeitstempel) usw.

Alle Daten beschreiben **ein** Buch und sind deshalb miteinander verbunden.

10.1 Erstellen eines Clusters

Die manuelle Erstellung eines Clusters erfolgt im Frontpanel unter *Elemente → Modern → Array, Matrix.. → Cluster.* Zieht man das Symbol Cluster aufs Frontpanel, so entsteht ein «leerer Container», der nun mit den gewünschten Elementen gefüllt werden kann. Diese holt man sich wie gewohnt aus den verschiedenen Paletten des Frontpanels wie *Numerisch, Boolesch, String & Pfad* usw. und zieht sie in den Container. Zugelassen sind alle Datentypen von LabView. Das erste in den Cluster gezogene Element bestimmt den Clustertyp: *Bedienelement (Eingabe)* oder *Anzeigeelement.*

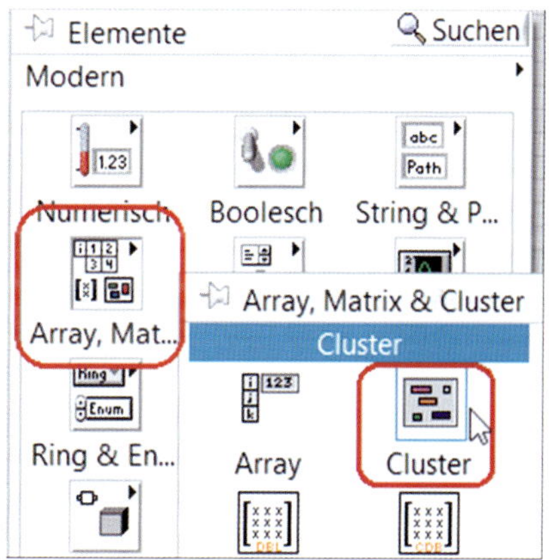

Wichtig:

In einem Cluster müssen alle Elemente von der gleichen Art sein. Es sind nur Bedienelemente oder nur Anzeigeelemente zugelassen.

Zum besseren Befüllen kann der Container manuell auseinandergezogen werden. Sind alle Elemente enthalten, wählt man im Kontextmenü den Punkt *Auto-Größenanpassung* zur Anordnung der Elemente (vertikal) oder der automatischen Größenanpassung.

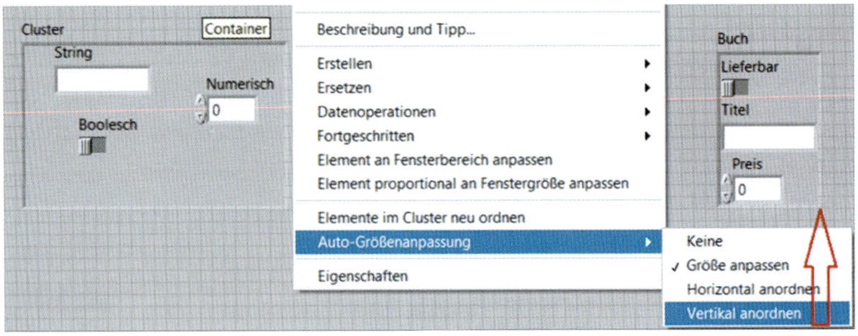

Für das angegebene Beispiel *Buch* werden die Daten umbenannt. Da das erste eingebrachte Element *(Lieferbar)* ein Bedienelement war, wird auch der Cluster als Bedienelement (Datenquelle) im Blockdiagramm dargestellt.

10.2 Reihenfolge der Cluster-Elemente

Cluster-Elemente haben intern eine logische Reihenfolge, die bei der Erstellung des Clusters festgelegt wird: Das erste eingefügte Element bekommt die Nummer 0, das zweite Element die 1 usw. Soll die Reihenfolge der Elemente im Cluster geändert werden, ist dies im Kontextmenü ***Elemente im Cluster neu ordnen*** möglich. Mit dem neuen Mauszeiger durch Klick die Nummerierung ändern und danach in der Symbolleiste bestätigen.

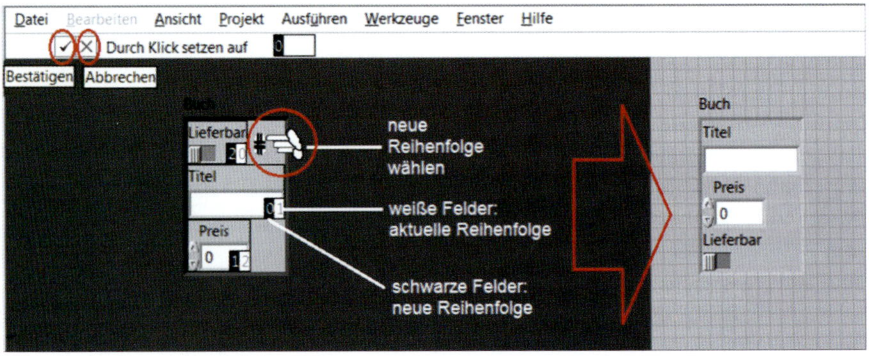

Die interne Nummerierung stimmt mit der Reihenfolge der Cluster-Elemente auf dem Frontpanel überein, wenn ***Horizontal*** oder ***Vertikal anordnen*** bei Auto-Größenanpassung eingeschaltet ist.

Wird zur Darstellung eines Clusterinhalts eine Clusteranzeige benötigt, verwendet man unbedingt das Kontextmenü ***Erstellen → Anzeigeelement,*** denn bei der Verbindung von Clustern müssen beide genau übereinstimmen. Der Schalter *Lieferbar* im automatisch erstellten Cluster *BuchAnzeige* kann im Kontextmenü mit ***Ersetzen*** und der booleschen Palette in eine LED umgewandelt werden.

Wichtig:

Eine Verbindung von Clustern ist nur möglich, wenn die Anzahl, der Typ und die Reihenfolge beider Elemente gleich sind.

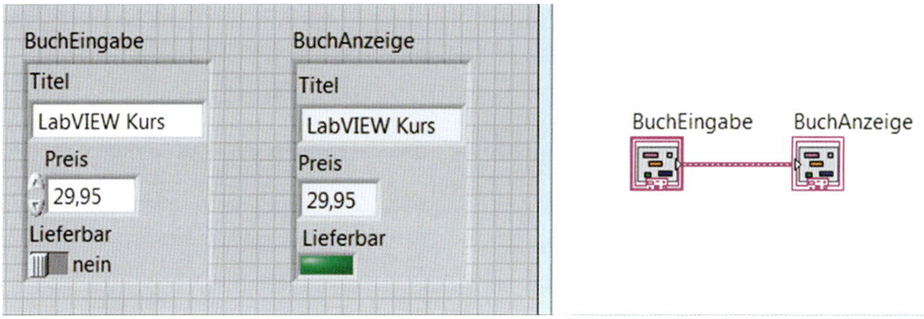

Bei übereinstimmender Reihenfolge kann das Programm ausgeführt werden. Die eingetragenen Daten werden nach dem Start in die Anzeige übertragen.
Man erkennt, dass durch den Einsatz von Clustern Verbindungsleitungen eingespart werden und das Blockdiagramm dadurch übersichtlicher wird. Eine Clusterverbindung entspricht bildlich gesehen einem Kabel mit mehreren Einzelleitern. Um diese einzeln zu bearbeiten, findet man im Blockdiagramm unter *Funktionen → Programmierung → Cluster …* die Funktionen *Aufschlüsseln* und *Bündeln.* Damit ist der Zugriff auf einzelne Clusterelemente und eine Bearbeitung und Veränderung der Inhalte der einzelnen Elemente möglich.

Aufschlüsseln
Erlaubt den Zugriff auf einzelne Clusterelemente.

Das Verbinden der Funktion mit einem Cluster liefert für jedes darin enthaltene Element einen Anschluss.

Bündeln
Bündeln ermöglicht das Erstellen eines neuen oder das Modifizieren eines bestehenden Clusters. Die Anzahl der Eingänge kann verändert werden.

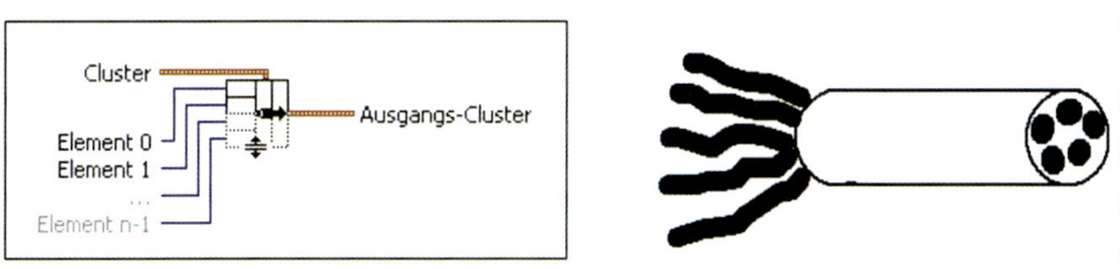

Hinweis: Die Funktion ***Bündeln*** wurde in Kapitel 5 häufig zum Zusammenfassen von Anzeigedaten benutzt.

Weiterhin gibt es im Blockdiagramm auf der Palette Cluster die Funktionen *Nach Namen aufschlüsseln* und *Nach Namen bündeln.*

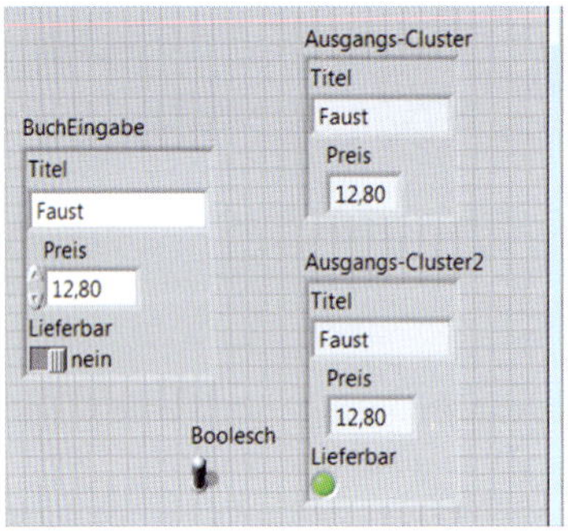

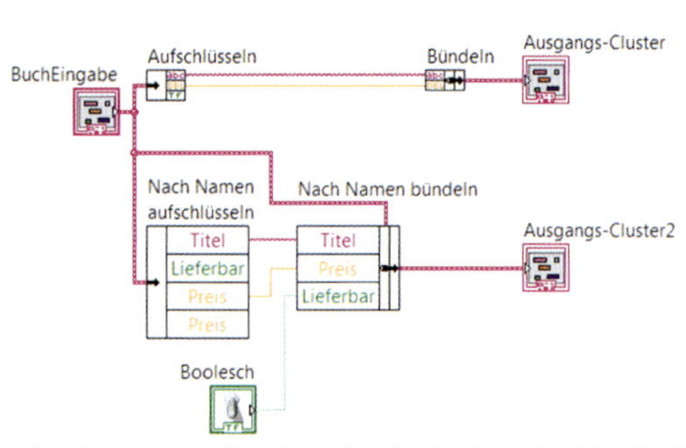

Hinweis: Elemente (wie z.B. Titel, Preis) in den Funktionen *Nach Namen aufschlüsseln* und *Nach Namen bündeln* können mit dem Kontextmenü hinzugefügt, entfernt oder geändert werden.

10.3 Fehler-Cluster

Beim Zugriff auf externe Geräte wie Speicher oder Messgeräte können ebenso Fehler auftreten wie in eingebundenen SubVIs.
Mit einer Fehlerleitung, die durch alle I/O-Funktionen und SubVIs geschleift wird, können Informationen über aufgetretene Fehler gesammelt und übertragen werden.
Durch die Verwendung einer Fehlerleitung sorgt das Datenflussprinzip automatisch für die Reihenfolge der Ausführung aller beteiligten Objekte.
Am Ende kann eine Fehlerbehandlungsfunktion Fehler erkennen und anzeigen.

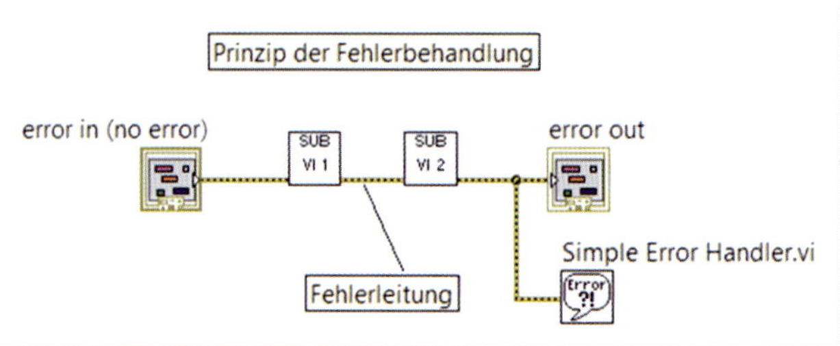

Die Fehlerleitung ist die Verbindungleitung von Fehler-Clustern.
Diese sind zu finden im Frontpanel unter *Elemente → Modern → Array, Matrix.. → Cluster.*
Es gibt den Fehler-Cluster als Fehlereingang (Bedienelement), als Fehlerausgang (Anzeigeelement) und als Konstante.

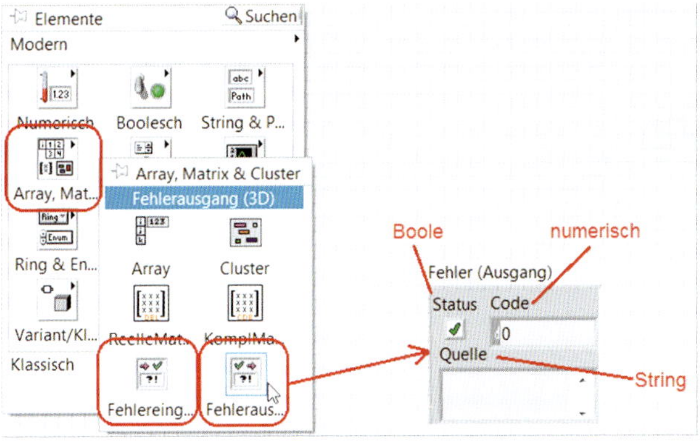

Der Cluster besteht aus drei Elementen:

- *Status* ist ein boolescher Wert, der anzeigt, ob ein Fehler aufgetreten ist;
- *Code* ist ein Zahlenwert, der den Fehler kennzeichnet, und
- *Quelle* ist ein Text, der beschreibt, wo der Fehler entstanden ist.

Beispiel:

In einem SubVI soll eine Fehlermeldung mit Fehlernummer und Textangabe generiert werden, wenn der *Wert* 100 überschritten wird.

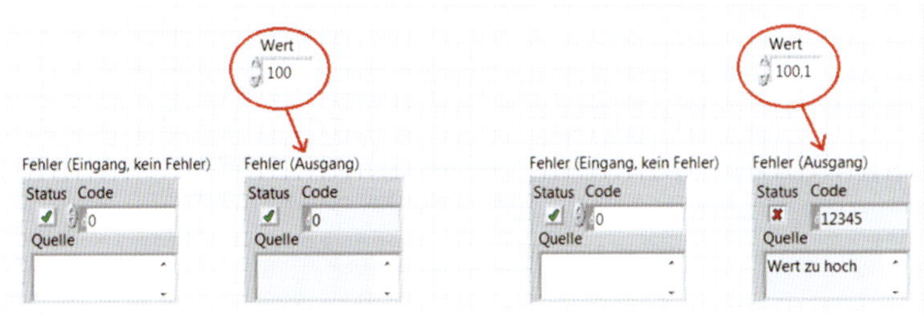

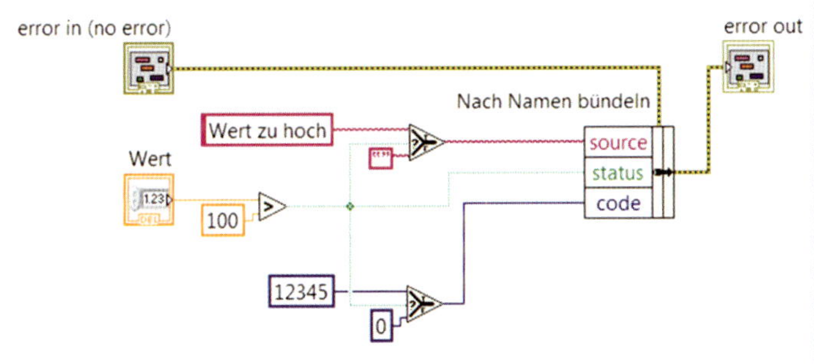

Hinweis: Wird kein eingehender Fehler berücksichtigt, kann das Bedienelement *Fehlereingang* im **Frontpanel** in eine Konstante umgewandelt werden: Im Kontextmenü **Blockdiagramm**: ***In Konstante ändern.***

Aufgaben

Aufgabe 10.01 Buchkarteikarte

Entwerfen Sie ein VI für die Erstellung einer Buchkarteikarte mit Hilfe von Clustern. Das dargestellte Frontpanel zeigt die Funktion des VIs. Der Eingabe-Cluster *Buch-Eingabe* enthält die dargestellten Elemente Titel (*String*), Preis (*DBL*) und Auf Lager (*Boolesch*).

Aus diesem Cluster und den vier zusätzlichen Eingabeelementen Autor (*String*), Auflage (*DBL*), Ausgabedatum (*Zeitstempel*) und ISBN (*String*) soll der Cluster *BuchKarteikarte* mit allen Elementen erstellt werden.

Verwenden Sie dazu die Objekte ***Aufschlüsseln*** und ***Bündeln***.

Sind alle Eingänge in der angegebenen Reihenfolge am Objekt *Bündeln* angeschlossen, erstellen Sie am Ausgang mit dem Kontextmenü ***Erstellen→ Anzeige*** den Cluster *BuchKarteikarte*.

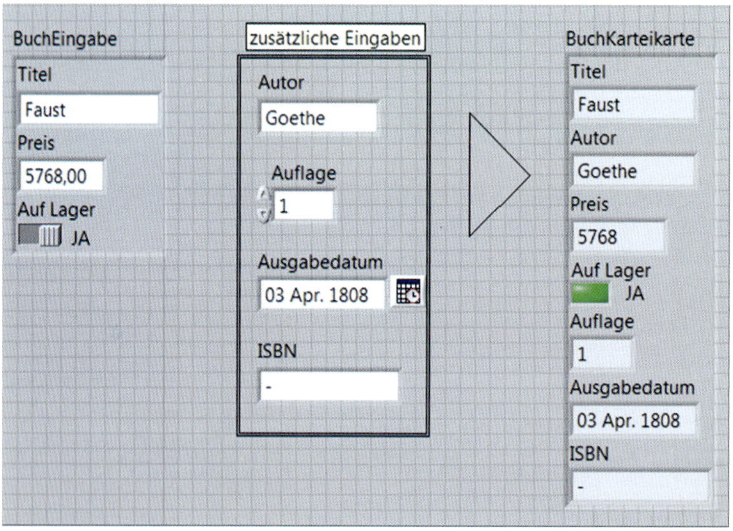

Verwenden Sie für *Ausgabedatum* den Datentyp ***Zeitstempel***. Dieser ist zu finden im Frontpanel unter ***Elemente → Modern → Numerisch → Zeitstempel-Bedienelement***.

Die Eingabe eines Zeit- oder Datumwertes erfolgt entweder im Eingabefeld oder im Kalender (nebenstehendes Symbol) mit der Bedienhand.

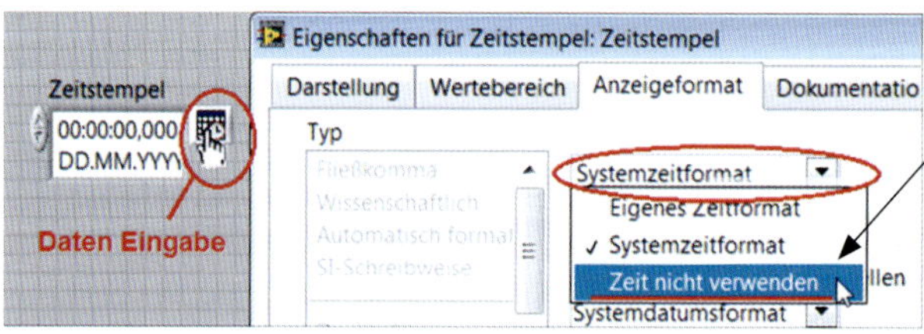

Schalten Sie im Zeitstempel die Zeitanzeige aus.

Untersuchen Sie die Formatierungsmöglichkeiten für die Anzeige des Zeitstempels. Es sollen nur Tag, Monat und Jahr angezeigt werden.

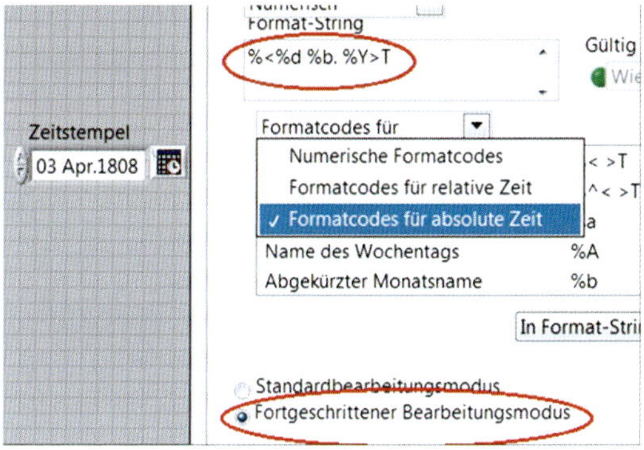

Aufgabe 10.02 Prüfprotokoll

Entwerfen Sie ein VI für die Eingabe und Ausgabe von Daten mit Hilfe von Clustern.

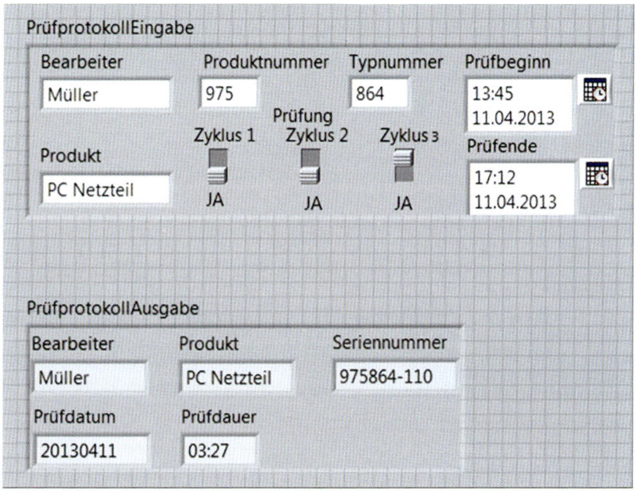

Das dargestellte Frontpanel zeigt die Funktion des VI.
Mit dem Eingabe-Cluster *PrüfprotokollEingabe* werden die dargestellten Werte eingegeben. Daraus soll das Ausgabe-Cluster *PrüfprotokollAusgabe* nach folgenden Regeln erstellt werden:

1. Produktnummer *(DBL)* und Typnummer *(DBL)* ergeben den ersten Teil der Seriennummer *(String)*.
2. Der zweite Teil der Seriennummer enthält die eingestellten booleschen Prüfungszyklen als umgewandelte Stringwerte: JA wird 1 und NEIN wird 0.
3. Das Prüfdatum wird aus dem Prüfbeginn abgeleitet und hat das Format JJJJMMTT (String). Aus einem Zeitstempel kann mit Hilfe der Funktion im Blockdiagramm ***Funktionen → Programmierung → Timing → Datum/Zeit formatieren (Funktion)*** ein Datum-String in einem gewählten Format erstellt werden.

4. Die Prüfdauer ergibt sich aus der Differenz von Prüfende und Prüfbeginn (numerische Funktion *Subtrahieren*). Bei dem Anzeigeelement *Prüfdauer (DBL)* wird unter *Eigenschaften → Anzeigeformat* das Zeitformat eingestellt.

Hinweis: Verwenden Sie für die Bearbeitung der Cluster die Objekte *Nach Namen aufschlüsseln* und *Bündeln*.

Aufgabe 10.03 Zeitstempel

Bei Messungen ist es oft erforderlich, dem Messsignal ein Datum und eine Zeit zuzuordnen.
Dafür gibt es im Frontpanel unter *Elemente → Modern → Numerisch → Zeitstempel- Bedienelement*.
Wird ein beliebiger Zeit-/Datumswert eingegeben oder *Aktuelle Zeit verwenden* gewählt, so wird der Zeitstempel auf diesen Wert gesetzt.

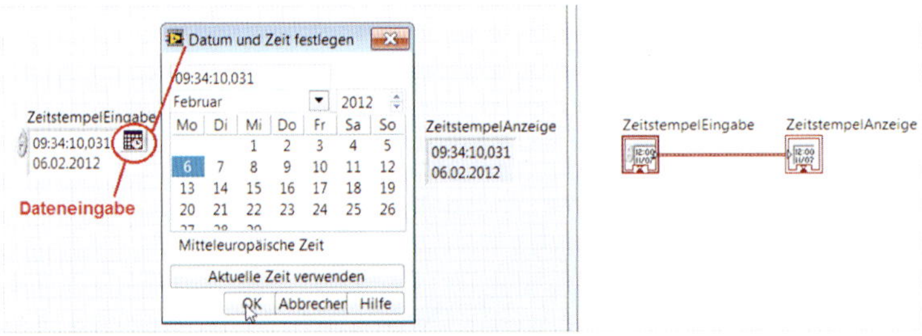

Im Ausgangssignal eines Zeitstempels sind verschiedene Informationen enthalten: Mit der Konvertierungsfunktion *Nach Quad-Integer (I64)* (numerische Palette) erhält man die Anzahl der Sekunden, die seit dem 1.1.1904 00:00:00 Weltzeit vergangen ist, und mit der Funktion *Sekunden nach Datum/Zeit* (Palette Timing) werden alle Datumsangaben in einen Cluster gepackt, auf die man mit der Funktion *Nach Namen aufschlüsseln* Zugriff hat.

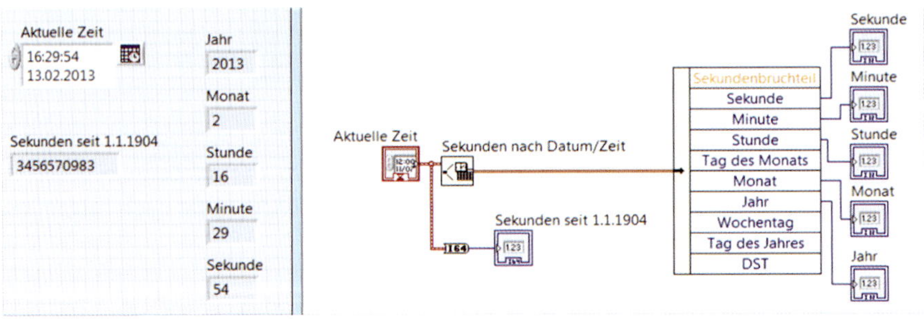

Aufgabe: Untersuchen Sie die Datumsfunktion. Berechnen Sie die Anzahl der Sekunden, die seit Ihrer Geburt vergangen sind (aktuelle Zeit minus Geburtstag). Zeigen Sie den Wochentag Ihrer Geburt mit einem Textring an: Palette Frontpanel *Elemente → Modern → Ring & Enum → Textring*, danach *In Anzeigeelement ändern* und *Objekte bearbeiten*: Sonntag, Montag, usw. eintragen.

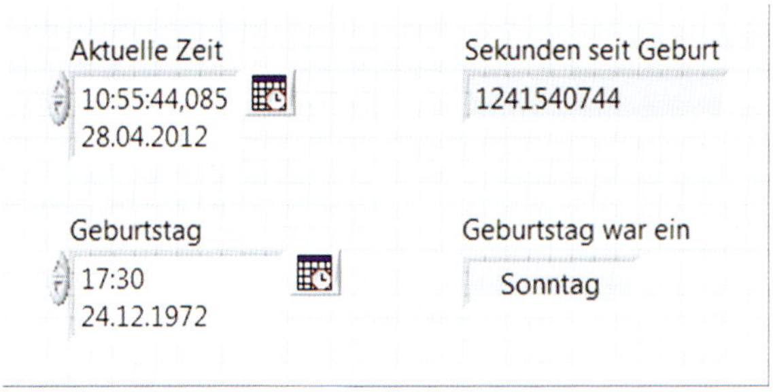

Aufgabe 10.04 Messstellen

Viele Funktionen in LabVIEW sind **polymorph**, d.h., sie können mit verschiedenen Datentypen arbeiten. So ist es z.B. möglich, Cluster zusammen mit numerischen oder Vergleichsfunktionen zu verwenden, wenn der Clusterinhalt nur aus Zahlen besteht (die Clusterfarbe ist dann Braun). Die Funktion wird auf alle Inhalte des Clusters angewendet.

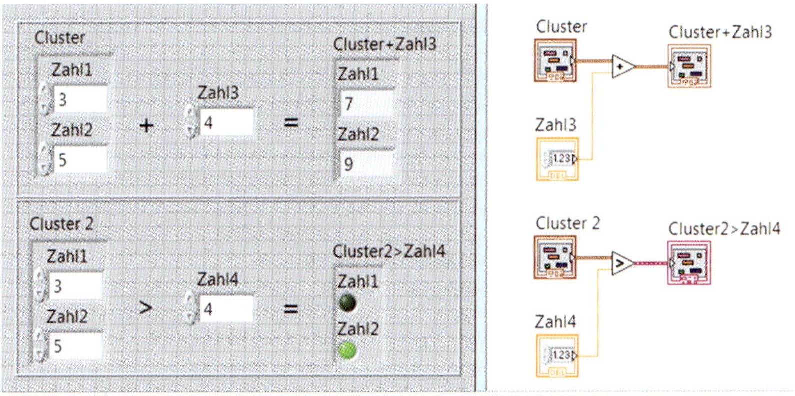

Auch eine logische Verknüpfung von Clustern ist möglich.

Aufgabe: Entwerfen Sie ein VI, das mit Clustern rechnet. Das dargestellte Frontpanel zeigt die Funktion.

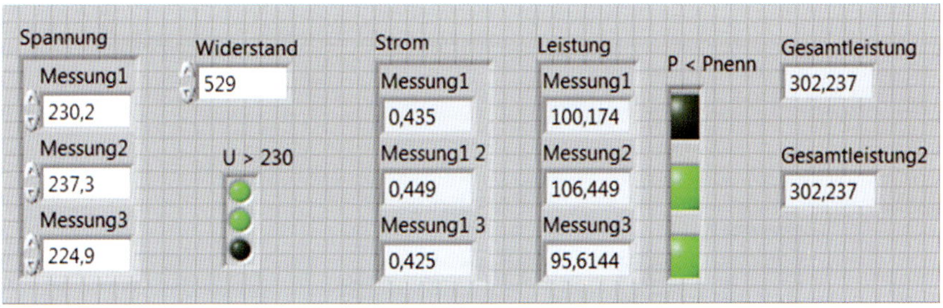

Erstellen Sie den Cluster *Spannung* mit drei Elementen. Diese sollen durch *Widerstand* geteilt und mit der Zahl 230 verglichen werden.
Das Ergebnis wird in den Clustern *Strom* und *U > 230* angezeigt (im Kontextmenü erzeugen mit ***Erstellen → Anzeigeelement***).

Das Produkt aus Strom und Spannung wird berechnet, in *Leistung* angezeigt und mit einer Clusterkonstanten P_{nenn} verglichen, die unterschiedliche Werte aufweist (Blockdiagramm ***Funktionen → Programmierung → Cluster.. → Cluster-Konstante*** und danach mit den Konstanten 100,110,100 füllen).
Die *Gesamtleistung* ist die Summe der Einzelwerte von *Leistung*. Überlegen Sie sich dazu eine Berechnungsmöglichkeit.

Aufgabe 10.05 Fehler-Cluster

Ersetzen Sie in dem SubVI aus Aufgabe 8.01*Rechenoperationen* die Meldungen (Text und LED) durch einen Fehler-Cluster, mit dessen Hilfe Sie für die drei Case-Rahmen *Kehrwert*, *Wurzel* und *Logarithmus* eine Fehleranzeige erstellen, die die dargestellten Textanzeigen ausgibt. Orientieren Sie sich an der Fehler-Cluster Beschreibung im Theorieteil.

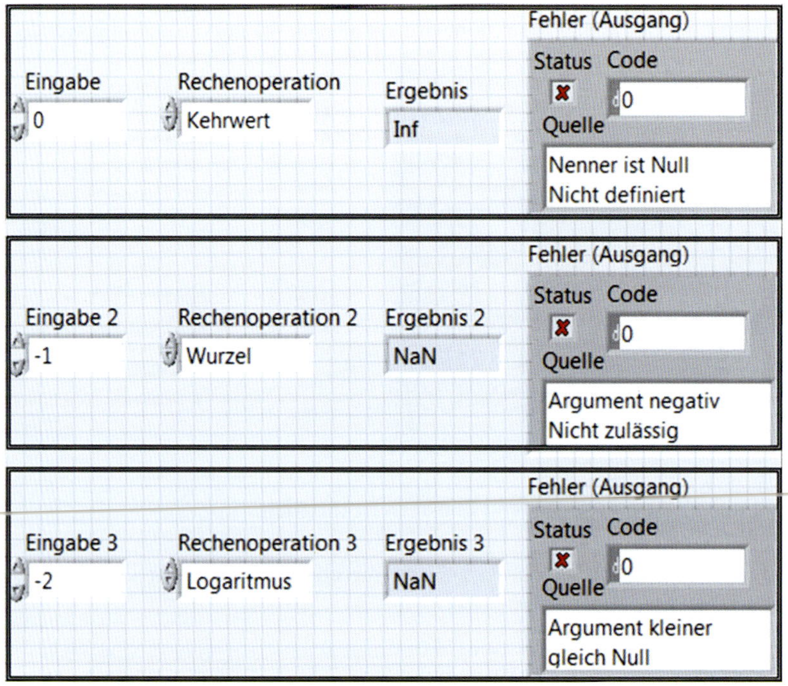

Einsatz des SubVI Rechenoperationen

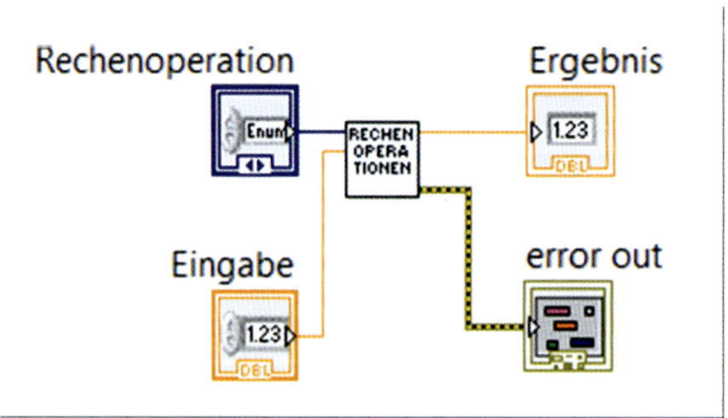

11 Array

In den Kapiteln 4 und 5 wurden bereits kurz Anwendungen von Arrays vorgestellt. Zum Einsatz kommen sie dort, wo mehrere gleichartige Daten entstehen, die gespeichert und bearbeitet werden müssen.
Ein Array kann man sich als Behälter vorstellen, der Daten **eines** Typs aufnehmen kann. Zugelassen sind alle Datentypen von LabView, mit *Ausnahme* von Array, d.h., ein Array darf kein Array enthalten. Auf die einzelnen Elemente eines Arrays kann man mit einem Index zugreifen. Ein Array kann sowohl im Bearbeitungsmodus als auch während der Programmausführung erstellt werden.

11.1 Erstellen eines Arrays

Die manuelle Erstellung eines Arrays erfolgt im Frontpanel unter *Elemente → Modern → Array, Matrix.. → Array.*

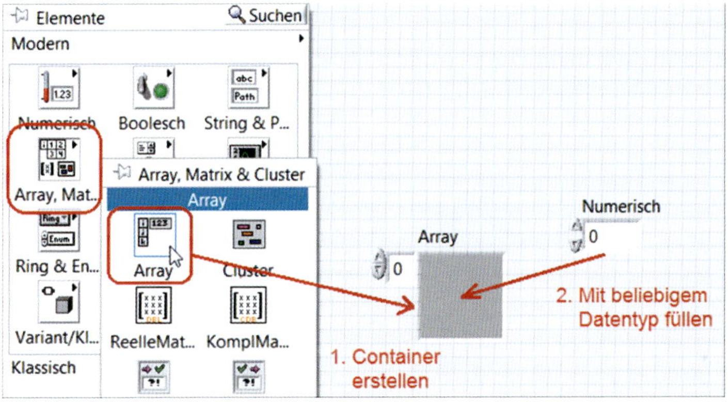

Zieht man das Symbol Array aufs Frontpanel, so entsteht ein «leerer Container», der nun mit **einem** gewünschten Element gefüllt werden kann.
Dieses holt man sich wie gewohnt von einer Palette des Frontpanels wie *Numerisch, Boolesch, String&Pfad* usw. und zieht es in den Container. Dieses eingebrachte Element bestimmt den Arraytyp: ***Bedienelement (Eingabe)*** oder ***Anzeigeelement.***

Wichtig:

In einem Array müssen alle Elemente von der gleichen Art sein.
Es sind nur Bedienelemente oder nur Anzeigeelemente zugelassen.

Ist ein Array erstellt, kann es an den Anfasspunkten entweder horizontal oder vertikal aufgezogen werden.

Achtung:

Bei Arrays gibt es 3 unterschiedliche Anfasspunkte zum Aufziehen:

1. die an der Indexanzeige zur Wahl der Dimension,
2. die äußeren Anfasspunkte für die Anzahl der dargestellten Elemente und
3. die inneren für die Anzeigenbreite eines Elements.

Den Inhalt erhält ein Array entweder manuell im Bearbeitungsmodus oder programmatisch im Ausführungsmodus. Ein ausgegrautes Feld besitzt keinen Inhalt.

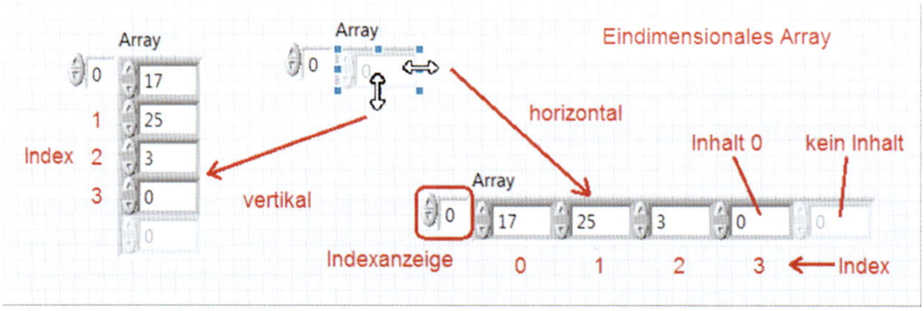

Es gibt Arrays mit zwei und mehr Dimensionen. Diese werden durch Aufziehen der Indexanzeige oder mit dem Kontextmenü ***Dimension hinzufügen*** erzeugt.

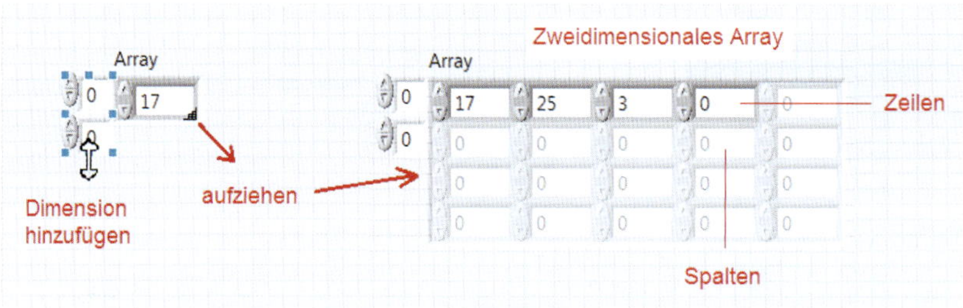

11.2 Lottozahlengenerator

Die programmatische Erstellung eines Arrays, die Arbeitsweise und der Einsatz von einigen Arrayfunktionen werden beim Entwurf eines Lottozahlengenerators gezeigt. Bei einem Lottospiel werden 6 Zahlen aus einer Lostrommel mit den Zahlen 1 bis 49 gezogen.

1. Schritt

Verwendet wird ein Zufallszahlengenerator, der Zahlen zwischen 1 und 49 erzeugt. Da 6 Zahlen benötigt werden, bietet sich eine For-Schleife mit N = 6 an, die nach Ausführung an einem indizierten Tunnel 6 Zahlen in ein Array liefert.

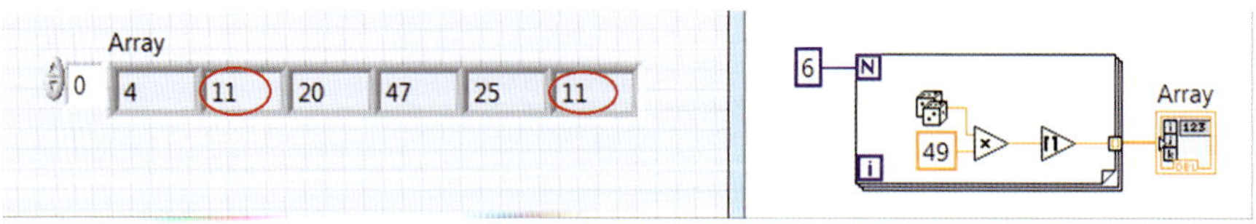

Nach mehrmaliger Ausführung stellt man fest, dass bei einem Spiel gleiche Zahlen vorkommen können. Dies ist aber bei einer Ziehung mit Lostrommel unmöglich.
Abhilfe: Eine gezogene Zahl muss mit den vorher gezogenen Zahlen verglichen werden. Dies ist nur möglich, wenn sich das Array zu Speicherung der Zahlen innerhalb der Schleife befindet.

2. Schritt

Es wird **in** der Schleife ein Array erzeugt, das alle gezogenen Zahlen aufnimmt. Dazu wird die Funktion ***Array erstellen*** verwendet. Diese fügt in das am oberen Eingang anliegende Array die am unteren Eingang anliegende Zahl ein. Beim ersten Durchlauf wird das Schiebregister mit einer Array-Konstanten (Kontextmenü ***Erstellen Konstante***) mit Inhalt 0 initialisiert, in das die erste gezogene Zahl eingefügt wird. Im zweiten Durchlauf wird in dieses Array die zweite gezogene Zahl eingefügt usw. Nach sechs Durchläufen enthält *ZahlenArray* die 6 gezogenen Zahlen. Allerdings können immer noch doppelte Zahlen vorkommen.

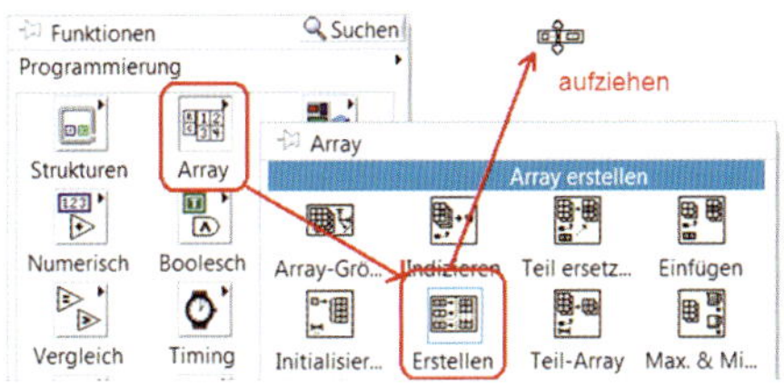

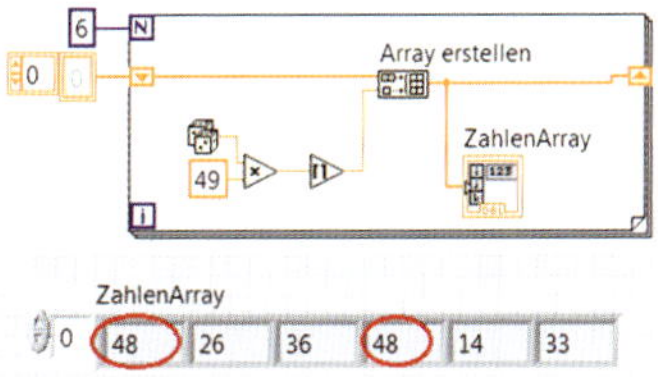

3. Schritt

Vor dem Einfügen muss geprüft werden, ob die aktuell gezogene Zahl schon im Array vorhanden ist, d.h. ob sie schon einmal gezogen wurde. Dazu wird die Funktion ***1D-Array durchsuchen*** benutzt. Diese Funktion durchsucht das am oberen Eingang anliegende Array, ob die am unteren Eingang anliegende Zahl darin vorhanden ist. Ist dies nicht der Fall, wird am Ausgang der Wert –1 ausgegeben. Die folgende Prüfung auf <0 ist wahr, der True-Rahmen wird ausgeführt und die Zahl eingefügt. Ist die Zahl im Array vorhanden, wird der Index der Zahl ausgegeben, die Prüfung auf <0 ist falsch, der False-Rahmen fügt die Zahl nicht ein.
Wird eine Zahl mehrfach gezogen, kann es jetzt vorkommen, dass nur 4 oder 5 gültige Zahlen pro Spiel auftreten. Die Anzahl der Ziehungen muss also variabel sein.

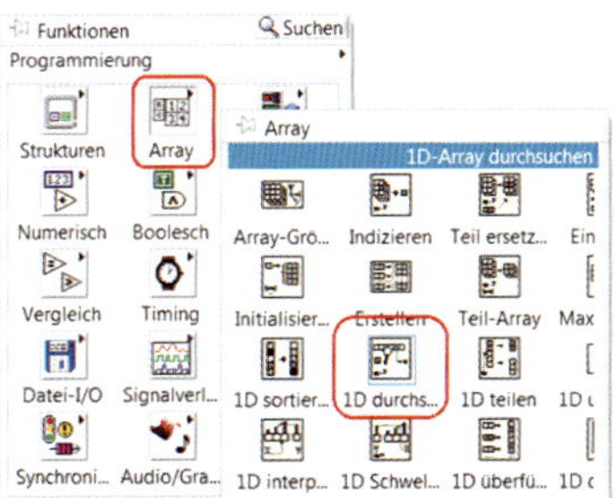

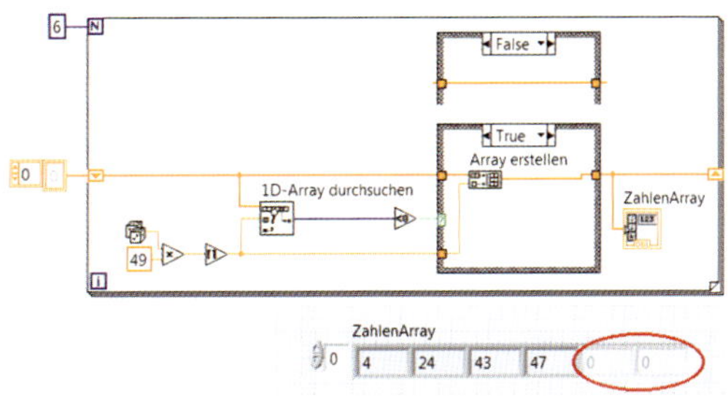

4. Schritt
Die For-Schleife wird durch eine While-Schleife ersetzt, die dann abgebrochen wird, wenn 6 gültige Zahlen vorliegen. Sechs gültige Zahlen liegen vor, wenn das Array 6 Elemente hat. Die Funktion ***Array-Größe*** gibt am Ausgang die Anzahl der enthaltenen Elemente an.

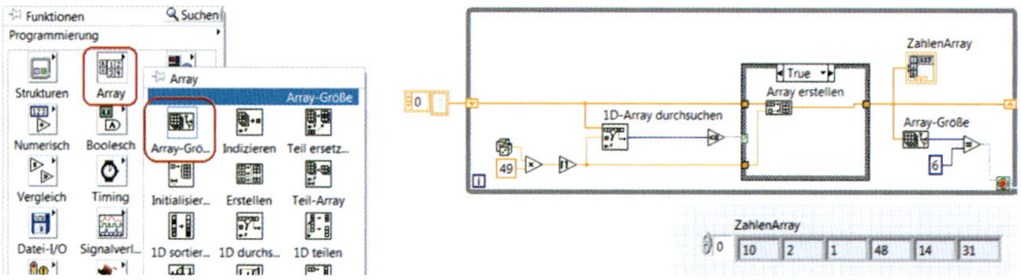

5. Schritt
Sortiert werden die 6 gezogenen Zahlen mit der Funktion ***1D-Array sortieren***.

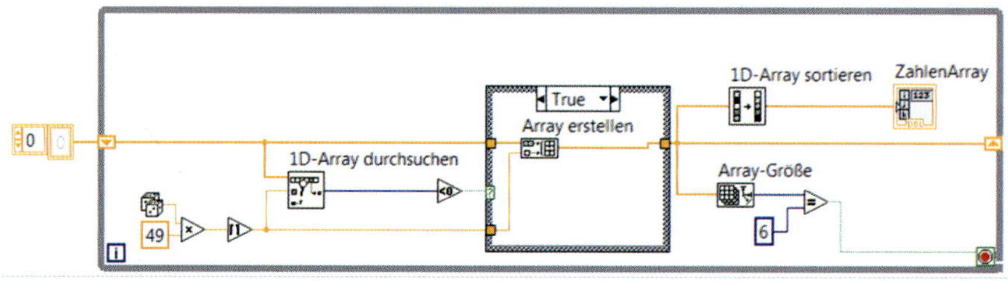

Aufgabe: Platzieren Sie in dem entworfenen Lottozahlengenerator die Anzeige *ZahlenArray* außerhalb der Schleife und erstellen Sie daraus das SubVI *6Zahlen*.
Es wird im Aufgabenteil noch gebraucht.

11.3 Autoindizierung

Wird eine Schleife mehrfach ausgeführt, so ist in einem Ausgangstunnel eine automatische Indizierung aller anfallenden Ausgangswerte möglich und es kann bei Beendigung der Schleife die Ausgabe aller Werte in Form eines Arrays erfolgen (siehe Kapitel 4).

For-Schleife
Dieser Vorgang kann ähnlich auch umgekehrt stattfinden:
Ist am Eingangstunnel einer For-Schleife ein Array angeschlossen, so wird mit Start der Schleife der Arrayinhalt in den Eingangstunnel übertragen und bei aktivierter Indizierung bei jedem Durchlauf ein Elementinhalt in die Schleife eingespeist. Die Anzahl der Durchläufe wird jetzt von der Anzahl der Arrayelemente und nicht vom Zählanschluss N der Schleife bestimmt. N kann in diesem Fall unbeschaltet bleiben!

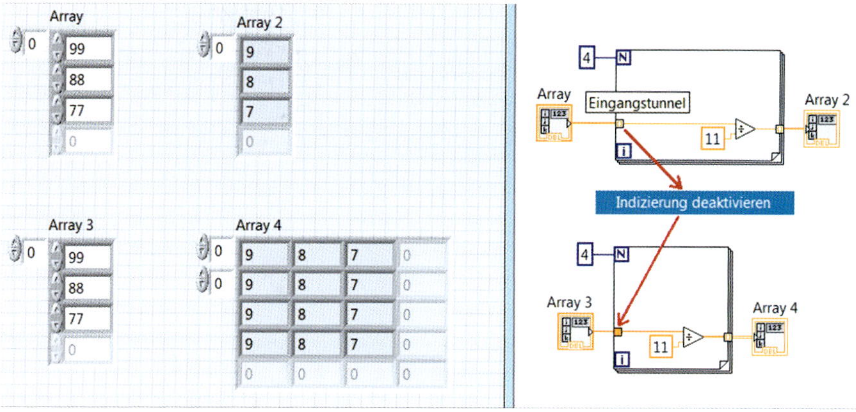

Im ersten Fall werden die Inhalte der drei Elemente nacheinander in der Schleife verarbeitet und am Ausgang als Array mit gleicher Dimension ausgegeben. Die Schleife wird dreimal durchlaufen, obwohl N = 4 ist.
Im zweiten Fall ist die Indizierung des Eingangstunnels deaktiviert, das Array wird einmal als Ganzes in die Schleife eingespeist und wegen N = 4 viermal verarbeitet. Wegen der polymorphen Eigenschaft der Division werden alle Elemente des Arrays durch 11 geteilt, so dass im Ausgangstunnel vier Arrays mit je drei Elementen ein zweidimensionales Array mit 4 Zeilen und drei Spalten ergeben.

While-Schleife
Die Autoindizierung mit Array am Eingangstunnel einer While-Schleife funktioniert ebenfalls, allerdings wird die Schleife nicht beendet, wenn alle Elemente des Arrays eingespeist sind. Sie muss mit dem Bedingungsanschluss beendet werden.

Aufgaben

Aufgabe 11.01 Arrayfunktionen

Machen Sie sich mit einigen Arrayfunktionen vertraut, indem Sie nachfolgende Aufgaben lösen. Angegeben wird die jeweils geeignete Arrayfunktion dafür.
Alle Arrayfunktionen finden Sie auf ***Funktionen → Programmierung→ Array.***

Erstellen Sie

- ❑ Array 1: mit For-Schleife (N = 13) und Funktion *Array erstellen*,
- ❑ Array 2: aus Array 1 mit der Funktion *Teil-Array* ab Index 5, Anzahl 6 Elemente,
- ❑ Array 3: aus dem 1D-Array 1 mit der Funktion *Array umformen,*
- ❑ Array 4: aus einem Teil des Array 3 mit der Funktion *Teil-Array,*
- ❑ Array 5: mit For-Schleife (N = 5) und Funktion *Array erstellen* (andere Beschaltung wie bei Array 1),
- ❑ Array 6: Kehren Sie Array 5 um mit der Funktion *1D-Array umkehren*,
- ❑ Array 7: Array 6 mit Funktion *In Array einfügen* in Array 5 an der Stelle 3 einfügen.

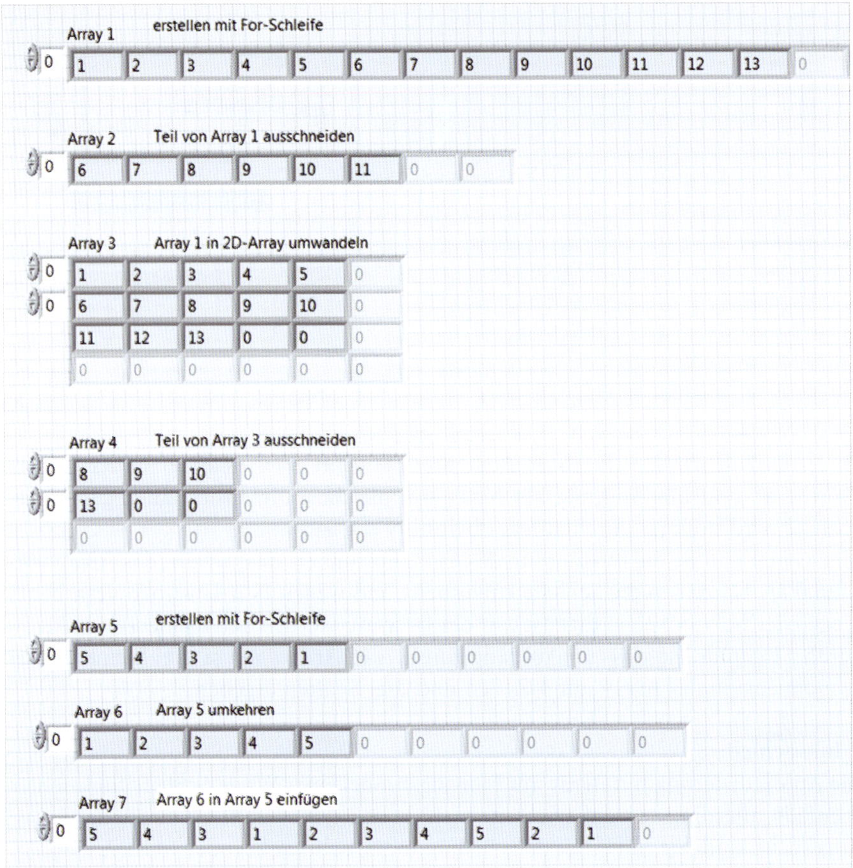

Verwenden Sie die Hilfe-Funktion!

Aufgabe 11.02 Zehn Lottospiele

Entwerfen Sie ein VI, das nacheinander 10 Lottospiele mit je 6 Zahlen ausführt (For-Schleife mit dem SubVI *6Zahlen* vom Theorieteil).

Alle gezogenen Zahlen sollen in **einem** Array gespeichert und angezeigt werden. Verwenden Sie die Funktion *Array erstellen*, oberer Anschluss fürs Schieberegister, unterer Anschluss für *6Zahlen*. Am Eingang des Schieberegisters (links) ***Erstellen → Konstante.*** Es wird eine 1D-Konstante erzeugt. Starten Sie jetzt das VI, so werden alle 60 Zahlen hintereinander in ein 1D-Array geschrieben.

Hinweis: Möchten Sie die Funktion des Einfügens sichtbar machen, muss die Anzeige **in** der Schleife liegen und eine Wartezeit einbaut sein.

Sollen die 10 Lottospiele in einem 2D-Array gespeichert werden (siehe Frontpanel), so muss nur die Konstante am Eingang des Schieberegisters auf 2D erweitert werden: Kontextmenü ***Dimension hinzufügen***. Mit ***Erstellen → Anzeigeelement*** neue Anzeige *ZehnSpiele* hinzufügen.

Frontpanel:

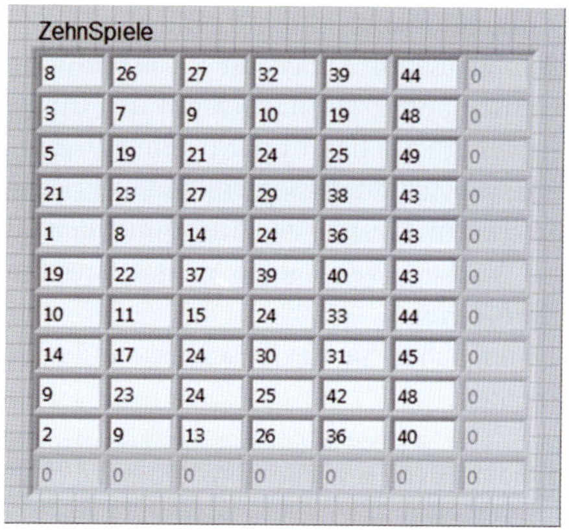

Zusatzaufgabe:

Erstellen Sie ein VI mit der gleichen Programmfunktion, aber nicht mit der Funktion *Array erstellen*, sondern mit der Funktion *In Array einfügen.* Damit ist es möglich, ein 1D-Array in ein 2D-Array zeilen- oder spaltenweise einzufügen – abhängig davon, ob eine Beschaltung von *Index Zeile* (zeilenweises Einfügen) oder *Index Spalte* (spaltenweises Einfügen) vorgenommen wurde. Zur Beschaltung des Indexeingangs eignet sich der Indexzähler ***i***. Verwenden Sie die Hilfefunktion, um sich über die Bedeutung der verschiedenen Anschlüsse zu informieren.

Aufgabe 11.03 Jahrestabelle

Entwerfen Sie ein VI, das zuerst eine Tabelle mit 52 Lottospielen füllt (For-Schleife mit N = 52), aus der dann anschließend ein oder mehrere Spiele dargestellt werden können. Verwenden Sie dazu das SubVI *6 Zahlen* aus dem Theorieteil.

Programmfunktion:

Ähnlich wie in Aufgabe 11.02 soll ein 2D-Array mit 52 Spielen zu je 6 Zahlen erstellt werden. Das 1D-Array mit den 6 Zahlen wird jedoch vorher mit 2 Spalten erweitert. Das Frontpanel zeigt, in welcher Weise: Zu jedem Spiel soll in einer ersten Spalte die laufende Ziehungszahl (z.B. die Woche) und in einer achten Spalte eine manuell eingebbare Zahl (z.B. die Jahreszahl) eingefügt werden. Die Erweiterung zu einem 1D-Array mit 8 Elementen erfolgt mit der Funktion *Array erstellen.* Dieses 1D-Array wird mit der Funktion *In Array einfügen* 52-mal in ein 2D-Array eingefügt werden (siehe Aufgabe 11.02).

Das Erstellen der Jahrestabelle wird nur einmal ausgeführt.

Frontpanel:

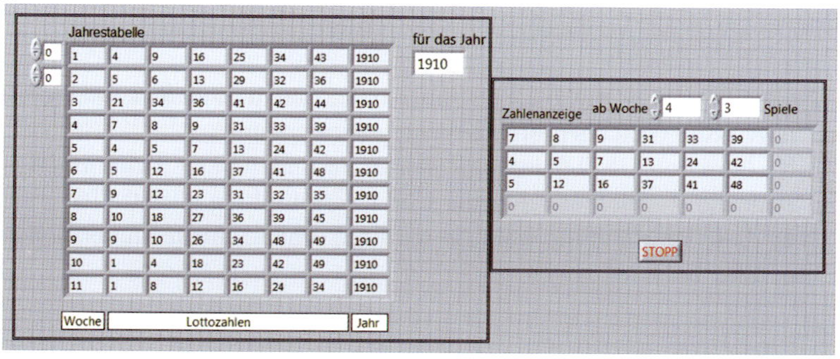

Zusatzaufgabe:
Aus größeren Arrays ist die Ablesung einzelner Werte schwierig; deshalb ist es sinnvoll, programmatisch auf den Inhalt von Arrays zuzugreifen.
Erweitern Sie das VI mit einem zweiten Teil, der so lange ausgeführt wird, bis eine Stopptaste (While-Schleife) das VI beendet.
In diesem Teil soll ein Ausschnitt der Jahrestabelle angezeigt werden, z.B. 3 Spiele ab Woche 4. Verwenden Sie dazu zwei numerische Eingabefelder und die Funktion *Teil-Array.*
Untersuchen Sie die Anschlüsse Index/Länge mit einer Beschaltung von Bedienelementen.

Aufgabe 11.04 Trefferwahrscheinlichkeit

Vom Lottospiel ist bekannt, dass die Wahrscheinlichkeit, 6 richtige Zahlen aus 49 zu ziehen, ungefähr 1 : 15 Millionen beträgt. Dies soll mit dem nachfolgenden VI etwas anschaulicher gemacht werden.

Programmfunktion:
Sie geben 6 beliebige Zahlen aus 49 ein und starten dann das VI. Der Lottogenerator *6Zahlen* liefert nun in einer Schleife so lange sechs Zufallszahlen, bis diese mit Ihren eingegebenen Zahlen übereinstimmen.

Frontpanel:

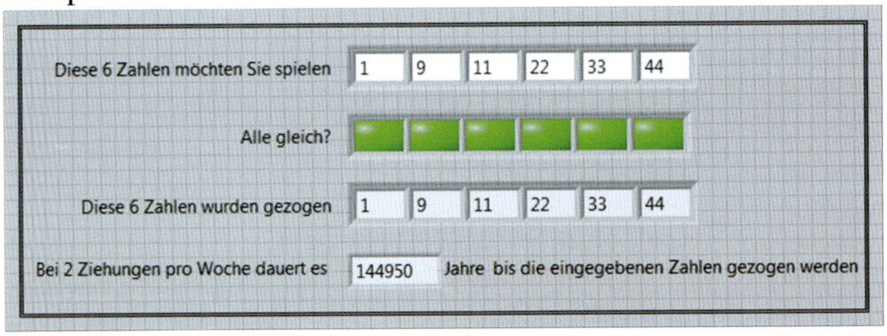

Vorgehensweise:
Erstellen Sie auf dem Frontpanel ein Eingabe-Array mit 6 Elementen. Im Blockdiagramm wird dessen Inhalt sortiert *(1D-Array sortieren)* und dann in einer While-Schleife mit den gezogenen Zahlen des Lottogenerators *6Zahlen* verglichen. Verwenden Sie dafür im Blockdiagramm unter ***Funktionen → Programmierung → Vergleich*** die Funktion *Gleich?*. Diese kann aufgrund ihrer polymorphen Eigenschaft auch Arrays vergleichen.
Am Ausgang der Vergleichsfunktion werden angeschlossen:

- ein LED-Array mit 6 LEDs (im Kontextmenü ***Erstellen Anzeigeelement***), die jeweils die Gleichheit der Elemente anzeigen, und
- die Funktion *UND (Array-Elemente),* zu finden unter ***Funktionen → Programmierung → Boolesch,*** die eine UND-Verknüpfung aller 6 Elemente vornimmt. Ist diese Verknüpfung wahr, so wird die While-Schleife, in der sich der Lottogenerator befindet, abgebrochen.

Die Anzahl der Vergleiche ***i*** wird unter der Annahme von 2 Spielen pro Woche in Jahre umgerechnet.

Aufgabe 11.05 Messwertsortierer

Erstellen Sie ein VI, das Messwerte untersucht und sortiert.

Programmfunktion:
Ein Messgerät liefert am Ausgang Messwerte zwischen 0 und 10. Alle Messwerte größer 9 und kleiner 1 sind ungültig, die Messwerte zwischen 1 und 9 sind gültig. Zur Weiterverarbeitung werden beide Gruppen in je einem Array gesammelt. Die Anzahl der ungültigen Messwerte wird gezählt und nach Programmende angezeigt.

Hinweis: Verwenden Sie als Messgerät in Ihrem Programm eine For-Schleife mit N = 20 und als Messwert eine Zufallszahl zwischen 0 und 10.

Bei dem angegebenen Beispiel wurden 20 Messwerte geprüft. 15 davon waren gültig, 5 waren ungültig, davon 3 größer als neun und 2 kleiner als eins.

Frontpanel:

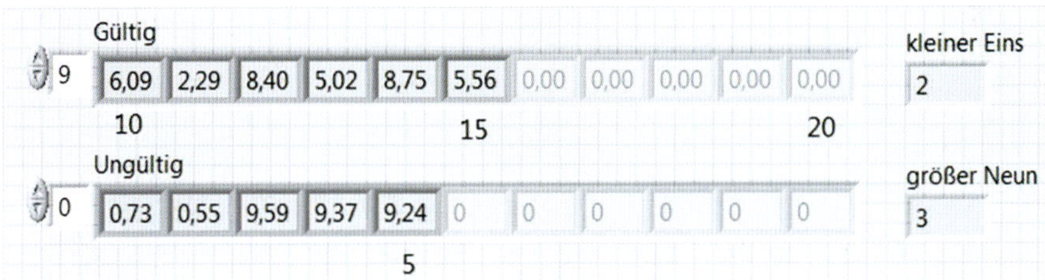

Verwenden Sie beim Ausgabetunnel dafür den Anschluss *Tunnelmodus → Bedingt*. Es werden nur dann Elemente indiziert, wenn an seinem Eingang TRUE anliegt.

Aufgabe 11.06 Phrasengenerator

Entwerfen Sie ein VI, das auf Knopfdruck eine Phrase liefert.

Frontpanel:

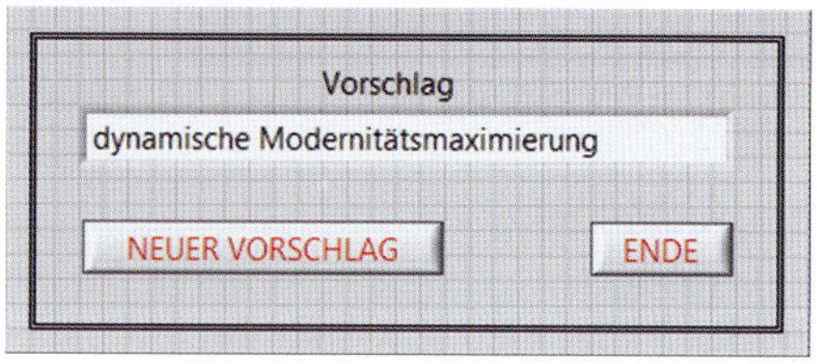

Verwenden Sie dazu eine 2D-Stringarray-**Konstante** mit 3 Spalten und beliebig vielen Zeilen (z_{max}), in dem gut kombinierbare Wörter in folgender Form eingetragen werden:

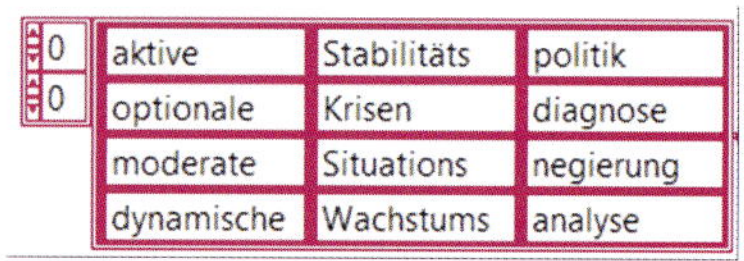

Erstellen 2D-Stringarray-Konstante

Diese muss wie alle Konstanten im Blockdiagramm erstellt werden. Der Ablauf ist ähnlich wie beim Erstellen eines Frontpanel-Arrays. Zuerst der Container, dann Datentyp einfügen. Die Arraykonstante kann danach auf 2 Dimensionen (an der Indexanzeige), auf die passende Elementbreite (an einem Elementanfasspunkt) und auf die gewünschte Zahl von Zeilen und Spalten aufgezogen werden.

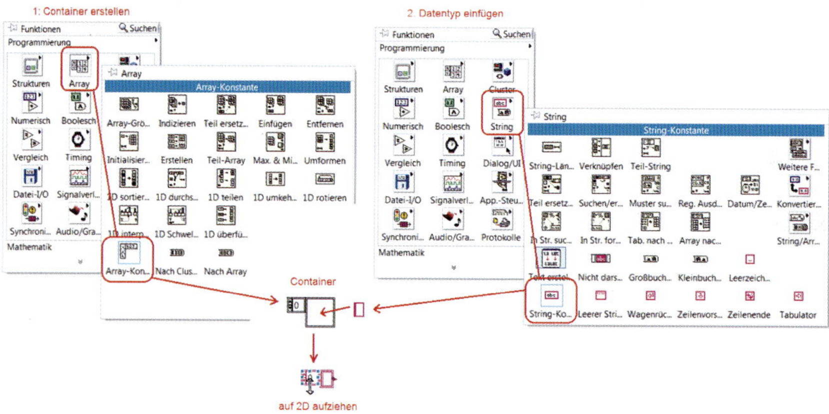

Vorgehensweise:

Die Arraykonstante wird über einen Eingangstunnel (nicht indizieren!) in eine For-Schleife (N=3) geführt. Die Zeilen- und Spaltenauswahl erfolgt mit der Funktion ***Array indizieren***.

Ein Zufallsgenerator wählt aus dem 2D-Array zunächst eine Zeile (1D-Array) zwischen 0 und z_{max}. Aus dieser Zeile wird danach mit i=0 das Wort der 1. Spalte gewählt. Im 2. Durchlauf der Schleife erfolgt wieder eine zufällige Zeilenauswahl, dann mit i=1 das Wort der 2. Spalte. Ebenso wird beim 3. Durchlauf aus der Zeile mit i=2 das Wort der 3. Spalte gewählt. Die 3 Wörter werden mit einem Schieberegister und der Funktion ***String verknüpfen*** zusammengeführt.

Das boolesche Eingabeelement *NEUER VORSCHLAG* ist an einer Case-Funktion angeschlossen, deren False-Rahmen leer ist.

12 Datei-I/O

Besonders in der Messtechnik ist es wichtig, gewonnene Daten von (oftmals kurzen) physikalischen Vorgängen und Zuständen zu sammeln, um sie danach auszuwerten oder mit anderen zu vergleichen. Eine Datei ist eine Ansammlung von zusammengehörigen Daten zur Aufbewahrung, die nach festgelegten Regeln strukturiert sind. Auf den Inhalt bzw. die Struktur der Daten oder allgemeiner auf das **Dateiformat** wird oft mit einer Erweiterung des Dateinamens mit 3 oder 4 Buchstaben hingewiesen z.B. *name.txt* oder *name.tdms*. Dieses Kapitel behandelt einfache Dateien, deren Inhalte Daten, Texte oder Messwerte sind. In Datei-I/O steht das I für Input und bezeichnet das Ein-Schreiben (Speichern) von Daten und das O für Output, das Aus-Lesen von Daten.

Hinweis: Bei der Speicherung von Daten verschwindet das Ergebnis unserer Arbeit in einer Datei! Allerdings besteht oft, besonders bei Einsteigern, eine gewisse Skepsis, ob sich auch alles wie geplant abgespielt hat. Ein erneutes Auslesen des Inhalts kann zwar Abhilfe schaffen, doch wie es mit der Struktur der Daten aussieht und ob und wie Steuer- und Trennzeichen enthalten sind, bleibt weiterhin verborgen. Der **HxD-Editor** beseitigt alle Zweifel und sorgt für ein tieferes Verständnis bei vielen Speichervorgängen. Es ist ein leistungsfähiges und kostenloses Werkzeug aus dem Internet, das **alle** Dateien öffnet, den Inhalt übersichtlich darstellt und editierbar macht. Die folgenden Abbildungen der Dateiinhalte wurden damit erstellt.

12.1 Speichern von Daten

Um einige Funktionen und Dateiformate zu erläutern, werden in nachfolgenden Beispielen die Quadratzahlen von 1 bis 10 mit vier verschiedenen Möglichkeiten gespeichert:
Speichern

1. in einer Textdatei,
2. in einer Tabellenkalkulationsdatei,
3. in einer Binärdatei,
4. mit Hilfe eines Express-VI.

Als Datenquelle dient eine For-Schleife, die am indizierten Ausgang ein Array mit 10 Zahlen des Datentyps *I32* liefert.

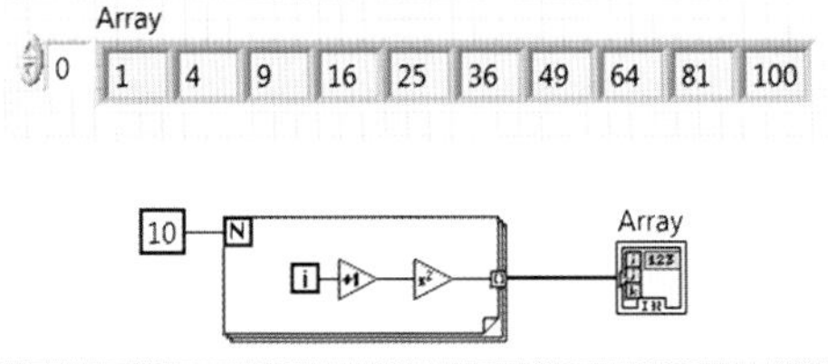

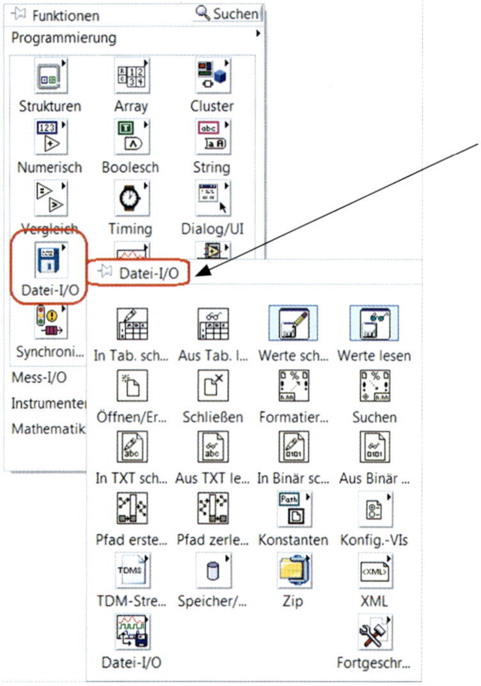

Die verwendeten Funktionen und VIs zur Speicherung von Daten findet man im Blockdiagramm unter ***Funktionen → Programmierung → Datei-I/O*** und auch unter ***Funktionen → Express.***

Auf der Palette Datei-I/O findet man 8 weitere Unterpaletten mit Objekten zur Dateibearbeitung. Wozu braucht man die alle?
Beim Umgang mit Dateien gibt es ebenso wie bei der Behandlung von Messvorgängen zwei verschiedene Objekttypen: Die einen sind einfach einsetzbar und erfordern einen geringen Programmieraufwand, dafür weisen sie aber nicht alle Funktionalitäten auf und sind bezüglich Ausführungsdauer nicht optimiert. Eine Anpassung an besondere Aufgaben und optimales Zeitverhalten erreicht man mit sog. Low-Level-Objekten, die dafür einen erhöhten Programmieraufwand und tiefere Kenntnisse der Vorgänge erfordern. Diese Objekte sind meist auf Paletten mit Schraubenschlüssel zu finden!
Die 4 vorgestellten Varianten sind einfach zu handhaben, erfordern keine Pfadangabe und nicht einmal die Angabe eines Dateinamens. In den ersten 3 Fällen öffnet sich bei Ausführung der Dateidialog des Betriebssystems und erwartet vom Benutzer die erforderlichen Angaben. Beim Speichern mit Express-VI werden die Angaben bei der Konfiguration eingegeben.

1. Speichern in Textdatei

Die einfachste Form von Dateien sind Textdateien, die nur druckbare Zeichen und einige Steuerzeichen enthalten. Diese so genannten ASCII-Dateien können mit einfachen Editor-Programmen erstellt und gelesen werden. Bei der Speicherung von Messwerten, Kunden- oder Gerätedaten ist dieser Dateityp weit verbreitet.
Sollen numerische Daten gespeichert werden, müssen diese erst mit ***Array nach Tabellen-String*** in den String-Datentyp umgewandelt werden. Dabei muss ein Formatbezeichner angegeben werden.

Blockdiagramm:

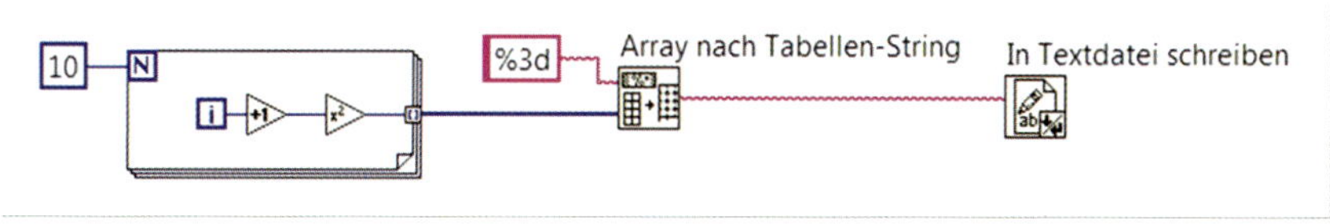

Inhalt der Textdatei:

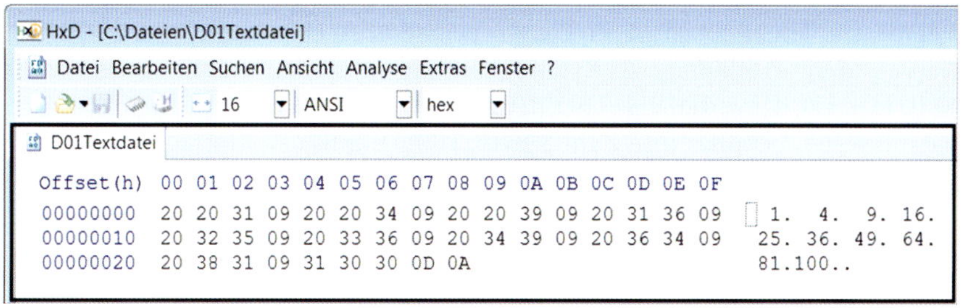

Durch den Formatbezeichner %3d werden alle Zahlen 3-stellig ausgegeben. Ist die Zahl einstellig, fügt die Funktion zwei Leerzeichen (20H) davor ein. Die Zahlen werden in den ASCII-Code umgewandelt, d.h., 1 → 31H, 4 → 34H usw. Als Trennzeichen zwischen den Zahlen dient 09H (HT). Beendet wird der String mit 0DH 0AH (CR LF).
Die Funktion ***In Textdatei schreiben*** schreibt den String am Eingang ohne Veränderung in die Datei.

2. Speichern in Tabellenkalkulationsdatei

Betrachtet man ein Arbeitsblatt einer Tabellenkalkulation (engl. *spreadsheet*), so hat es wegen der Zeilen und Spalten große Ähnlichkeit mit einem 2D-Array. Sollen in LabVIEW Daten dieser Form gespeichert werden, ist dafür die Funktion ***In Tabellenkalkulationsdatei schreiben*** geeignet. Sie nimmt numerische und String-Daten in 1D- oder 2D-Arrayform an.

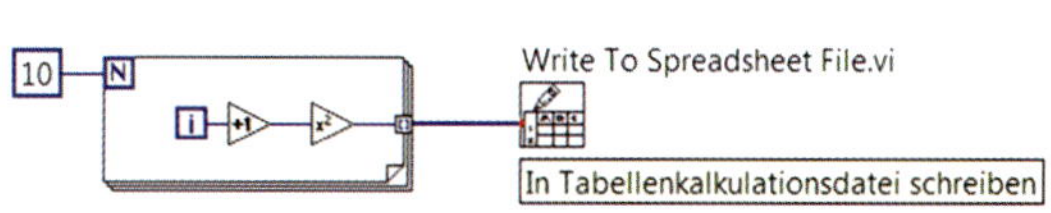

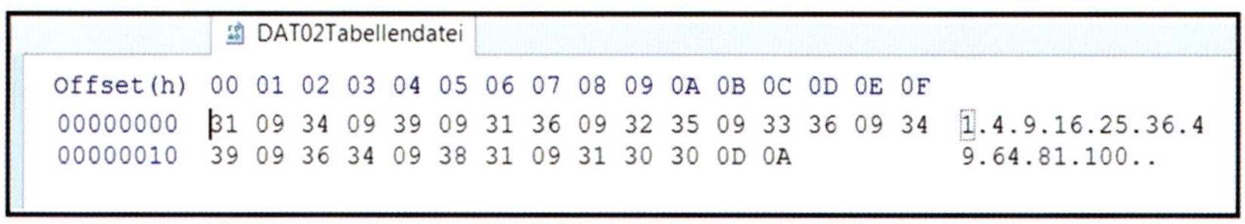

Numerische Daten werden automatisch in String-Daten umgewandelt, ein Formatbezeichner kann gewählt werden. Das Trennzeichen zwischen den Zahlen ist 09H (wählbar). Diese Funktion liefert ein ähnliches Ergebnis wie in *Textdatei schreiben*, ist aber wegen der automatischen Datentypumwandlung einfacher zu handhaben. Eine Datei dieses Typs (Strings mit Trennzeichen) kann sehr einfach in ein Tabellenkalkulationsarbeitsblatt eingelesen und mit den darin gebotenen Mitteln (Grafik) bearbeitet werden.

3. Speichern in Binärdatei

Die Funktion ***In Binärdatei schreiben*** nimmt am Eingang alle Datentypen entgegen. Zahlen werden im Binärformat gespeichert, ihre Länge bzw. die Anzahl der Bytes entspricht dem Datentyp. Möchte man nur die Daten speichern, benötigt man die Beschaltung mit einer booleschen Konstanten (False). Diese vermeidet den Eintrag der Anzahl der gespeicherten Daten.
Die Quadratzahlen bestehen wegen des zu speichernden Datentyps *I32* aus 4 Bytes. Sie werden in der Abbildung als Bytefolge im Hexadezimalformat angegeben: 00 00 00 01H = 1D, 4H = 4D, 9H = 9D, 10H = 16D bis 64H = 100D. Speichert man im Datentyp *I64*, benötigt jede Zahl 8 Byte, 100D ergibt den Eintrag 00 00 00 00 00 00 00 64H. Das Beispiel zeigt, dass man den Inhalt einer Binärdatei nur interpretieren kann, wenn man die Struktur der gespeicherten Daten kennt. Dies ist für das Lesen des Dateiinhalts wichtig.

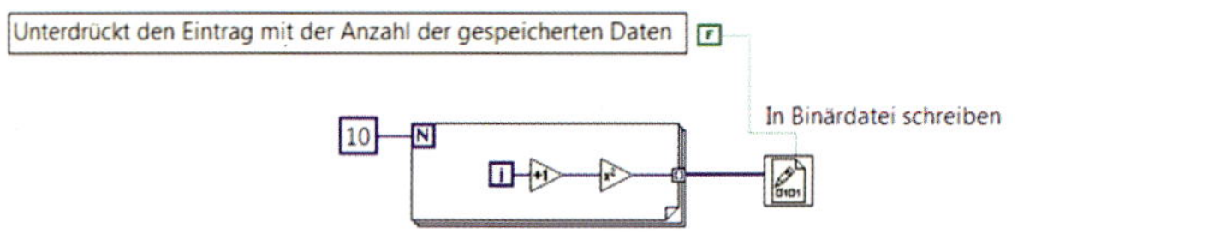

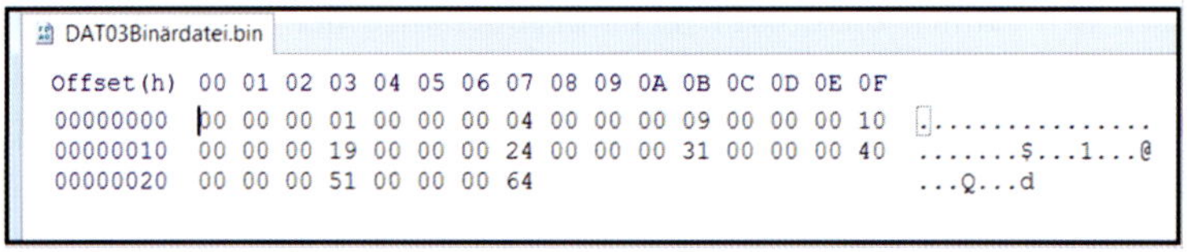

4. Speichern mit Express-VI, Messwerte in Datei schreiben

Wird die For-Schleife mit dem Express-VI verbunden, erscheint automatisch in der Verbindungsleitung die Umwandlungsfunktion *In dynamische Daten konvertieren*. Dies ist der Datentyp für/von Express-VIs.
Gleichzeitig öffnet sich ein Konfigurationsfenster, in dem unter anderem einzugeben ist:

- ❑ der Dateiname und
- ❑ das Dateiformat (Text oder Binär).

Die Angaben in Klammern LVM und TDMS stehen für die Dateinamenserweiterung *.lvm bzw. *.tdms und weisen auf spezielle, von National Instruments entwickelte Dateiformate hin (Näheres dazu unter ni.com).

LVM-Datei (LabVIEW Measurement File)

Die Messwerte sind durch Tabulatoren getrennte ASCII-Zeichen und werden in einer normalen Textdatei gespeichert, die mit einem Tabellenkalkulationsprogramm oder Texteditor geöffnet werden kann. Zusätzlich zu den Messwerten enthält eine *.lvm-Datei einen «Header», in dem weitere Angaben zur Messung sowie Datum und Zeit enthalten sind.

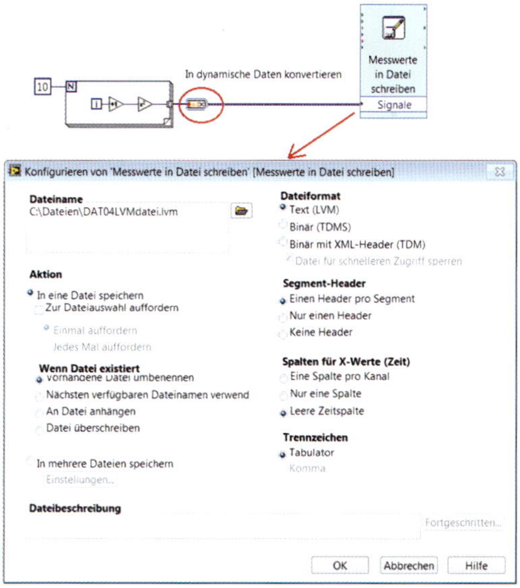

Header LVM - Datei

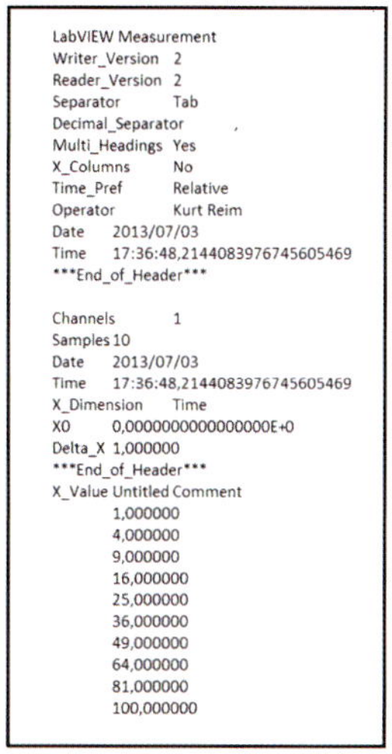

```
LabVIEW Measurement
Writer_Version  2
Reader_Version  2
Separator       Tab
Decimal_Separator   ,
Multi_Headings  Yes
X_Columns       No
Time_Pref       Relative
Operator        Kurt Reim
Date    2013/07/03
Time    17:36:48,2144083976745605469
***End_of_Header***

Channels        1
Samples 10
Date    2013/07/03
Time    17:36:48,2144083976745605469
X_Dimension     Time
X0      0,0000000000000000E+0
Delta_X 1,000000
***End_of_Header***
X_Value Untitled Comment
        1,000000
        4,000000
        9,000000
        16,000000
        25,000000
        36,000000
        49,000000
        64,000000
        81,000000
        100,000000
```

TDMS-Datei (Technical Data Management Streaming)
Wird dieses Format gewählt, werden 2 Dateien erstellt – eine Datei mit Daten im Binärformat und noch eine Indexdatei mit «Header» und Formatierungsdaten. Ein Doppelklick auf die Datendatei öffnet Excel mit 2 Arbeitsblättern, eines enthält die Header-Informationen, das andere die Daten.

Hinweis: Streaming bezeichnet den Vorgang einer besonders schnellen Datenübertragung bei der Messwerterfassung, damit eine kontinuierliche Speicherung der Daten möglich wird. Das Dateiformat ist darauf abgestimmt.

Unterschiede zwischen beiden Varianten erkennt man, wenn man für die For-Schleife N=1000000 eingibt. Die erhaltenen Datendateien sind verschieden groß: Textdatei (LVM) ca. 13,8 MB, Binärdatei (TDMS) ca. 7,6 MB; die Speicherung im TDMS Format geht wesentlich schneller als im LVM-Format.

Grundsatz

Große Datenmengen werden vorzugsweise im Binärformat gespeichert.

Damit ein Speichervorgang ohne Unterbrechung abläuft, kann der Speicherfunktion auch der Dateiname zusammen mit einer Pfadangabe übergeben werden.

12.2 Pfadangabe

Eine Pfadangabe ist abhängig vom Betriebssystem und enthält bei Windows den Laufwerkkennbuchstaben, nachfolgende Verzeichnisse und den Dateinamen (absoluter Pfad). Ein relativer Pfad bezieht sich auf das aktuelle Verzeichnis und gibt nur den Versatz zu diesem an.

Im Frontpanel findet man unter ***Elemente → Modern → String&Pfad →*** ein ***Dateipfad-Bedienelement,*** in dem ein absoluter Pfad zur Speicherung einzutragen ist. Im Blockdiagramm ist das Objekt hellblau und zeigt damit an, dass es sich um einen eigenen Datentyp handelt.

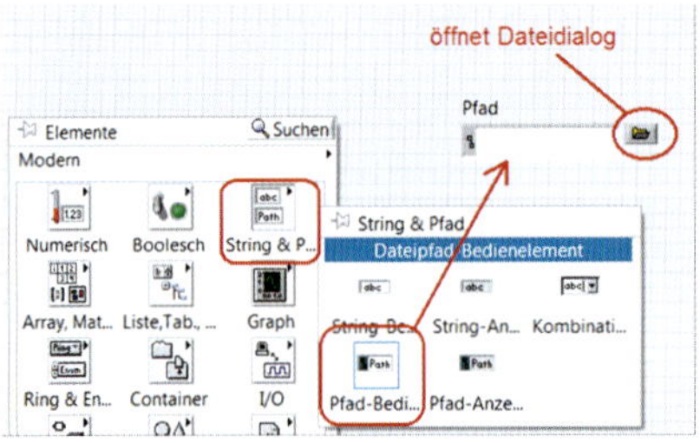

Mit einem Klick auf das rechte Ordnersymbol öffnet man den Dateidialog des Betriebssystems und wählt Verzeichnis und Dateinamen vor der Ausführung des VI. Existiert die Datei noch nicht, wird sie erstellt; ist sie schon vorhanden, wird sie überschrieben. Bei der Tabellenkalkulationsdatei können neue Daten an bereits vorhandene angehängt werden.
Zur Erstellung von Pfaden gibt es viele Möglichkeiten. Dazu zwei Beispiele.

1. Kompletten Pfad aus Strings erstellen
Stringkonstante und Stringbedienelemente beliebig miteinander verknüpfen und mit ***Funktionen → Programmierung→ String → String-/Array-/Pfadkonvertierung → String nach Pfad*** in einen Pfaddatentyp umwandeln. In diesem Fall müssen die Verzeichnisse existieren; Dateien werden, wenn noch nicht vorhanden, erstellt.

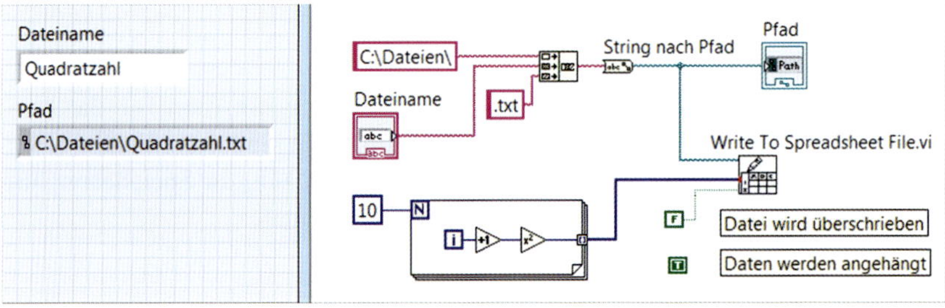

Hinweis: Falls nicht der komplette Pfad angezeigt wird, Anzeigefeld aufziehen!

2. Pfad zerlegen und erstellen
Auf der Palette ***Funktionen → Programmierung → Datei-I/O → Dateikonstanten*** findet man verschiedene Konstanten, die Pfadangaben liefern, z.B. die Konstante ***Pfad des aktuellen VIs.*** Diese Angabe enthält als letztes Element den Dateinamen des gerade ausgeführten VIs (hier *TabelleSpeichern.vi*).
Die Funktion ***Pfad zerlegen*** entfernt darin das letzte Element, so dass mit der Funktion ***Pfad erstellen*** zusammen mit der Stringeingabe *Dateiname* eine absolute Pfadangabe erzeugt wird. Existiert die Datei nicht, wird sie erstellt. Die Daten befinden sich jetzt im gleichen Verzeichnis wie das VI.

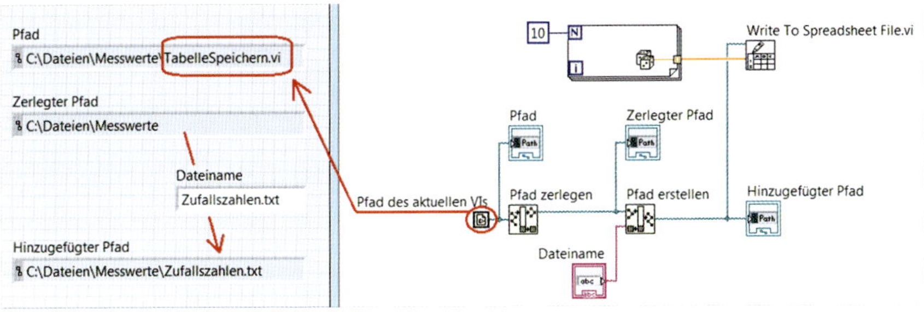

12.3 Lesen von Dateien

Das Auslesen von Dateien ist ebenfalls ohne Pfadangabe möglich (Dateidialog des Betriebssystems öffnet sich).

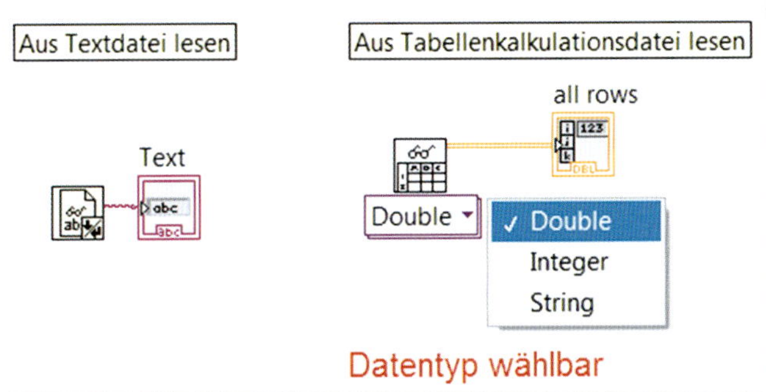

Natürlich können auch Pfadangaben verwendet werden.

Lesen einer Textdatei benötigt nur eine Anzeige.

Lesen einer Tabellendatei verlangt die Wahl des auszugebenden Datentyps.

Lesen einer Binärdatei
Beim Speichern im Binärformat sind alle Datentypen erlaubt, deshalb muss der Funktion *Aus Binärdatei lesen* mitgeteilt werden, mit welchem Format die Daten ausgelesen werden sollen. Dazu wird ein Bedienelement oder eine Konstante mit dem gewünschten Datentyp angeschlossen. Weiterhin muss der Lesefunktion mitgeteilt werden, wie viele Daten zu lesen sind. Der Wert *–1* liest die ganze Datei.

Beispiel:

Die Binärdatei mit den 10 Quadratzahlen (Datentyp *I32*) wird mit verschiedenen Datentypangaben gelesen.

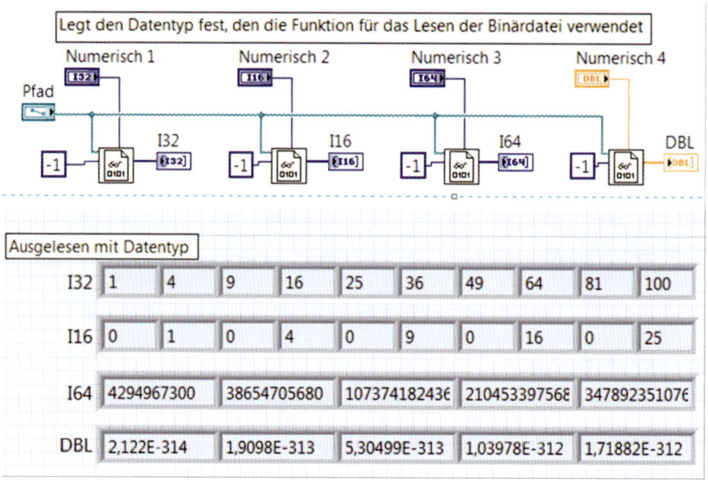

Hinweis: Schalten Sie das *I64* Array auf Hex-Anzeige, um zu sehen, woher die merkwürdigen Zahlen kommen!

Lesen mit Express-VI; Messwerte aus Datei lesen

Nach dem Platzieren und der Eingabe des Dateinamens und des Dateiformats (LVM oder TDMS) wählt man am Ausgang *Signale* mit *Erstellen* entweder

- ❑ ein numerisches Anzeigeelement (liefert die letzte Zahl) oder
- ❑ eine Graphanzeige.

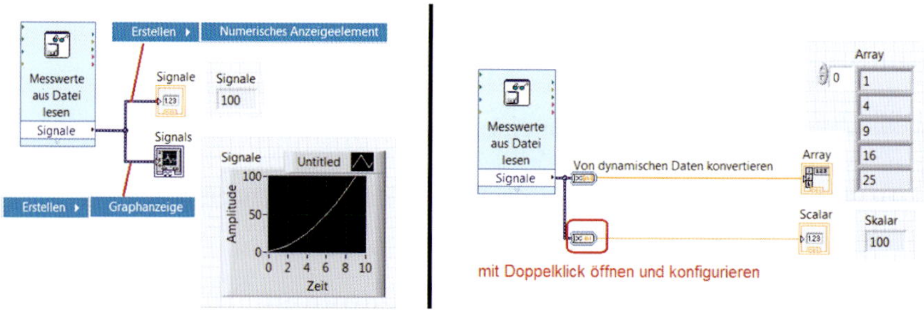

Möchte man die Daten nicht nur anzeigen, sondern anderweitig weiterverarbeiten, ist das Express-VI ***Von dynamischen Daten konvertieren*** notwendig. Man findet es unter ***Funktionen → Express → Signalverarbeitung → Von DDT,*** und es kann nach dem Platzieren konfiguriert werden, welcher Datentyp ausgegeben werden soll, z.B. Array oder Skalar. Im obigen Fall wird die letzte Zahl in der Datei ausgegeben.

Aufgaben

Aufgabe 12.01 Bandpassdaten speichern

Erstellen Sie ein VI, das den Betrag der Übertragungsfunktion eines Bandpasses berechnet, graphisch darstellt und die errechneten Werte speichert.

Frontpanel:

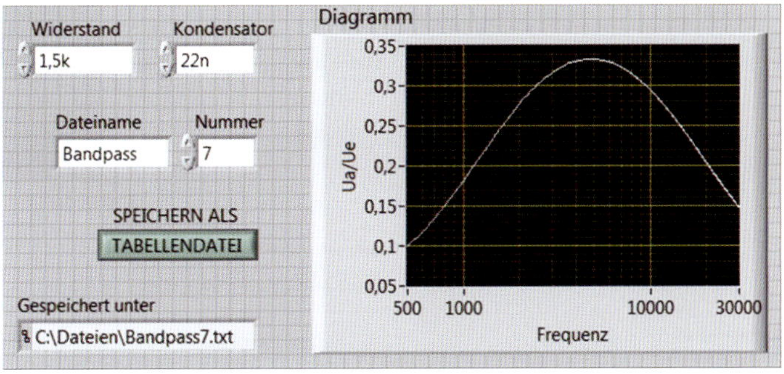

Berechnen Sie die Übertragungsfunktion nach der Formel

$$\frac{U_\mathrm{a}}{U_\mathrm{e}} = \frac{1}{\sqrt{\left(\omega RC - \dfrac{1}{\omega RC}\right)^2 + 9}}.$$

Verwenden Sie für *R* und *C* die im Frontpanel angegebenen Werte, die Frequenz läuft von *f* = 500 Hz bis *f* = 30 kHz.
Mit einem Schalter kann das Format der Zieldatei bestimmt werden: entweder Tabellenkalkulationsdatei oder mit Express-VI im LVM Format.
Die Pfadangabe wird in beiden Fällen zusammengesetzt aus dem Verzeichnis des aktuellen VIs und dem Dateinamen (String Eingabeelement). Die LVM-Datei erhält keine Erweiterung, die Tabellendatei erhält die Erweiterung *.txt.

Hinweis: Dem Express-VI kann auch während der Laufzeit ein Dateiname zugeführt werden.

In beiden Fällen wird der verwendete Zielpfad angezeigt.

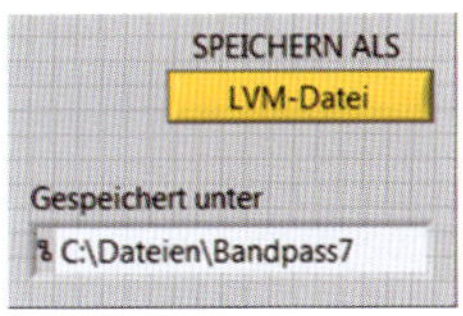

Erweiterung:
Erweitern Sie das VI derart, dass auch die Werte der Bauelemente R und C, in der ersten Spalte des Arrays stehend, mit in der Datei gespeichert werden.
Verwenden Sie die Funktionen *Array erstellen* und *In Array einfügen.*

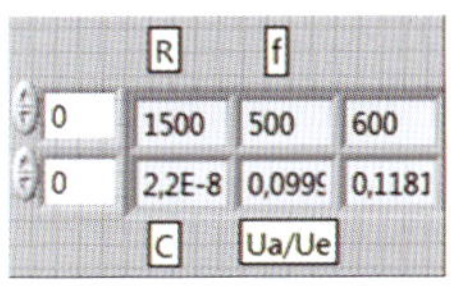

Aufgabe 12.02 Bandpassdaten lesen

Erstellen Sie ein VI, das die gespeicherten Daten des Bandpasses von Aufgabe 12.01 aus der Datei ausliest und graphisch darstellt.

Frontpanel:

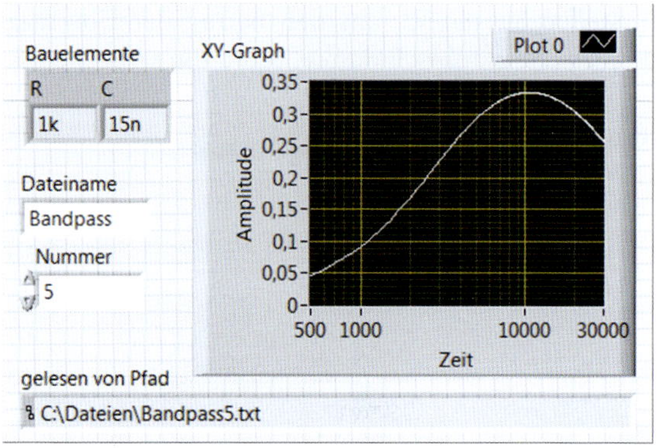

Für die zu öffnende Datei wird nur ***dateiname#*** (z.B. Bandpass5) angegeben. Das VI ruft zunächst die Datei mit der Erweiterung *dateiname#****.txt*** auf. Ist diese nicht vorhanden, wird *dateiname#* **ohne** Erweiterung geöffnet.
Verwenden Sie zur Prüfung, ob die Datei existiert, das Objekt unter ***Funktionen → Programmierung → Datei-I/O → Fortgeschritten → Existenz prüfen.***

Zerlegen Sie das ausgelesene 2D-Array in 3 Teile, um zu der Grafik auch die Werte der beiden Bauelemente R und C anzuzeigen. Die 1. Spalte erhalten Sie mit *Array entfernen*, der verbleibende Rest wird mit *Array indizieren* in zwei einzeilige Arrays geteilt.

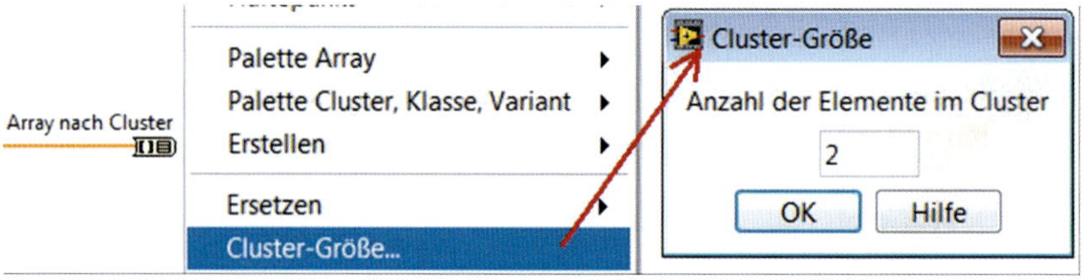

Eine etwas ansprechendere Möglichkeit, einen Arrayinhalt anzuzeigen, ist die Darstellung als Cluster. Die Umwandlung dafür findet man unter ***Funktionen → Programmierung → Array → Array nach Cluster.*** Wählen Sie zuerst im Kontextmenü der Funktion unter Cluster-Größe den Wert 2 und dann mit ***Erstellen → Anzeigeelement*** die passende Anzeige.
Danach noch Anordnung, Beschriftung und Anzeigeformat (SI-Schreibweise) ändern.

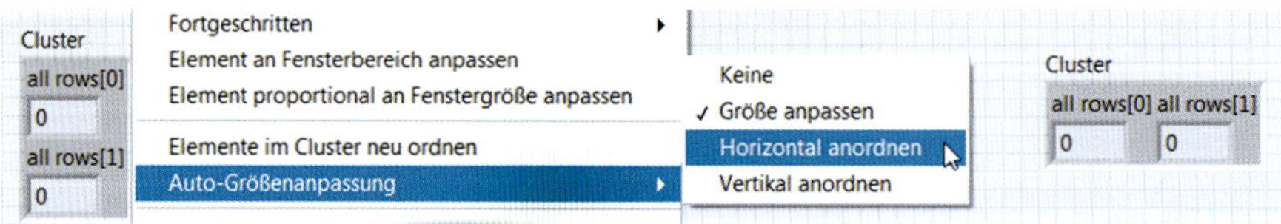

Aufgabe 12.03 Lottozahlen-Datei

Im Internet findet man eine Datei mit ca. 2300 Lottoziehungen der Jahre 1955 bis 2000. Sie hat folgende Struktur:

Tag	*Monat*	*Jahr*	*Zahl1*	*Zahl2*	*Zahl3*	*Zahl4*	*Zahl5*	*Zahl6*
9	10	1955	13	41	3	23	12	16
16	10	1955	12	32	30	49	3	18
23	10	1955	34	12	14	24	36	23
bis								
11	11	2000	39	49	24	26	27	41
18	11	2000	8	1	23	37	47	6
25	11	2000	48	4	10	37	43	14

Die Zahlen in der Datei werden in Reihenfolge der Ziehung angegeben. Verwenden Sie diese Datei für die nachfolgenden drei Aufgaben.

1. Erstellen Sie ein VI, das die 6 Zahlen jeder Ziehung einliest, die Zahlen numerisch sortiert und in eine Datei «Zahlen sortiert» schreibt. Das Ziehungsdatum, die Zusatz- und Superzahlen sollen unverändert bleiben.

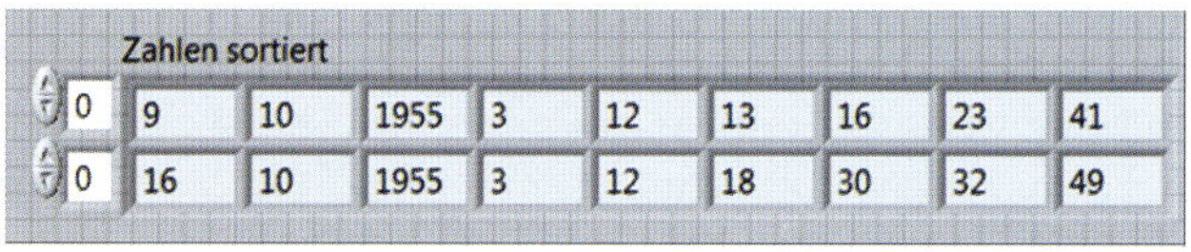

2. Erstellen Sie ein VI, das feststellt, wie oft in diesem Zeitraum (1955 bis 2000) jede Zahl gezogen wurde. Das Ergebnis wird als Graph und als Array dargestellt.

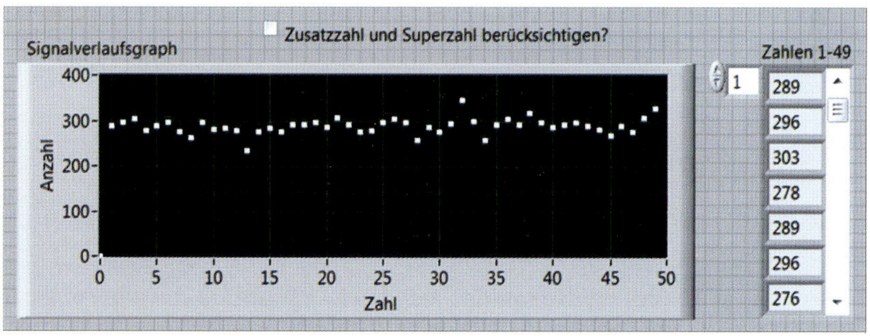

3. Erstellen Sie ein VI, das 6 Zahlen daraufhin überprüft, ob sie in diesem Zeitraum schon gezogen wurden, und wenn ja, an welchem Ziehungstag.

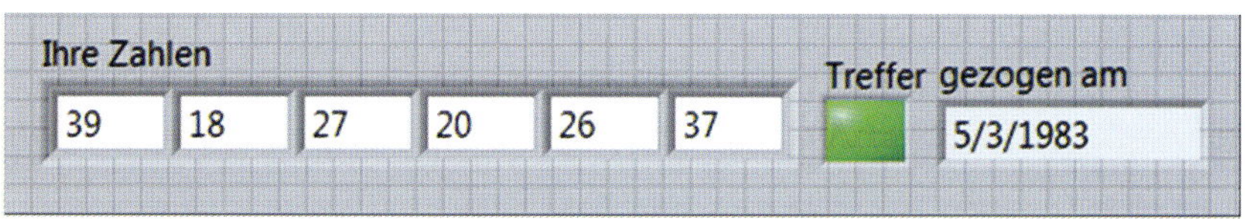

Aufgabe 12.04 Niederschlagsmessung

Hinweis: Die nachfolgende Datei *Regenmessung.txt* finden Sie auf der zu diesem Buch gehörenden Internetseite.

Der nachfolgende Ausdruck stammt aus der Datei *Regenmessung.txt.* Sie enthält ca. 7000 Messwerte, die bei einer Wasserstandsmessung mit Hilfe eines Datenloggers auf eine Magnetbandkassette aufgezeichnet wurden. Die Höhe des Pegels wurde im Minutenabstand mit Hilfe eines Drucksensors gemessen.

Die Messung begann am 23. März um 8:19:00 und endete am 28. März um 10:51:00.
Der Eintrag einer gültigen Messung besteht aus den drei Zeilen:

- der Art der Messung DRUCKMES,
- dem Messwert]+0.4504 und dem
- Zeitpunkt der Messung 23081900.

Das Format dieser Angabe **ddhhmmss** steht für Tag **d**, Stunde **h**, Minute **m**, Sekunde **s**.
Während des gesamten Messzyklus sind noch Statusmeldungen mit folgendem Format in der Aufzeichnung enthalten:

gültige Messung	DRUCKMES]+0.4504 23081900
Statusmeldung	GRENZ.1] 1=HIGH 28105003
Statusmeldung	RUNDVERT] 1=HIGH 28091303

Dateiausdruck

```
//////////////////
CASOUTS1=0=NO SER 1
CASOUTS1=1=SER 1
DRUCKMES
]+0.4504
23081900
DRUCKMES
]+0.4492
23082000
DRUCKMES
]+0.4488
23082100
DRUCKMES
]+0.4500
23082200
DRUCKMES
]+0.4496
23082300
DRUCKMES
]+0.4504
23082400
DRUCKMES
]+0.4509
23082500
DRUCKMES
]+0.4552
23082600
DRUCKMES
]+0.4552
23082700
DRUCKMES
]+0.4553
23082800
DRUCKMES
```

Erstellen Sie ein VI, das den Inhalt der Textdatei ausliest und die umgewandelten Messwerte **ohne** Beachtung der Zeitangabe in einem Signalverlaufsgraphen darstellt. Aufgezeichnete Statusmeldungen während der Messung und Meldungen beim Überspielen der Daten auf PC sollen ignoriert werden.

Verwenden Sie zum Auffinden der gültigen Einträge die Stringfunktionen ***Muster suchen*** und ***Zeile auswählen.***

Frontpanel:

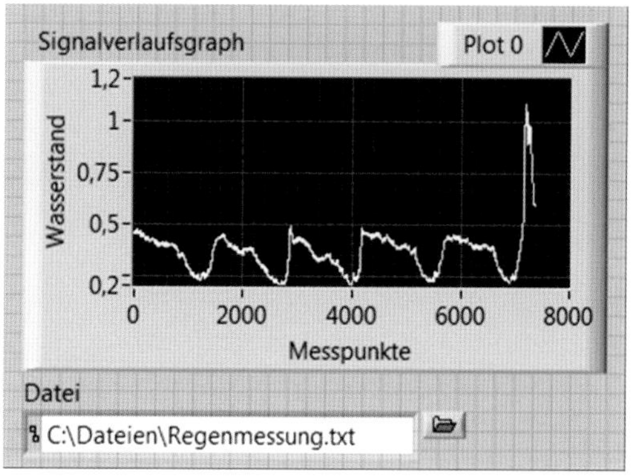

Hinweis: Die Berücksichtigung der Zeitangaben erfolgt mit dem Datentyp *Signalverlauf* in Aufgabe 16.06.

13 Messen mit LabVIEW

Computergestützte Messsysteme werden eingesetzt, weil damit umfangreiche Messaufgaben schnell, zuverlässig und preiswert zu lösen sind. Die Aufgabe eines Messsystems ist die Erfassung von Messwerten sowie die Auswertung und die Dokumentation der Messergebnisse.
Die Palette ***Funktionen*** im Blockdiagramm bietet Hilfsmittel zur Messwerterfassung auf den beiden Unterpaletten *Mess-I/O* und *Instrumenten-I/O.* Diese beiden Stichworte stehen für zwei unterschiedliche Konfigurationen bei der Messwerterfassung.

Mess-I/O
Auf dieser Palette sind die Funktionen zum Gebiet DAQ (**D**ata **A**c**Q**uisition) enthalten. Dieser Begriff steht in LabVIEW für der Bereich der Datenerfassung von analogen oder digitalen elektrischen Signalen mit Hilfe von **Sensoren und Signalwandlern**, also die direkte Messung von physikalischen Größen wie Spannung, Strom, Temperatur, Frequenz, Drehzahl, Durchfluss, Vibration usw. Es ist das Gebiet der Messung von dynamischen Messgrößen, das stark hardwareorientiert ist und daher oft mit Einsteckkarten oder USB-Messgeräten durchgeführt wird.

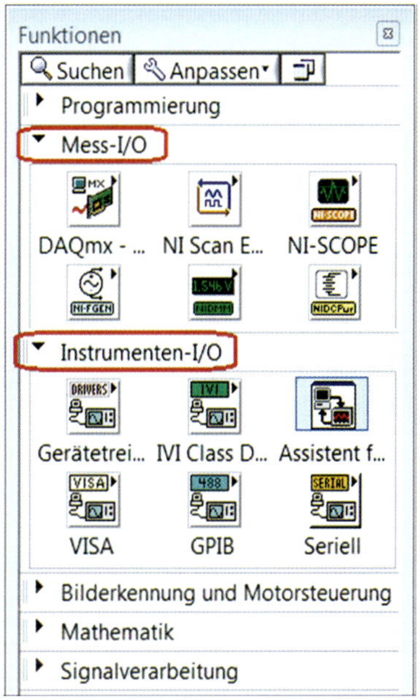

Instrumenten-I/O
Hier findet man die Funktionen zum Ansteuern *von handelsüblichen Messgeräten, also von* Tischgeräten, die auch ohne Controller voll funktionsfähig und bedienbar sind.
Die Steuerung dieser Geräte erfolgt über Standard-Schnittstellen, wie z.B. Seriell oder GPIB.

In diesem Buch werden folgende Geräte mit einem Standard-PC eingesetzt:

❑ Digitalmultimeter	Agilent 33401A,	RS-232, GPIB
❑ Frequenzgenerator	Agilent 33120A,	RS-232, GPIB
❑ Netzteil	Agilent 3631A,	RS-232, GPIB
❑ myDAQ	National Instruments	USB

Um die in den obigen Messgeräten vorhandenen Schnittstellen nutzen zu können, muss ein Standard-PC nachgerüstet werden, da er serienmäßig weder über einen COM-Port (RS-232) noch über einen GPIB-Anschluss verfügt. Als Schnittstellenadapter werden ein USB-Seriell- und ein USB-GPIB-Adapter verwendet.
Näheres zu den Schnittstellen in den folgenden Kapiteln 14, 15 und 16.

Unabhängig von der Konfiguration eines Messsystems fällt der Software die Aufgabe zu, einerseits mit den angeschlossenen Messgeräten zu kommunizieren, anderseits dem Benutzer eine bedienbare und individuell anpassbare Oberfläche eines «virtuellen» Messgeräts zu bieten. Dies leistet LabVIEW in optimaler Form. Im Frontpanel können alle notwendigen Bedien- und Anzeigeelemente platziert werden, das Blockdiagramm bietet zahlreiche Funktionen für die Ein- und Ausgabe (Input/Output, I/O) von und zu Geräten. Diese als «Gerätetreiber» bezeichneten Softwaremodule stellen die Verbindung zwischen dem Betriebssystem, LabVIEW und der Hardware des Messgerätes her.

Schreiben und Lesen

Klickt man in weitere Unterpaletten, stößt man auf die Begriffe ***Schreiben*** und ***Lesen.*** Dies sind die Grundfunktionen der Messgerätekommunikation und beschreiben die Tätigkeit aus der **Sicht des Controllers**:

- ❑ Eine Schreibfunktion **sendet** Daten an das Gerät,
- ❑ eine Lesefunktion **empfängt** Daten vom Gerät.

13.1 Der Befehlssatz SCPI

Für Mitteilungen an Messgeräte (Instrumenten-I/O) wird der Befehlssatz SCPI (Standard Commands for Programmable Instruments) verwendet. Es ist eine standardisierte, ASCII-basierte Befehlssprache, die speziell für Messgeräte entwickelt wurde, um eine Austauschbarkeit gleichartiger Messgeräte (z.B. Multimeter) von verschiedenen Herstellern ohne Softwareänderungen zu ermöglichen. Da es sich bei den Befehlen um ASCII-Zeichen handelt (String-Datentyp), können die Befehle in jeder Programmiersprache und in jeder Entwicklungsumgebung geschrieben werden. Die Übertragung ist unabhängig von der Schnittstelle, die das Messgerät aufweist. Der SCPI-Standard unterscheidet allgemeine Gerätebefehle und Befehle für Messfunktionen.

Allgemeine Befehle beginnen mit einem *.

Beispiele: *RST *Reset* versetzt das Gerät in den Einschaltzustand.
*CLS *Clear Status* löscht die Fehlerwarteschlange.

Allgemeine **Abfragebefehle** (*Query Commands*) enden mit einem Fragezeichen. Dadurch wird das Gerät veranlasst, einen Wert zurückzusenden.

Beispiel:

*IDN? *Identify* fragt nach der Identifikationszeichenkette des Geräts.
*TST? *Test* löst einen Selbsttest im Gerät aus und zeigt das Ergebnis an.

Wichtig:

*IDN? ist ein oft gebrauchter Befehl, da mit ihm die Funktionsfähigkeit der Übertragung getestet werden kann. Erhält man nach dem Absenden den Identify String des Geräts (Hersteller + Modellnummer) als Antwort zurück, ist die Übertragungsstrecke (meist) in Ordnung.

Befehle für Messfunktionen basieren auf einer hierarchischen Struktur, die als Befehlsbaum bekannt ist. Die Bedeutung, die Regeln und die Syntax dafür findet man in den jeweiligen Handbüchern der Messgeräte.
Nachfolgend zwei Beispiele für ein Digitalmultimeter:
Ein **Einstellbefehl** (Parameter Command) zur Konfiguration des Gerätes besteht aus dem Schlüsselwort CONFigure, darunter eine zweite Befehlsebene mit den Befehlen zur Auswahl der Messgröße VOLTage, CURRent, RESistance, FRESistance, FREQency, PERiode.
Die allgemeine Form zur AC-Strommessung mit der optionalen Wahl des Messbereichs und der Auflösung lautet:

```
CONF:CURR:AC {<range>|MIN|MAX|DEF},{<res>|MIN|MAX|DEF}
```

Der zu sendende String für eine AC-Strommessung im Bereich 1 A mit maximaler Auflösung lautet:

```
CONF:CURR:AC 1,MAX
```

Ein **Abfragebefehl** (Query Command) für Messfunktionen enthält als letztes Zeichen im String ein Fragezeichen.

```
MEAS:VOLT:DC?
```

löst eine DC-Spannungsmessung im Gerät aus und sendet den Messwert an den Controller.

Wichtig:

Wird einem Gerät mit einer Schreibfunktion ein SCPI-Code mit Fragezeichen am Ende gesendet, so muss unmittelbar darauf eine Lesefunktion erfolgen, damit der vom Gerät gesendete Wert eingelesen wird. Wird der Returnstring nicht eingelesen, erfolgt eine Fehlermeldung.

Zur Verwaltung und Überprüfung von angeschlossenen Messgeräten bietet LabVIEW ein leistungsfähiges Werkzeug: den *Measurement & Automation Explorer.*
Dieser ist zu finden unter *Hauptmenü → Werkzeuge.*

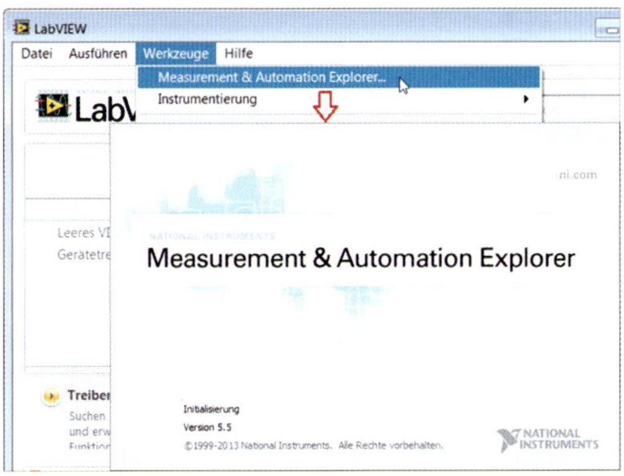

13.2 Measurement & Automation Explorer

Der **Measurement & Automation Explorer** ist ein Programm, das die Ressourcen verwaltet, über die LabVIEW verfügen kann.
Nach dem Aufruf werden im Verzeichnis **Geräte und Schnittstellen** alle installierten Schnittstellen angezeigt.

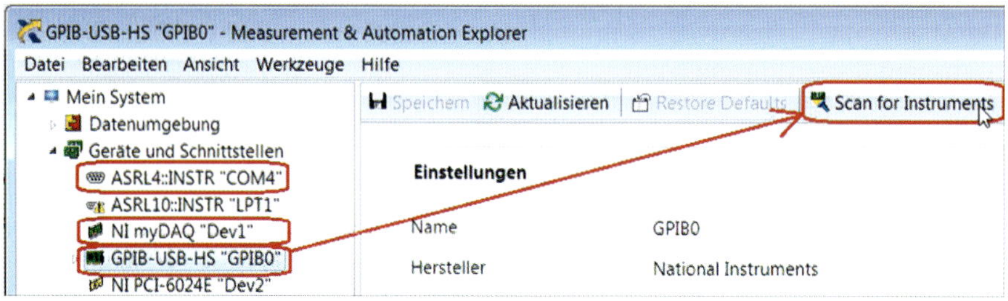

Die angeschlossenen Hardwarekomponenten und Geräte findet man nach einem Klick auf die jeweilige Schnittstelle. Falls noch keine Geräte erkannt wurden, bietet das Icon **Scan for Instruments** die Möglichkeit der Suche nach angeschlossenen Geräten.
Gefundene Geräte werden links in der Explorerleiste aufgeführt.

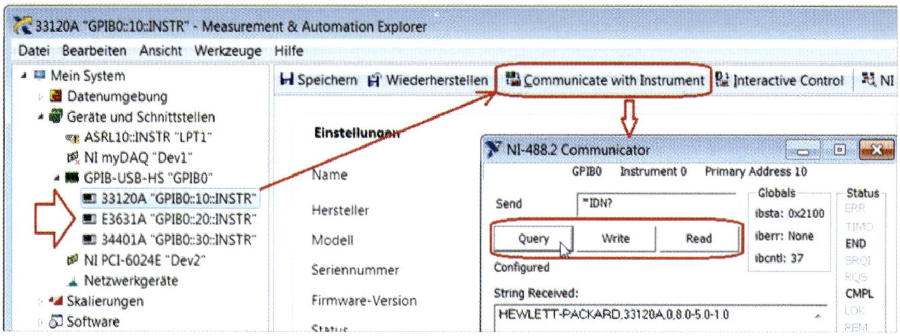

Klickt man ein Gerät an und ruft die Funktion ***Communicate with Instrument*** auf, erhält man die Möglichkeit, mit einem einfachen Kommunikationsprogramm einen Datenaustausch durchzuführen. Dazu wird ein SCPI-Befehl in das Feld **Send** eingegeben und mit den Tasten **Query** (Abfrage: Schreiben + Lesen), **Write** (Schreiben) oder **Read** (Lesen) die gewünschte Funktion ausgewählt.
Ebenfalls unter **Geräte und Schnittstellen** findet man die RS-232-Schnittstelle mit der Bezeichnung COM4.
Mit **Open VISA Test Panel** kann auch hier ein einfaches Hilfsprogramm aufgerufen werden, das ein ähnliches Aussehen wie obiges Kommunikationsprogramm aufweist und die Einstellung der Schnittstelle sowie eine manuelle Datenübertragung zum Gerät erlaubt.
VISA steht für ***V**irtual **I**nstrument **S**oftware **A**rchitecture* und bezeichnet eine Bibliothek mit Schnittstellenfunktionen zur Steuerung von GPIB-, RS-232-Geräten und anderen Messgerätetypen.

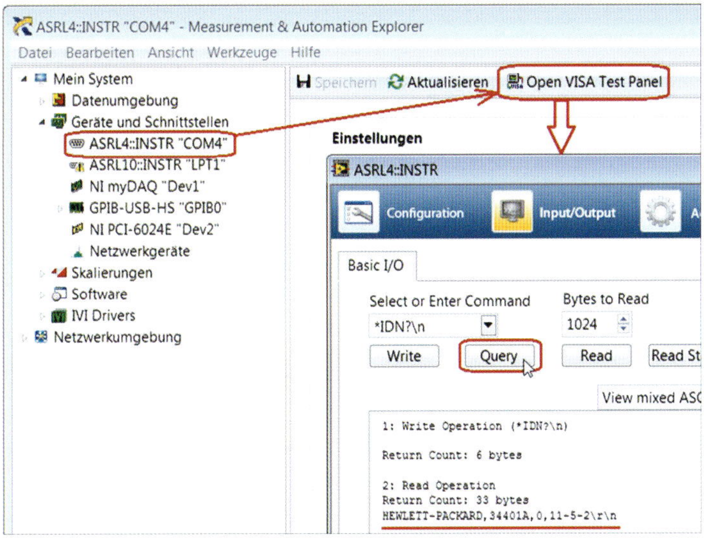

Weiterhin findet man unter **Geräte und Schnittstellen** das über USB angeschlossene Gerät **NI myDAQ „Dev1“.** Mit **Testpanels..** öffnet man ein Hilfsprogramm, das eine Konfiguration von myDAQ und nach Betätigung der Taste **Start** eine Prüfung der Funktion erlaubt.
In der Symbolleiste des Measurement&Automation-Explorers findet man unter dem Icon *Pinbelegung des Geräts* die Beschreibung der Anschlussklemmen.

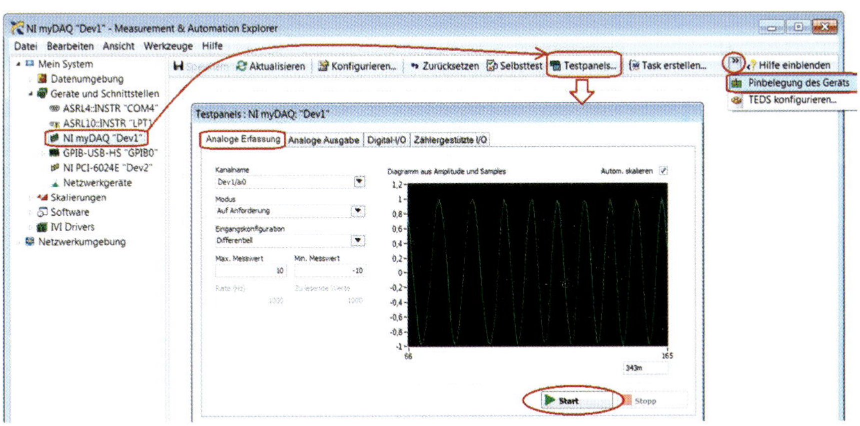

Hinweis: Die Gerätebezeichnung *NI myDAQ „Dev1“* in der Explorerdarstellung kann mit dem Kontextmenü (rechte Maustaste) geändert werden.

Hinweis zu den Aufgaben:
Bei den vorgestellten Aufgaben geht es hauptsächlich um die Funktion der VIs, weniger um die Inhalte der Messungen. Daher sind auch keine konkreten Anwendungen angegeben. Ebenso sind die Frontpanels nicht optimiert und enthalten zum Teil Anzeigen, die für das Verständnis der Programmfunktionen hilfreich, für eine spezielle Aufgabe aber nicht unbedingt erforderlich sind.

14 Serielle Schnittstelle

Die RS-232-Schnittstelle ist eine serielle Schnittstelle und war ursprünglich zur Übertragung digitaler Daten über das Telefonnetz vorgesehen.
Sie ist unter verschiedenen Bezeichnungen genormt: RS-232 (USA), V.24 (International) und 66 020 (Deutschland). In der ursprünglichen Fassung waren 23 Signale festgelegt (25-poliger Stecker), für heutige Anwendungen werden nur noch 9 Leitungen verwendet. Da die Datenübertragung nur 3 Leitungen benötigt (das andere sind Steuerleitungen), fand sie in vereinfachter Form jedoch auch Anwendung in vielen anderen Geräten, wie z.B. Druckern und Messgeräten. Obwohl in PCs diese Schnittstelle nicht mehr serienmäßig vorhanden ist, hat sie in der Messtechnik noch eine gewisse Bedeutung, da sehr viele Messgeräte über diese Schnittstelle verfügen. Da sie aber nur zwei Geräte miteinander verbinden kann, wird sie langsam von USB abgelöst.
Bei Mikrocontrollern ist sie wegen ihres geringen Hardware-Aufwands noch weit verbreitet (UART).

14.1 Anschluss eines Messgeräts

Der Anschluss eines Messgeräts mit dem PC erfolgt über einen **COM-Port.** Dabei ergeben sich manchmal Probleme mit den Verbindungskabeln. Dies liegt an der Entstehungsgeschichte der RS-232-Schnittstelle. Sie diente zur Verbindung von einem Datenendgerät DEE (PC mit Steckeranschluss) mit einem Datenübertragungsgerät DÜE (Modem mit Buchsenanschluss). Folglich besitzt das dafür passende RS-232-Verbindungskabel an einer Seite einen Stecker, auf der anderen Seite eine Buchse.
Da diese Schnittstelle bei ihrer Festlegung nie für Messgeräte vorgesehen war, bleibt es den Herstellern überlassen, ob sie das Messgerät bezüglich des Anschlusssteckers als Endgerät oder als Übertragungsgerät betrachten. Bei Messgeräten gibt es beide Konfigurationen, überwiegend findet man jedoch die Endgeräte-Konfiguration.
Verbindet man zwei Endgeräte miteinander (jedes mit Steckeranschluss), muss das Kabel auf beiden Seiten eine Buchse aufweisen. Da jetzt keine Modemverbindung vorliegt, spricht man von einem *Nullmodemkabel.* In diesem sind aber im Gegensatz zum RS-232-Kabel die Leitungen gekreuzt, weil die Pinbelegung DEE ⟷ DEE eine andere ist als DEE ⟷ DÜE.

14.2 Datenübertragung

Die RS-232-Schnittstelle benutzt ein *serielles, asynchrones* Verfahren zur Datenübertragung.
Seriell heißt, dass die zu übertragenden Bytes in einzelne Bits aufgeteilt und nacheinander über eine Leitung geschickt werden.
Asynchron heißt, Sender und Empfänger sind nicht mit einer gemeinsamen Taktleitung verbunden. Damit die Übertragung dennoch funktioniert, müssen beide

Geräte mit der gleichen Übertragungsgeschwindigkeit (Baudrate, 1 Baud = 1 Bit/s) arbeiten.
Die Datenübertragung arbeitet mit einem Start-Stopp-Verfahren, d.h., der Anfang und das Ende eines Übertragungszyklus werden synchronisiert.

Dies erfolgt mit einem Zeichenrahmen, in den jedes zu übertragende Datenbyte eingebaut wird.

Zeichenrahmen

Startbit	Daten	Parität	Stoppbit

Startbit: Damit wird jede Byteübertragung gestartet. Es wird den zu übertragenden Datenbits vom System vorangestellt und zeigt den Beginn eines Datenwortes an. Es hat den Zustand log"0" (+12 V).

Daten: Sie bestehen aus 7 oder 8 Datenbits (der ASCII-Code besteht aus 7 Bit). Das niederwertigste Bit wird zuerst übertragen.
Parität: Das Paritätsbit dient der Fehlererkennung. Es **kann** gesendet werden.
Stoppbit: Besteht aus 1 oder 2 Bits; sie haben den Zustand log"1" (Ruhepegel, –12 V).

Für einige Parameter besteht eine Wahlfreiheit, allerdings müssen zur fehlerfreien Übertragung Sender und Empfänger mit gleichen Einstellungen arbeiten.
Es gibt eine große Auswahl an Einstellparametern, die nachfolgenden sind bei vielen Geräten einstellbar:

- ❑ Baudrate: 300, 600, 1200, 2400, 4800, 9600, 19 200 Baud
- ❑ Datenbits: 7 oder 8
- ❑ Parität: EVEN / ODD / NO (gerade / ungerade / keine)
  Wird gerade/ungerade gewählt, fügt das sendende Gerät nach den Datenbits ein Bit (0 oder 1) so ein, damit die Anzahl der log"1"-Bits gerade/ungerade wird.
- ❑ Stoppbit: 1 oder 2.

Die Einstellungen der möglichen Parameter erfolgt im Soft-Menü eines Geräts oder bei älteren Geräten mit DIP-Schaltern.

Hinweis: Wird die serielle Schnittstelle in LabVIEW verwendet, so müssen diese Parameter vor ihrer Benutzung gesetzt werden.

14.3 Ablaufsteuerung (Flow Control)

Damit es zu keinen Datenverlusten kommt, muss es für die Geräte möglich sein, die Übertragung zu stoppen, wenn die Daten vom empfangenden Gerät nicht mehr verarbeitet werden können oder wenn ein Fehler aufgetreten ist. Die RS-232-Schnittstelle sieht für diese Ablaufsteuerung zwei Möglichkeiten vor:

- ❑ *Hardware-Handshake:* Es sind neben den Datenleitungen TxD und RxD noch Steuerleitungen vorhanden, die Signale für den Ablauf der Übertragung führen: RTS/CTS und DTR/DSR.

- *Software-Handshake:* Hier ist es die Software, die in den Datenstrom bei Bedarf Steuerzeichen einbaut, die die Übertragung stoppen bzw. wieder starten können. Dafür sind die ASCII-Zeichen DC1/XON (11H) und DC3/XOFF (13H) vorgesehen.

Die Einstellung für die Ablaufsteuerung muss für beide Geräte gleich sein.

14.4 Betriebsarten

Viele Digital-Multimeter bieten beim Betrieb über eine Schnittstelle zwei Betriebsarten:

1. Nur-Senden-Modus (Talk Only Mode)

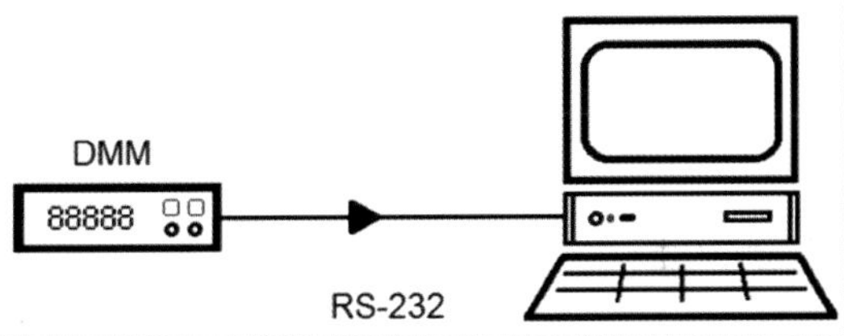

In dieser Betriebsart sendet das DMM ***ununterbrochen*** den aktuellen Messwert an die eingestellte Schnittstelle.
Eingestellt wird die Betriebsart manuell **im DMM.** Dieser Betrieb ermöglicht eine längere Protokollierung der Messwerte auf einen Drucker oder in eine Datei.

2. Fernbedienungsmodus

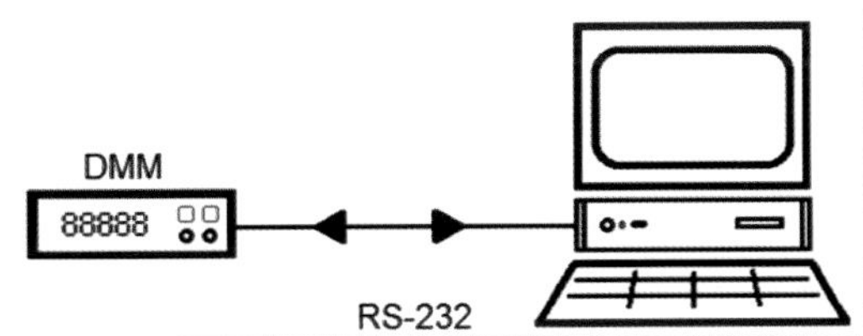

In dieser Betriebsart kann das DMM über den Controller bedient werden.
Es können

- Einstellungen am DMM gemacht (z.B. Einstellung der Messgröße VDC oder VAC),
- Zustände des DMM abgefragt (z.B. Abfrage Messbereich, Triggermodus),
- Messungen gestartet und
- Messwerte vom DMM übernommen werden.

Die zugehörigen Befehle zur Steuerung des DMM sind im Handbuch erläutert (SCPI-Code).

14.5 RS-232 mit LabVIEW

Sehr nützliche Hilfsmittel bei der Entwicklung von LabVIEW-Programmen mit der RS-232-Schnittstelle sind ein Multimeter im *Nur-Senden-Modus* oder ein PC mit einem Terminalprogramm, wie z.B. HyperTerminal (XP) oder HTerm (Windows7). Beispiele für den Betrieb mit der seriellen Schnittstelle findet man im Hauptmenü unter *Hilfe → Beispiele suchen → Signalerfassung und -ausgabe mittels Hardware → Seriell.* Das VI *Einfache serielle Kommunikation* führt eine Schreib- und Lesefunktion aus. Eine ausführliche Beschreibung der Programmfunktion findet man im Hauptmenü unter *Datei → VI-Einstellungen → Kategorie Dokumentation.*

Frontpanel:

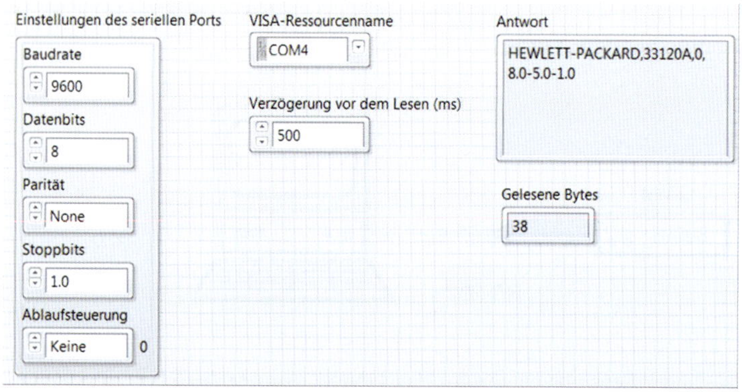

Auf dem Frontpanel finden sich Einstellmöglichkeiten für die Übertragungsparameter, die vor dem Start in Übereinstimmung mit dem angeschlossenen Gerät gesetzt werden müssen. Weiterhin gibt es das Eingabefeld *VISA-Ressourcenname.* Damit wird die Ressource gewählt, mit der man Daten übertragen möchte, im vorliegenden Fall also ein COM-Port. Klappt man das Feld auf, findet man den Punkt *Aktualisieren,* der eine Suche nach weiteren Ressourcen startet.

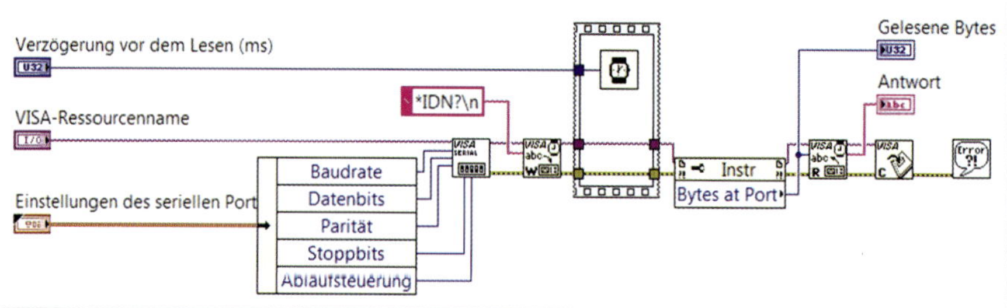

Im Blockdiagramm liefern alle Eingabeelemente die Parameter an das SubVI *VISA Configure Serial Port*, das damit die angegebene Ressource (COM4) öffnet und die Einstellungen vornimmt. Mit einer Ressourcenleitung wird diese Angabe an alle Objekte weitergegeben, die mit dieser Ressource arbeiten. Damit wird zugleich ein zeitliches Nacheinander (Datenflussprinzip) bei der Bearbeitung der Objekte festgelegt (ähnlich Fehlerleitung).

Startet man das VI, so wird der String *IDN? mit einer Funktion *VISA: Schreiben* an das Gerät gesendet. Zu beachten ist, dass die Stringkonstante am Ende das Steuerzeichen **\n** (neue Zeile) enthält.

Wichtig:

Alle gesendeten SCPI-Befehle müssen als EOS-Zeichen (End of String) das Steuerzeichen **\n** (0AH) aufweisen. Ist es nicht vorhanden, erfolgt vom Gerät keine Reaktion oder eine Fehlermeldung.

Es folgt eine kurze Pause, die mit einer Sequenz in den Datenfluss eingefügt wurde und bei Messgeräten häufig gebraucht wird, um ihre Reaktionszeit zu überbrücken. Danach wird mit einer Funktion *VISA: Lesen* der vom Messgerät zurückgelieferte String eingelesen und angezeigt. Der vor der Lesefunktion eingefügte Eigenschaftsknoten (mit Kontextmenü Ressourcenleitung ***Erstellen → Eigenschaft der Instr-Klasse → Serial Settings → Number of Bytes***) liefert die Anzahl der Bytes im Eingangsbuffer der Schnittstelle.
Nach dem Lesen wird mit der Funktion *VISA: Schließen* die Ressource geschlossen, d.h., es wird ihr mitgeteilt, dass die Sitzung der Datenübertragung beendet ist. Sie steht damit ab sofort für Anfragen anderer Programmteile wieder zur Verfügung.
Als letztes Objekt teilt bei Auftreten von Fehlern (z.B. nicht vorhandene Ressource) das SubVI *Simple Error Handler* dem Benutzer mögliche Ursachen für Fehler mit.
Sollte diese Verbindung nicht funktionieren, müssen alle Parameter, das Kabel und die eingestellte Portverbindung überprüft werden.

Wichtig:

Viele Geräte müssen bei Betrieb über RS-232 mit dem SCPI-Befehl *SYST:REM* (Remotebetrieb) explizit in den Fernbedienungsmodus gebracht werden.

Aufgaben

Aufgabe 14.01 Nur-Senden-Modus

Bei einem Digitalmultimeter (DMM) wird die RS-232-Schnittstelle aktiviert und der ***Modus Nur Senden*** (Talk Only Mode) eingeschaltet.

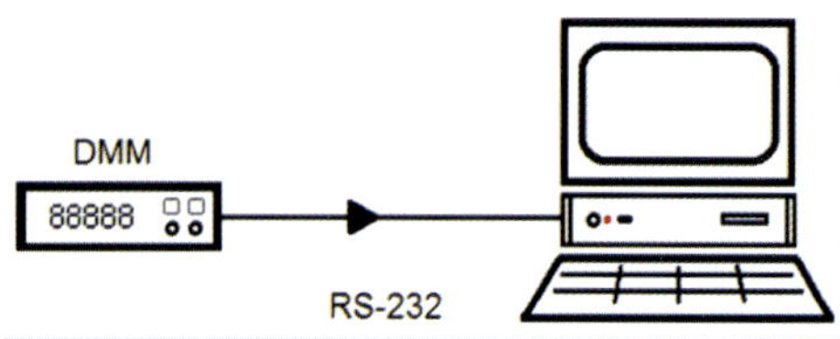

Erstellen Sie ein VI, das bei Start von dem angeschlossenen DMM alle kontinuierlich gesendeten Messwerte einliest und

a) als String alle aneinander hängt und darstellt und
b) jeden Wert in einen Zahlenwert umwandelt und mit einem Signalverlaufsdiagramm darstellt.

Frontpanel:

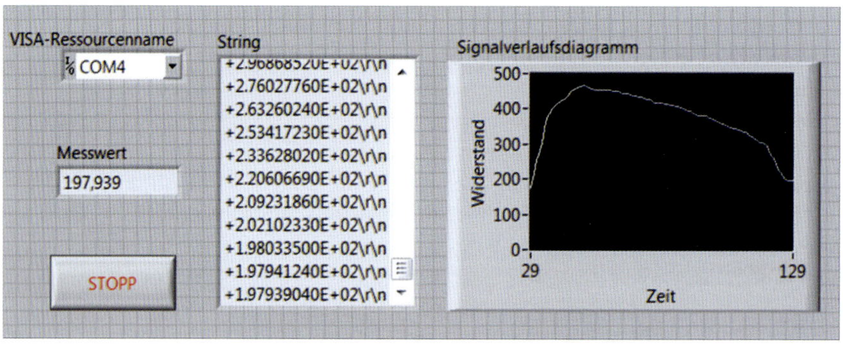

Orientieren Sie sich an dem Beispielprogramm *Einfache serielle Kommunikation.* Zunächst wird die Schnittstelle konfiguriert. Verwenden Sie dazu die Funktion *VISA: Seriellen Port konfigurieren*, zu finden unter *Funktionen → Instrumenten-I/O → Seriell → Port konfig.* Lesen Sie die Hilfefunktion dazu durch. Fast alle Parameter haben eine Voreinstellung, die man verwenden kann und nicht setzen muss, wenn sie mit der des Gerätes übereinstimmt.

Zum kontinuierlichen Einlesen verwenden Sie eine While-Schleife.

Ein einzulesender String besteht aus 15 Zeichen plus den beiden Endzeichen \r und \n (‚\'-Code Anzeige einschalten). Wie viele Bytes im Eingangsbuffer stehen, meldet der Eigenschaftsknoten des VISA-Ressourcennamens (Kontextmenü) mit *Erstellen → Eigenschaft für Instr-Klasse → Serial Settings → Number of Bytes at Serial Port.* Der Ausgang des Knotens steuert einen **numerischen** Case, der nur einliest, wenn die Anzahl der Bytes im Eingangsbuffer größer als 16 ist. Setzen Sie dazu die Funktion *VISA: Lesen* (unter *Funktionen → Instrumenten-I/O → Seriell*) in den entsprechenden Case-Rahmen ein. Alle ankommenden Strings werden mit der Funktion ***Strings verknüpfen*** zu einem einzigen String verbunden. Jeder einzelne String wird mit der Konvertierungsfunktion von ***Funktionen → String → String/Zahl-Konvertierung → Bruch-/Exponential-String nach Zahl*** in eine Zahl umgewandelt und mit einem Signalverlaufsdiagramm graphisch dargestellt. Umwandlung Dezimalpunkt in Dezimalkomma nicht vergessen!

Hinweis: Wenn Bedienelemente des Frontpanels (z.B. VISA-Ressourcenname, Anzahl der Stoppbits) immer gleich sind, kann man sie im Blockdiagramm in eine Konstante umwandeln.

Aufgabe 14.02 Senden und Empfangen

Das Digitalmultimeter (DMM) wird über die RS-232-Schnittstelle fernbedient. Es werden Daten in beide Richtungen ausgetauscht.

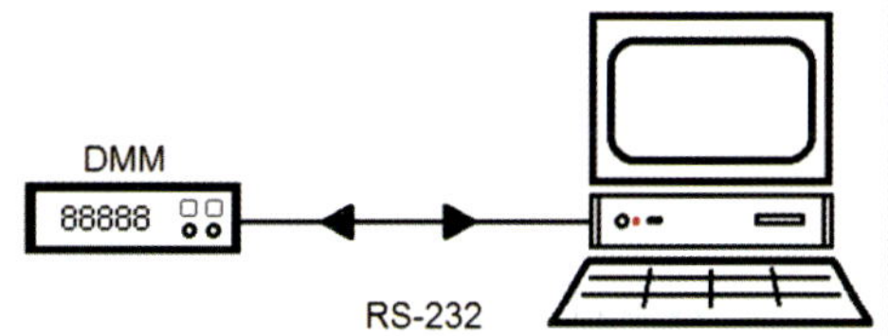

Entwerfen Sie ein VI, das ähnlich wie das Beispielprogramm ***Einfache serielle Kommunikation*** einen String sendet und einen Return-String vom DMM empfängt und anzeigt, dies aber so lange macht, bis das Programm mit der Taste STOPP beendet wird.

Frontpanel:

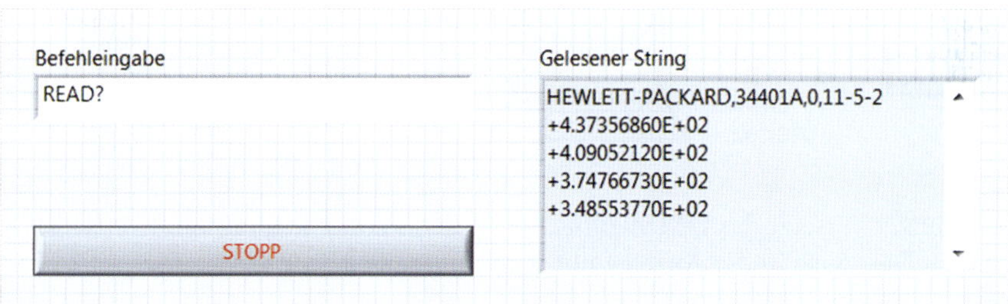

Vorgehensweise:

Entwickeln Sie zunächst nur eine Sendefunktion.

Ein String in *Befehlseingabe* wird gesendet, wenn die Eingabe mit der Taste *Eingabe (Return)* abgeschlossen wird (im Kontextmenü «Auf eine Zeile begrenzen»). Platzieren Sie in einer While-Schleife eine boolesche Case-Funktion, deren True-Rahmen die Sendefunktion *VISA: Schreiben* enthält und der nur dann ausgeführt wird, wenn der Eingabestring am Zeilenende das Zeichen \n aufweist (*Strings verknüpfen*!) **und** er größer als 1 Zeichen ist. Direkt nach dem Absenden muss das Eingabefeld *Befehlseingabe* gelöscht werden (Lokale Variable). Der False-Rahmen ist leer und wird immer dann ausgeführt, wenn keine Eingabe erfolgt.

Überprüfen Sie die Sendefunktion entweder mit Befehlen, deren Auswirkung Sie am DMM erkennen können (z.B. *SYST:REM*) oder mit einer grünen und roten Flimmerbox (Aufgabe 5.05), die im True- bzw. im False-Rahmen steckt.
Dann kommt der Empfangsteil.
Für das Einlesen der Strings folgt dem Sendeteil eine While-Schleife mit einer Case-Funktion, in deren True-Rahmen eine Funktion *VISA: Lesen* und eine *Strings verknüpfen* enthalten ist, die die eingelesenen Strings aneinander hängt. Ausgeführt wird der True-Rahmen, wenn die Anzahl der Bytes im Eingabebuffer ungleich null ist. Ist der Eingangsbuffer leer, wird der False-Rahmen ausgeführt und die While-Schleife beendet.
Testen Sie das VI mit Befehlen Ihres Messgerätes.

Hinweis: Dieses VI kann mit allen Geräten über die serielle Schnittstelle kommunizieren.

- ❑ Es kann als **Terminalprogramm** z.B. mit einem PC Daten austauschen.
- ❑ Eine Verbindung mit der UART eines Mikrocontrollers bietet die Möglichkeit, mit dem Controller in Echtzeit erfasste Messwerte in LabVIEW einzulesen und weiterzuverarbeiten oder sie mit einer komfortablen graphischen Anzeige darzustellen.

Aufgabe 14.03 Messung konfigurieren

Ein Digitalmultimeter (DMM) wird mit einer RS-232-Schnittstelle im ***Fernbedienungsmodus*** betrieben.
Das DMM 34401A bietet eine Vielzahl von unterschiedlichen Betriebsarten.
Hier wird folgender Messablauf verwendet:

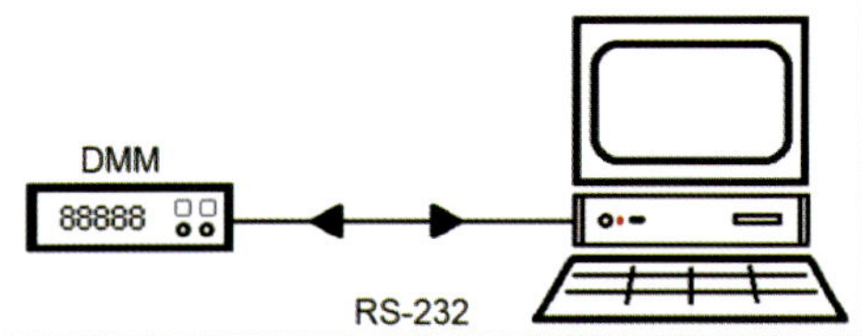

Der Benutzer versetzt das DMM zunächst in den Fernbedienungsmodus (REMOTE EIN). Dies wird in der Anzeige mit **Rmt** angezeigt.

SCPI-Code	löst folgende Funktion im DMM aus
SYST:REM	Einschalten des REMOTE Zustandes
FUNC „RES“	Auswahl des Widerstandsmessbereichs
TRIG:SOUR EXT	Einstellen der externen Triggerquelle
SAMP:COUN 20	Einstellen von 20 Messungen
INIT	In den Modus „*Warten auf den Triggerbefehl*“ schalten
FETC?	Abrufen der Messwert in den Ausgangsbuffer

Dann wird dem Messgerät mit String1 der Code zur Gerätekonfiguration gesendet. Danach löst der Benutzer manuell durch Kurzschließen der BNC-Buchse **Ext Trig** auf der Rückseite des DMM eine Messung aus, die 20 Messwerte im internen Speicher ablegt. Nach Beenden der Messung (die Anzeige * blinkt 20-mal und erlischt dann) können die Messwerte mit einem Befehl abgerufen und zur Schnittstelle übertragen werden.

Frontpanel:

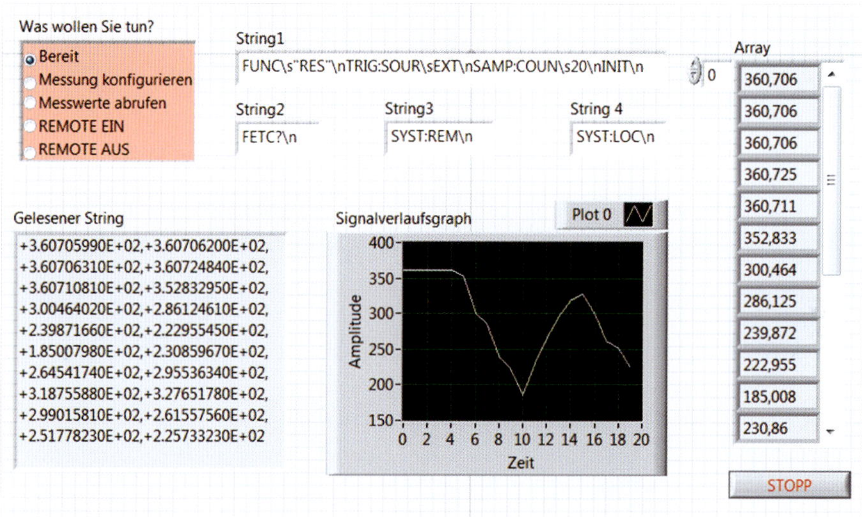

Die Auswahl der verschiedenen Einstellungen wird mit einem Optionsfeld (***Elemente → Boolesch***) vorgenommen, an das eine Case-Struktur mit 5 Rahmen angeschlossen ist. Der Rahmen *Bereit* ist leer. Die Rahmen *Messung konfigurieren, REMOTE EIN, REMOTE AUS* enthalten nur eine Funktion *VISA: Schreiben*. Der Rahmen *Messwerte abrufen* enthält eine *Schreib-* und *Lese*-Funktion (Pause dazwischen einbauen). Der empfangene String enthält alle 20 Messwerte, die mit einer While-Schleife nacheinander zu Zahlenwerten umgewandelt und in einem Signalverlaufsgraphen dargestellt werden.

15 GPIB-Schnittstelle

Die im LabVIEW-Blockdiagramm unter *Funktionen → Instrumenten-I/O → GPIB* (**G**eneral **P**urpose **I**nterface **B**us) bezeichnete Palette enthält Treiberfunktionen für eine Schnittstelle, die Mitte der 60er-Jahre von der Firma Hewlett-Packard für programmierbare Messgeräte entwickelt wurde. 1975 wurde sie unter der Bezeichnung IEEE 488 in den USA genormt. Die Internationale Norm erfolgte 1979 unter der Bezeichnung IEC 625.
Sie ist heute unter verschiedenen Namen (IEEE 488, HP-IB, GPIB, IEC 625 oder IEC-Bus) eine noch weit verbreitete Standardschnittstelle für systemfähige Messgeräte.
Obwohl die amerikanische und die internationale Norm unterschiedliche Steckverbindungen festlegten, hat sich inzwischen der 24-polige IEEE-Stecker durchgesetzt.
Eine Erweiterung der Norm führte zu der Bezeichnung IEEE 488.2, eine schnellere Version wird in HS488 beschrieben.

15.1 Aufbau eines GPIB-Messsystems

Mit dem Zusammenschalten von Controller und Messgeräten über den IEC-Bus erhält man ein automatisches Mess- oder Prüfsystem.
Der Ausdruck «Bus» weist darauf hin, dass mehrere Geräte gleichberechtigt miteinander verbunden sind. Über diesen wird mit dem Controller, aber auch untereinander kommuniziert.
Das Blockschaltbild zeigt den prinzipiellen Aufbau anhand eines typischen Anwendungsbeispiels wie einer Baugruppenprüfung.
Ist das Messobjekt beispielsweise ein Verstärker, kann damit sein Verhalten wie Verstärkung, Frequenzgang und Abhängigkeit von der Versorgungsspannung automatisch ermittelt werden.

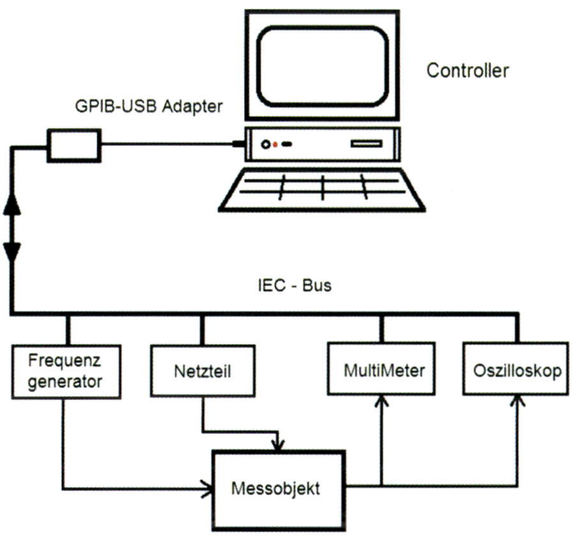

Voraussetzung für den Anschluss von Geräten an den IEC-Bus ist die passende Schnittstelle. Dem als Controller arbeitenden PC kann diese entweder mit einer Einsteckkarte eingebaut oder über einen GPIB-USB-Adapter angeschlossen werden. Die Verständigung der Geräte erfolgt durch Nachrichtenaustausch über den Bus. An diesem nehmen nur «adressierte» Geräte teil, d.h., vor der Inbetriebnahme wird an allen Geräten eine Adresse manuell eingestellt (DIP-Schalter oder Softmenü) und diese dann dem Controller bzw. dem Programm mitgeteilt. Es ist darauf zu achten, dass im System keine Adresse zweimal vergeben wird.
Damit ein sinnvoller Datenaustausch zwischen den Geräten stattfindet, müssen alle angeschlossenen Geräte Daten senden und empfangen können, und ein Gerät muss die Oberaufsicht über den gesamten Datenaustausch auf dem Bus besitzen. Die drei allgemeinen Grundfunktionen einer Schnittstelle zwischen Bus und Gerät sind:

- CONTROL-Funktion (Steuerung) – sendet und empfängt Steuerbefehle;
- LISTEN-Funktion (Hörer) – empfängt Daten und Steuerbefehle;
- TALK-Funktion (Sprecher) – sendet Daten.

15.2 Aufbau des IEC-Busses

Der IEC-Bus ist eine byteserielle, bitparallele Schnittstelle, d.h., es werden bei einem Übertragungszyklus 8 Bit (1 Byte) Daten gleichzeitig (parallel) übertragen, danach folgt das nächste Byte. Die Datenübertragung erfolgt asynchron, Sender und Empfänger sind nicht miteinander synchronisiert. Deshalb ist eine Ablaufsteuerung (Handshake) erforderlich.
Der Bus besteht aus 16 Leitungen, die wie folgt aufgeteilt sind:

- 8 Datenleitungen für Einstell- und Gerätedaten (DIO 0 bis DIO 7)
- 3 Handshake-Leitungen zur Ablaufsteuerung (DAV, NRFD, NDAC)
  - DAV Data Valid; Daten gültig
  - NRFD Not ready for data; nicht bereit zur Datenübernahme
  - NDAC Not data accepted; Daten nicht übernommen

  Alle drei Signale sind LOW-aktiv, d.h., die Aussage in der Signalbezeichnung ist wahr, wenn LOW anliegt.

  Durch den Einsatz eines Handshake-Verfahrens ist eine Datenübertragung mit variabler Geschwindigkeit möglich. Damit können auch schnelle Geräte mit langsamen Geräten am gleichen Bus arbeiten. Jede Datenübertragung wird nicht eher begonnen, bis alle adressierten Geräte ihre Bereitschaft zum Empfang gesendet haben, und nicht eher abgeschlossen, bis alle adressierten Geräte ihre Fertigmeldung gesendet haben.
- 5 Kontrollleitungen zur Systemsteuerung (IFC, SRQ, REN, EOI, ATN)
  - IFC-Signal (Interface Clear); sendet der Controller. Löst einen Reset im Interface aller angeschlossener Geräte aus und bricht alle Busaktivitäten ab.
  - SRQ-Signal (Service Request); kann jedes Gerät außer dem Controller senden. Wird von einem Gerät gesetzt, wenn es bedient werden möchte, z.B. wenn eine Messung beendet ist oder ein Fehler aufgetreten ist.
  - REN-Signal (Remote Enable); sendet der Controller und schaltet damit zwischen Fernbedienungsmodus oder Handbetrieb um.

- EOI-Signal (End or Identify); erfüllt eine doppelte Funktion: Sendet es der aktive Talker, so signalisiert es das Ende der Datenübertragung. Sendet es der Controller, wird ein Zyklus zur Geräteidentifikation gestartet (nach einem SRQ-Signal).
- ATN-Signal (Attention); sendet der Controller. Da die 5 Kontrollleitungen nicht zur vollständigen Steuerung der Geräte ausreichen, werden Steuerbefehle auch über die Datenleitungen übertragen. Das ATN-Signal hilft bei der Unterscheidung, ob sich auf dem Datenbus Steuerbefehle bzw. Adressen für die Schnittstelle oder Mess- oder Einstelldaten für Geräte befinden.

ATN = True	ATN = False
Schnittstellen-Nachricht	**Geräte-Nachricht**
Universalbefehle	Einstelldaten
Adressierte Befehle	Messwerte
Adressen	Zustandsnachricht
Unteradressen	

Universalbefehle werden von allen angeschlossenen Geräten verstanden – egal, ob sie Talker oder Listener sind.

- ❑ Device Clear – DCL liefert für alle Geräte einen Reset
- ❑ Local Lock Out – LLO unterdrückt Handbedienung am Gerät
- ❑ Serial Poll Enable – SPE Alle Geräte legen nacheinander ihr Statusbyte auf den Bus, damit der Controller erkennt, welches Gerät SRQ gesendet hat und warum.

Adressierte Befehle sind immer nur an ein ganz bestimmtes Gerät gerichtet, das zuvor als Listener adressiert wurde.

- ❑ Select Device Clear – SDC; entspricht dem DCL, ist aber nur an ein Gerät gerichtet.
- ❑ Go To Local – GTL; Einschalten des Handbetriebs.
- ❑ Group Execute Trigger – GET; alle Listener erhalten ein Triggersignal zum Start einer Messung.

15.3 Allgemeine Daten eines IEC-Bus-Systems

Der Bus arbeitet mit TTL-Pegel. Bei der Zuordnung Logischer Pegel–Spannungspegel unterscheidet die Norm zwischen Daten- und Steuersignalen:
- ❑ Datenbussignale: Positive Logik
- ❑ Steuersignale: Negative Logik

Maximale Anzahl der Adressen: 30
Maximale Anzahl der Geräte am Bus: 15
Maximale Kabellänge zwischen zwei Geräten: 2 m
Maximale Gesamtlänge der Verbindungskabel: 20 m

Während des Betriebs sollten alle am Bus angeschlossenen Geräte eingeschaltet sein, da sonst ein fehlerfreier Betrieb nicht gewährleistet ist.

Hinweis: Wie der oben beschriebene Aufbau erahnen lässt, können Messplätze mit IEC-Bus durchaus anspruchsvollen Programmieraufwand erfordern. Auch auf der Unterpalette ***Funktionen → Instrumenten-I/O → GPIB → GPIB 488.2*** bieten über 30 Funktionen eine sehr individuelle Steuerungsmöglichkeit von Messgeräten. Will man alle Möglichkeiten einer GPIB-Schnittstelle nutzen, so ist es sinnvoll, diese vor Inbetriebnahme zu initialisieren. Bei vielen Messaufgaben sind nacheinander ausgeführte einfache Schreib- und Lesefunktionen ausreichend.

15.4 GPIB mit LabVIEW

Nach dem Anschließen überprüft man mit dem Measurement&Automation-Explorer die Anwesenheit (Scan for Instruments) und die Funktion (Communicate with Instrument) der Geräte (siehe auch Kapitel 13).
Wie bei allen neuen Aufgaben sucht man zuerst nach VI-Beispielen im Eröffnungsfenster unter ***Erste Schritte → Hilfe → Beispiele suchen..*** und wird fündig in ***Signalerfassung und -ausgabe mittels Hardware → GPIB→ Einfache GPIB-Funktionen.***
Das Beispiel zeigt die beiden Grundfunktionen des GPIB-Busses: Schreiben (GPIB Write) und Lesen (GPIB Read). Zunächst muss in das String-Eingabefeld *GPIB-Adresse* die am Messgerät manuell eingestellte Adresse eingegeben werden.
Wird das VI ausgeführt, sendet es zuerst den String *IDN? an das Messgerät, liest danach den vom Gerät (Funktionsgenerator 33120A) gesendeten Identify-String ein und zeigt ihn in der Stringanzeige *Antwort* an.

Frontpanel:

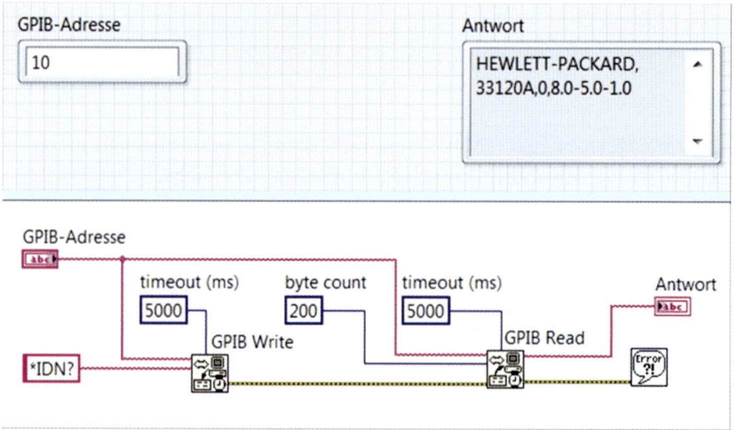

Aufgabe: Ersetzen Sie in dem Programm die Stringkonstante durch eine Stringeingabe und testen Sie verschiedene SCPI-Befehle für das Gerät.

Wichtig:
Werden dem Gerät Befehle für Einstellungen gesendet, so darf nach dem Senden keine Lesefunktion eingesetzt werden!

Aufgaben

Aufgabe 15.01 Messgerät bedienen

Entwerfen Sie ein VI, mit dem der über GPIB-Schnittstelle angeschlossene Funktionsgenerator Agilent 33120A eingestellt und fernbedient werden kann.
Machen Sie sich mit den SCPI-Einstellbefehlen vertraut.

Hinweis: Es gibt viele Einstellmöglichkeiten für den Funktionsgenerator Agilent 33120A. Hier werden zwei davon ausgewählt.

1. Möglichkeit

Einstellen der Frequenz und der Amplitude mit je einem Drehknopf.
Verwenden Sie dazu die Befehle **FREQ** ***frequenzwert*** und **VOLT** ***spannungswert.***
Die Umschaltung erfolgt mit einer Case-Funktion.
Siehe dazu *Beispiel: Messgerät einstellen* in Kapitel 9.

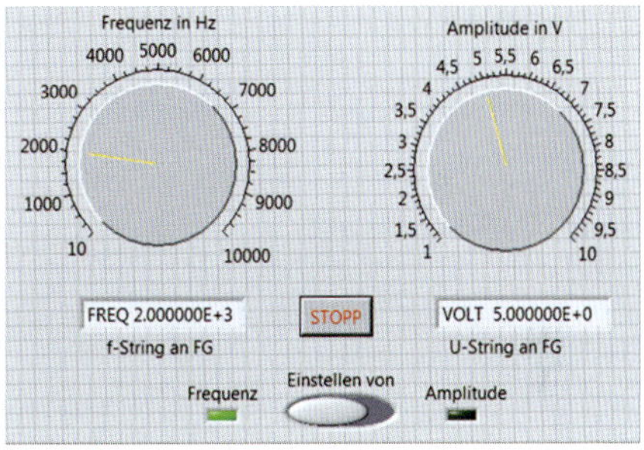

Achtung:
Dem Funktionsgenerator dürfen nur zulässige Einstellwerte gesendet werden!
Der Wert 0 für Frequenz und Amplitude ist nicht zulässig (siehe Handbuch).

2. Möglichkeit

Einstellen der Frequenz, Amplitude und der Kurvenform mit dem Befehl ***Apply.***
Allgemeine Form für Sinus: **APPL:SIN** ***frequenzwert , spannungswert.***

Rechteck: APPL:SQU
Dreieck: APPL:TRI

Der ans Gerät gesendete String besteht aus 4 Teilen: Befehlswort APPL, die Kurvenform und die beiden Zahlenwerte.
Geeigneten Funktionen sind *Zeile auswählen* und *Strings verknüpfen,* zu finden auf den String-Paletten.

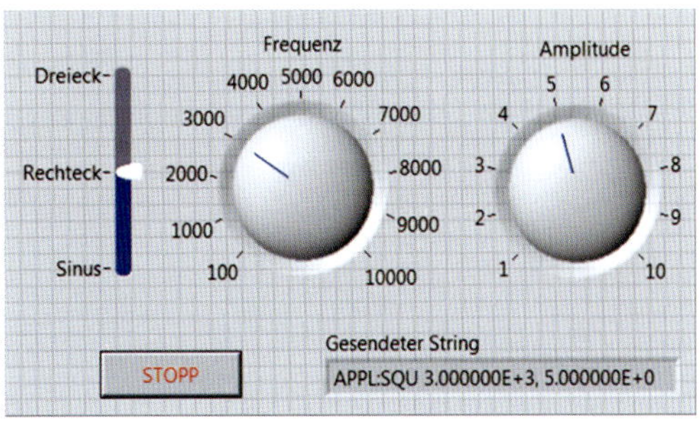

Der Auswahlschieber für die Kurvenform ist ein normales Bedienelement, zu finden unter ***Elemente → Modern → Numerisch → Schieber mit Zeiger,*** angepasst für diese Aufgabe. Unter Eigenschaften folgende Einstellungen vornehmen:

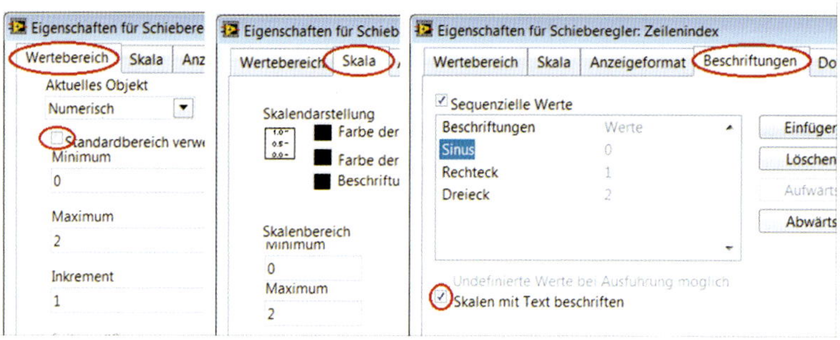
Eigenschaften für Schiebere
Wertebereich
Skala
Aktuelles Objekt
Numerisch
Minimum
0
Maximum
2
Inkrement
1
Eigenschaften für Schieb
Skalendarstellung
Farbe der
Farbe der
Skalenbereich
Eigenschaften für Schieberegler: Zeilenindex
Anzeigeformat
Beschriftungen
Sequenzielle Werte
Werte
Sinus
Rechteck
Dreieck
Löschen
Skalen mit Text beschriften

Aufgabe 15.02 Frequenzgenerator wobbeln

Entwerfen Sie ein VI, mit dem der Funktionsgenerator Agilent 33120A an die GPIB-Schnittstelle eingestellt wird und eine Wobbelfunktion ausführt.

Fest vorgegeben: Kurvenform Sinus und Startfrequenz 100 Hz
Einstellbar sind: Amplitude in Volt numerische Eingabe (*DBL*)
Einheit: Effektiv (VRMS) oder Spitze-Spitze (VPP) Optionsfeld (*Boole*)
Stoppfrequenz numerische Eingabe (*DBL*)
Schrittweite numerische Eingabe (*DBL*)
Angezeigt werden: Die aktuell eingestellte Frequenz und die zum Gerät gesendeten Strings.

Nach dem Start des VI wird ausgehend von der Startfrequenz der Frequenzwert alle 500 ms (Wartezeit) um die Schrittweite erhöht. Ist der Frequenzwert gleich oder größer als die Stoppfrequenz, wird die Ausführung abgebrochen. Alternativ kann die Ausführung auch mit einer Stopptaste abgebrochen werden.

Frontpanel:

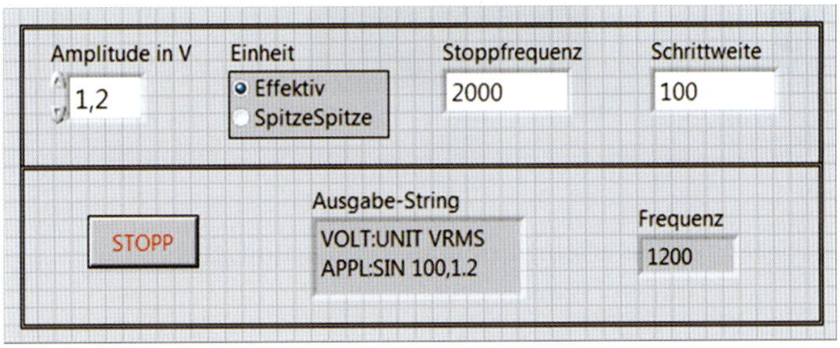

Hinweis: Verwenden Sie zur Einstellung nachfolgende SCPI Befehle:

Für die Einheit:
VOLT:UNIT VRMS (Effektiv) oder
VOLT:UNIT VPP (Spitze-Spitze) (Leerzeichen beachten)

Für Kurvenform, Startfrequenz und Spannung:
APPLY:SIN ***startfrequenz,spannung*** (Leerzeichen und Komma beachten)

Für die laufende Frequenz:
FREQ ***frequenz*** (Leerzeichen beachten)
Zwischen zwei gesendeten Befehlen muss ein Zeilenendezeichen stehen.

Zum Zusammenbau der Befehlsstrings eignet sich unter ***Funktionen →Programmierung → String →*** die Funktion ***In String formatieren***. Wie der Hilfefunktion zu entnehmen ist, kann man die Funktion für beliebig viele einzufügende Daten aufziehen. Der Datentyp ist variabel, allerdings muss jedem Datum ein Formatbezeichner im Formatstring zugeordnet werden. Den *Formatstring Editor* erhält man mit dem Kontextmenü unter ***Format-String bearbeiten***.
Mehr dazu in der Lösung.

Aufgabe 15.03 Tiefpass-Messung

Der Frequenzgang eines RC-Tiefpasses soll automatisch gemessen werden. Dazu speist ein Funktionsgenerator in einen realen Tiefpass am Eingang ein Sinussignal mit einer konstanten Amplitude und einer veränderlichen Frequenz. Am Ausgang des Tiefpasses misst ein Multimeter die jeweils zugehörige Ausgangsspannung.
Als Messgeräte werden verwendet:
33120A Funktionsgenerator Fa. Agilent,
34401A Digitalmultimeter Fa. Agilent.

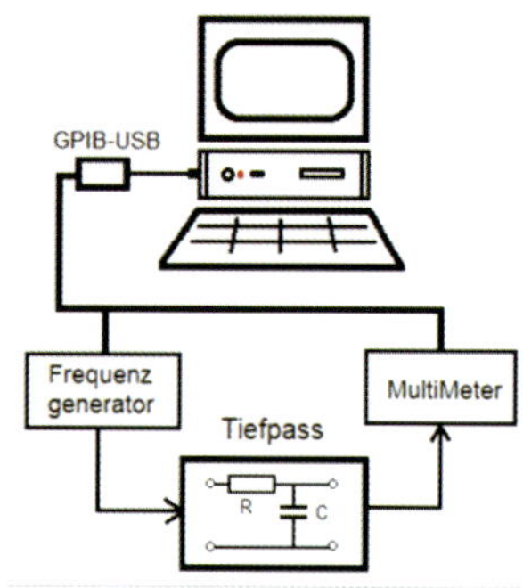

Frontpanel:

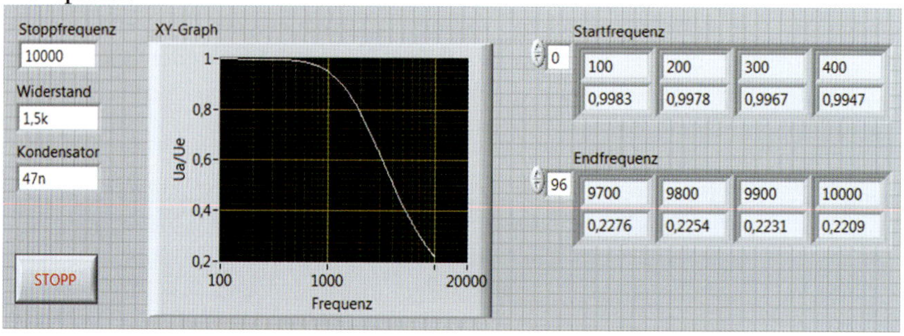

Hinweis: **Zuerst erfolgen einmalige Einstellungen:**

für den Frequenzgenerator:

OUTP:LOAD INF	Ausgangswiderstand High Z
APPL:SIN 100, 1.0 VRMS	Sinusform 100 Hz, 1 V Effektiv

für das Multimeter:

CONF:VOLT:AC	Spannungsbereich AC
TRIG:DEL 0.05	Triggerwartezeit 50 ms

In der While-Schleife wird die Frequenz von der Startfrequenz 100 Hz bis zur eingegebenen Stoppfrequenz mit dem Befehl FREQ *zahlenwert* durchlaufen. Nach jeder Frequenzeinstellung erfolgt die Messung der Ausgangsspannung mit dem Befehl READ?.
Die Ausgabe der Messwerte erfolgt **während** der laufenden Messung (Array erstellen und XY-Graphen in der Schleife). Die X-Achse wird auf den Bereich von 100 Hz (fest) bis zur doppelten Stoppfrequenz festgelegt (Eigenschaftsknoten).
Nach der Messung zeigen die beiden Arrayfelder die ersten und letzten 4 Messwerte der Übertragungsfunktion.
Die beiden Bedienelemente *Widerstand* und *Kondensator* werden nicht verwendet.

Zusatzaufgabe:
Berechnen Sie mit dem Widerstand und Kondensator den theoretischen Verlauf und stellen ihn ebenfalls in der Kurve dar (siehe Aufgaben 8.02 und 8.03).

Aufgabe 15.04 Diodenkennlinie

Die Kennlinie einer Diode soll automatisch gemessen werden. Dazu wird der Diode von einem Netzteil ein veränderlicher Konstantstrom eingespeist, dieser und der Spannungsabfall an der Diode werden gemessen und in einem XY-Graphen dargestellt. Als Messgeräte werden verwendet:
E3631A-Netzteil Fa. Agilent,
34401A-Digitalmultimeter Fa. Agilent.

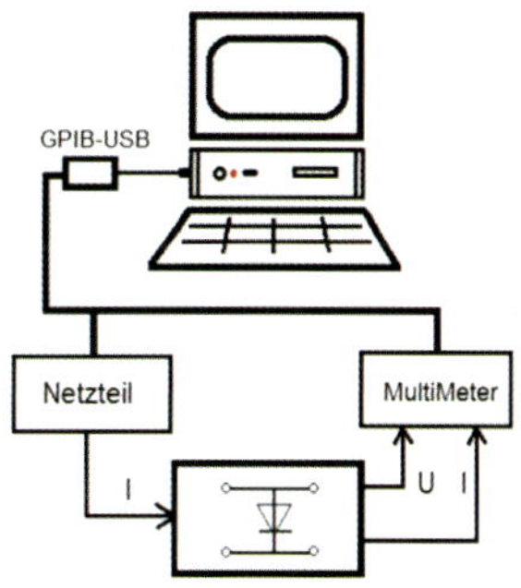

Frontpanel:

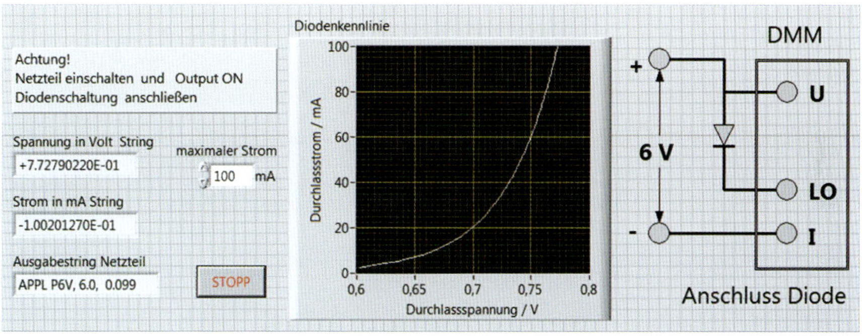

Der SCPI-Befehl APPL P6V, ***spannungswert***, ***stromwert*** wählt den 6-V-Ausgang des Netzteils aus und stellt den angegebenen Spannungs- und Stromwert ein. Durch die Vorgabe des Stromes (CC-Betriebsart) kann ein Vorwiderstand entfallen.
Mit Hilfe des Formatstrings (APPL P6V, 6.0, %.; %.3f) der Funktion ***In String formatieren*** wird der Stromwert, abgeleitet vom Indexzähler der While-Schleife, in 1-mA-Schritten erhöht.
Das Digitalmultimeter nimmt nacheinander zuerst eine Spannungsmessung (MEAS:VOLT:DC?), dann eine Strommessung (MEAS:CURR:DC?) vor. Die in Zahlenwerte umgerechneten Return-Strings werden in einem XY-Graphen **während** der laufenden Messung dargestellt (Array erstellen und XY-Graph in der Schleife). Der für die Diode maximale Durchlassstrom kann eingegeben werden und liefert das Abbruchkriterium der Messung.

16 NI myDAQ

NI myDAQ ist ein von der Fa. National Instruments entwickeltes, portables Datenerfassungsgerät für Ausbildungszwecke.
Es bietet eine Vielzahl von Möglichkeiten, analoge und digitale Signale zu erfassen und zu erzeugen.
Es wird über USB an einen PC angeschlossen.
Eine vollständige Beschreibung des Geräts sowie die Belegung der Anschlüsse findet man in dem Handbuch ***Bedienungsanleitung und Spezifikationen NI myDAQ***.
Hier nur ein kurzer Überblick.

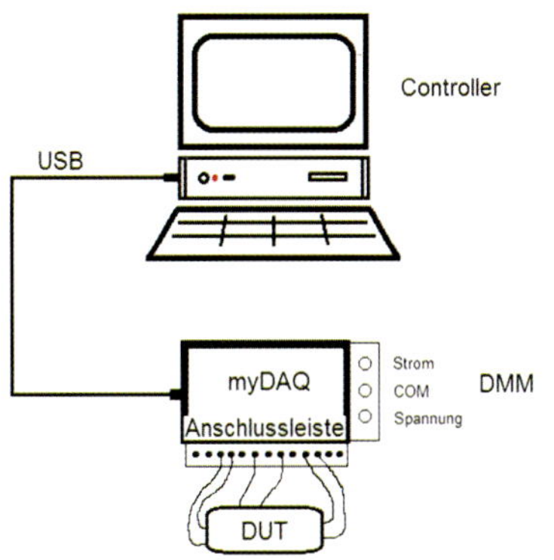

16.1 Anschlussmöglichkeiten

- Eine 20-polige Klemmleiste zum Anschluss folgender Signale:

Signal	Anzahl	Bezeichnung	Richtung	Pegel
Analog In	4	AI0+,AI0– / AI1+,AI1–	Eingang	± 10 V / 10 GΩ
Analog Out	2	AO0 /AO1	Ausgang	± 10 V , 2 mA
Digital In/Out	8	DIO0…DIO7	Ein-oder Ausgang	5 V_{IN} / 3,3 V_{OUT} / 4 mA
+15 V	1	Versorgungsspannung	-	+15 V / 32 mA
–15 V	1	Versorgungsspannung	-	–15 V / 32 mA
AGND	2	analoger Bezugspunkt	-	0
+5 V	1	Versorgungsspannung	-	+5 V / 100 mA
DGND	1	digitaler Bezugspunkt	-	0

- Zwei 3,5-mm-Audiobuchsen (Stereo) für **Audio In** und **Audio Out** (beide ±2 V_{max})
- Drei 4-mm-Bananenbuchsen. Sie bieten die Funktion eines Digitalmultimeters **DMM** und haben die Anschlüsse
  - **HI (VΩ►)** zur Messung von Gleichspannung (max. 60 V), Wechselspannung (max. 20 V_{eff}), Widerstand und Diode,
  - **HI (A)** zur Messung von Gleich- und Wechselstrom (max.1 A_{eff}), abgesichert mit 1,25 A,
  - **COM** gemeinsamer Bezugspunkt.

Achtung:

Wird NI myDAQ über USB an einen Standard-PC angeschlossen, so liegen die Bezugspunkte AGND und DGND der Klemmleiste und des Audiosteckers auf Schutzleiterpotential. Die erstellten Schaltungen sind nicht erdfrei!

Beachten Sie alle Anschlusshinweise zu geerdeten Signalquellen und alle Sicherheitshinweise des Handbuches.

Alle notwendigen Bausteine zur Datenerfassung mit myDAQ findet man auf der Palette ***Funktionen → Mess-I/O → DAQmx.***

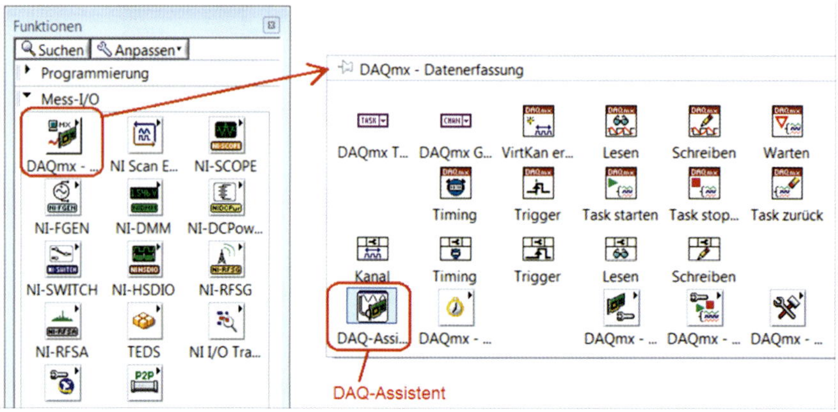

Sieht man sich die Inhalte von vorhandenen Unterpaletten an, so findet man viele Funktionsbausteine, die am oberen Rand die braun unterlegte Bezeichnung *DAQmx* tragen. Das Zusammenschalten dieser SubVIs ermöglicht dem Benutzer eine genau angepasste und individuelle Konfiguration der vorhandenen Ressourcen und damit eine optimale Messung, z.B. hinsichtlich der Geschwindigkeit der Datenerfassung. Wie einige Schraubenschlüssel auf den Symbolen andeuten, setzt ihre Verwendung jedoch etwas Erfahrung voraus.
Für viele einfache Anwendungen liefert das Express-VI *DAQ-Assistent* dem Einsteiger Möglichkeiten der Messdatenerfassung.

16.2 Spannungsmessung mit Eingang AI0 und DAQ-Assistent

Wählt man im Blockdiagramm unter ***Funktionen → Mess-I/O → DAQmx → DAQAssistent*** und platziert ihn auf die Arbeitsfläche, so öffnet sich ein Fenster, in dem zunächst die Konfiguration für einen Task gewählt wird.

Wichtig:

Viele Begriffe und Möglichkeiten werden in den Hilfefunktionen erläutert, machen Sie ausführlich Gebrauch davon!

Ein Task ist ein Messprojekt, in dem festgelegt wird, *Was* und *Wie* zu tun ist, z.B. soll eine analoge Spannung am Anschluss AI0 (das ist der physikalische Kanal) gemessen werden.
Zuerst gibt es die Auswahl **Signale erfassen – Signale erzeugen.**

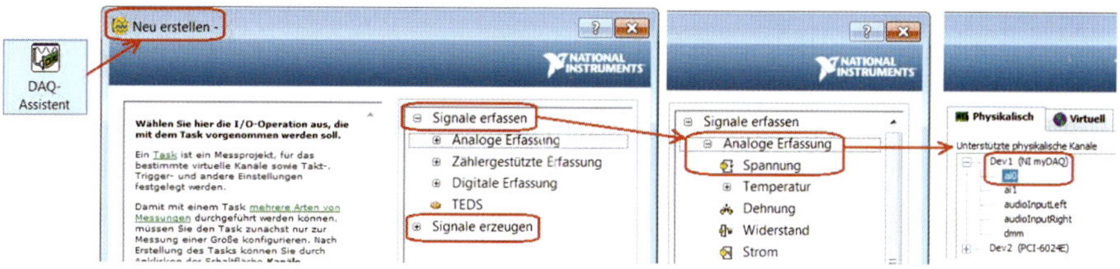

Danach die Auswahl **Analoge** Erfassung – **Zählergestützte** Erfassung – **Digitale** Erfassung. Wählt man *Analoge Erfassung*, erscheinen verschiedene physikalische Größen, deren Einsatzmöglichkeiten aber vom angeschlossenen Gerät abhängen.
Nach der Auswahl *Spannung* werden die Anschlussmöglichkeiten für das Gerät Dev1 (myDAQ) angezeigt, es sind die beiden Klemmen **ai0** und **ai1**, der **linke** und **rechte** Kanal des Audioeingangs sowie das Digitalmultimeter **DMM.** Mit Auswahl von ai0 und Klick auf *Beenden* startet der

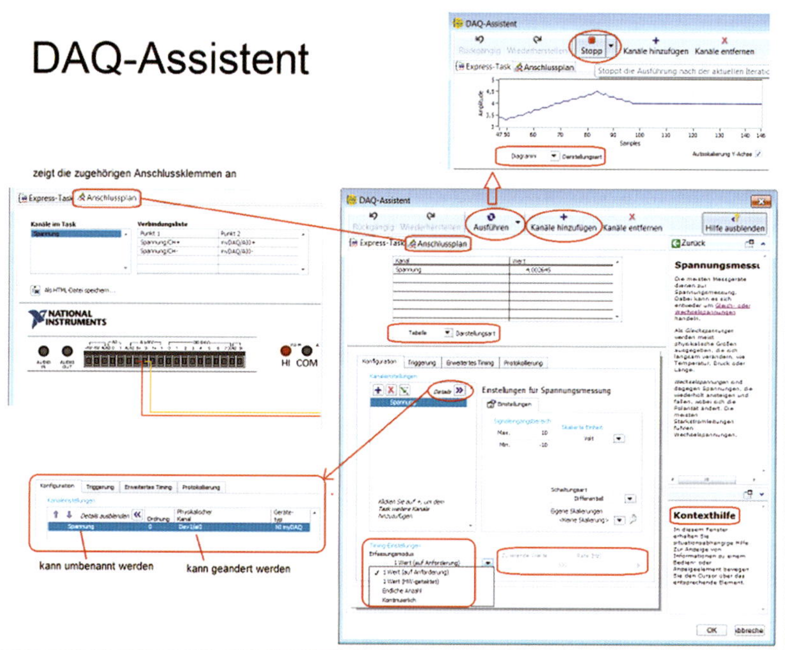

Sie können

- ❑ sich unter **Anschlussplan** die Anschlussklemmen des gewählten Eingangs ansehen,
- ❑ den Eingangsspannungsbereich einstellen,
- ❑ Kanäle hinzufügen oder entfernen,
- ❑ mit **Ausführen** die Messung starten und sich Messwerte entweder im *Diagramm* oder in der *Tabelle* anzeigen lassen,
- ❑ die **Kontexthilfe** verwenden, indem Sie mit der Maus auf das gewünschte Thema zeigen,
- ❑ unter **Details** die gewählten Kanäle und Geräte ansehen und ändern,
- ❑ den **Erfassungsmodus** einstellen.

Für das nachfolgende Beispiel belässt man die Standardeinstellungen für den Signaleingangsbereich ±10 V und Erfassungsmodus *1 Wert (auf Anforderung)* und bestätigt mit *OK*. Der DAQ-Assistent wird geschlossen, und das Express-VI Symbol hat Anschlüsse bekommen.
Rufen Sie am Ausgang *Daten* das Kontextmenü auf und wählen Sie *Erstellen → Numerisches Anzeigeelement*. Die Verbindungsleitung zu dem Anzeigeelement *Daten* ist dunkelblau und weist auf den Datentyp «Dynamisch» hin.

16.3 Datentyp «Dynamisch»

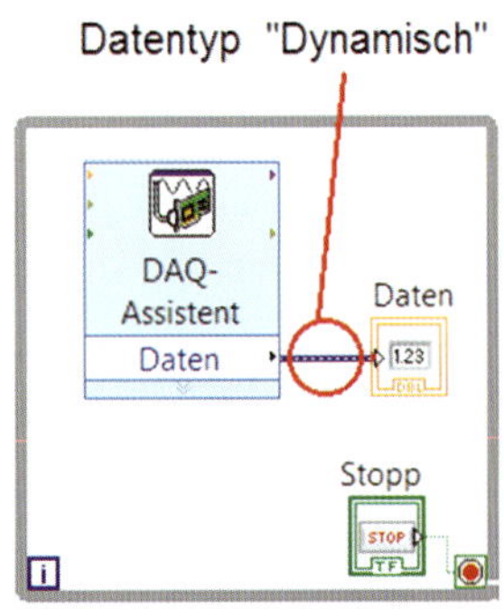

Dieser Datentyp wird von Express-VIs ausgegeben und enthält alle erzeugten oder erfassten Daten (auch von mehreren Spannungsmessungen). Es können Elemente angeschlossen werden, die numerische, boolesche oder Verlaufsdaten am Eingang akzeptieren.
Weiteres dazu siehe Aufgabe 16.01.
Das Express-VI *DAQ-Assistent* ist auf den Erfassungsmodus *1 Wert (auf Anforderung)* eingestellt und muss deshalb in eine While-Schleife gesteckt werden. Legen Sie eine Spannung an ai0 und starten das VI. Möchten Sie den Spannungsverlauf graphisch darstellen, wählen Sie im Frontpanel als Anzeigeelement ein **Signalverlaufsdiagramm** und schließen es an.
Änderungen der Konfiguration des Tasks sind nach dem Öffnen mit einem Doppelklick auf den DAQ-Assistenten möglich (z.B. mit Kontextmenü auf *Spannung → Physikalischer Kanal ändern..*).

16.4 Spannungsmessung mit AI0 und DAQmx

Löst man die gleiche Aufgabe mit einzelnen DAQmx-Komponenten, stößt man auf vom DAQ-Assistenten bekannte Konfigurationsvarianten.
Zunächst im Frontpanel unter ***Elemente → Modern → I/O → DAQmx-Namenselemente → DAQmx-Physikalischer Kanal*** das Bedienelement zur Eingabe des physikalischen Kanals auswählen.

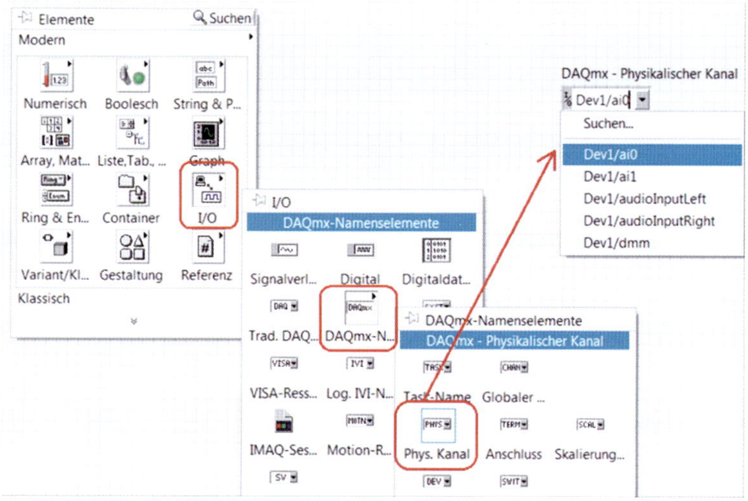

Bleibt er im Weiteren fest, kann im Blockdiagramm eine Umwandlung in eine Konstante erfolgen!
Dann im Blockdiagramm unter *Funktionen → Mess-I/O → DAQmx-Datenerfassung* → einen *DAQmx-Virtuellen Kanal erzeugen* und unter Auswahl *Analoge Erfassung → Spannung* aufrufen.
Dieses Objekt hat Anschlüsse für einen zulässigen Spannungsbereich!

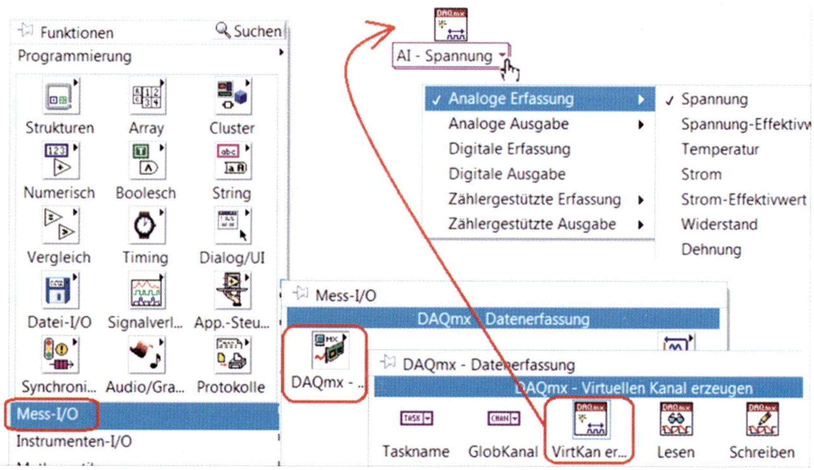

Die Lesefunktion für die Spannung findet man unter *Funktionen → Mess-I/O → DAQmx-Datenerfassung → DAQmx-Lesen.*

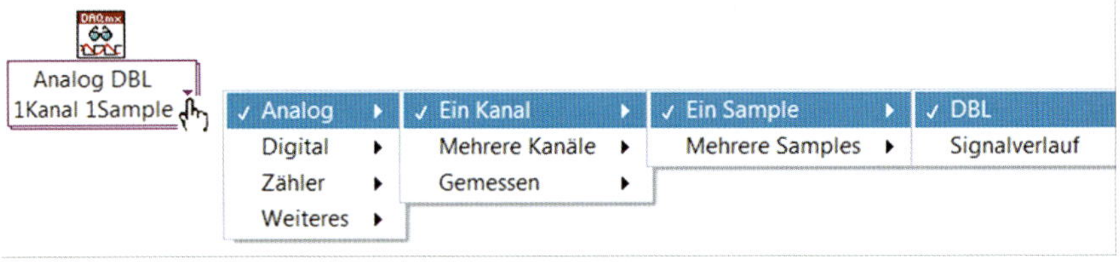

Sie wird auf *Analog→ Ein Kanal → Ein Sample → DBL* eingestellt und in einer While-Schleife platziert. Wird diese beendet, sollte man noch unter *Funktionen → Mess-I/O → DAQmx-Datenerfassung →* den *DAQmx-Task zurücksetzen.*

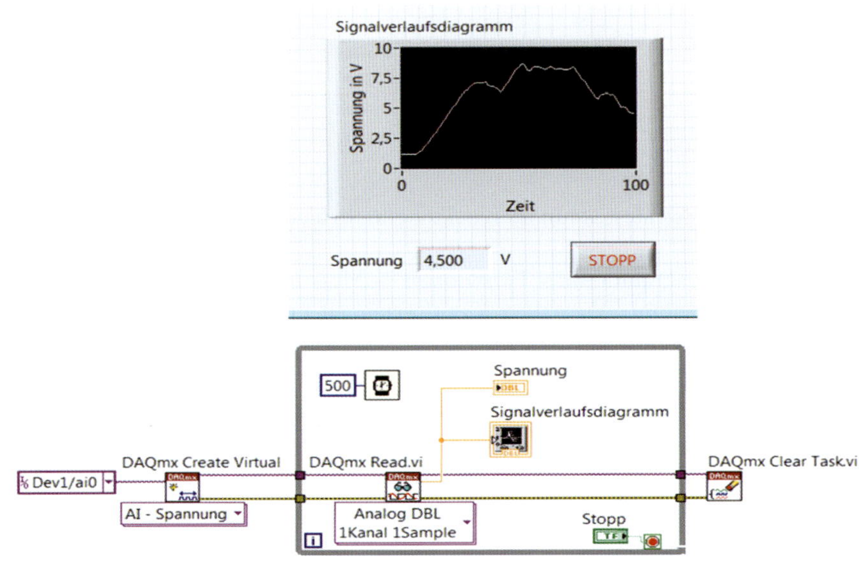

Mit einer Wartezeit kann die Messgeschwindigkeit beeinflusst werden.
Ohne Wartezeit werden mit dieser einfachen Schaltung ca. 30 Messungen pro Sekunde (i7-Prozessor) durchgeführt.

Wichtig:

Eine Steigerung der Messgeschwindigkeit etwa um den Faktor 10 lässt sich erreichen, wenn zwei zusätzliche Objekte in das Programm eingefügt werden:

- *DAQmx-Task starten* unmittelbar vor und
- *DAQmx-Task stoppen* hinter der While-Schleife.

Man findet sie unter *Funktionen → Mess-I/O → DAQmx-Datenerfassung.*

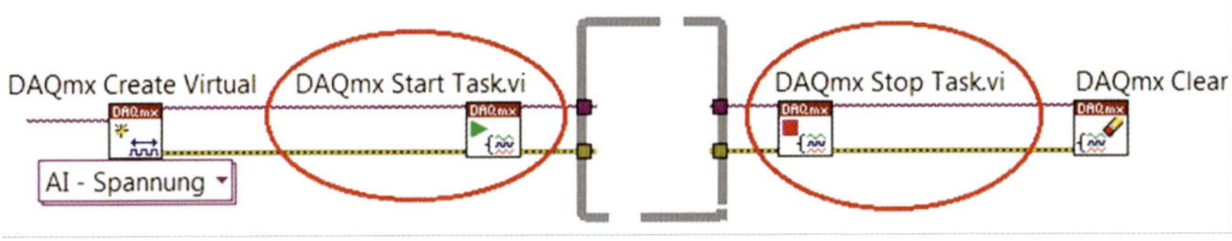

Achtung:

Eine Spannungsmessung, mit dem Anschluss DMM ausgeführt, ist langsamer und liegt im Bereich von 1 bis 2 Messungen pro Sekunde.

16.5 Datentyp Signalverlauf

Nimmt man vorstehendes Programm und stellt in dem Objekt *DAQmx Read* die Erfassung auf ***Analog→ Ein Kanal → Mehrere Samples → Signalverlauf***, ändert sich der Datentyp der ausgegebenen Daten, was durch die Verbindungsfarbe (Braun) zu den Anzeigen angezeigt wird.

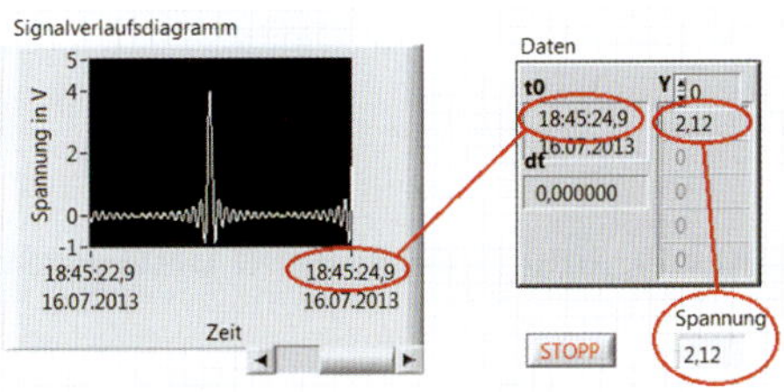

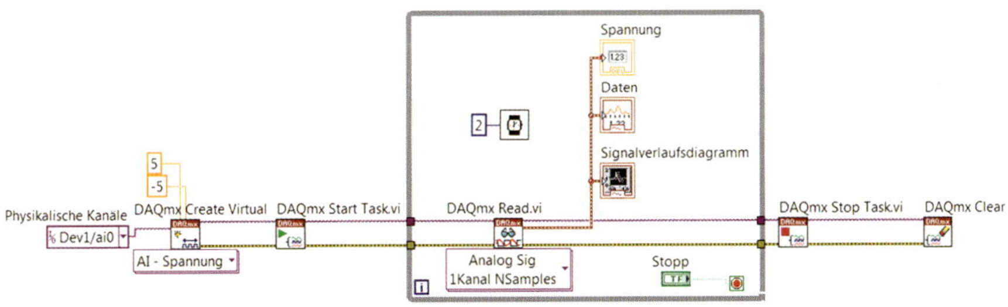

Den Datentyp bei der Erfassung von mehreren Samples (Abtastwerten) nennt man **Signalverlauf**. Dieser Datentyp enthält nicht nur die Messwerte, sondern auch die zugehörigen Erfassungszeitpunkte, die bei Anschluss eines Signalverlaufsdiagramms auf der x-Achse aufgetragen werden.

Schließt man zusätzlich noch mit ***Erstellen*** → eine ***Anzeige*** an, erkennt man die Struktur des Datentyps *Signalverlauf*, der in seinem Aufbau einem Cluster ähnelt und neben dem Messwert **Y** (*DBL Array*) den *Zeitstempel* **t0** und einen Zeitwert **dt** (*DBL*) enthält.

Bei Bedarf können dem Signalverlauf auch noch (String-) Attribute beigefügt werden, wie z.B. Kanalname, -nummer und Einheit der Messgröße. Außerdem ist ein Zugriff auf die Einzelwerte des Signalverlaufs möglich. Die Funktionen dafür sind ähnlich den Clusterfunktionen *Bündeln* und *Aufschlüsseln* und man findet sie unter *Funktionen → Programmierung → Signalverlauf.*

16.6 Spannungsausgabe

Soll eine Spannung an den Anschlüssen ao0 oder ao1 **ausgegeben** werden, ist der Ablauf in beiden Fällen der gleiche:

1. mit dem DAQ-Assistenten *Funktionen → Mess-I/O → DAQmx → DAQAssistent,* dann *Signale erzeugen → Analoge Ausgabe → Spannung,* danach den *physikalischen Kanal* wählen und *Beenden.* Jetzt den Spannungsbereich und den Signalerzeugungsmodus wählen.
2. Mit den DAQmx-Objekten ist die Schaltung zur Spannungsausgabe fast identisch zur Spannungsmessung, nur wird statt der Lesefunktion (READ) eine Schreibfunktion (WRITE) in die While-Schleife eingebaut (siehe Aufgabe 16.02).

Auch zur Erzeugung und Messung von Digitalsignalen (DIO) können entweder der DAQ-Assistent oder DAQmx-Objekte verwendet werden.

16.7 Digitale Ein- und Ausgabe mit DAQ-Assistent

Mit zwei Schaltern wird jeweils ein Digitalsignal erzeugt und über die beiden Leitungen DIO0 und DIO1 ausgegeben. Die beiden Signale werden über die Leitungen DIO4 und DIO5 wieder eingelesen.

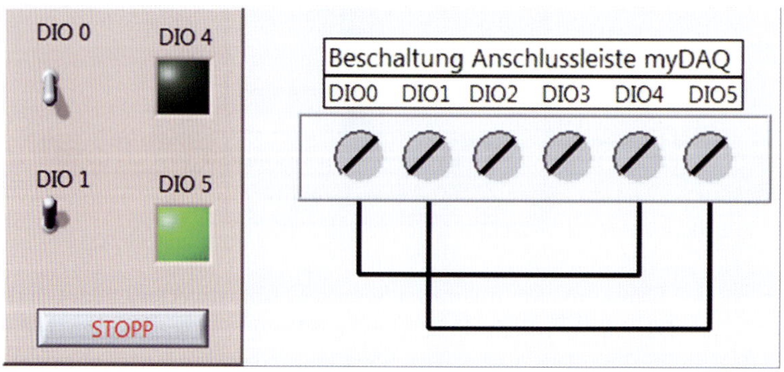

Mit dem **DAQ-Assistenten** *Funktionen → Mess-I/O → DAQmx → DAQAssistent, dann Signale erzeugen → Digitale Ausgabe → Ausgabe über Leitung,* danach unter *physikalischen Kanal* die beiden Leitungen line0 und line1 wählen und *Beenden.* Danach keine weitere Konfiguration und mit *OK* abschließen.

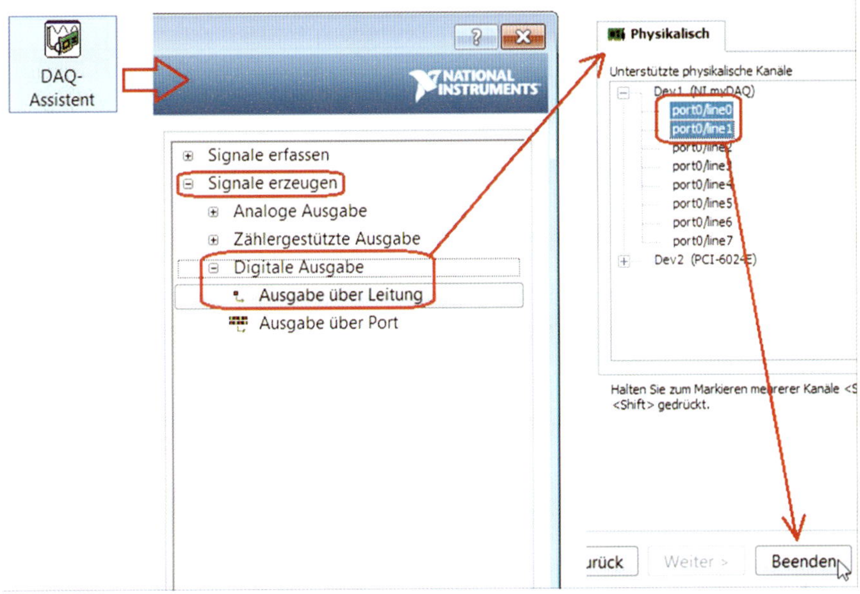

Der zweite DAQ-Assistent zum Messen von Digitalsignalen beginnt mit *Signale erfassen→ Digitale Erfassung → Erfassung über Leitung,* dann Leitung 4 und 5 wählen und mit *Beenden* und *OK* abschließen.

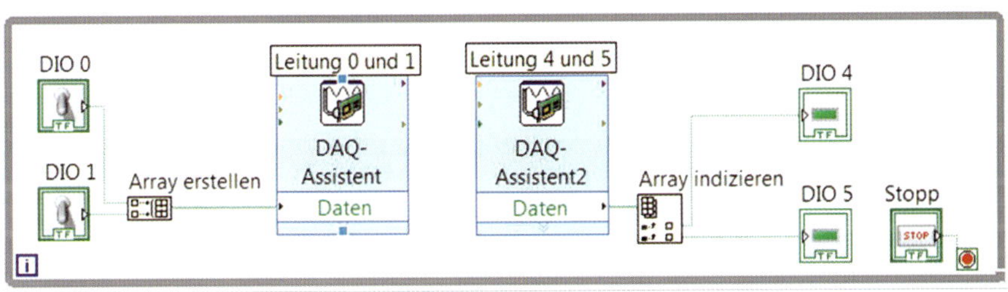

Wie dem Blockdiagramm zu entnehmen ist, benötigen die *Daten* Ein- und Ausgänge des DAQ-Assistenten eine Beschaltung mit einem booleschen Array-Datentyp. Dabei ist es wichtig, dass die Anzahl der Arrayelemente mit der Anzahl der im DAQ-Assistenten konfigurierten Kanäle übereinstimmt.

16.8 Digitale Ein- und Ausgabe mit DAQmx

Mit vier Schaltern wird jeweils ein Digitalsignal erzeugt und über die Leitungen DIO0 bis DIO3 ausgegeben. Schaltet man von diesen Ausgängen Drahtbrücken zu den Anschlüssen DIO4 und DIO7 und konfiguriert diese als Eingänge, kann die Schalterfunktion mit einer LED angezeigt werden.

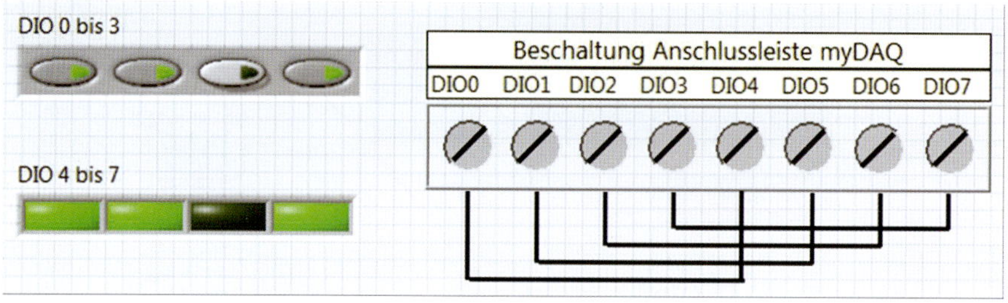

Zunächst auf dem Frontpanel unter *Elemente → Modern → I/O → DAQmx-Namenselemente → DAQmx-Physikalischer Kanal* das Bedienelement zur Eingabe des physikalischen Kanals auswählen.
Dann im Kontextmenü *I/O-Namen filtern* und im Feld *I/O-TYP → Digital Output* wählen.

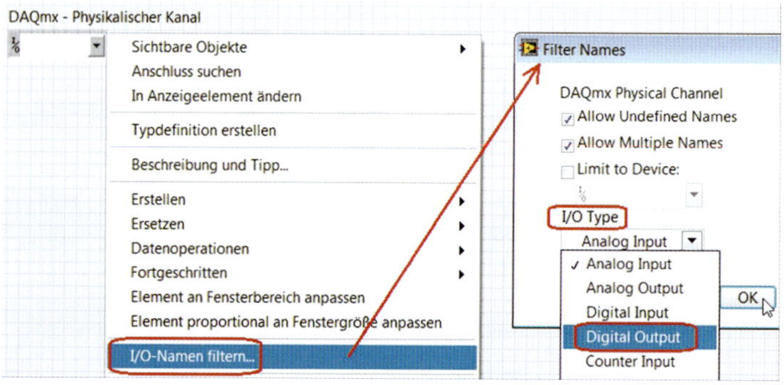

Danach Eingabe öffnen und unter *Suchen* die Anzahl der gewünschten Leitungen (mit Shift) markieren und schließen.

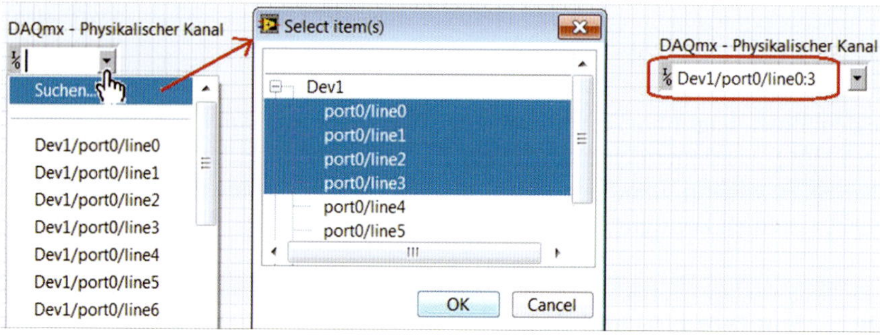

Jetzt im Blockdiagramm *Mess-I/O → DAQmx-Datenerfassung →* einen *DAQmx-Virtuellen Kanal erzeugen,* im Selektorfeld *Digitale Ausgabe* auswählen und das Objekt DAQmx-Physikalischer Kanal am Eingang *Leitungen* anschließen.

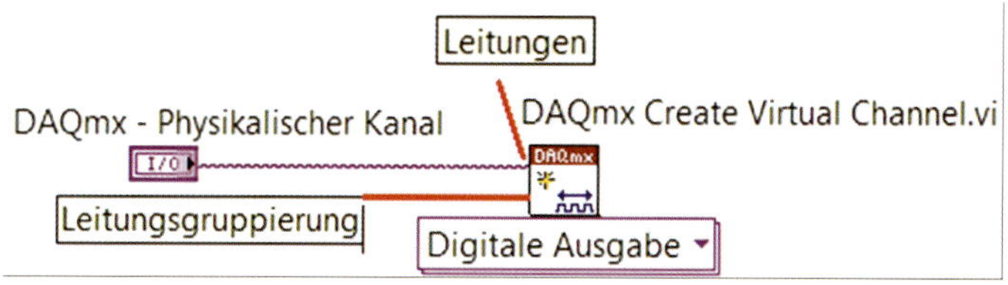

Am Eingang *Leitungsgruppierung* des Objekts *DAQmx-Virtuellen Kanal erzeugen* mit ***Erstellen*** → ein ***Bedienelement*** erzeugen und *Ein Kanal für alle Leitungen* auswählen.
Die Schreibfunktion für die digitalen Signale ist die gleiche wie für analoge Signale, nur muss im Selektorfeld auf ***Digital → Ein Kanal → Ein Sample → 1D-Boolesch (N Leitungen)*** umgestellt werden.

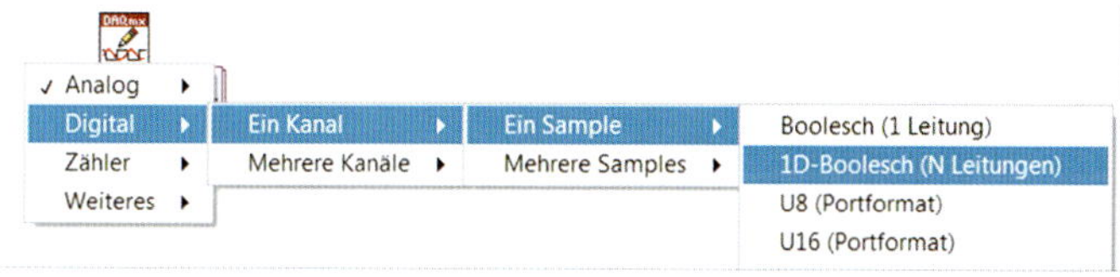

Wegen der Angabe mehrerer (N) Leitungen erfolgt die Beschaltung wieder mit einem Array: ***Erstellen → Bedienelement.*** Im Frontpanel wird ein Array mit Schaltersymbolen erstellt, die aber ausgegraut sind, da das Array noch keinen Inhalt hat. Dies führt bei Ausführung des VIs dann zu einem Fehler, wenn z.B. zuerst der zweite Schalter betätigt wird, da dann die Anzahl der gelieferten Daten (2) mit der Anzahl der definierten Leitungen (4) nicht übereinstimmt. Eine Fehlermeldung wird wegen der While-Schleife aber erst nach Beenden des Programms mit Stopp ausgegeben!

Möchte man diesen Fehler vermeiden, sollte man das **Array initialisieren**, d.h. vor Ausführung der While-Schleife mit vier Elementen füllen. Das ist mit dem Objekt ***Funktionen → Programmierung → Array → Array initialisieren*** und einer lokalen Variablen möglich.

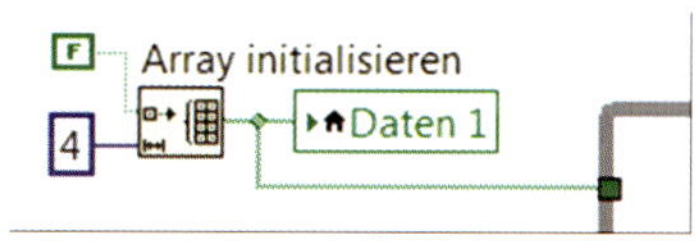

Zum Einlesen der Signale geht man in ähnlicher Weise vor. Zuerst die physikalischen Leitungen 4 bis 7 als Ausgabe definieren, dann eine DAQmx-Lesefunktion mit einer LED-Array-Anzeige beschalten. Soll die Funktion kontinuierlich ausgeführt werden, müssen Schreib- und Lesefunktion in eine While-Schleife. Dann erhält man folgendes VI.

Frontpanel:

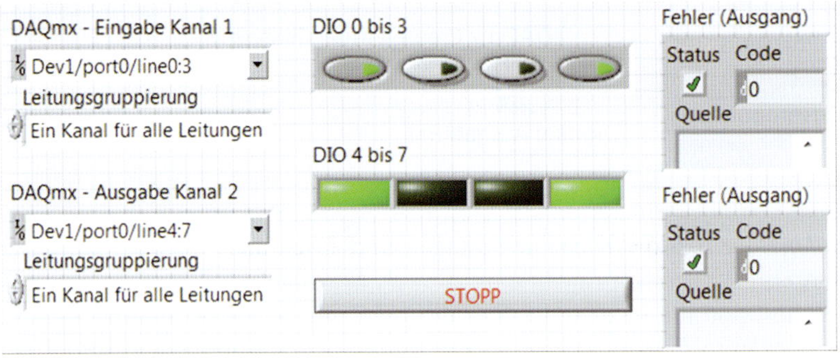

Blockdiagramm:

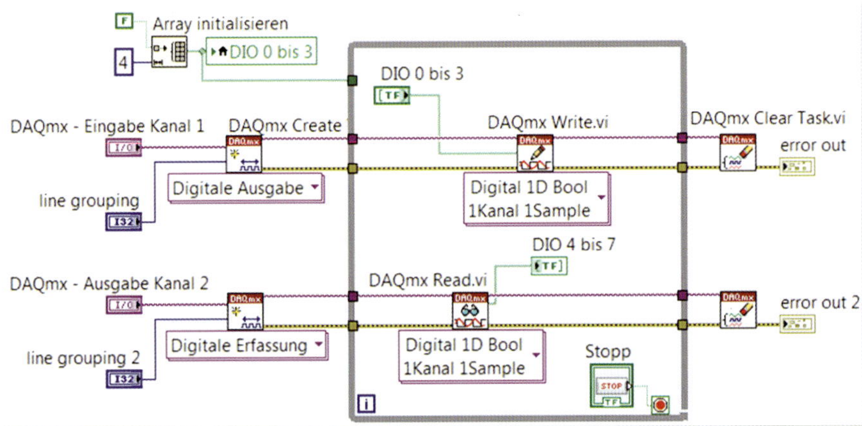

Hinweis: Die hier vorgestellten Beispiele sind als Einstieg in die Messwerterfassung gedacht und erläutern nur einen sehr kleinen Teil der Möglichkeiten von NI myDAQ. Weitergehende Beispiele findet man mit der *NI-Suchmaschine für Beispiele* unter *Signalerfassung und -ausgabe mittels Hardware → DAQmx.*

Aufgaben

Aufgabe 16.01 Pt100-Messung

Das Digitalmultimeter **DMM** des NI-myDAQ wird im Widerstandsmessbereich mit einem Pt100-Fühler betrieben. Es soll die Zeitdauer der Erwärmung von Wasser gemessen werden.
Bei Programmstart werden alle Anzeigen und die grafische Darstellung gelöscht.
Der Messvorgang und die Zeitnahme beginnt mit Klick auf *START MESSUNG* (die LED *Messung läuft* schaltet EIN) und wird bei Erreichen der Temperatur von 100 °C gestoppt (LED *Wasser kocht* schaltet EIN, *Messung läuft* schaltet AUS). Der Temperaturverlauf wird während der Messung mit einem Signalverlaufsdiagramm angezeigt, bei dem auf der x-Achse die aktuelle Zeit der Messung aufgetragen ist. Nach Ende der Messung wird die *Gesamtzeit* angezeigt.

Frontpanel:

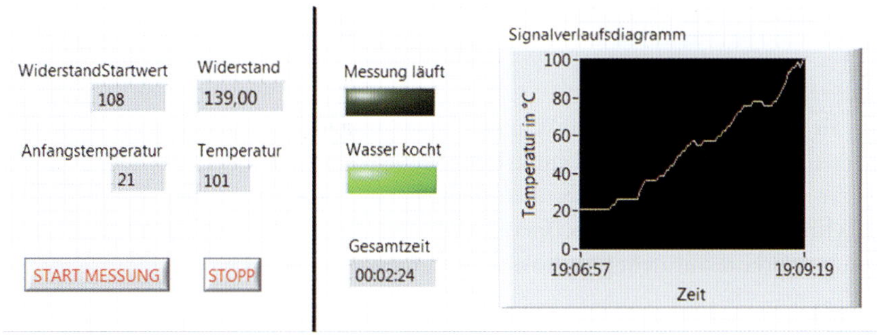

Eine Genauigkeit der Zeitmessung im Sekundenbereich ist ausreichend, deshalb kann zur Widerstandsmessung der DAQ-Assistent benutzt werden. Öffnen Sie diesen, konfigurieren und testen Sie die Funktion mit einem angeschlossenen Pt100. Der DAQ-Assistent wird in einer While-Schleife betrieben, die bei einer Temperatur von 100 °C (oder manuell) beendet wird.
Die Umrechnung des gemessenen Widerstandes in den Temperaturwert erfolgt mit den Daten eines Pt100-Messfühlers. Dessen Widerstand beträgt bei 0 °C → 100 Ω und bei 100 °C → 138,5 Ω. Der Bereich zwischen diesen Werten kann näherungsweise als linear betrachtet werden. Bei einem Messwert R_{mess} ergibt sich eine Temperatur

$$T = \frac{R_{mess} - 100}{0{,}385}$$

Hinweis: Der DAQ-Assistent liefert am Ausgang einen «dynamischen» Datentyp. Dieser kann an Objekte angeschlossen werden, die für numerische, boolesche und Signalverlaufsdaten geeignet sind, wie z.B. arithmetische oder auch Vergleichsfunktionen.

Die erste Zeitnahme (Startzeitpunkt mit ***Funktionen → Programmierung → Timing → Timerwert(ms)***) erfolgt vor Beginn der Messschleife, die zweite Zeitnahme in der Messschleife, wenn der Temperaturwert ≥ 100 ist. Die Differenz ergibt die Gesamtzeit.

Erweiterung: Mit dem Start/Stopp des Messzyklus könnte man mit Hilfe eines Digitalausgangs ein Gerät ein-/ausschalten.

Aufgabe 16.02 Sägezahnspannung

In der Aufgabe 4.03 wird rechnerisch ein Sägezahn erzeugt. Nehmen Sie das VI und erzeugen Sie damit eine sägezahnförmige Spannung am Ausgang ao0 von myDAQ.

Sägezahn ausgeben

Verwenden Sie zur Erzeugung und Einstellung die DAQmx-Objekte *Physikalischer Kanal* (ai0 in ao0 abändern), *Virtuellen Kanal erzeugen* und *Task starten*.
Geben Sie einen Ausgangsspannungsbereich von 0 bis 10 V an.

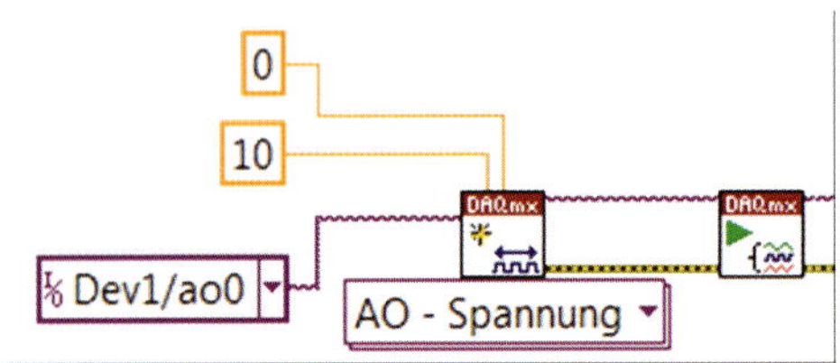

Setzen Sie die 3 Objekte vor die While-Schleife, in der sich die Schaltung zur Sägezahnerzeugung und die Schreibfunktion *DAQmx-Schreiben* (auf der DAQmx-Palette) für die Spannungsausgabe befinden. Verwenden Sie ein Signalverlaufsdiagramm für die Anzeige des errechneten Verlaufs. Überprüfen Sie den ausgegebenen Spannungsverlauf mit dem Oszilloskop und messen Sie die Frequenz.

Aufgabe: Entwerfen Sie das VI derart, dass bei Abbruch mit STOPP die Spannung am Ausgang 0 ist.

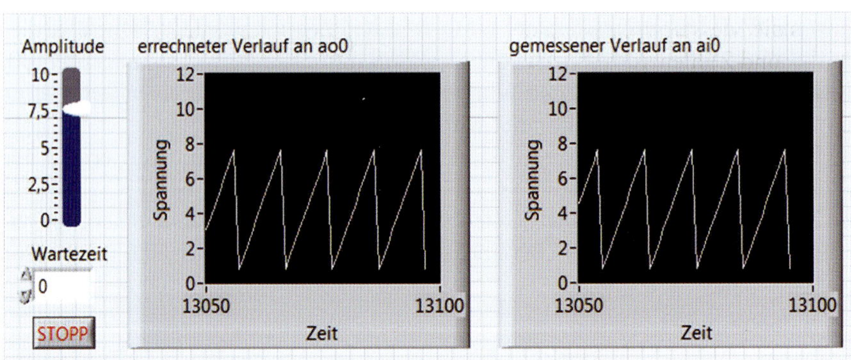

Sägezahn messen

Aufgabe: Sie möchten die auf Kanal ao0 ausgegebene Spannung mit myDAQ messen. Verwenden Sie dazu den Kanal ai0 und erstellen dafür einen neuen Task mit den DAQmx-Objekten *Physikalischer Kanal*, *Virtuellen Kanal erzeugen* und *Task starten*. Platzieren Sie in die While-Schleife eine Messfunktion *DAQmx-Lesen*. Stellen Sie den Verlauf mit einem Signalverlaufsdiagramm dar.

Aufgabe 16.03 Kennlinie Solarmodul

Es soll die Kennlinie eines Solarmoduls aufgenommen werden. Bei möglichst konstanter Sonneneinstrahlung erfolgt eine Strom- und Spannungsmessung mit einem veränderlichen Lastwiderstand. Dieser wird von $R_{\text{Last}} = \infty$ (Leerlauf) bis zu $R_{\text{Last}} = 0$ (Kurzschluss) in n Stufen manuell verändert. Die zu erwartenden Maximalwerte betragen $U_{0\max} = 20$ V und $I_{\text{kmax}} = 3$ A. Nach jeder Einstellung werden mit Klick auf die Taste *MESSEN* die beiden Messwerte eingelesen. Die Anzeige der numerischen und graphischen Werte erfolgt während der Messung. Sind genügend Punkte für eine Kennlinie erfasst, wird die Messung mit *FERTIG* beendet, die Messwerte werden gespeichert. Danach kann eine neue Kennlinie aufgenommen werden, deren Daten an die erstellte Kennliniendatei angehängt werden kann.

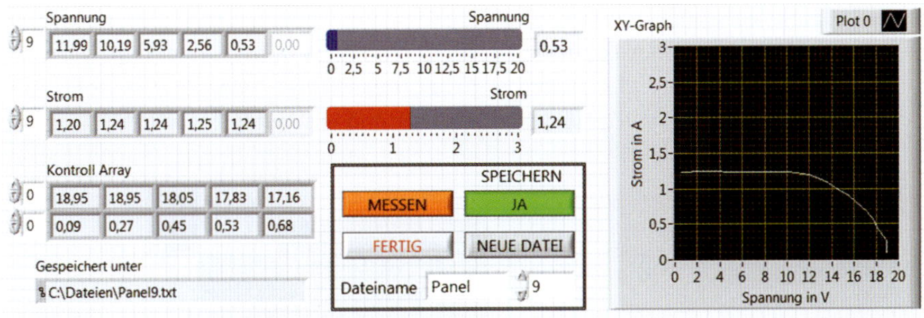

Vorgehensweise:

Konfigurieren Sie mit dem DAQ-Assistenten eine Spannungsmessung mit Eingang DMM (wegen Eingangsspannungsbereich). Der Strom wird über den Spannungsabfall an einem Widerstand mit $R = 0{,}1\ \Omega$ gemessen. Dazu wird der Eingang ai0 benutzt (Spannungsbereich Min=0, Max=1). Verwenden Sie ***Virtuellen Kanal erzeugen*** und ***Task starten***. Beide Messobjekte platzieren Sie in einer While-Schleife, so dass die Messwerte ständig angezeigt werden (*Spannung* und *Strom* mit Balkenanzeige und Zahleneinblendung). Mit der Taste *MESSEN* wird eine Case-Funktion gesteuert, die im True-Rahmen ein Array erstellt und den jeweiligen Messwert einliest. Die beiden Arrays *Spannung* und *Strom* nach dem Case enthalten alle erfassten Messwerte und können nach dem Bündeln in einem XY-Graphen angezeigt werden. Nach Ende der Messung übernimmt eine Case-Funktion die Speicherung der Messwerte (optional) in einer Tabellendatei.

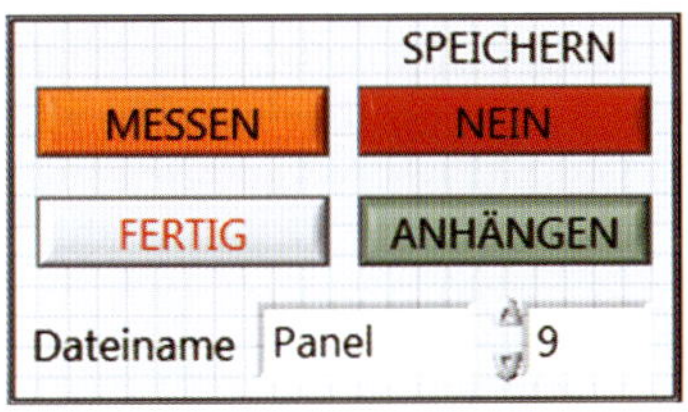

Folgende Einstellungen sind möglich:

SPEICHERN: JA / NEIN (True / False)

NEUE DATEI / ANHÄNGEN (False / True)

Beachten Sie das Schaltverhalten beider Tasten.

Die Kennliniendateien werden im aktuellen Verzeichnis des VIs gespeichert. Der Dateiname wird als String eingegeben, die Dateinummer ist numerisch und kann mit dem Inkrementwähler leicht geändert werden. Eine Umwandlung in String und eine Verknüpfung mit dem Dateinamen erfolgen mit der Funktion ***In String formatieren***.

Aufgabe 16.04 Kennlinien darstellen

Es sind mehrere Dateien (z.B. Panel1, Panel3 usw.) mit Daten von Kennlinien vorhanden. Schreiben Sie zwei VIs, die diese Daten graphisch darstellen.

Version 1: Einzeln darstellen. Es können einzelne Dateien gewählt werden. Mit jeder neuen Auswahl wird die gewählte Datei zusätzlich zu den bereits angezeigten dargestellt. Diese Version eignet sich zum Vergleich von wenigen Darstellungen. Dabei soll bei nicht existierender Datei eine Fehlermeldung ausgegeben werden. Verwenden Sie dazu die unter ***Funktionen → Programmierung → Datei-I/O → Fortgeschrittene Dateifunktionen → Existenz Prüfen*** und eine Case-Funktion.

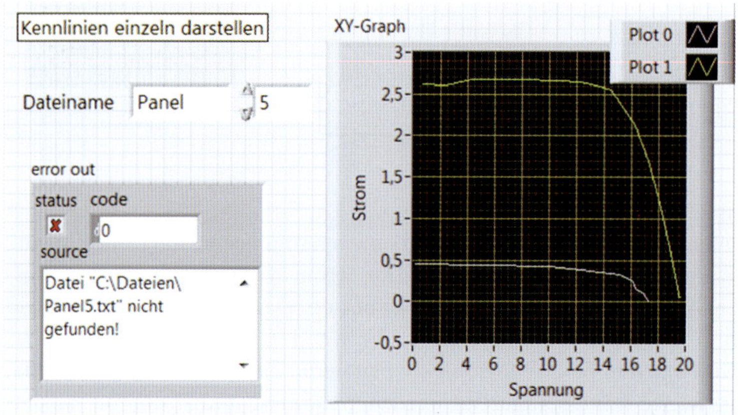

Hinweis: Damit bei einem erneuten Schreiben der alte Inhalt des Graphen nicht verlorengeht, verwenden Sie den Eigenschaftsknoten *Wert* und verknüpfen ihn (*Array verknüpfen*) mit den neuen Daten.

Version 2: Gemeinsam darstellen. Es können durch Eintrag in ein Array alle darzustellenden Dateien gewählt werden. Verwenden Sie die autoindizierende Eigenschaft eines Arrays am Eingangstunnel einer For-Schleife. Im Ausgangstunnel werden alle Kennlinien gesammelt und nach Ablauf ausgegeben. Diese Version eignet sich zum Überblick aller Aufnahmen.

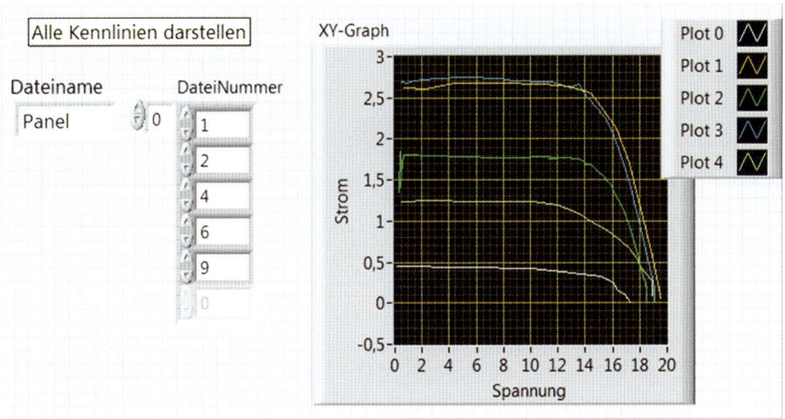

Aufgabe 16.05 Klangkontrolle

Es soll eine Klangeinstellung für Audiosignale erstellt werden. Dabei werden tiefe, mittlere und höhe Töne unterschiedlich bearbeitet.
Ein MP3-Player als Musikquelle wird an Audio IN, ein Kopfhörer an Audio OUT des myDAQ angeschlossen.

Frontpanel:

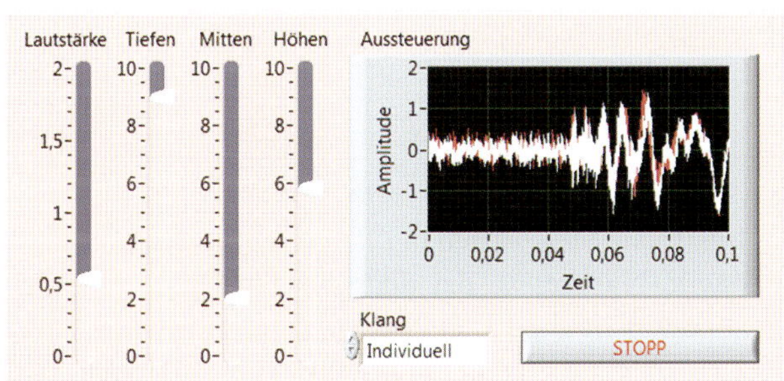

Schaltung:

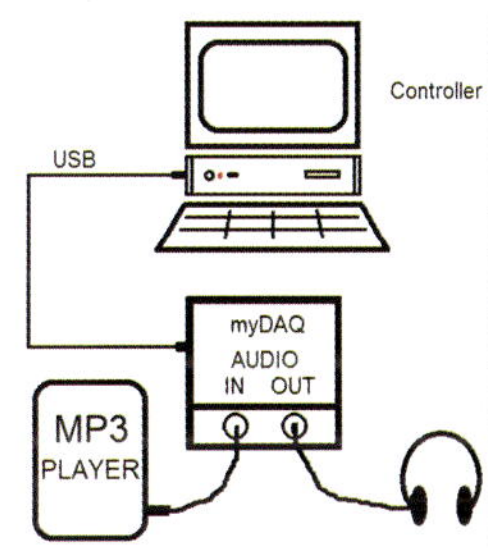

Verwenden Sie zum Einlesen des Audiosignals den DAQ-Assistenten. Rufen Sie im Blockdiagramm auf: *Funktionen → Mess-I/O → DAQmx → DAQAssistent → Signale erfassen → Analoge Erfassung→ Spannung → audioInputLeft/ audioInputRight → Beenden*. Stellen Sie in Konfiguration / Kanaleinstellungen für *Spannung_0* **und** *Spannung_1* den *Signaleingangsbereich* auf Max: 2 und Min: -2 sowie den *Erfassungsmodus* auf Kontinuierlich und bestätigen Sie mit OK.
Zur Beeinflussung der Frequenzbereiche wird unter *Funktionen → Express → Signalanalyse → Filter* verwendet.
Rufen Sie das Express-VI dreimal auf und konfigurieren Sie es jeweils für einen Tiefpass (200 Hz), einen Bandpass (500 Hz/1,2 kHz) und einen Hochpass (2 kHz). Multiplizieren Sie den Ausgang *Gefiltertes Signal* mit dem jeweiligen Bedienelement *Tiefen, Mitten* und *Höhen* und addieren Sie alle 3 Signale.

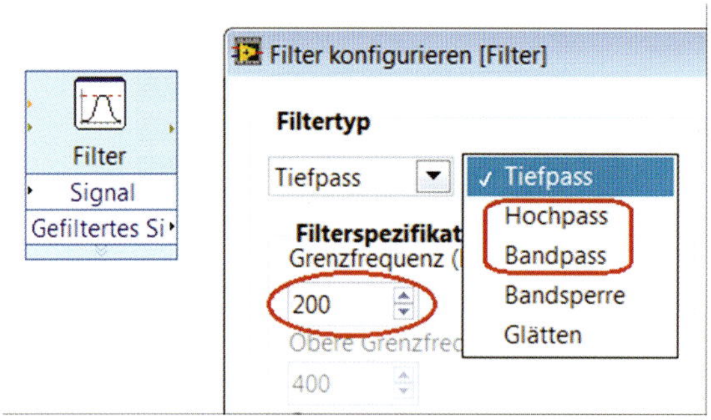

Verwenden Sie zur Ausgabe auf den Kopfhörer ebenfalls den DAQ-Assistenten. Rufen Sie im Blockdiagramm auf: ***Funktionen* → *Mess-I/O* → *DAQmx* → *DAQAssistent* → *Signale erzeugen*→ *Analoge Ausgabe*→ *Spannung* → *audioOutputLeft/ audioOutputRight* → *Beenden*.**
Stellen Sie in Konfiguration / Kanaleinstellungen für *Spannung_0* **und** *Spannung_1* den *Signaleingangsbereich* auf Max: 2 und Min: -2 sowie den *Erfassungsmodus* auf Kontinuierlich und bestätigen Sie mit OK.

Erweiterung:
Verwenden Sie ein Enum-Bedienelement, einen Case und Lokale Variable zur Erzeugung von 4 festen Einstellungen für die Schieberegler. In Stellung *Individuell* ist der Case-Rahmen leer und die Schieberegler sind verstellbar.

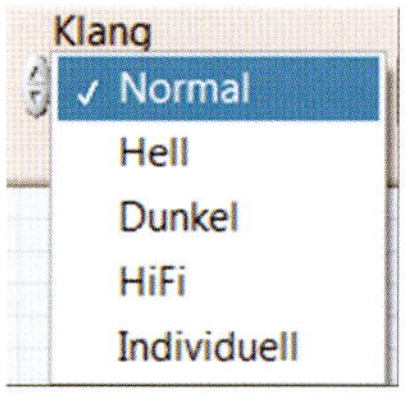

Aufgabe 16.06 Signalverlauf

Schreiben Sie ein VI, das den Inhalt der Messwertedatei *Regenmessung.txt.* ausliest und in einem Diagramm darstellt. Näheres zu der angegebenen Datei, zu deren Inhalt und Aufbau finden Sie in der Aufgabe **12.04 Niederschlagsmessung**.
In Aufgabe 12.04 war ein VI zu erstellen, das die angegebene Datei ausliest und ohne Berücksichtigung des Messzeitpunktes alle Messwerte nacheinander sammelt und darstellt. Hier soll unter Verwendung des Datentyps *Signalverlauf* der Zeitpunkt jeder Messung den Messwerten zugeordnet und so der zeitlich korrekte Ablauf mit einem Signalverlaufsdiagramm angezeigt werden.
Da in dem aufgezeichneten Messzeitpunkt nur das Datum des Tages und die Uhrzeit enthalten ist (Format **ddhhmmss**), wird für das zu erstellende VI eine Möglichkeit der Eingabe von Monat (z.B. 03 für März) und Jahr (z.B. 2014) vorgesehen. Wie im Theorieteil erwähnt, setzt sich der Datentyp *Signalverlauf* zusammen aus dem Messwert **Y**, dem Startzeitpunkt **t0** und dem Zeitintervall **dt**.
Erweitern Sie das VI aus Aufgabe 12.04, indem Sie nach dem Messwert auch noch die nächste Zeile mit dem zugehörigen Messzeitpunkt aus dem String ausschneiden (Funktion *In String suchen;* Such-String Editor aufrufen und String als Zeitstempel auslesen).
Dann ebenso wie bei den Messwerten alle Zeitstempel in einem Array sammeln. Aus dem Zeitstempel-Array durch Subtraktion zweier benachbarter Elemente das Zeitintervall **dt** bilden und die Eingabewerte *Monat* und *Jahr* in den Zeitstempel

einfügen (nach Namen bündeln). Dies liefert den Startzeitpunkt t0. Mit dem Objekt *Signalverlauf erstellen* der Palette *Funktionen → Programmierung → Signalverlauf* alle drei Daten zusammenführen.

Frontpanel:

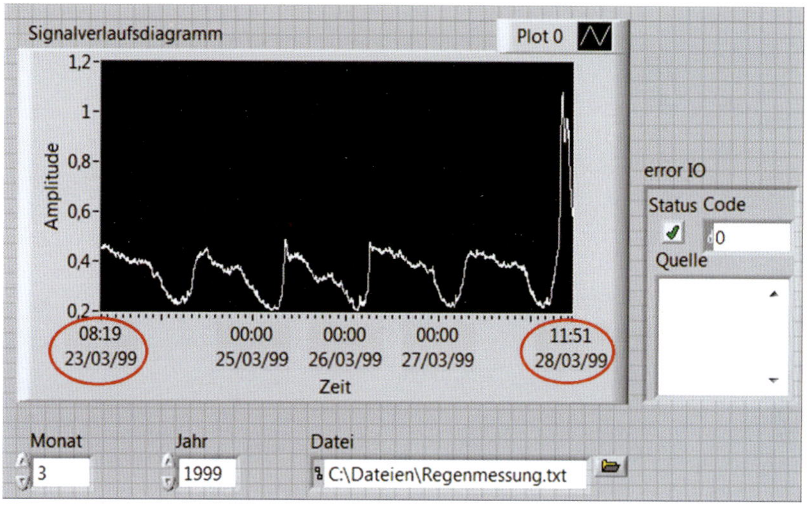

Lösungen

Zu Aufgabe 2.01 Temperaturumrechnung

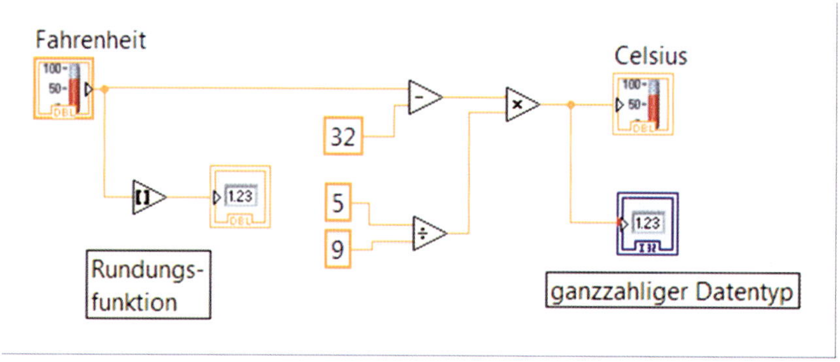

Konstante an einem Knotenanschluss mit Kontextmenü: *Erstellen → Konstante.*
Die zusätzliche ganzzahlige Anzeige ist entweder mit Rundungsfunktion oder mit einer Anzeige Datentyp *Integer* möglich.

Alternativlösung mit Ausdrucksknoten:
Es gibt auch Konvertierungsfunktionen in andere Datentypen unter *Funktionen → Programmierung → Numerisch→ Konvertierung.*

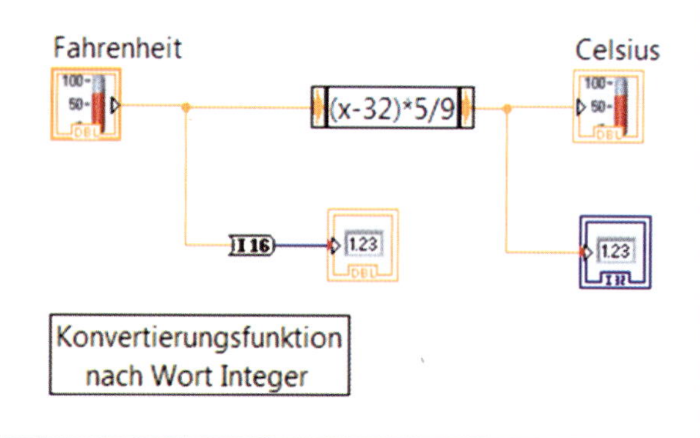

Bei vielen graphischen Bedien- und Anzeigeelementen bietet LabVIEW die Möglichkeit, eine Zahlenanzeige einzublenden: Kontextmenü *Sichtbare Objekte → Zahlenanzeige*.
Die Formatierung der Zahlenanzeige erfolgt im Kontextmenü *Eigenschaften→ Anzeigeformat.*

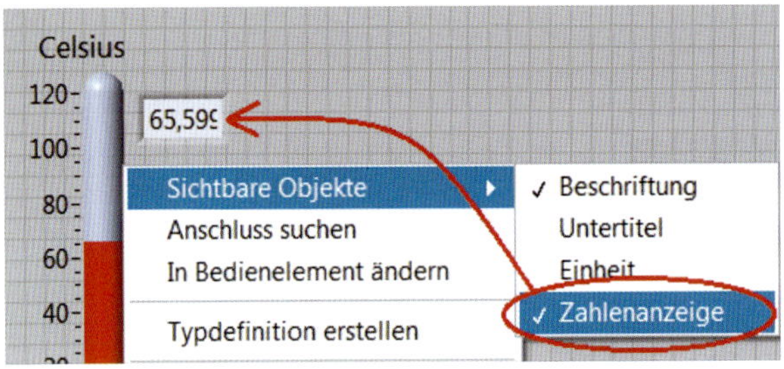

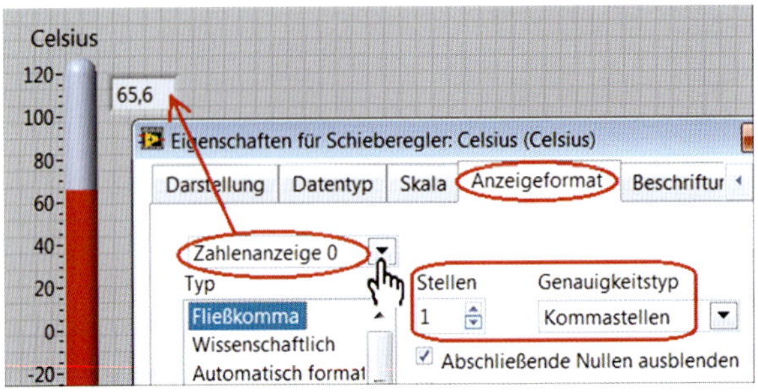

Zu Aufgabe 2.02 Gesamtwiderstand

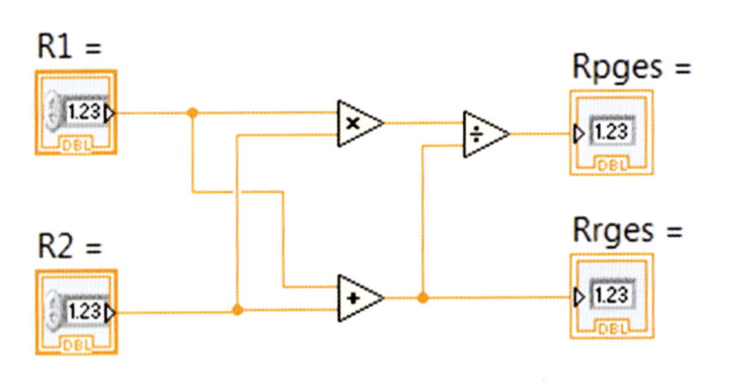

Die Formatierung der Anzeige ist im Kontextmenü unter ***Eigenschaften → Anzeigeformat*** möglich.

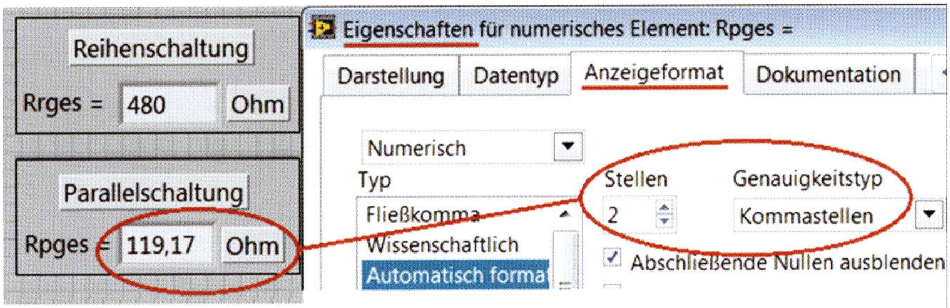

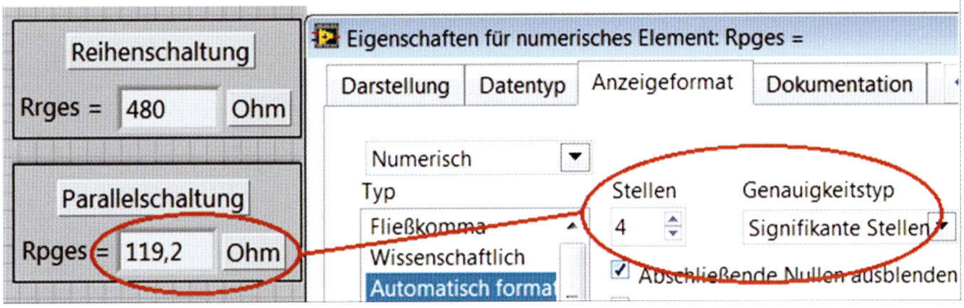

Die Änderung der Inkrement Schrittweite ist im Kontextmenü unter ***Eigenschaften* → *Wertebereich*** möglich.

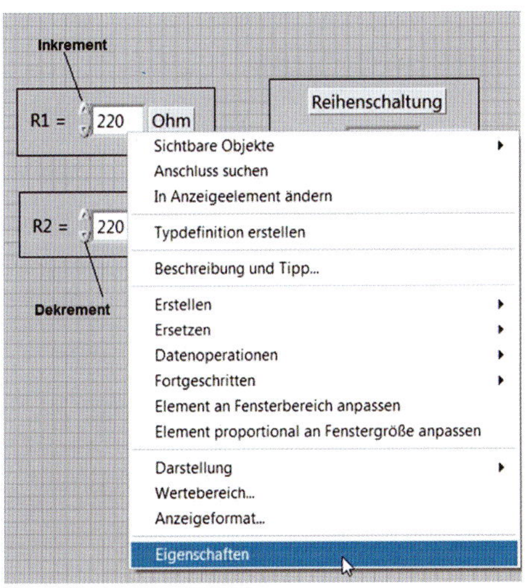

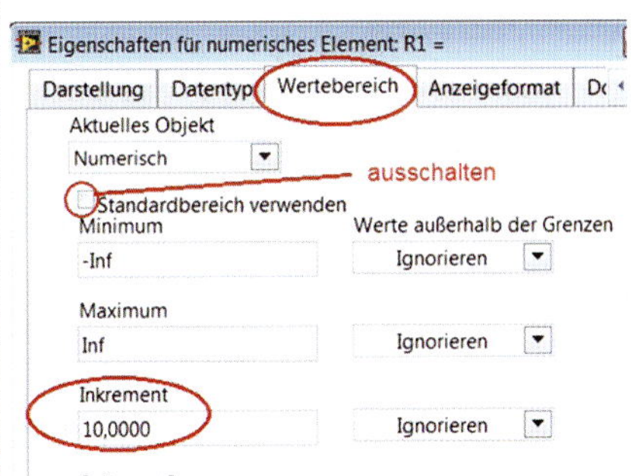

Zu Aufgabe 2.03 Kugel / Kegel

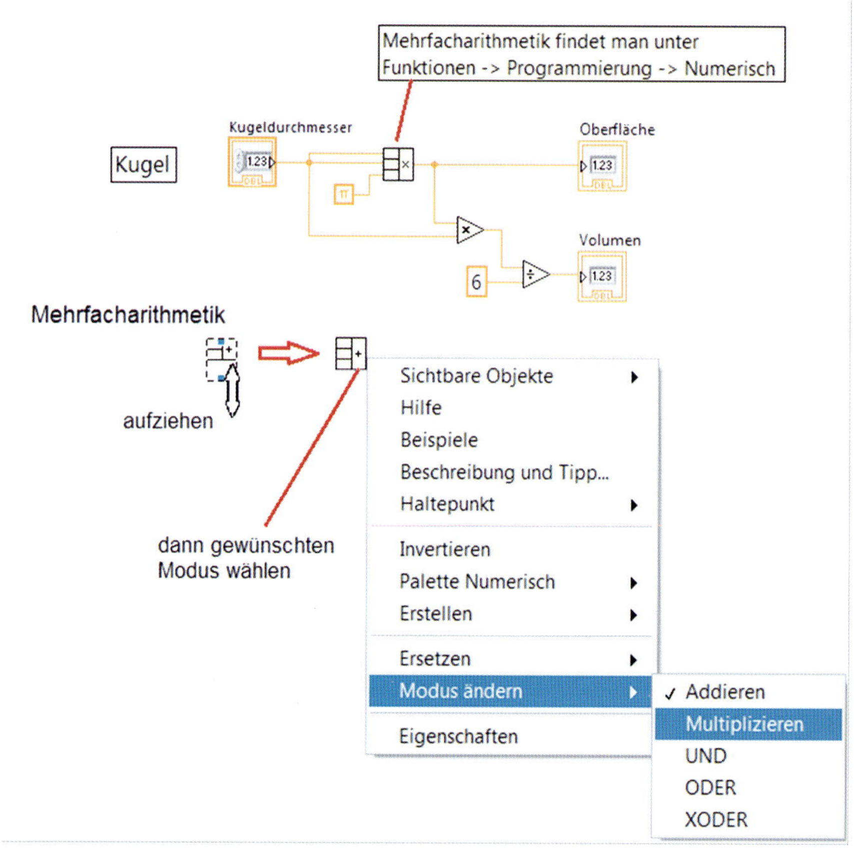

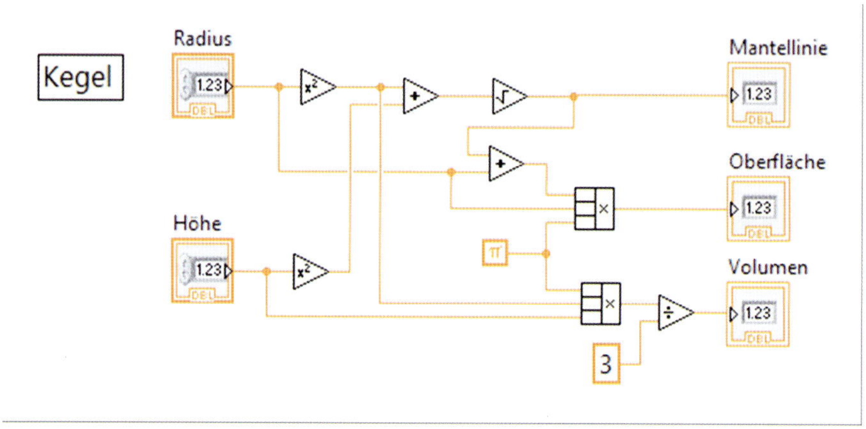

Zu Aufgabe 2.04 Höhenmessung / Sonnenstand

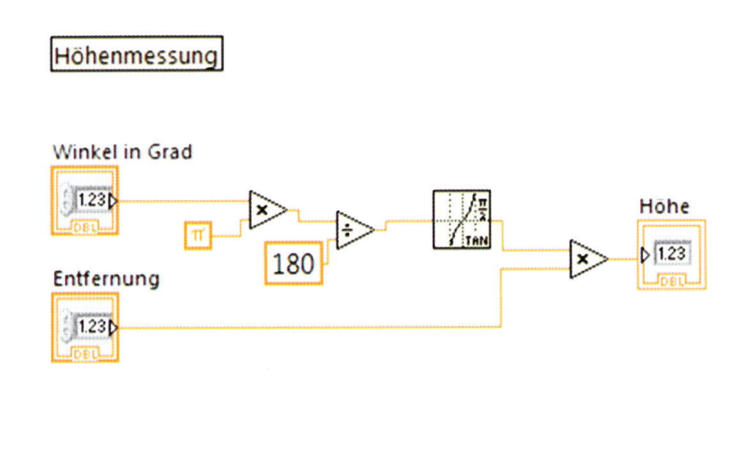

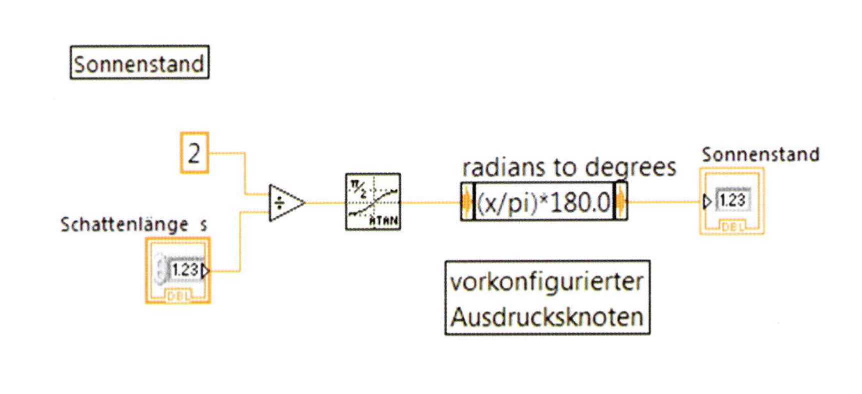

Zu Aufgabe 2.05 Zylinderdichte

VI mit Einheiten

Hinweis: LabVIEW erzeugt keine Einheiten. Die für die Eingabe und Ausgabe gewünschten Einheiten müssen bei der Programmerstellung manuell eingegeben werden. Ist die Einheitengleichung richtig, sind alle Verbindungen möglich. Die Umrechnung von z.B. 1 kg in 1000 g wird von LabVIEW vorgenommen.

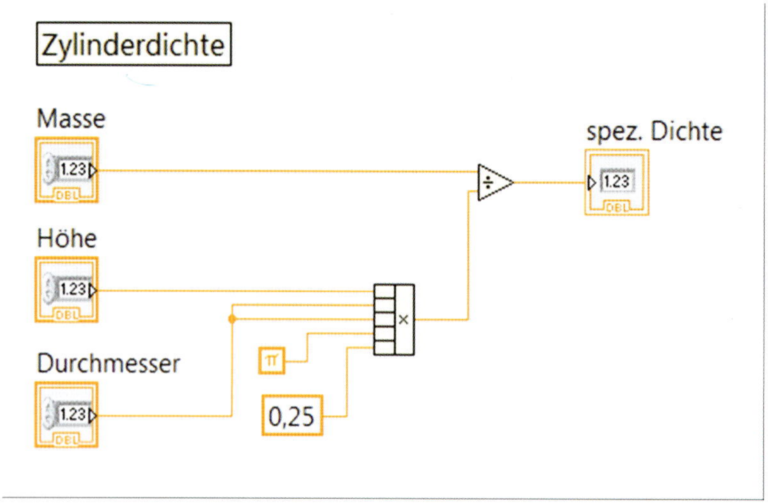

Untersuchen Sie die Auswirkungen bei Änderungen von Einheiten und den Vorsätzen.

Zu Aufgabe 2.06 Leitungslänge

VI mit Einheiten

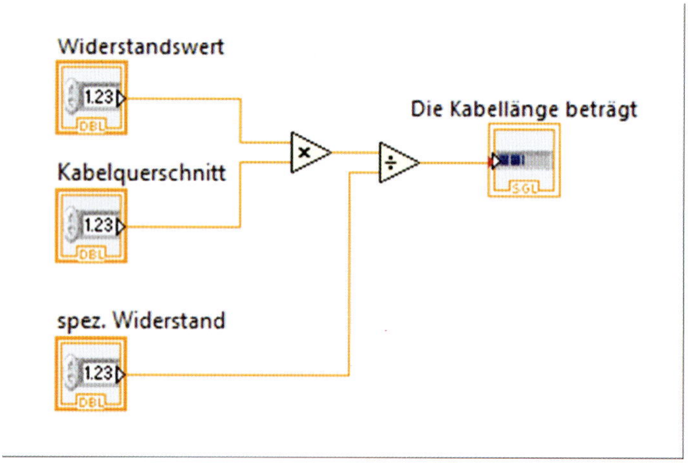

Zu Aufgabe 2.07 Geschwindigkeitsmessung

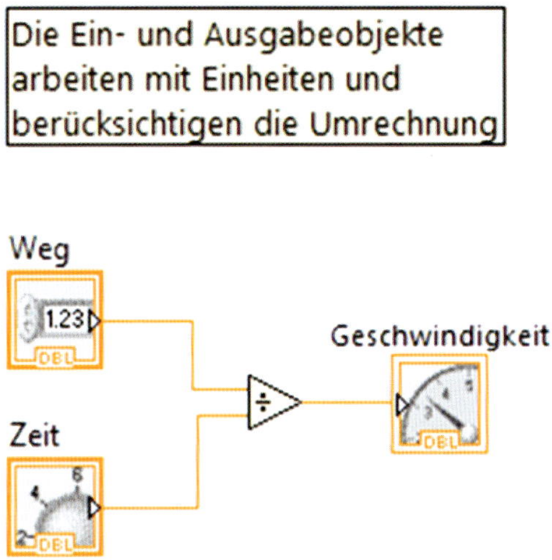

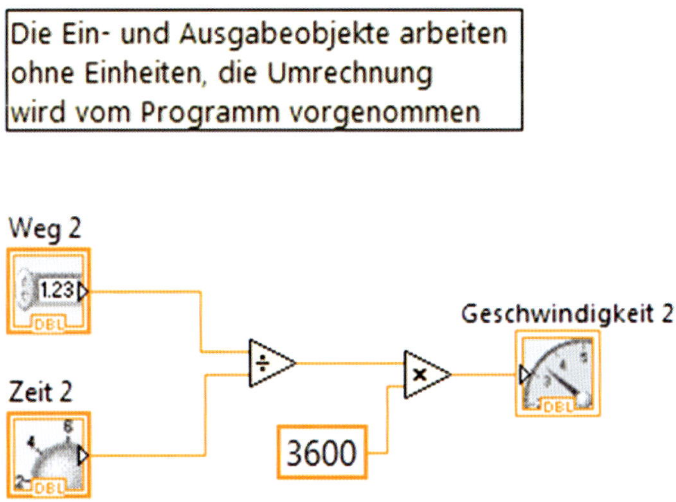

Zu Aufgabe 2.08 Zeit

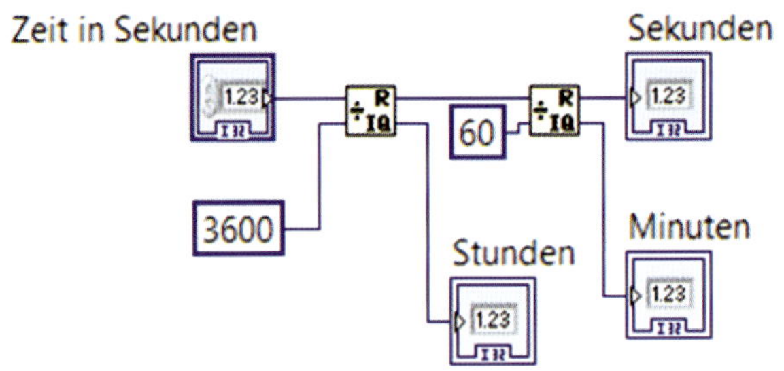

oder als konfigurierte Anzeige

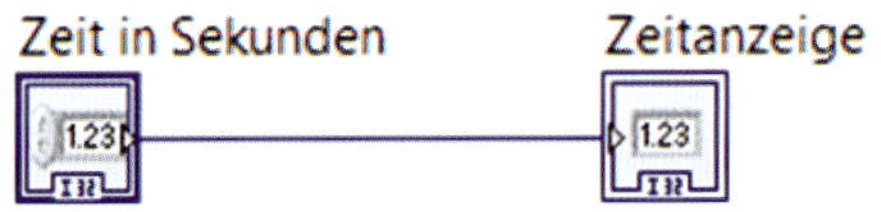

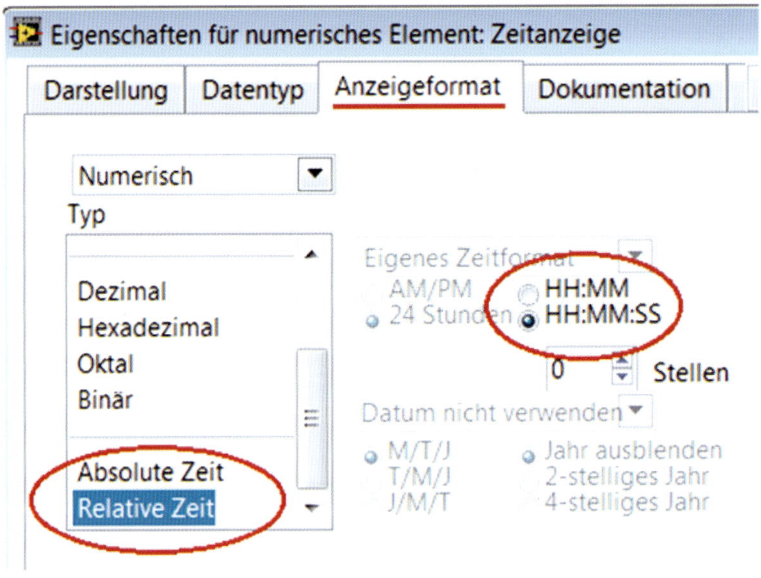

Zu Aufgabe 2.09 Farbsynthese

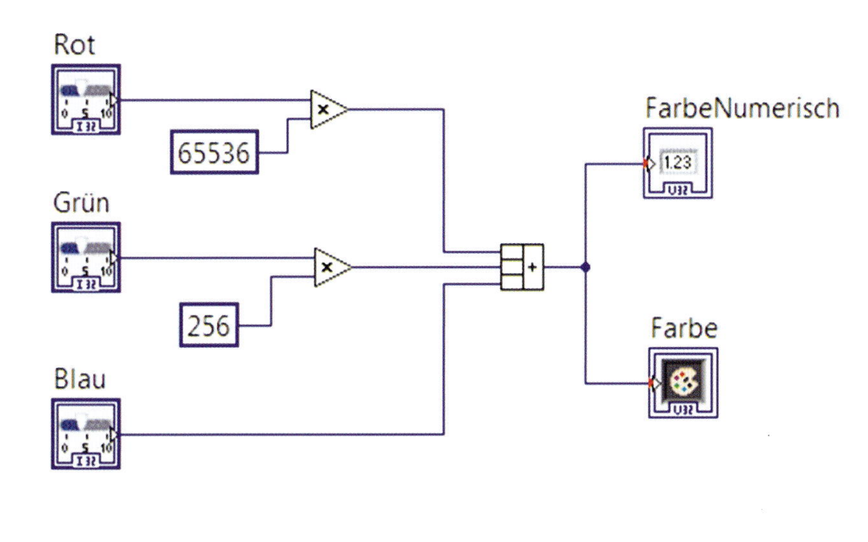

Auf der Palette *Funktionen → Programmierung → Audio/Grafik→ Bildfunktionen* findet man zur Farbbearbeitung fertige Funktionen (VIs).

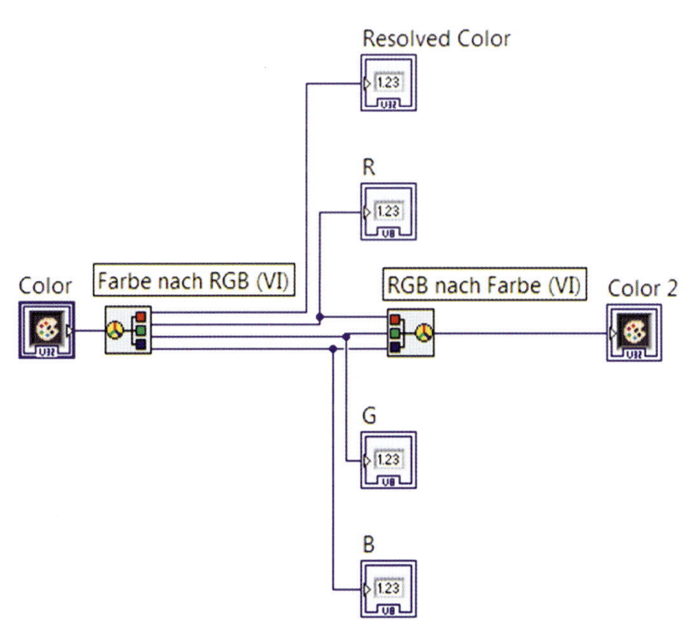

Zu Aufgabe 3.01 Soll-Ist-Vergleich

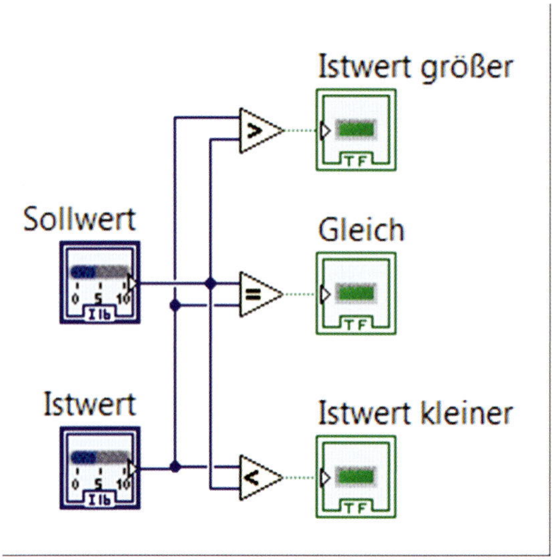

Zusatzaufgabe:

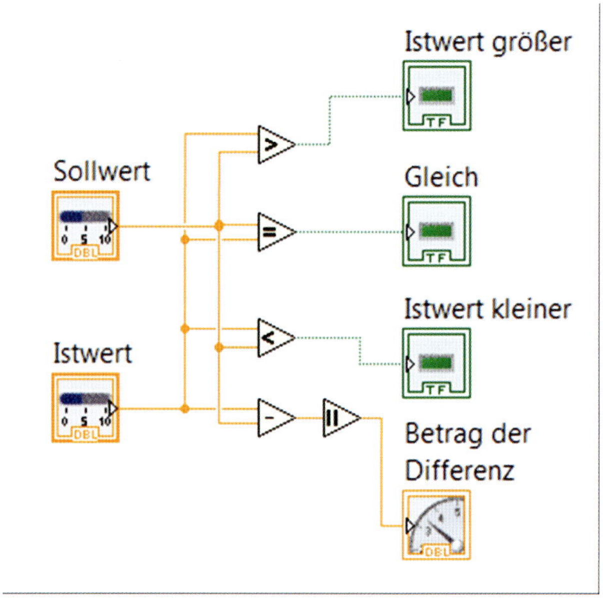

Die Endpunkte eines runden Bedien- oder Anzeigeelements werden verschoben, indem man sie mit dem Mauszeiger anwählt, bis das Symbol  erscheint. Dann anklicken und zum gewünschten Platz ziehen.

Zu Aufgabe 3.02 Safe Schloss

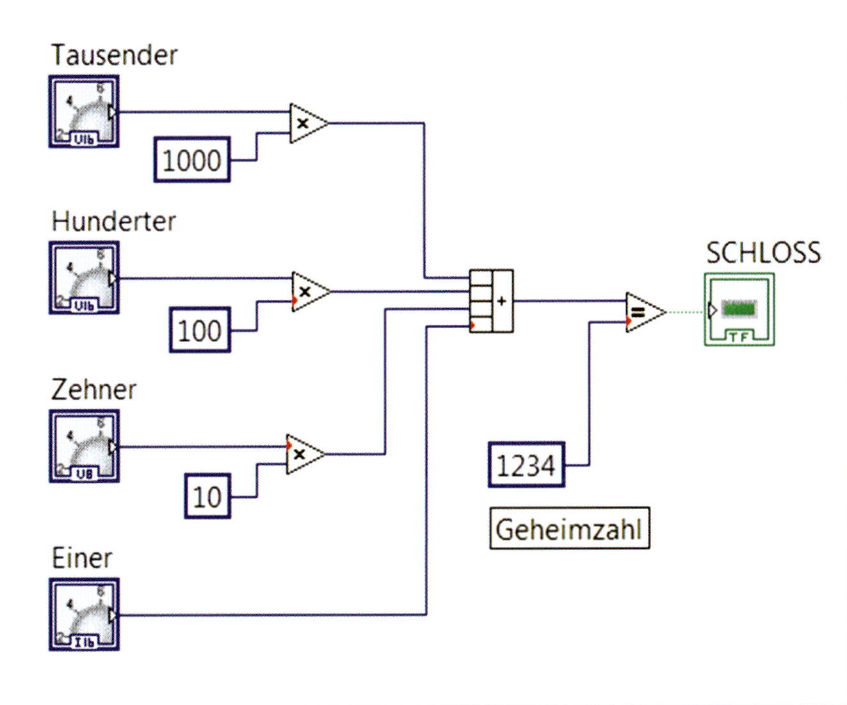

Der Datentyp Gleitkommazahl (*DBL*) ist ungeeignet, da eine Einstellung nur mit ganzen Zahlen (Datentyp *I* oder *U*) sinnvoll und möglich ist.

Aufgabe: Erklären Sie die in der Lösung vorhandenen Typumwandlungspunkte und versuchen Sie diese zu eliminieren.

Zu Aufgabe 3.03 Bargraph

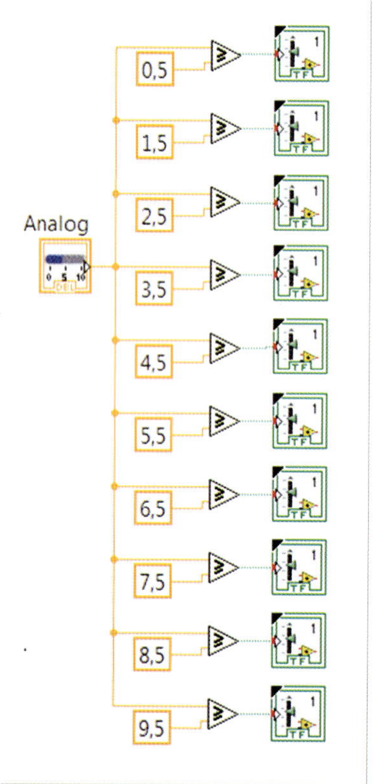

Will man die LEDs auf dem Frontpanel nahtlos aneinanderreihen, muss nur die Breite **einer** LED geändert werden. Im Kontextmenü einer beliebigen LED das Typdefinitionsfenster öffnen und unter *Eigenschaften* die Breite der LED ändern.

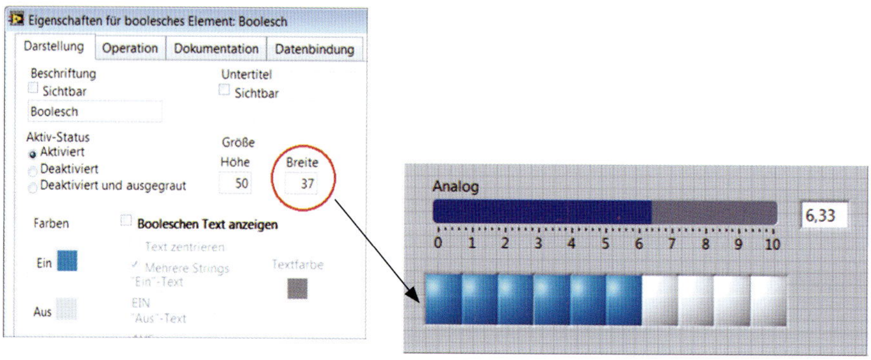

Zu Aufgabe 3.04 Füllstand

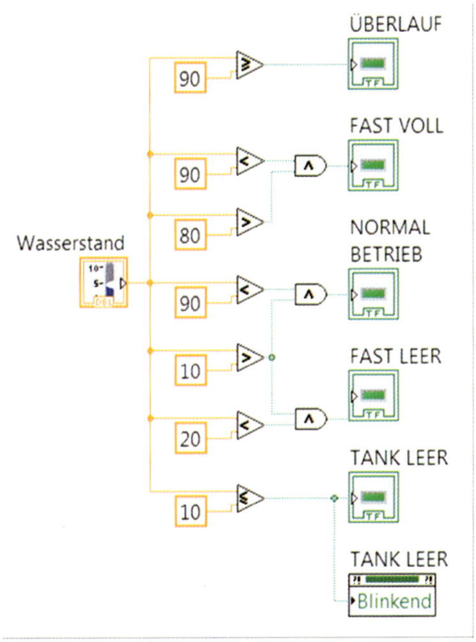

Mit einem Eigenschaftsknoten können die Eigenschaften der Objekte während der Programmausführung geändert werden.

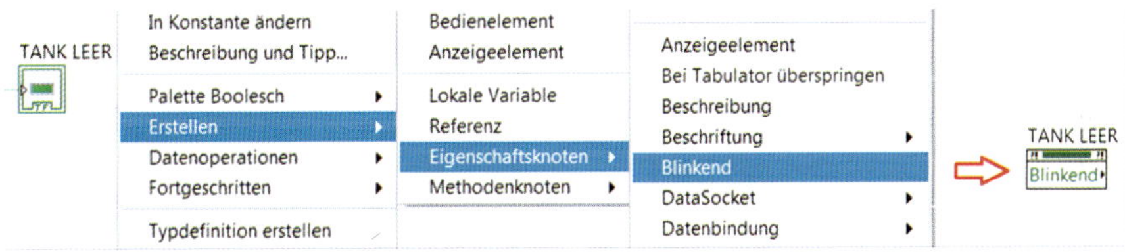

Danach den Knoten beschreibbar machen.

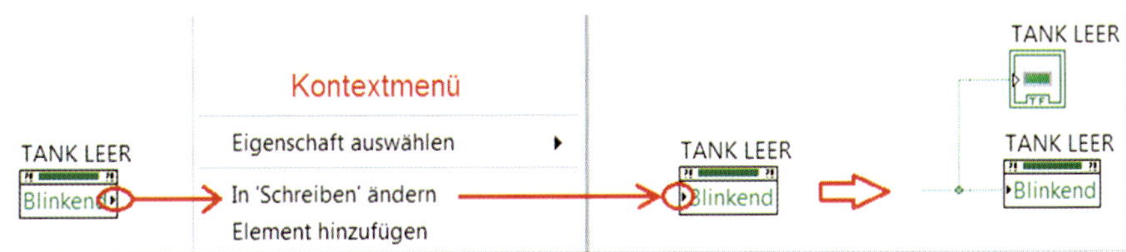

Zu Aufgabe 3.05 DIP-Schalter

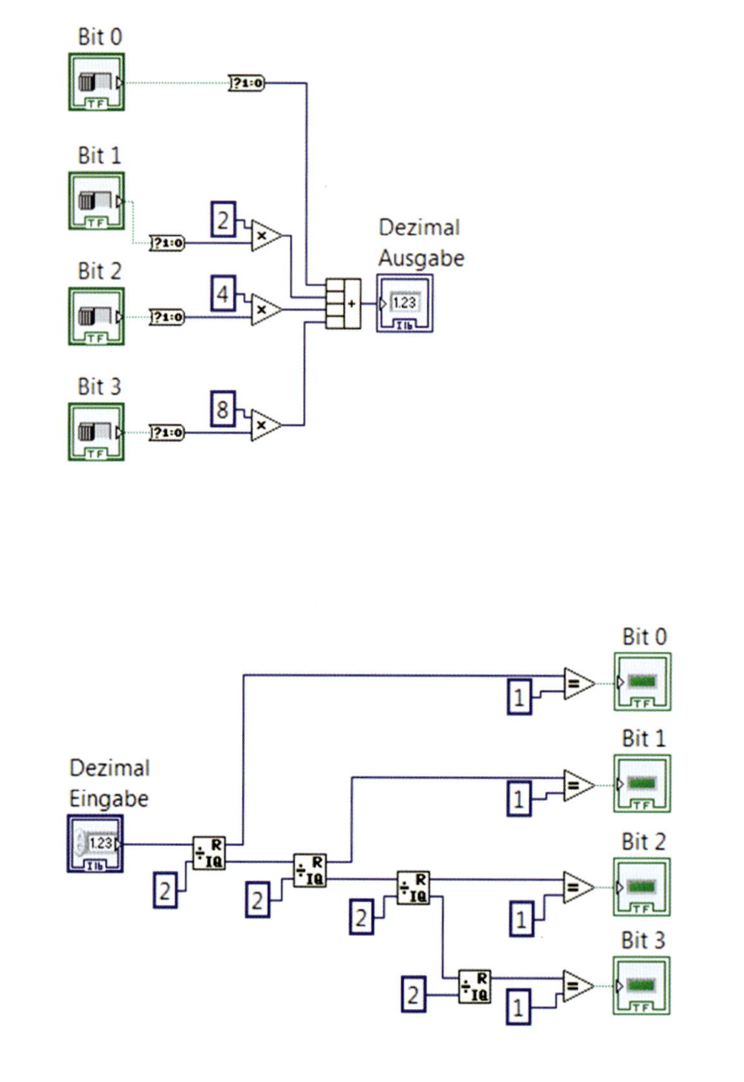

Hinweis: Viel einfacher geht es mit den Funktionen ***Boolesches Array nach Zahl*** und ***Zahl nach Boolesches Array***.

Sie sind auf der Palette ***Funktionen → Programmierung → Boolesch*** zu finden.

Zu Aufgabe 4.01 Würfel1

Antwort 1: Wird das VI mit  Ausführung abbrechen beendet, erfolgt ein Abbruch des VI und der Schleife, d.h., der Inhalt von ***i*** wird nicht mehr aus der Schleife ausgegeben.
Wird die STOPP -Taste gedrückt, wird die Schleife beendet und ***i*** ausgegeben. Zugleich ist das VI beendet, weil kein weiterer Code mehr vorhanden ist.

Lösung mit Schieberegister:

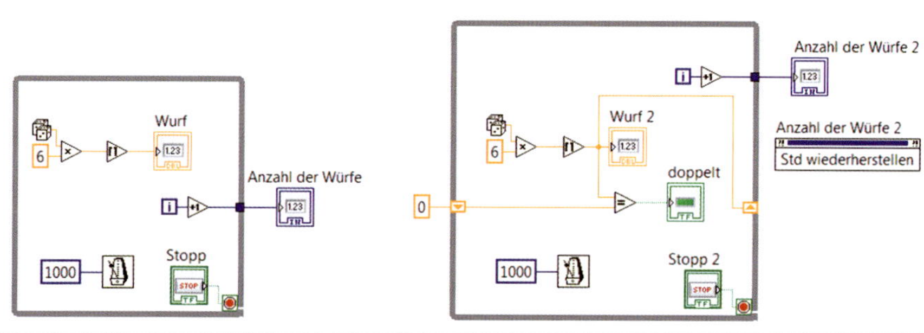

Antwort 2: Wird das VI nach dem Stopp erneut benutzt, ist es möglich, dass schon beim ersten Wurf die *doppelt*-Lampe leuchtet, wenn die gleiche Zahl wie vor dem Stopp auftritt. *Abhilfe*: Schieberegister mit einer auf dem Würfel nicht vorhandenen Zahl initialisieren.
Die obige Lösung mit dem Methodenknoten ***Standardwert wiederherstellen*** ist unsicher, da sich im VI zwei Objekte befinden, deren Ausführungsreihenfolge nicht festliegt (While-Schleife und Methodenknoten). Es muss dafür gesorgt werden, dass der Methodenknoten **vor** der While-Schleife ausgeführt wird. Eine andere Lösungsmöglichkeit bieten ***Lokale Variable,*** die in Kapitel 7 beschrieben werden.

Lösung mit Rückkopplungsknoten:

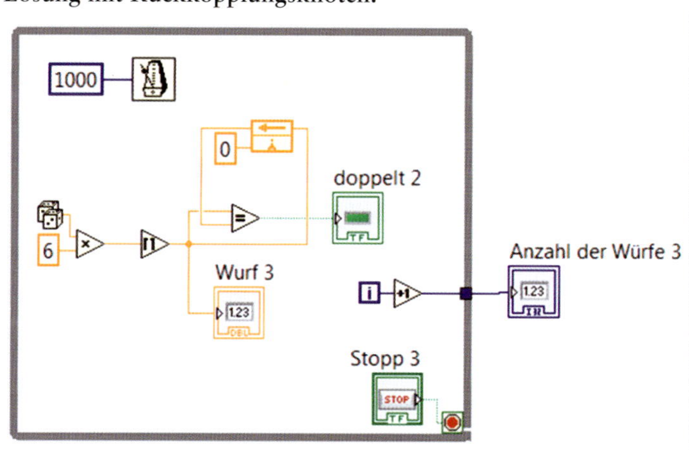

Der Rückkopplungsknoten bietet die gleiche Funktion wie ein Schieberegister. Bei Ausführung erscheint am Ausgang (links) der Wert des vorherigen Schleifendurchlaufs.
Kopiert man bestehenden Code, hängt LabVIEW automatisch zur Unterscheidung an vorhandene Bezeichnungen eine Zahl an.

Zu Aufgabe 4.02 Würfel2

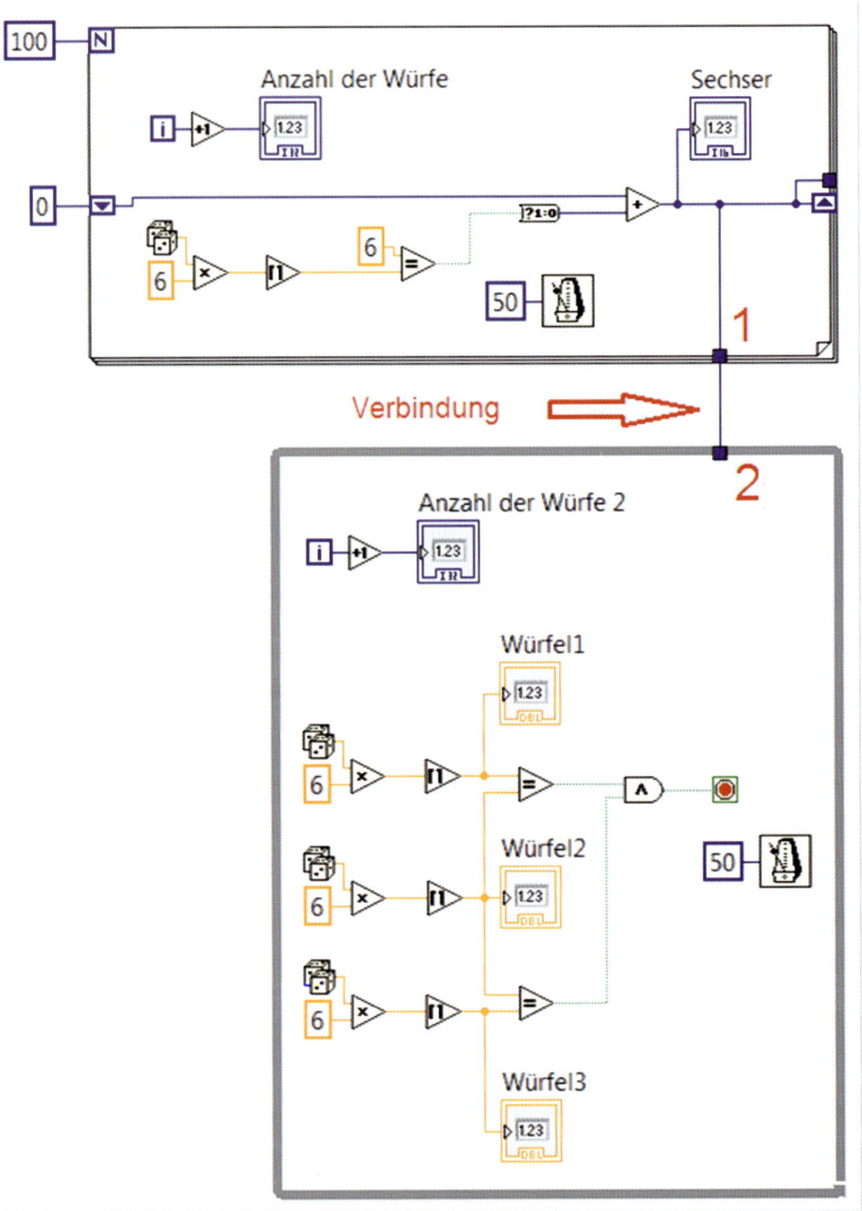

Die willkürliche Verbindung von 1 nach 2 stellt eine Datenabhängigkeit her.
Der Ausgangstunnel 1 empfängt erst nach Beendigung der For-Schleife ein Datum, die While-Schleife muss deshalb solange auf den Start der Ausführung warten. Damit wird eine eindeutige Bearbeitungsreihenfolge festgelegt.
Ob das Datum von Eingangstunnel 2 in der While-Schleife genutzt wird, ist unerheblich.

Aufgabe: Ändern Sie die Verbindung so ab, dass zuerst *Spiel 2* und dann *Spiel 1* ausgeführt wird.

Zu Aufgabe 4.03 Sägezahn

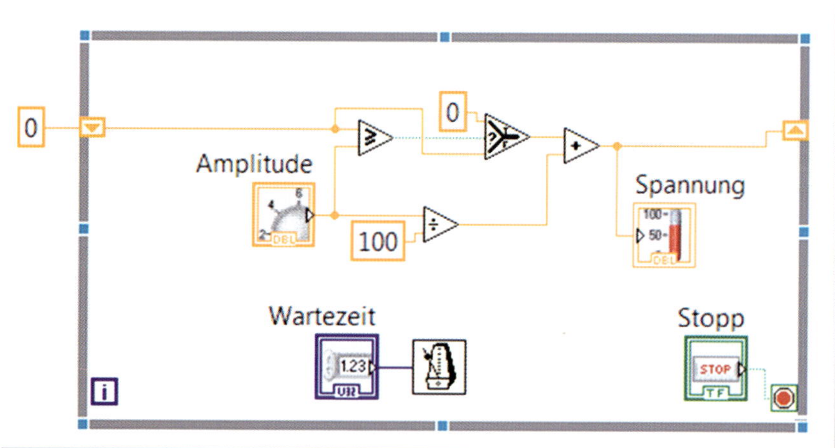

Erstellen des Bedienfeldes:
Elemente → Modern → Gestaltung → Horizontale Rundbox

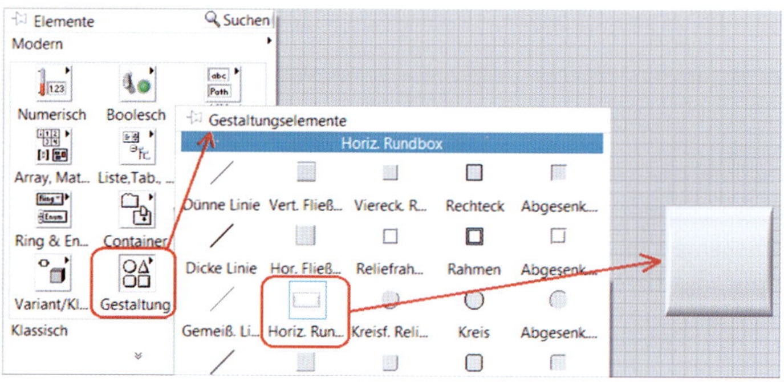

Elemente überdecken und dann markieren, danach Symbolleiste Icon *Neu Ordnen → Nach hinten (Strg+Shift+J).*

Zu Aufgabe 4.04 Netzteil

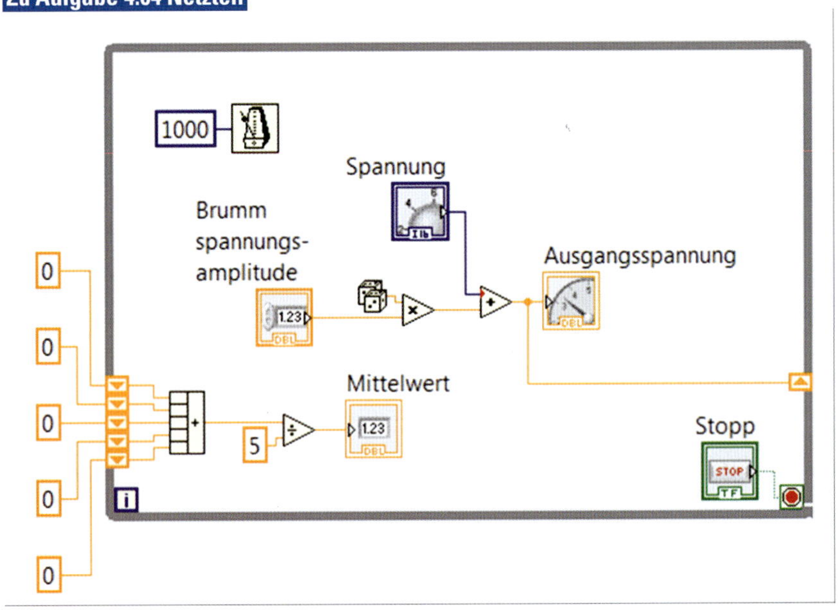

Startet man das VI mehrmals nacheinander, ist die Anzeige des Mittelwerts erst nach 5 Durchläufen richtig, da die Initialisierung immer mit den Nullwerten beginnt. Hier könnte es besser sein, keine Initialisierung vorzunehmen.

Zu Aufgabe 4.05 Blinklicht

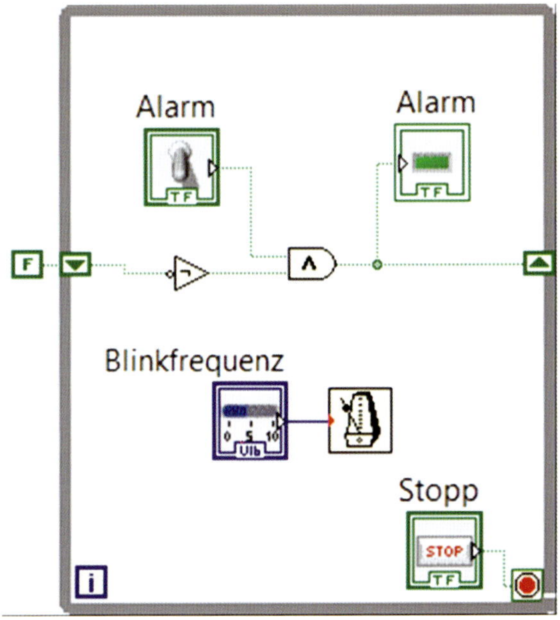

Bei maximaler Blinkfrequenz muss die Wartezeit am kleinsten sein. Damit dieser Wert auf der rechten Seite des Schiebers liegt, unter *Eigenschaften → Skala → Invertiert* einschalten. Damit die Füllung dazu passt, in *Eigenschaften → Darstellung → Füllmodus → Bis zum Maximum füllen* einstellen.

Zu Aufgabe 4.06 Schleifenfunktionen1

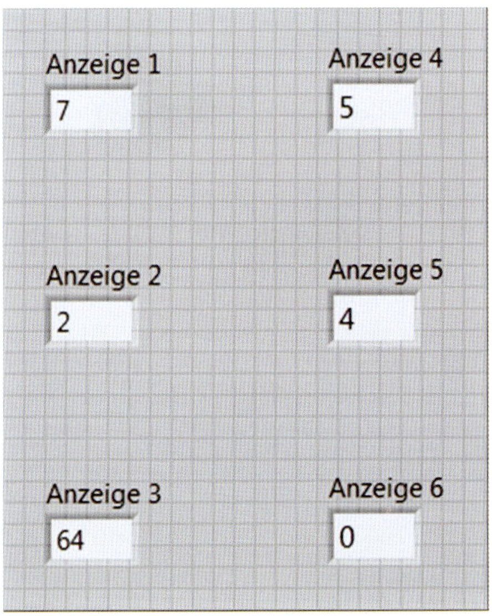

Zu Aufgabe 4.07 Schleifenfunktionen2

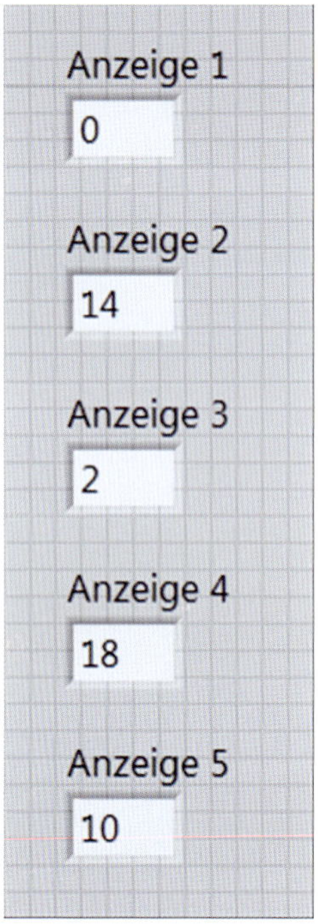

Zu Aufgabe 4.08 Schleifenfunktionen3

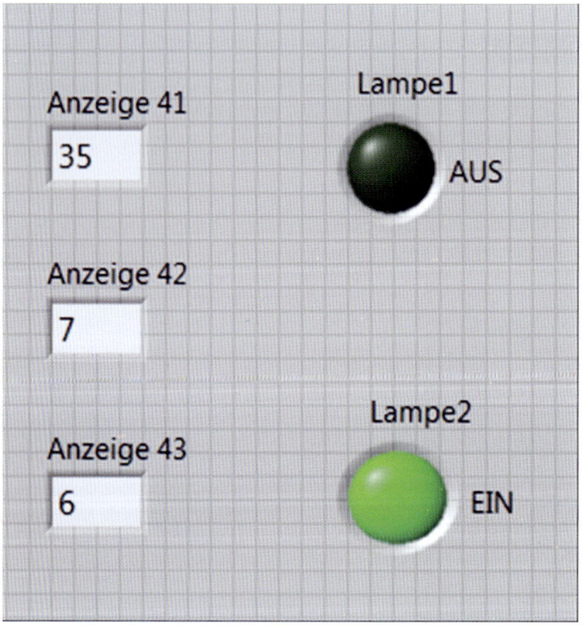

Zu Aufgabe 4.09 Schleifenfunktionen4

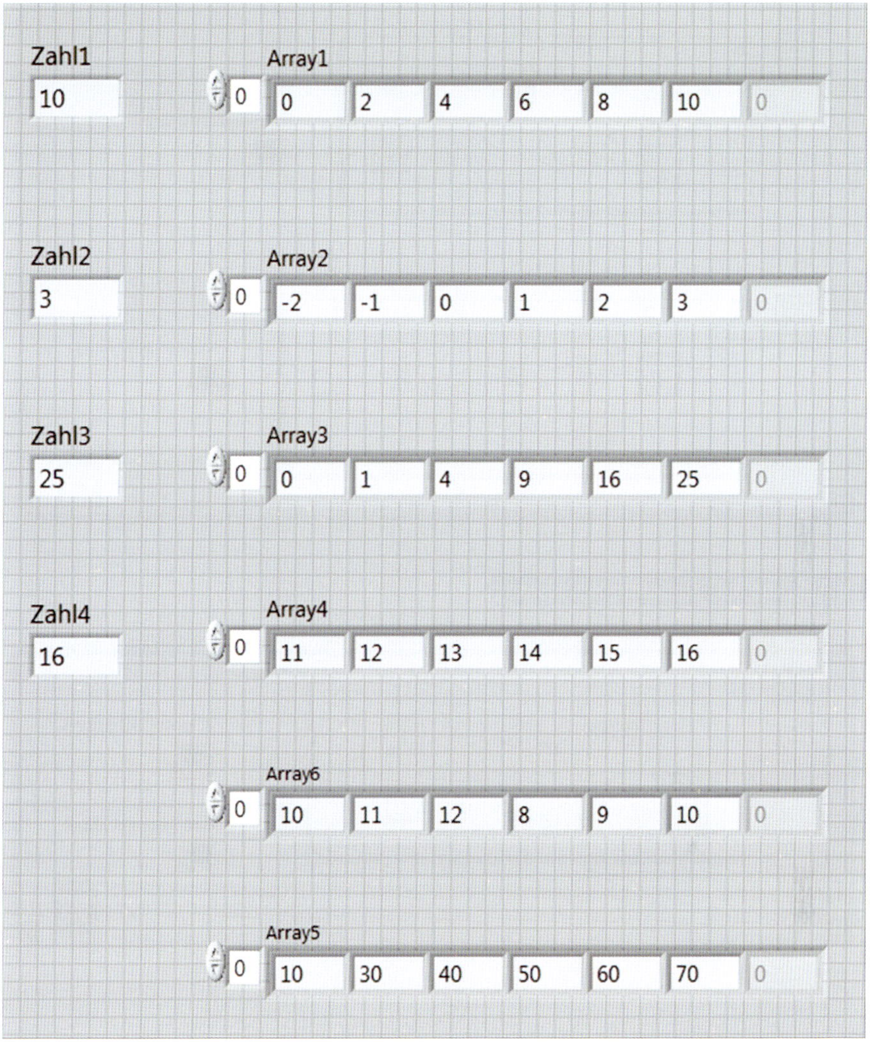

Zu Aufgabe 5.01 Frequenzänderung/Phasenverschiebung

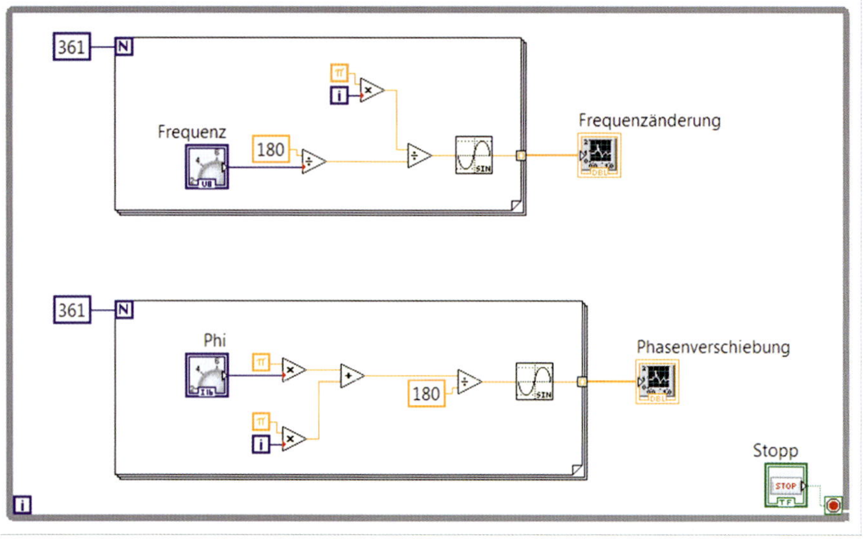

Zu Aufgabe 5.02 Augenblicksleistung

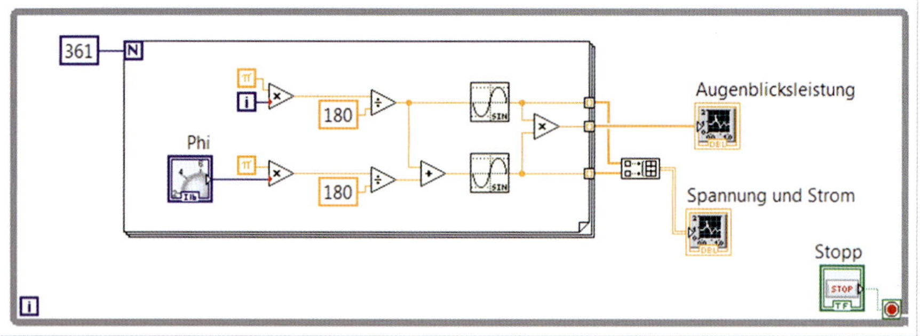

Zu Aufgabe 5.03 Blindwiderstand

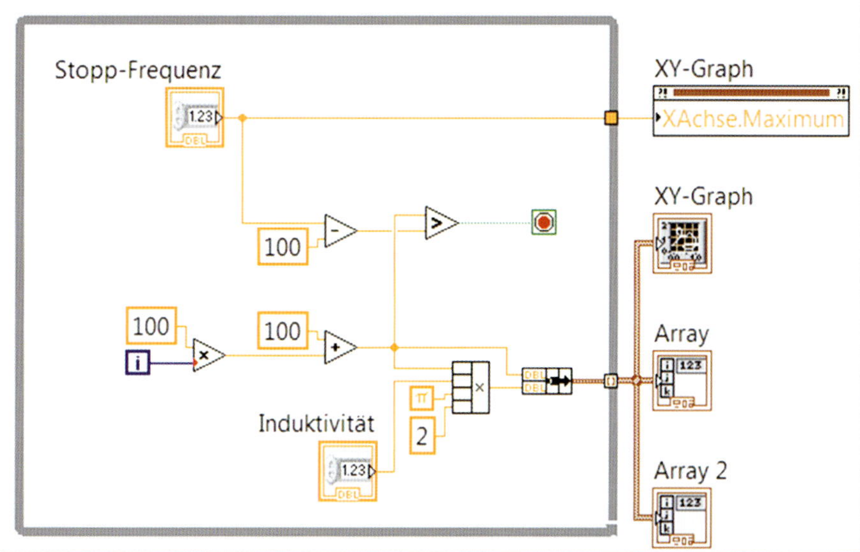

Die beiden Anzeigeelemente *Array* und *Array2* sind zur Anzeige der Anfangs- und Endwerte eingebaut.

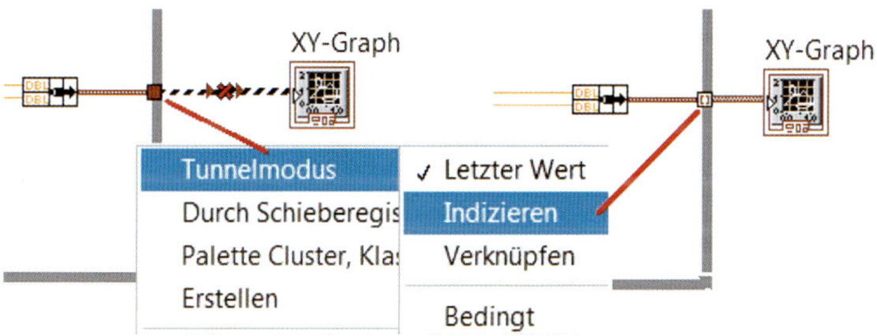

Falls der Anschluss des XY-Graphen nicht gelingt, darauf achten, dass der Tunnelmodus *Indizieren* eingeschaltet ist.

Mit Blindwiderstand Kondensator

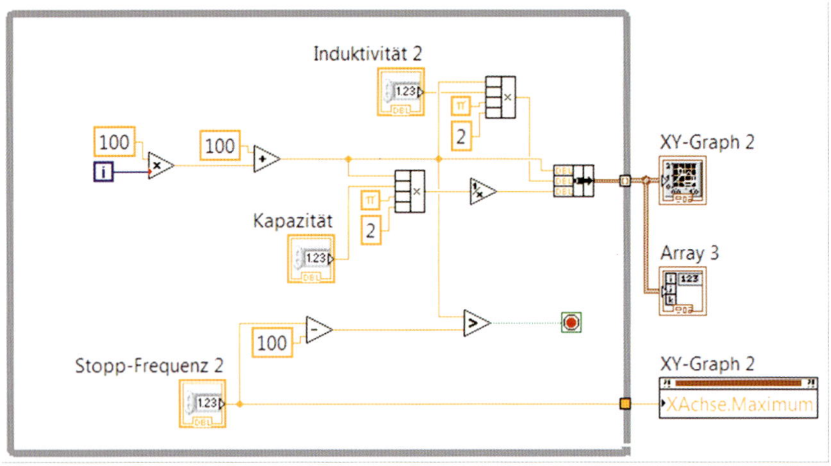

Zu Aufgabe 5.04 Lissajous-Figur

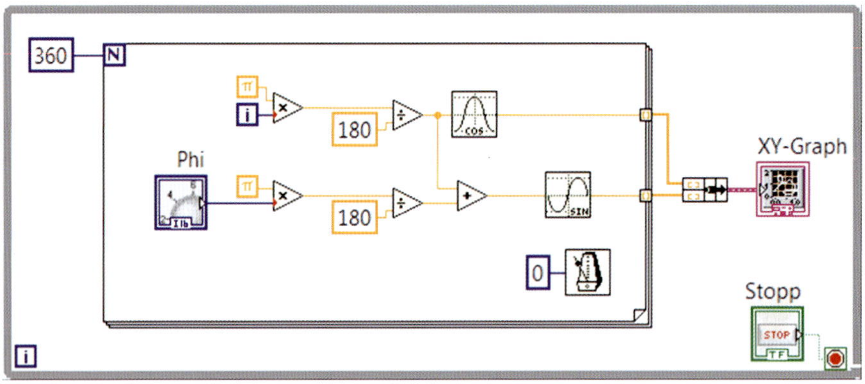

Zu Aufgabe 5.05 Flimmer-Box

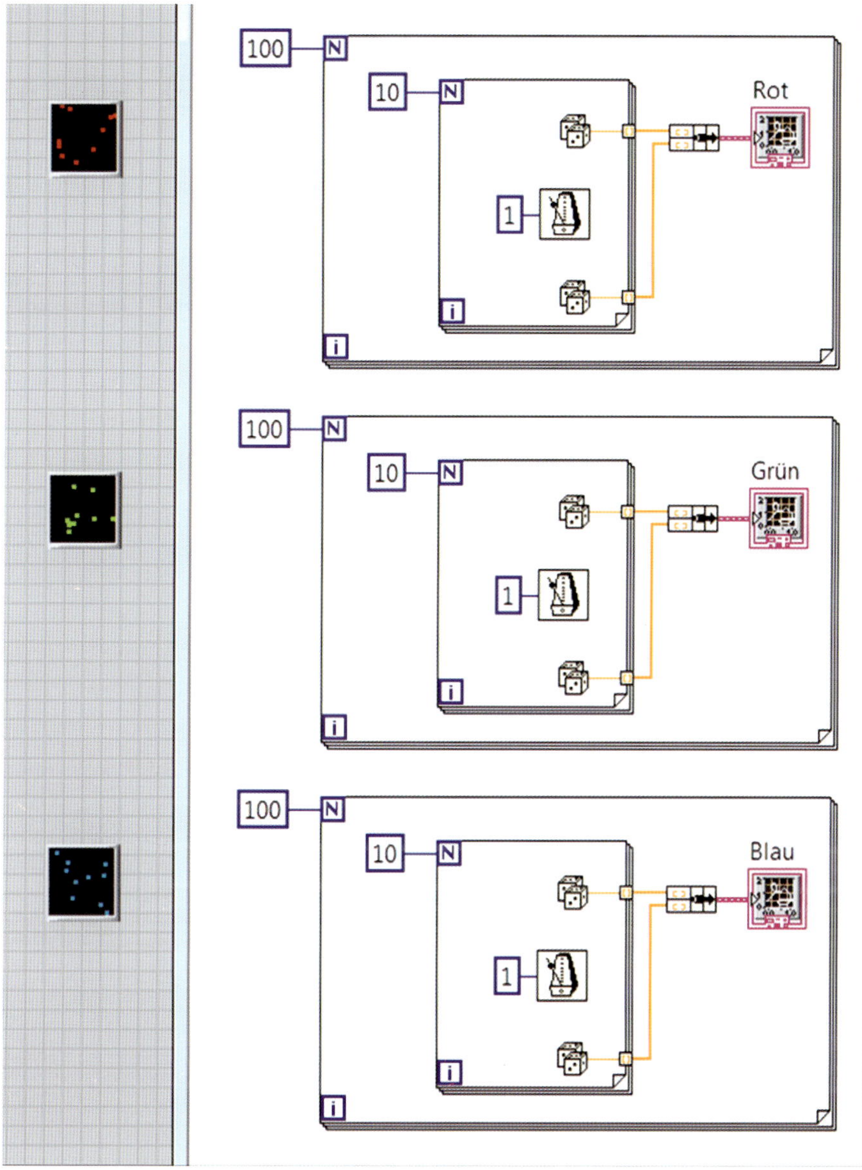

Eine oder mehrere Flimmerboxen kann man im Weiteren dann verwenden, wenn Ausführungszeiten und/oder die Ablaufreihenfolge von Programmteilen sichtbar gemacht werden sollen, z.B. bei Case, Sequenz, Sub-VI oder bei Schnittstellenbetrieb.

Zu Aufgabe 6.01 Taschenrechner

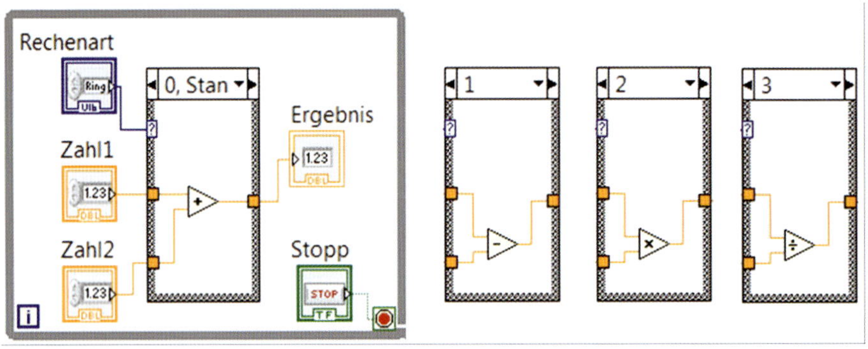

Mit Warnmeldung «Division durch Null»

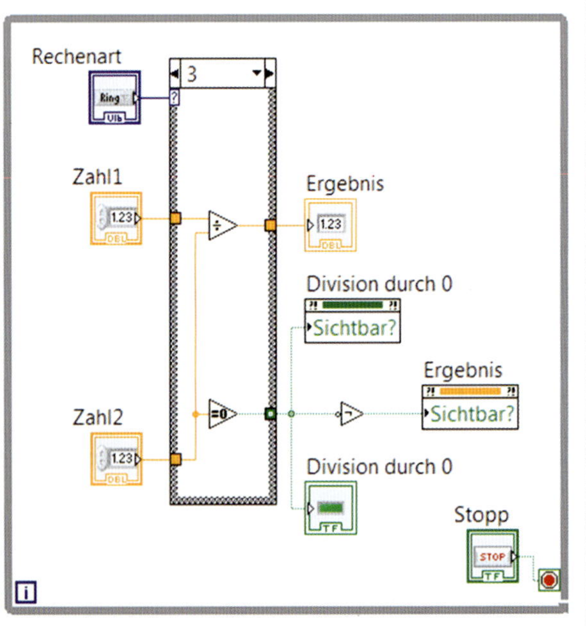

Es werden zwei Ereignisknoten «sichtbar» verwendet:
Wenn die Eingabe in *Zahl2* null ist, wird das Feld *Ergebnis* unsichtbar und die Warn-LED *Division durch 0* sichtbar.

Zu Aufgabe 6.02 Obstpreise

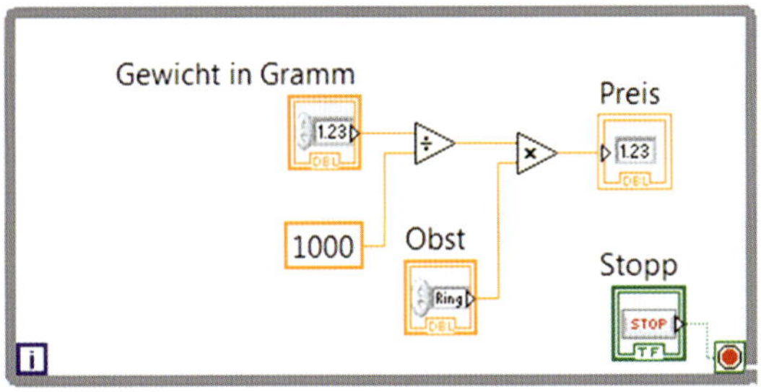

Mit Textring

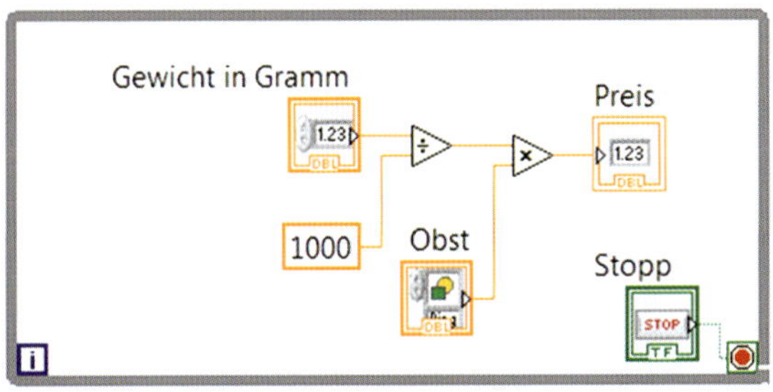

Mit Text- &Grafikring

Zu Aufgabe 6.03 Winkelfunktionen

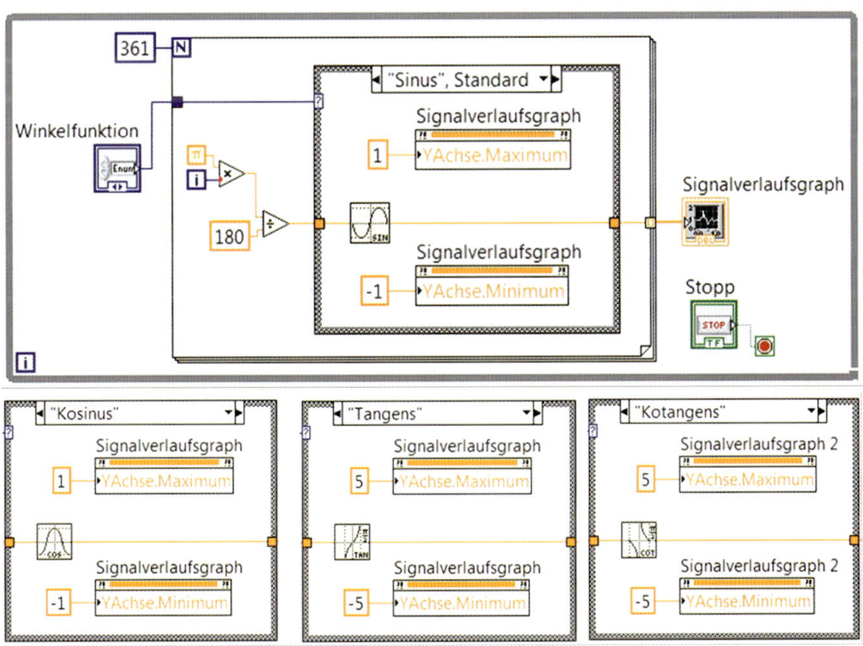

Zu Aufgabe 6.04 Würfelanzeige

Der Rahmen von For- und While-Schleifen kann beschriftet werden.

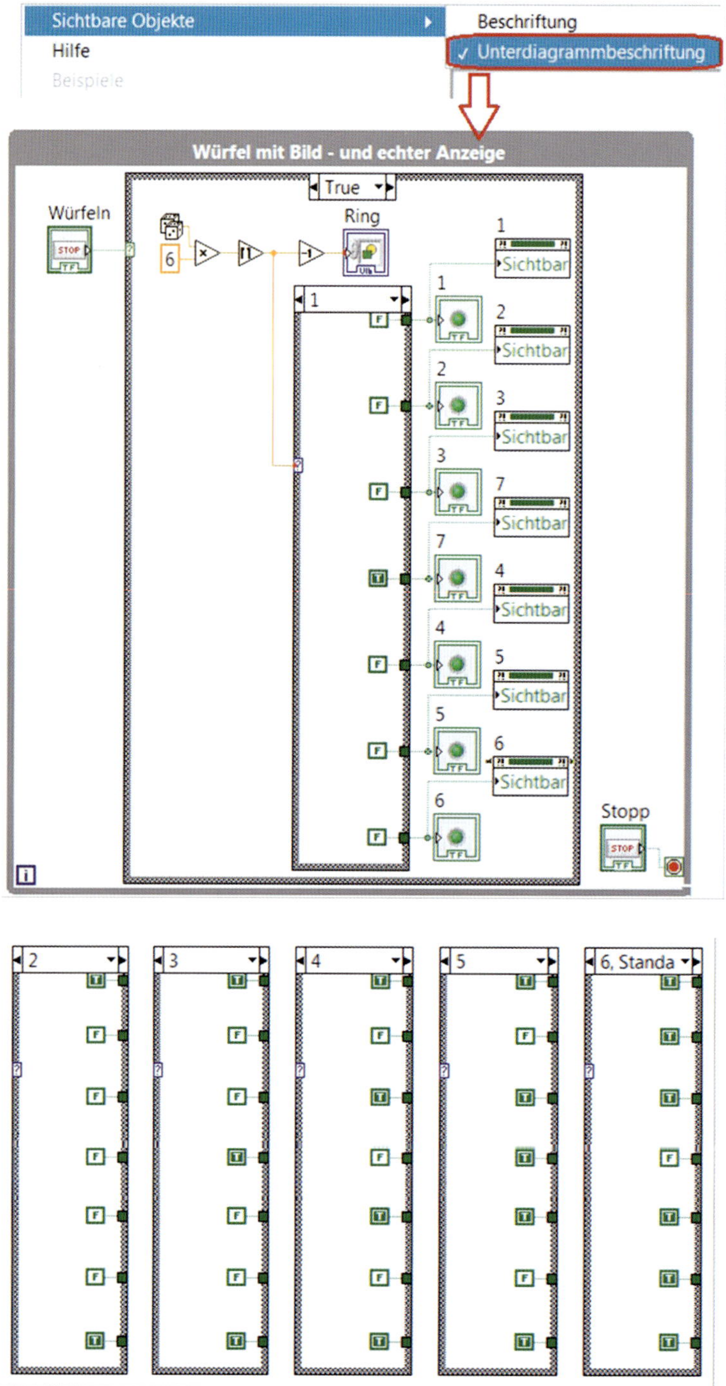

Zu Aufgabe 6.05 Stern-Dreieck-Umrechnung

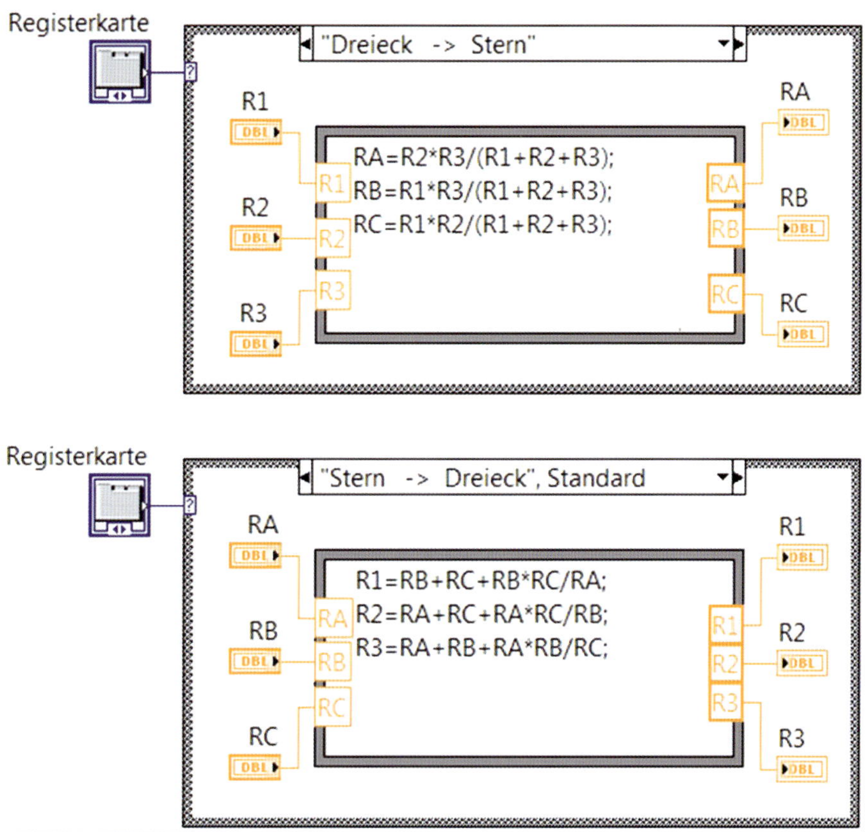

Zu Aufgabe 6.06 Durchflussmessung

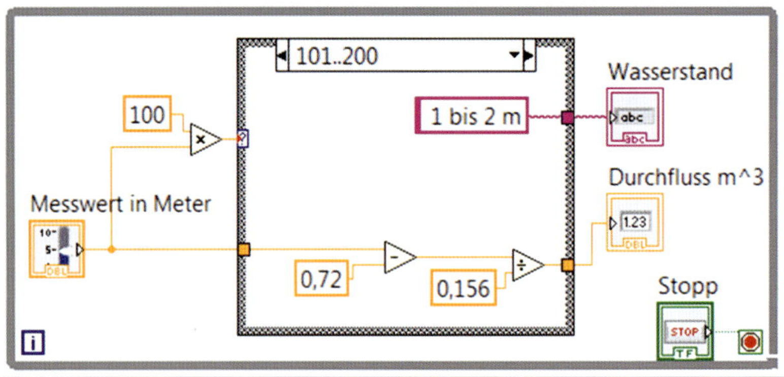

Die anderen Rahmen:

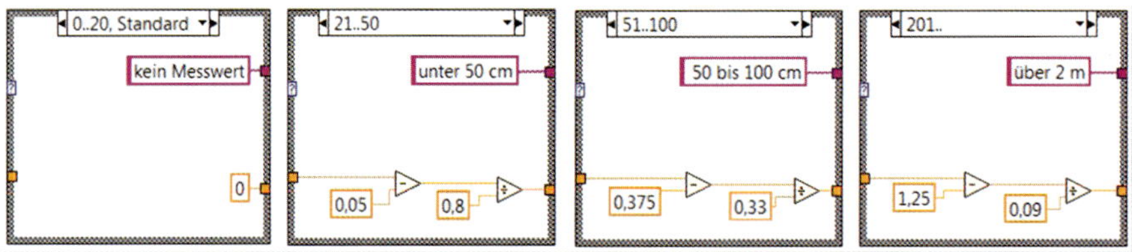

Darstellung der Kennlinie:

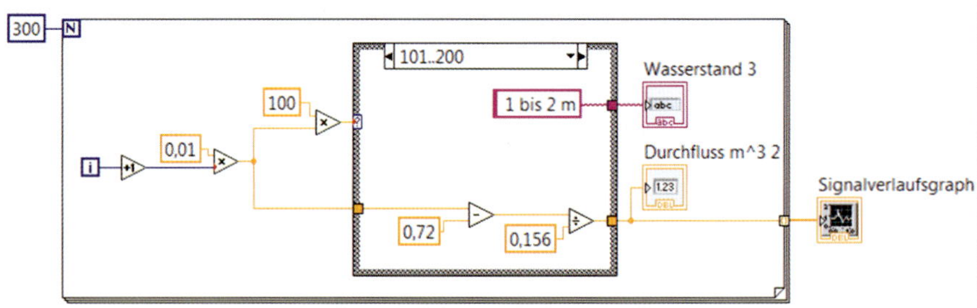

Zu Aufgabe 7.01 Wartezeitmessung / Eieruhr

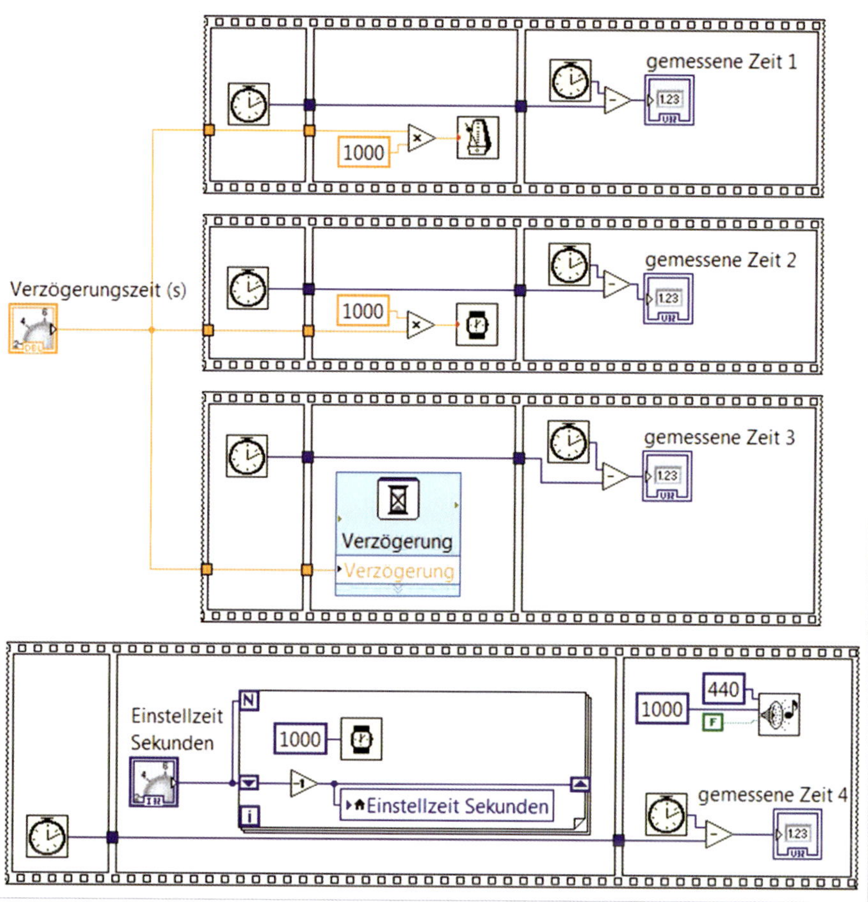

Nach Ablauf der Zeit wird eine Sekunde lang ein Ton mit 440 Hz ausgegeben.

Zu Aufgabe 7.02 Summe 1/x

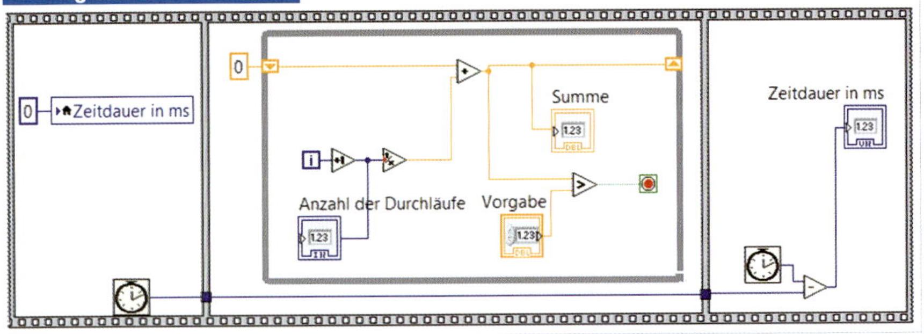

Zu Aufgabe 7.03 Würfeltreffer

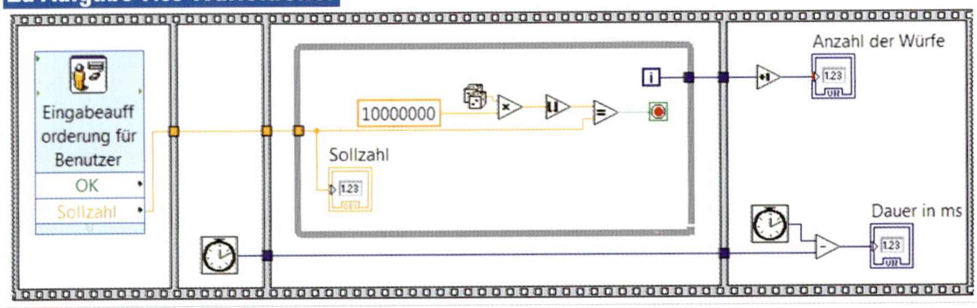

Aufgabe: Lösen Sie die Aufgabe mit lokalen Variablen, aber fügen Sie auf dem Frontpanel keine weiteren Anzeigeelemente hinzu.

Zu Aufgabe 8.01 Rechenoperationen

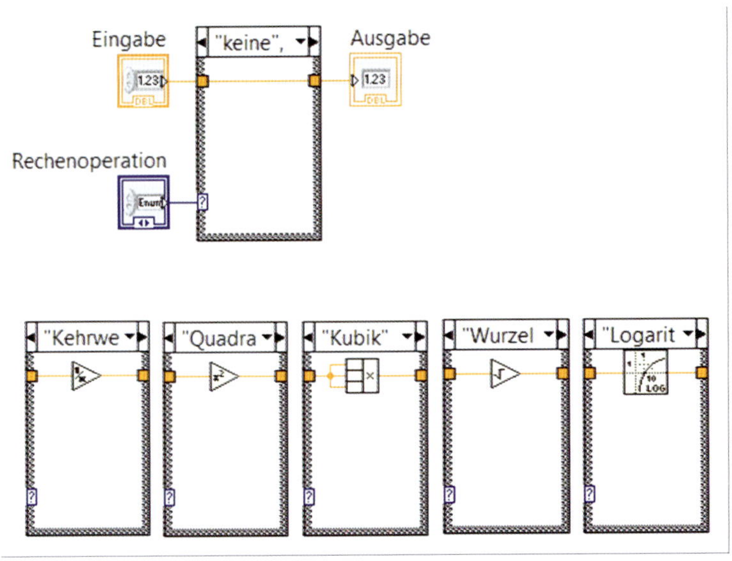

Beschaltetes SubVI

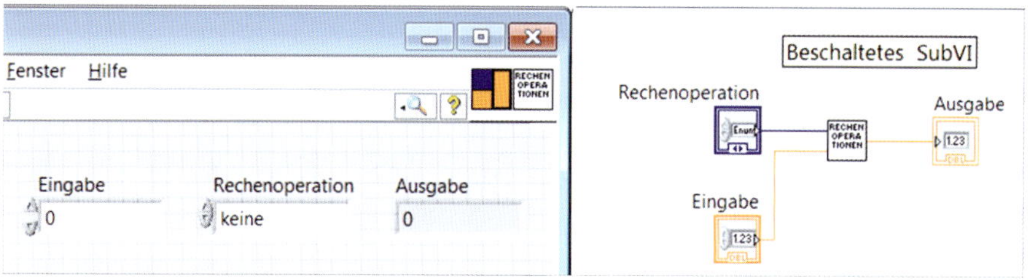

Die drei geänderten Rahmen des erweiterten VIs.

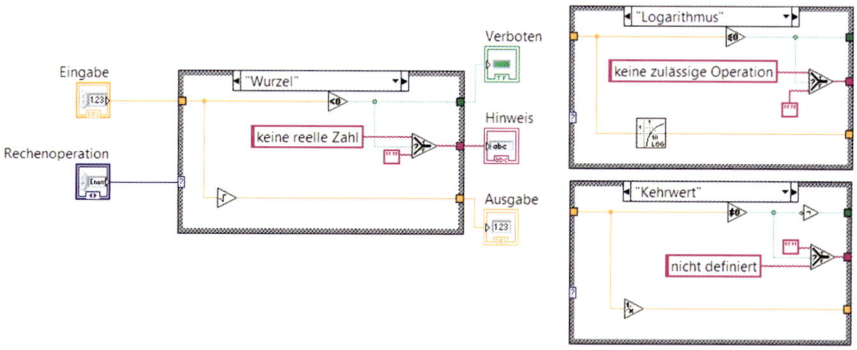

Zu Aufgabe 8.02 SubVI Tiefpass/Hochpass

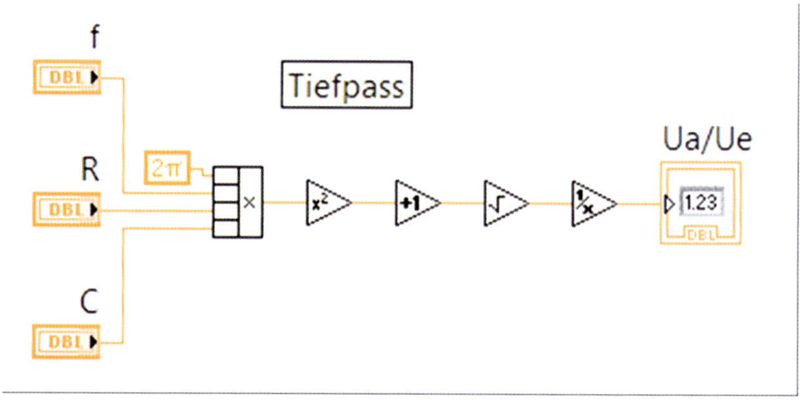

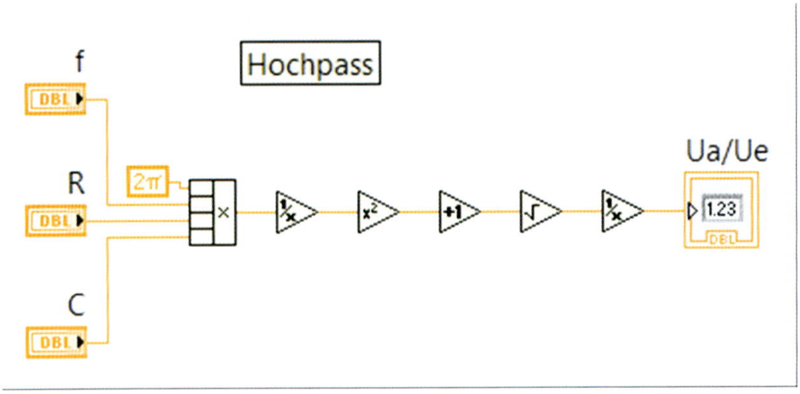

Zu Aufgabe 8.03 Übertragungsfunktion

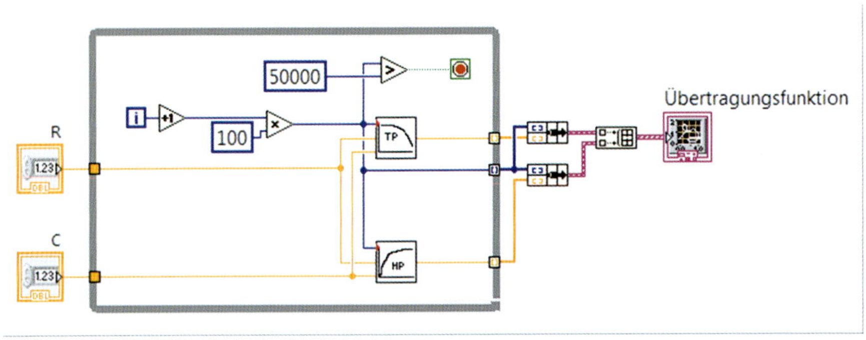

Nachfolgendes Bild zeigt eine Alternative zur Anzeige von mehreren Kurven mit XY-Graph. Anstatt *Bündeln* und *Array Erstellen* kann die Funktion *Cluster-Array indizieren und bündeln* verwendet werden.

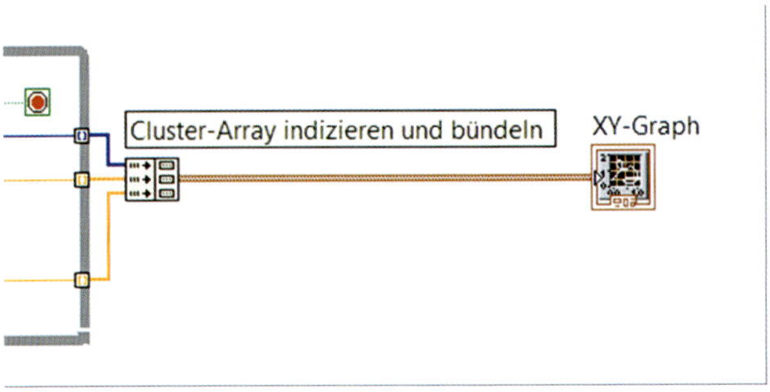

Antwort: Eine While-Schleife um den oben dargestellten Code ziehen.

Zu Aufgabe 8.04 Rechteckschwingung

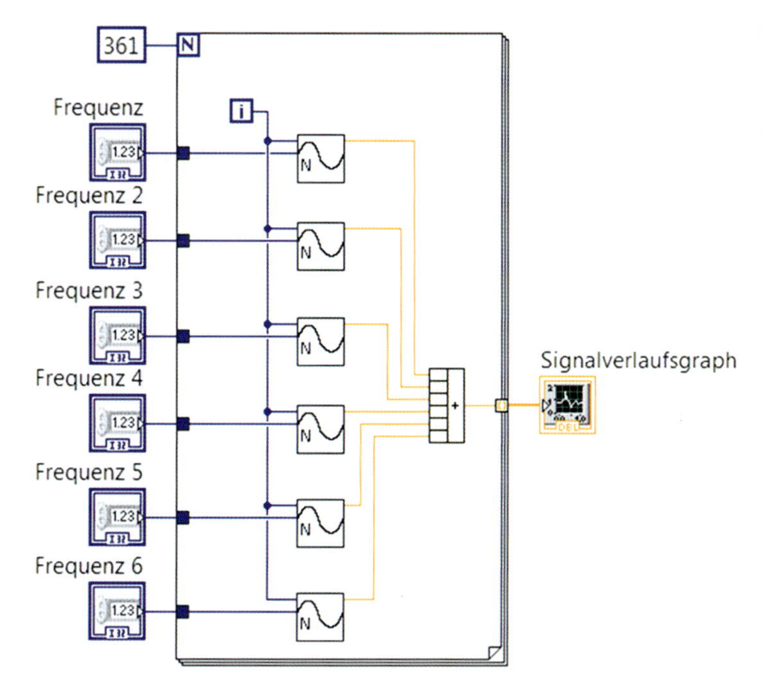

SubVI

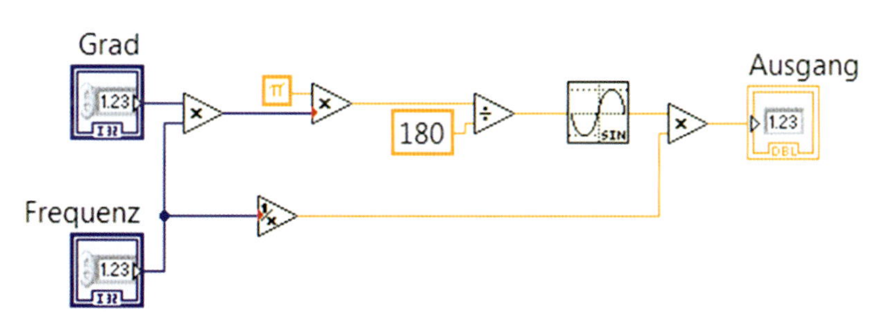

Zu Aufgabe 9.01 Stringumwandlungen

1. Funktion *Zahl nach String*

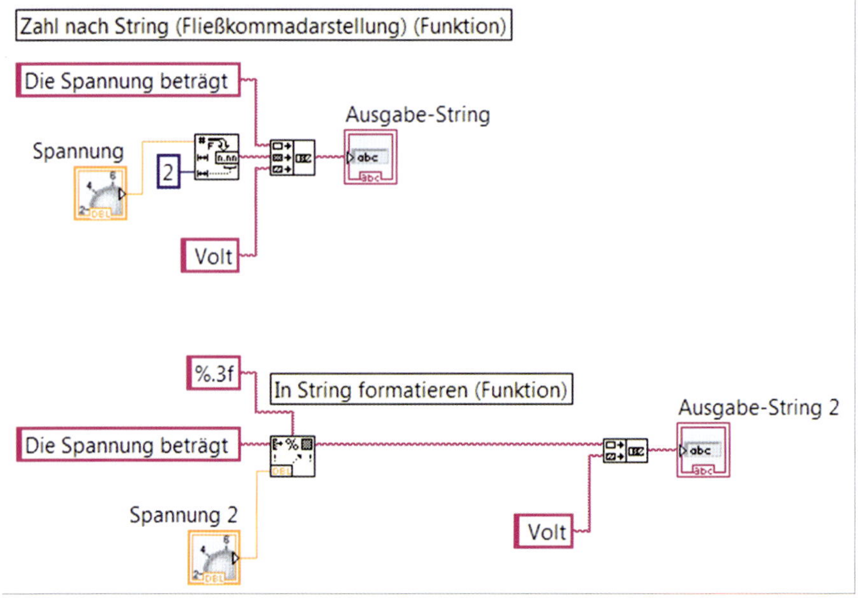

%.3f ist die Formatierungsvorschrift für die eingefügte Zahl. Näheres dazu in LabVIEW-Hilfe unter *Syntax für Formatbezeichner*.

2. Funktion *String nach Zahl*

Wenn Sie mit dem Inhalt eines Anzeigeelements weiterarbeiten möchten, können Sie es zuerst kopieren und dann mit dem Kontextmenü in eine Konstante umwandeln.

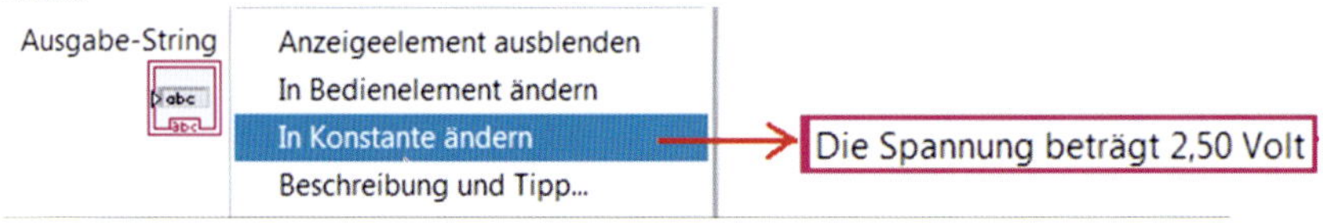

Dezimalstring nach Zahl konvertiert nur ganzzahlige Werte, verwenden Sie deshalb:

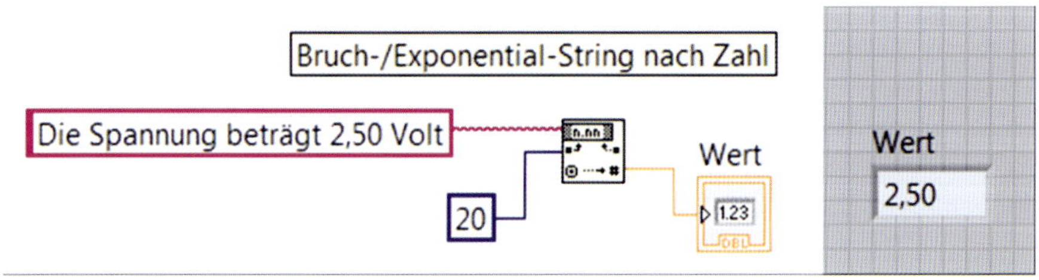

Hier bestimmt der Offset (20), ab welcher Stelle der String in eine Zahl gewandelt wird.
Testen Sie die Offsetwerte 19 und 22.

Zu Aufgabe 9.02 Stringfunktionen1

Teil-String (Funktion)

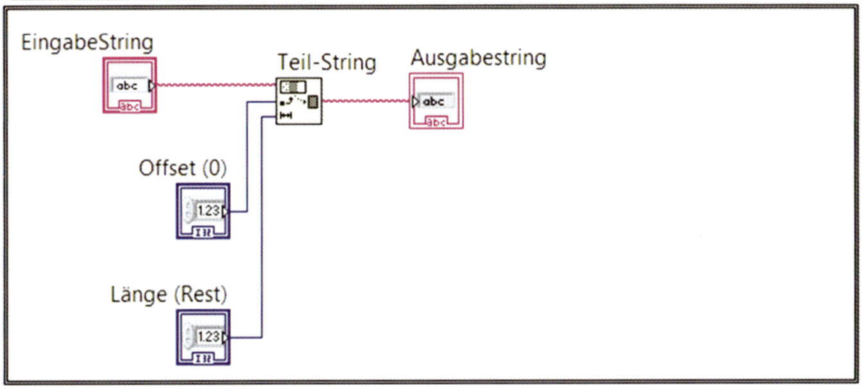

Muster suchen (Funktion)

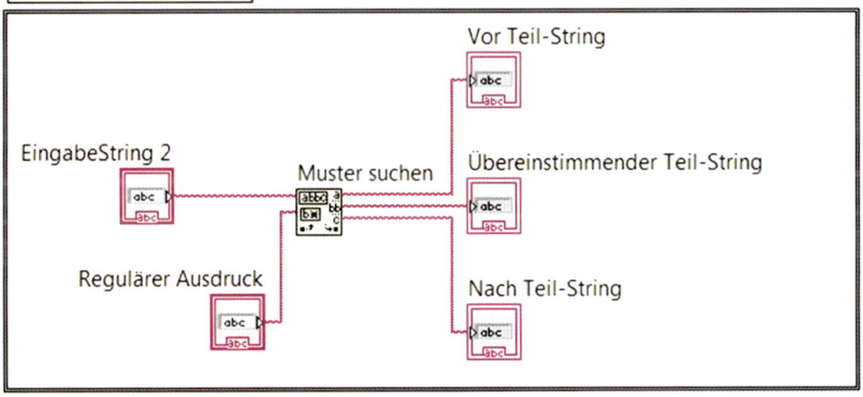

* Der *Reguläre Ausdruck* zum Erkennen aller Ziffern ist [0-9]+

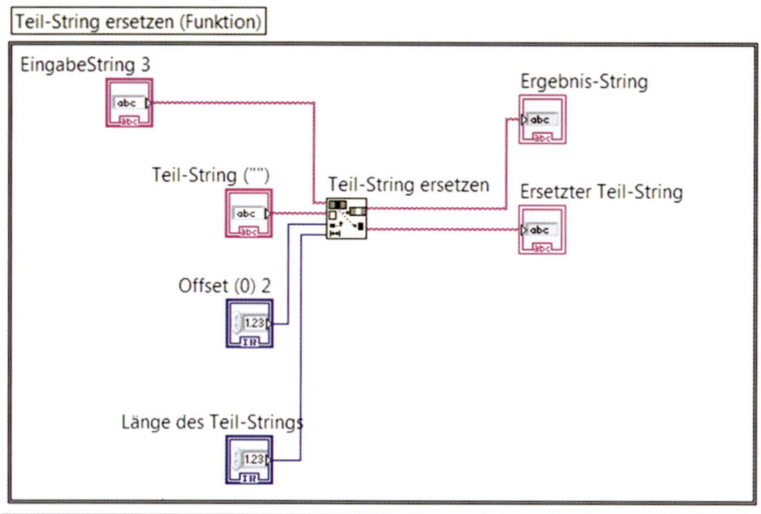

Zu Aufgabe 9.03 Stringfunktionen2

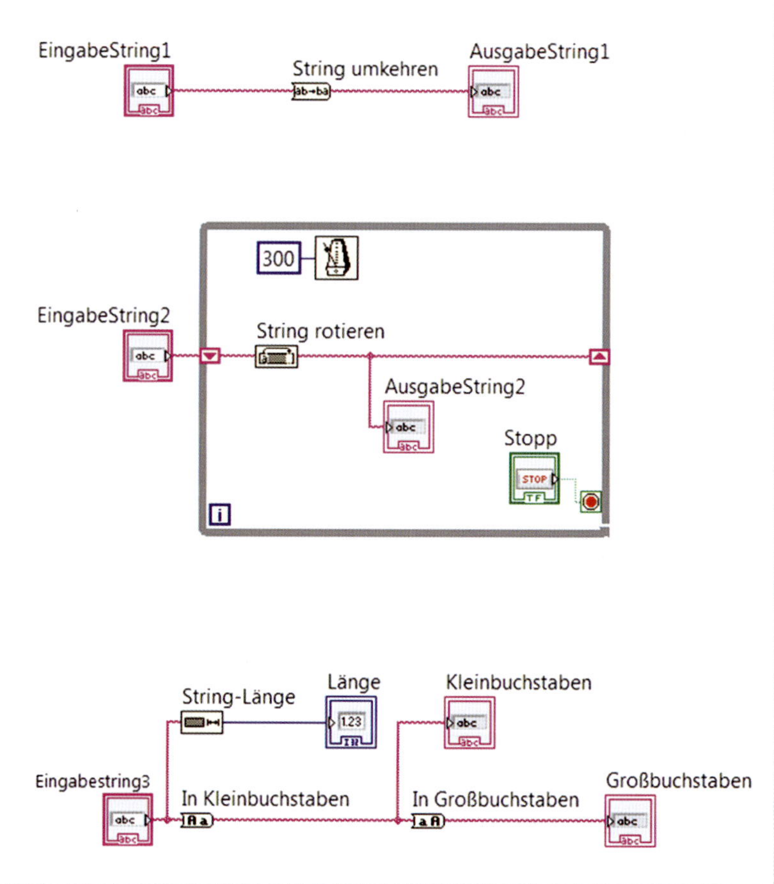

Hinweis: Eine Zeichenkette, die vorwärts und rückwärts gelesen werden kann, nennt man **Palindrom**. In Wikipedia sind davon etliche zu finden.

Zu Aufgabe 9.04 ASCII-Generator

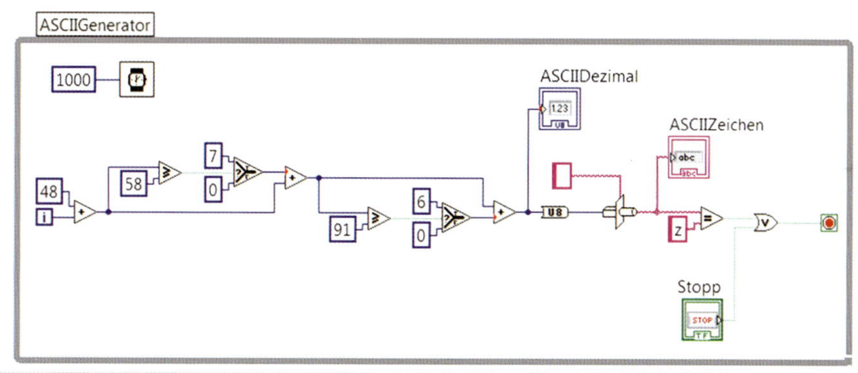

Zu Aufgabe 9.05 Datum/Zeitangabe als String

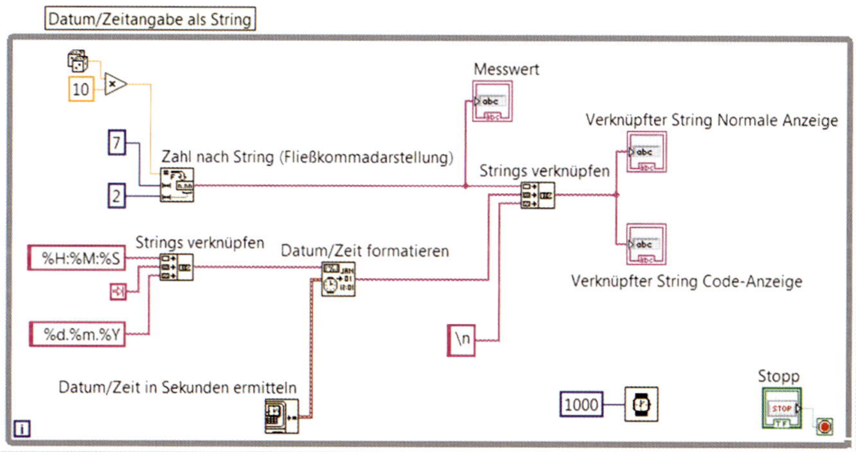

Zu Aufgabe 10.1 Buchkarteikarte

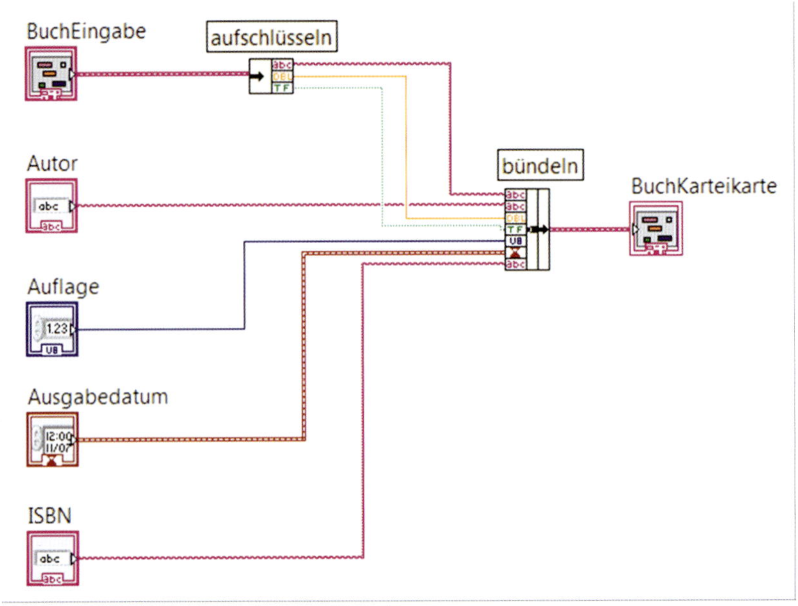

Untersuchen Sie die Möglichkeit, die gleiche Aufgabe mit den Funktionen *Nach Namen aufschlüsseln* und *Nach Namen bündeln* zu lösen.

Zu Aufgabe 10.02 Prüfprotokoll

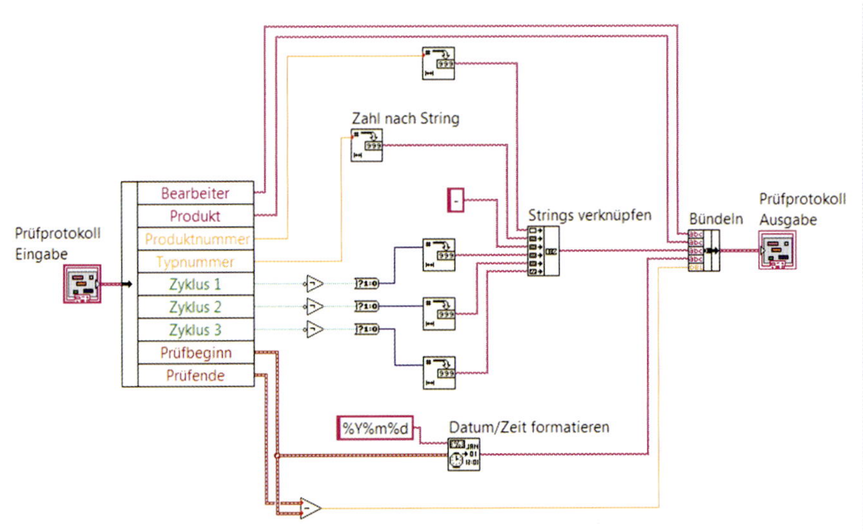

Zu Aufgabe 10.03 Zeitstempel

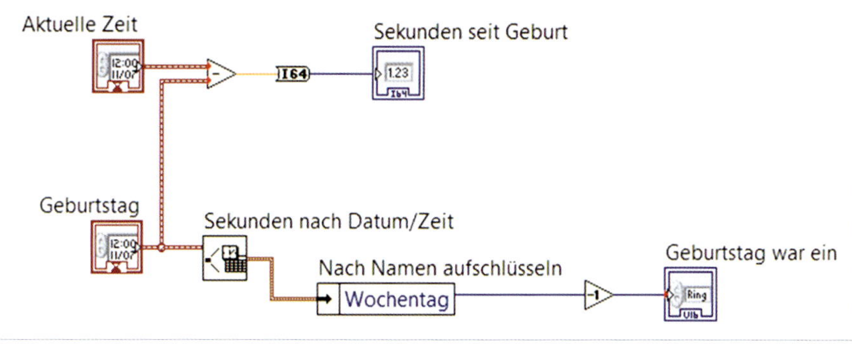

Es wird nur ein Feld in der Funktion *Nach Namen aufschlüsseln* gebraucht. Nach dem Verbinden im Kontextmenü *Objekt auswählen* und dann *Wochentag* eingeben.

Zu Aufgabe 10.04 Messstellen

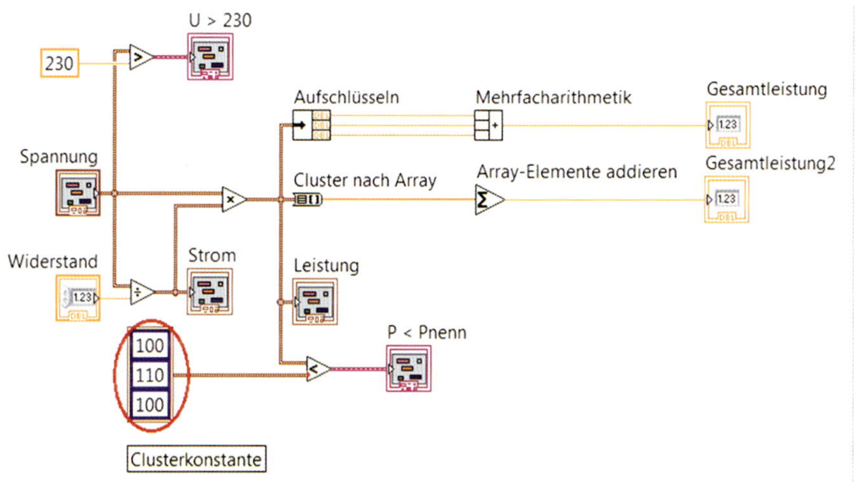

Eine Funktion zur Addition aller Elemente in einem Cluster gibt es nicht. Mit bisherigen Mitteln kann die Gesamtleistung mit Aufschlüsseln und anschließendem Addieren erfolgen. Sind jedoch mehrere gleichartige Elemente vorhanden, bietet eine andere Berechnung Vorteile:

Den Cluster in ein Array umwandeln und dann die Funktion *Array-Elemente addieren* anwenden. Man erkennt hier, dass die Bearbeitung von Clustern zwar elegant sein kann, die Rechnung mit den Clusterelementen selbst aber oft über den Umweg von Arrays einfacher ist. Das liegt am Aufbau eines Arrays: Die Indizierung der einzelnen Werte bietet einen einfachen Zugriff auf Arrayinhalte und erleichtert damit deren Manipulation und Bearbeitung. Dafür stehen viele Funktionen zur Verfügung. Näheres dazu in Kapitel 11.

Zu Aufgabe 10.05 Fehler-Cluster

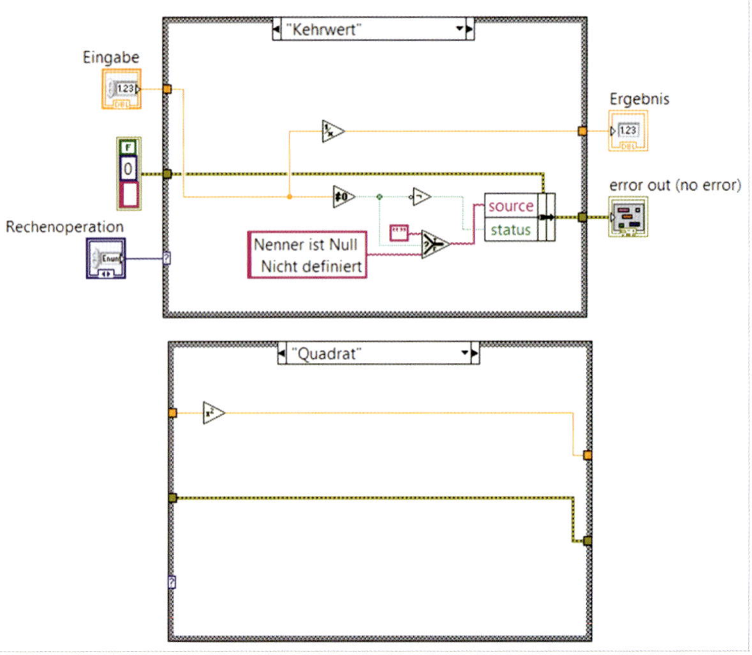

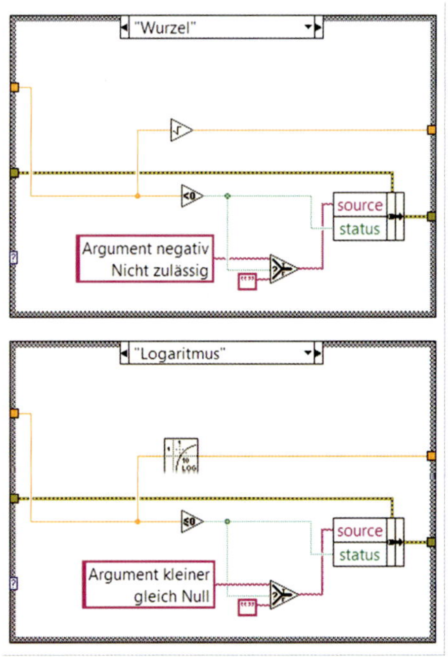

Zu Aufgabe 11.01 Arrayfunktionen

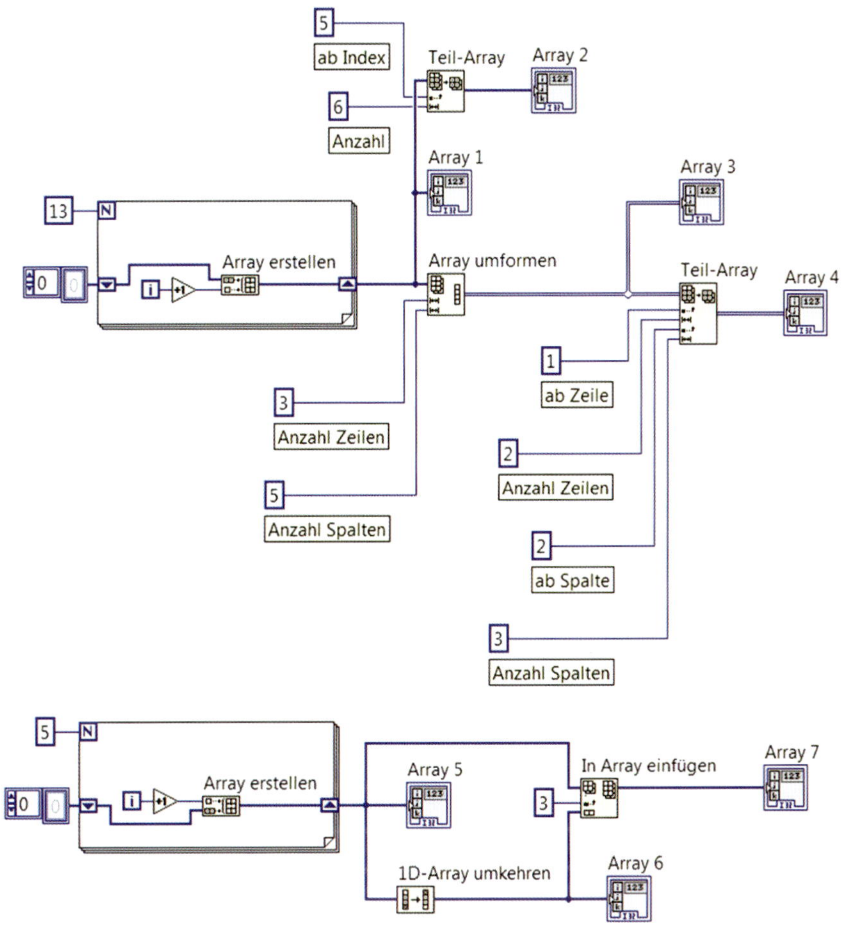

Achtung:

Ab Zeile 1 ist die Kurzform für: **Ab Zeile mit dem Index 1** (das ist die 2. Zeile). Für die 1. Zeile/Spalte muss der Index 0 angegeben werden.

Zu Aufgabe 11.02 Zehn Lottospiele

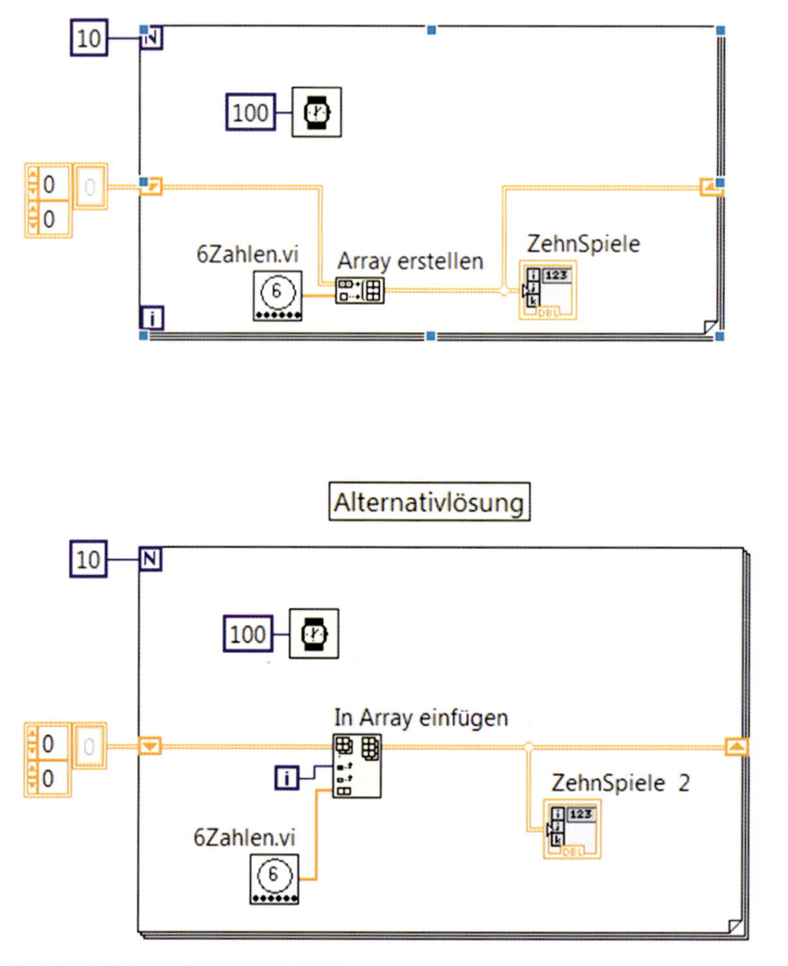

Hinweis: Beachten Sie die unterschiedliche Strichstärke der 1D- und 2D- Verbindungsleitungen. Auch die Initialisierung weist auf ein 2D-Array hin.

Aufgabe: Tauschen Sie die Beschaltung Index (Zeile) mit Index (Spalte) und sehen sich das Ergebnis an.

Zu Aufgabe 11.03 Jahrestabelle

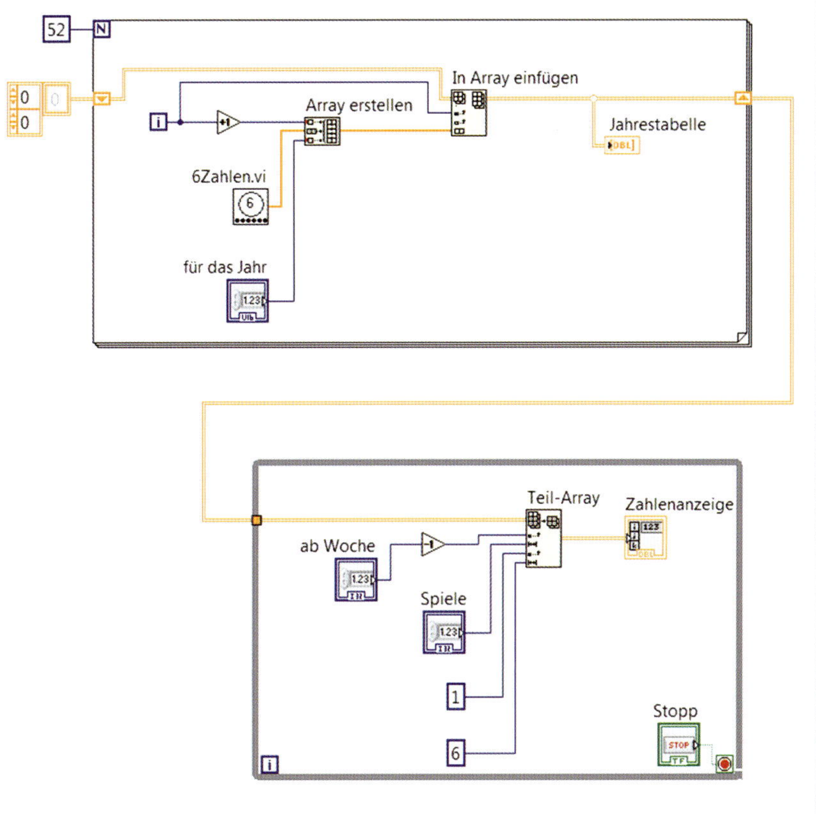

Zu Aufgabe 11.04 Trefferwahrscheinlichkeit

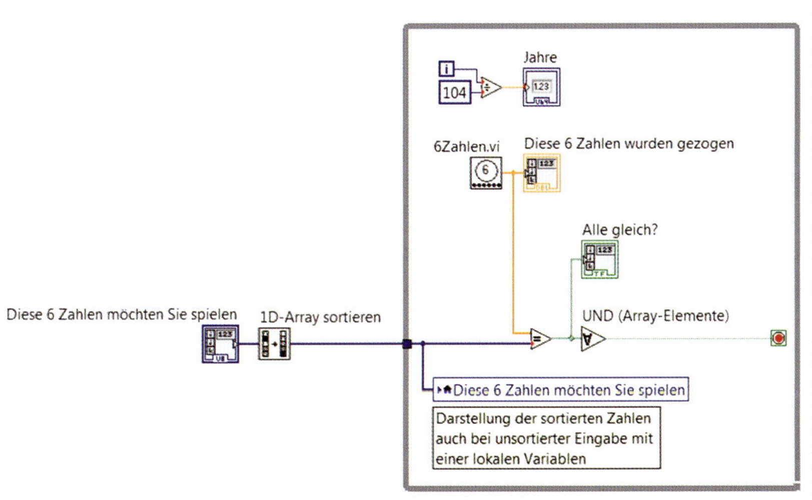

Durch die Verwendung des Datentyps *U8* beim Eingabe-Array wird die Eingabe von negativen und Kommazahlen verhindert.
Überlegen Sie sich eine Erweiterung des VIs, die doppelte Zahlen und Zahlen über 49 abweist. *Hinweis*: Lottozahlengenerator.

Zu Aufgabe 11.05 Messwertsortierer

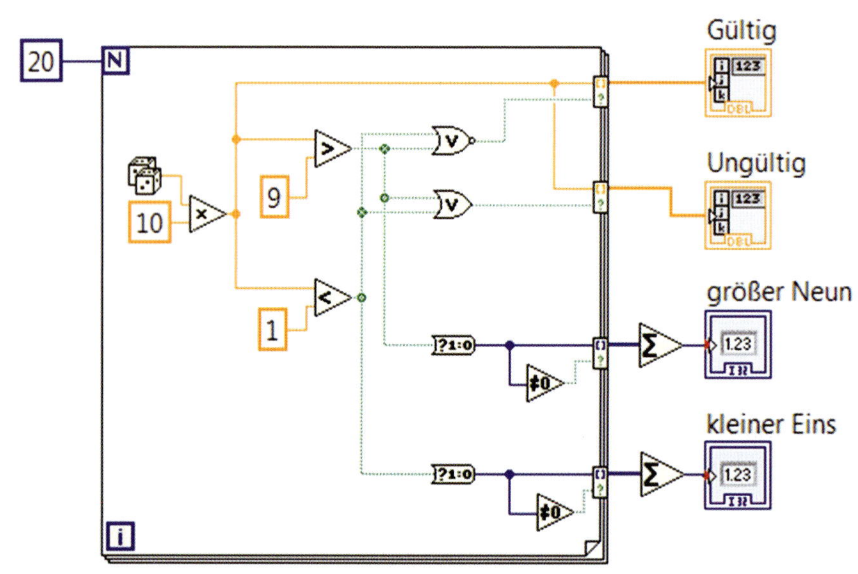

Zu Aufgabe 11.06 Phrasengenerator

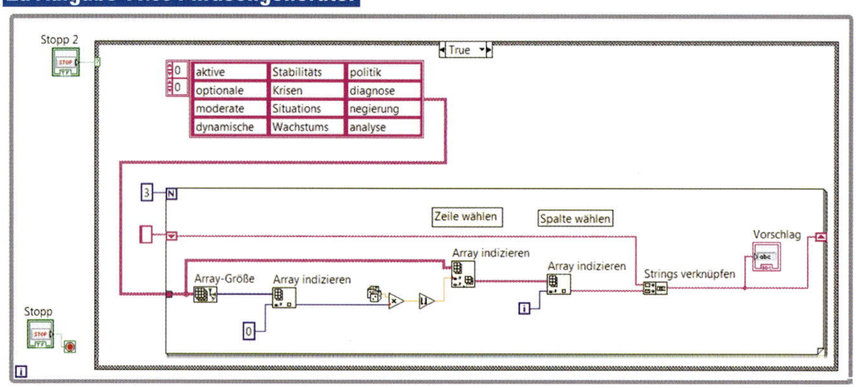

Die Berechnung der Zufallszahl erfolgt mit der Zeilenzahl der Arraykonstanten (Arraygröße). Dadurch muss keine Programmänderung erfolgen, wenn in die Stringkonstante neue Wörter eingetragen werden.

Zu Aufgabe 12.01 Bandpassdaten speichern

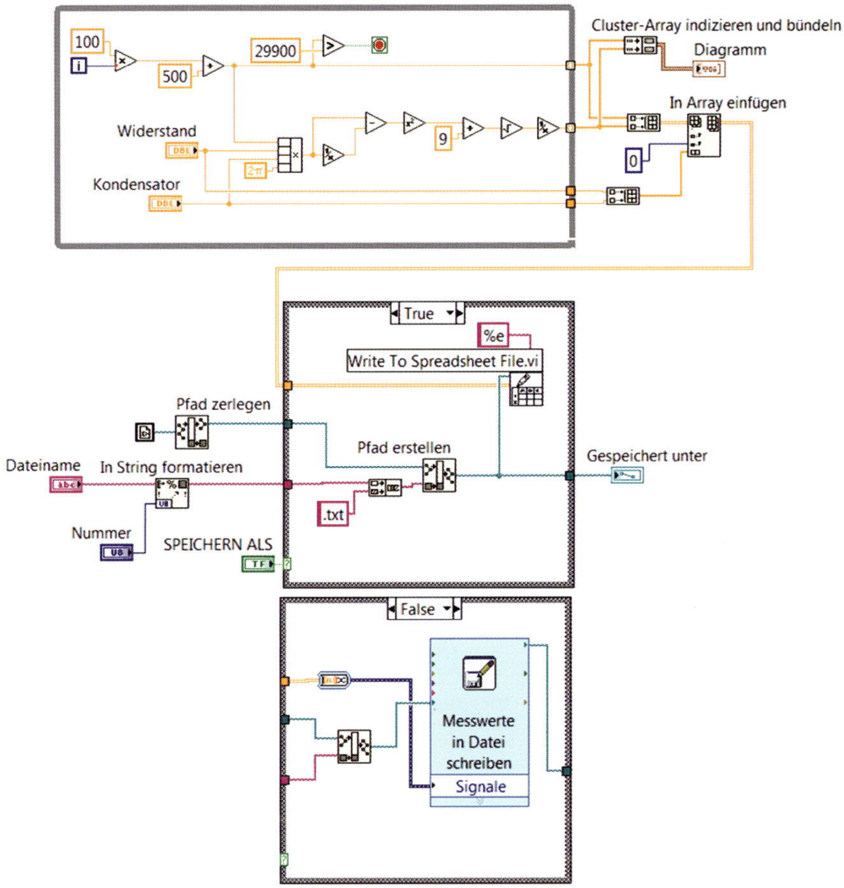

Zu Aufgabe 12.02 Bandpassdaten lesen

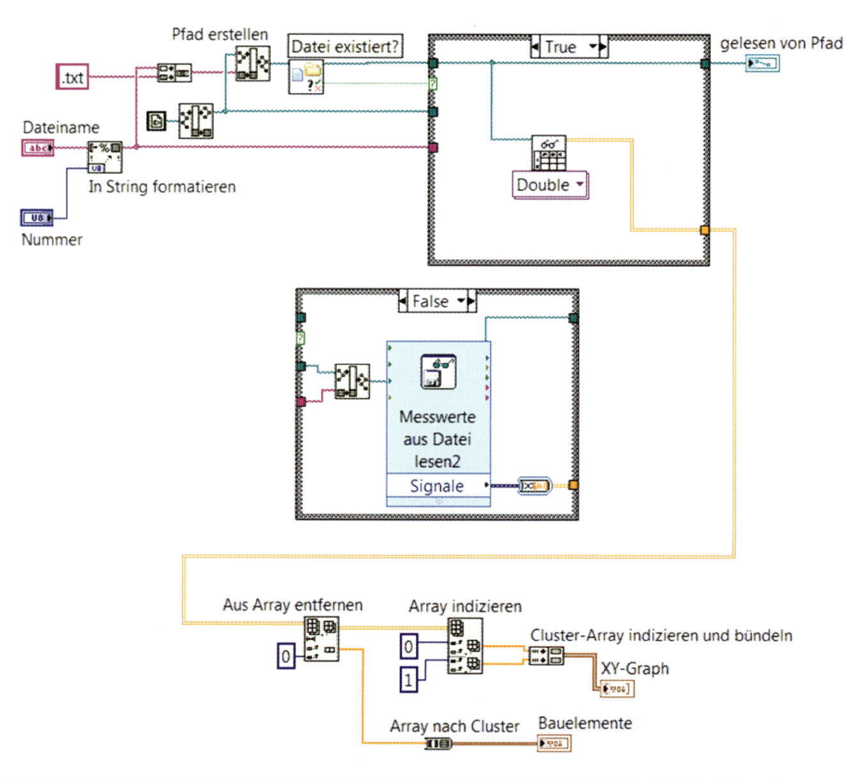

Zu Aufgabe 12.03 Lottozahlen-Datei

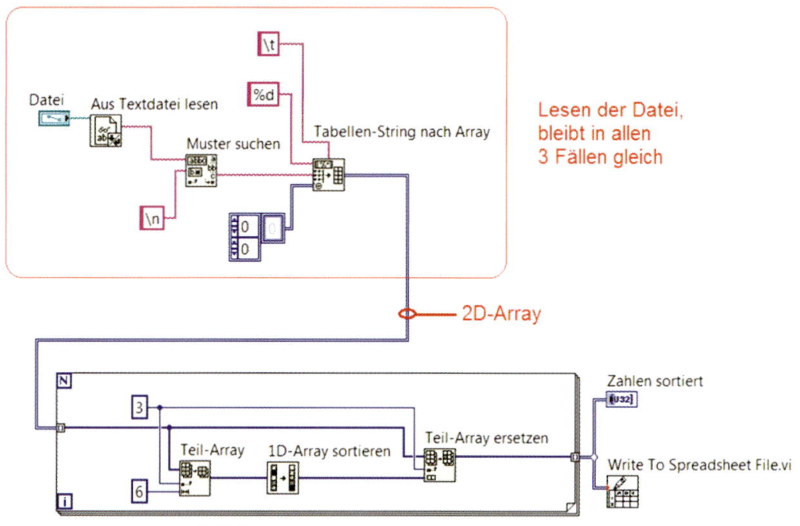

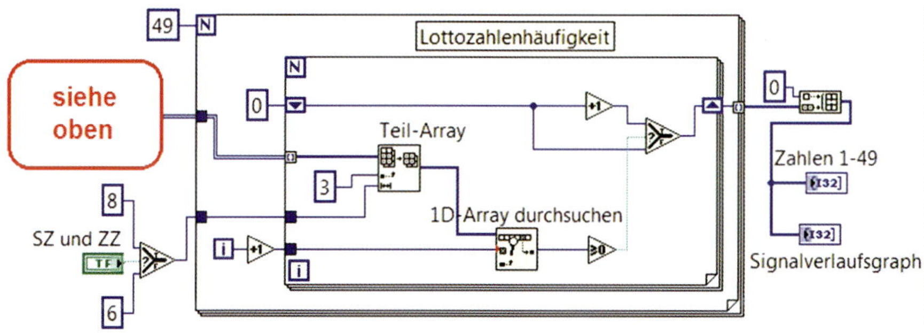

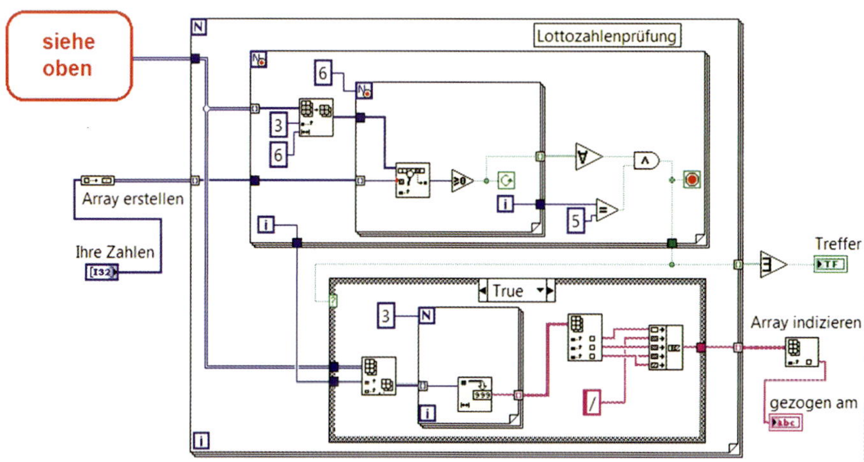

Zu Aufgabe 12.04 Niederschlagsmessung

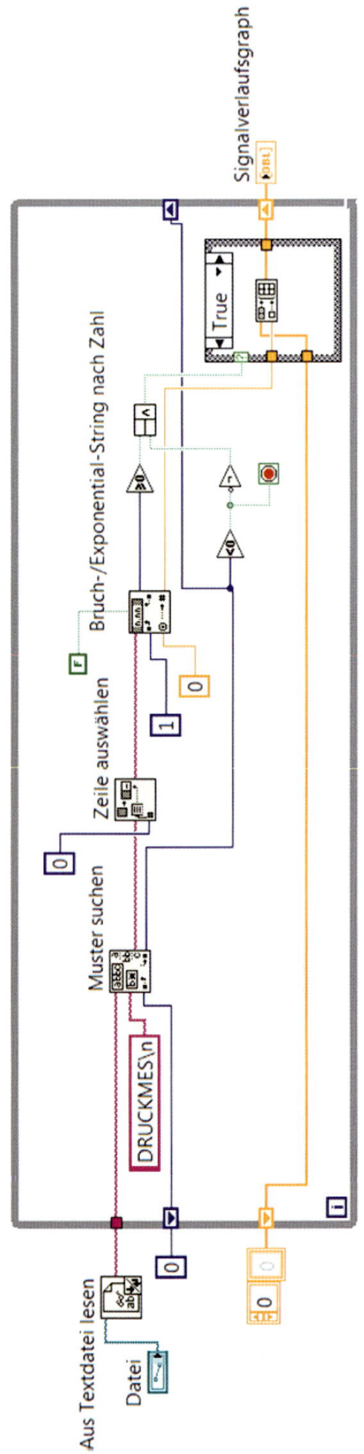

Zu Aufgabe 14.01 Nur-Senden-Modus

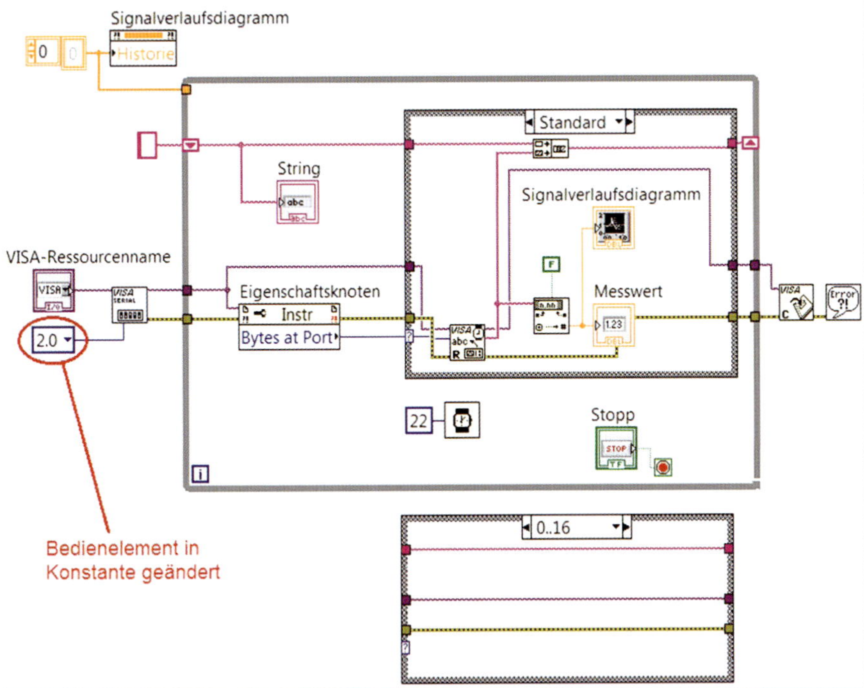

Eigenschaftsknoten der Ressourcenleitung

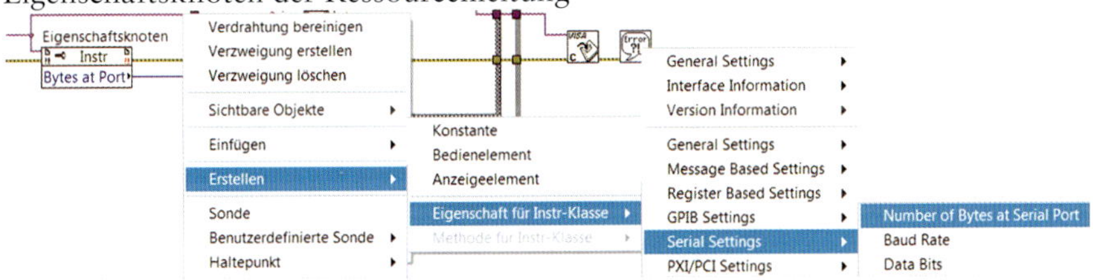

Hinweis: Bei dem verwendeten DMM Agilent 34401A kann die kontinuierliche Messung (*Autotrigger*) abgeschaltet und ein manueller Modus eingeschaltet werden. Ein Tastendruck (*Single*) löst dann eine Messung aus und schickt den Messwert an die Schnittstelle. Damit können z.B. Reihenmessungen von Bauelementen durchgeführt und mitprotokolliert werden.

Zu Aufgabe 14.02 Senden und Empfangen

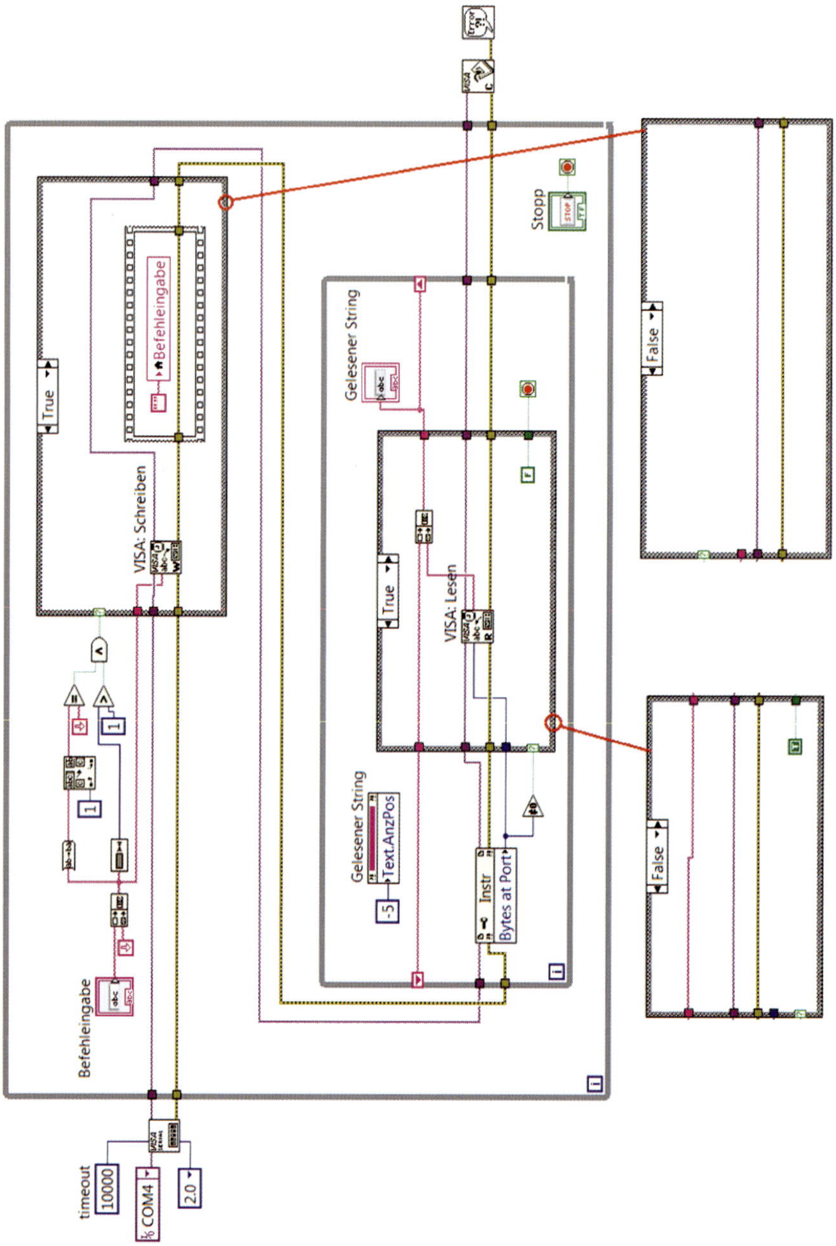

Zu Aufgabe 14.03 Messung konfigurieren

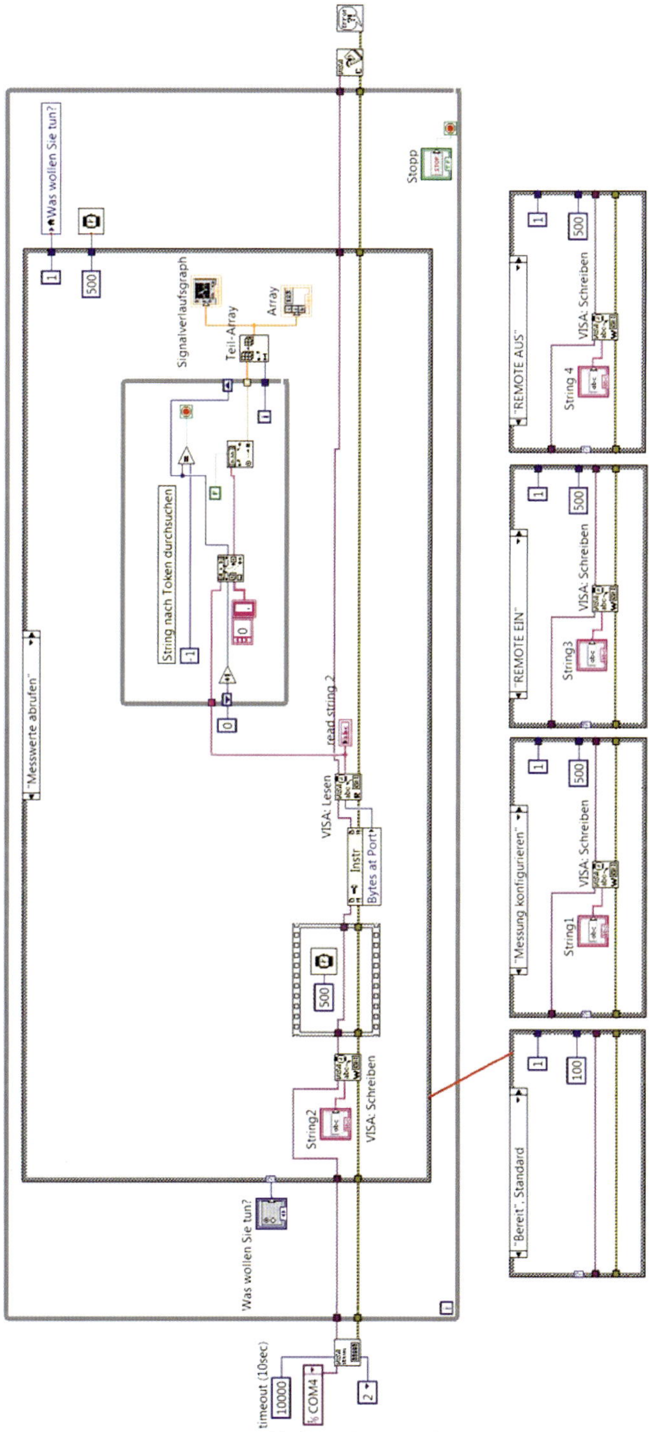

Zu Aufgabe 15.01 Messgerät bedienen

Mit den «Low-Level»-Befehlen FREQ und VOLT.

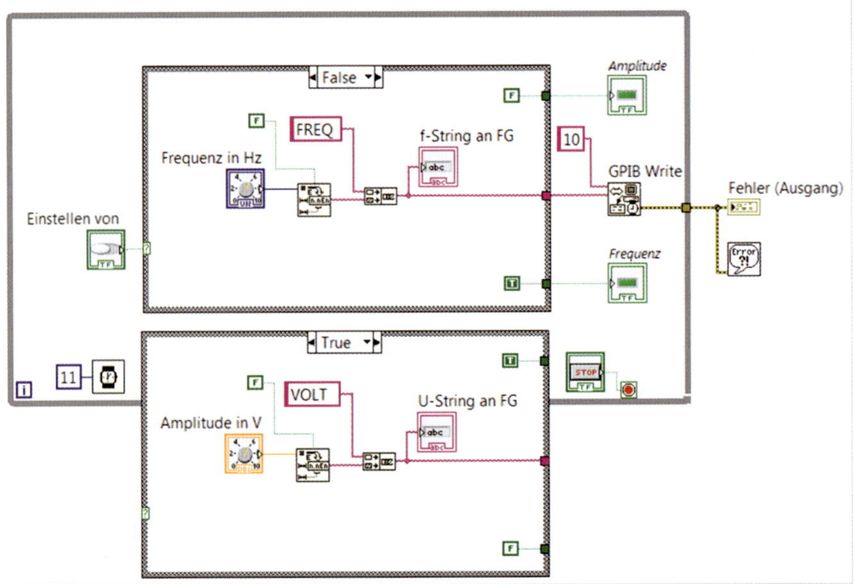

Mit dem Befehl *Apply*.

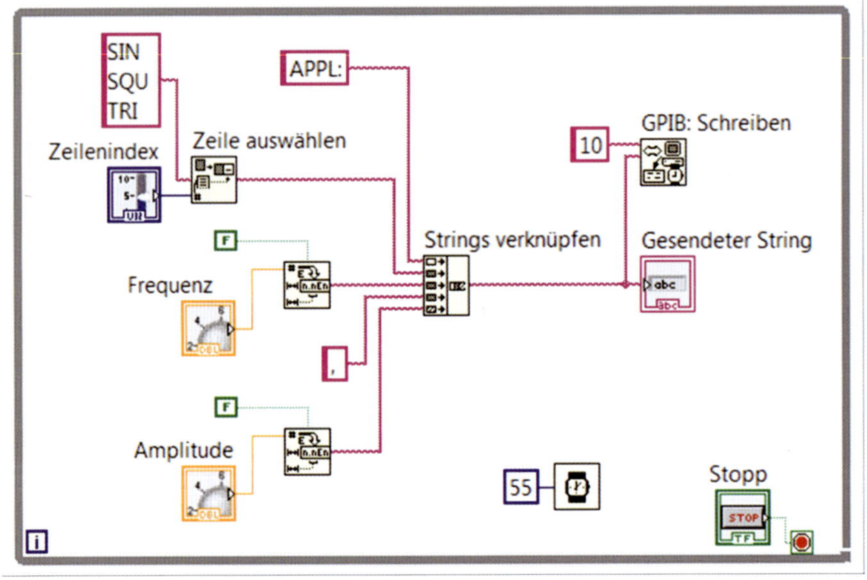

Zu Aufgabe 15.02 Frequenzgenerator wobbeln

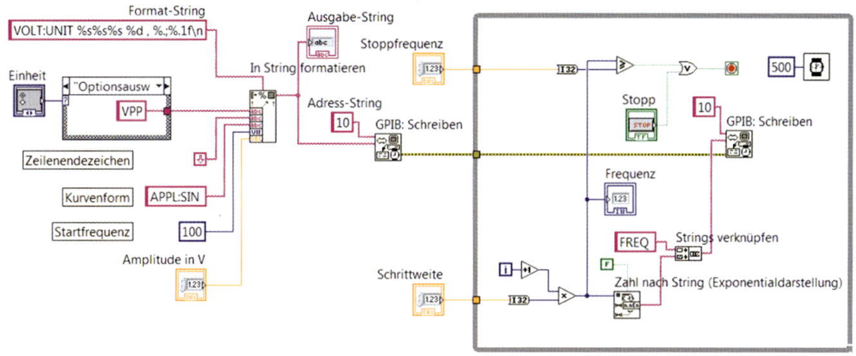

Aufruf des Format-String-Editors.

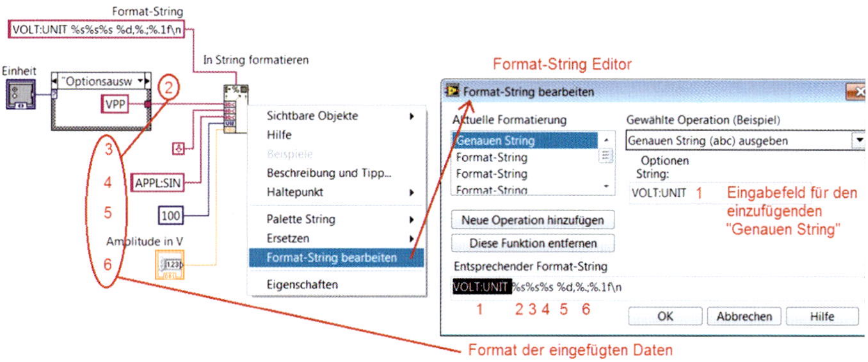

Es steht

%s	für Stringformat, wie Position 2,3 (Zeilenendezeichen zwischen Befehlen) und 4,
%d	für Dezimales Integer-Format,
,	für Genauer String als Trennzeichen zwischen den Parametern (Komma),
%.;	für Dezimalpunkt in zugehöriger Zahl,
%.1f	für Fließkommazahl mit einer Nachkommastelle,
\n	für Genauer String für ein Zeilenendezeichen (optional).

Mehr Auswahl findet man in der Hilfe unter ***Syntax für Formatbezeichner.***

Zu Aufgabe 15.03 Tiefpass-Messung

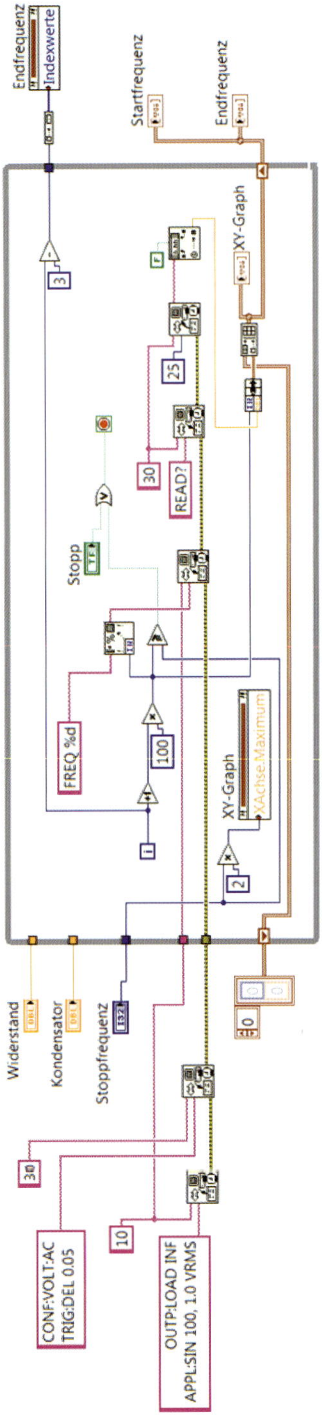

Zu Aufgabe 15.04 Diodenkennlinie

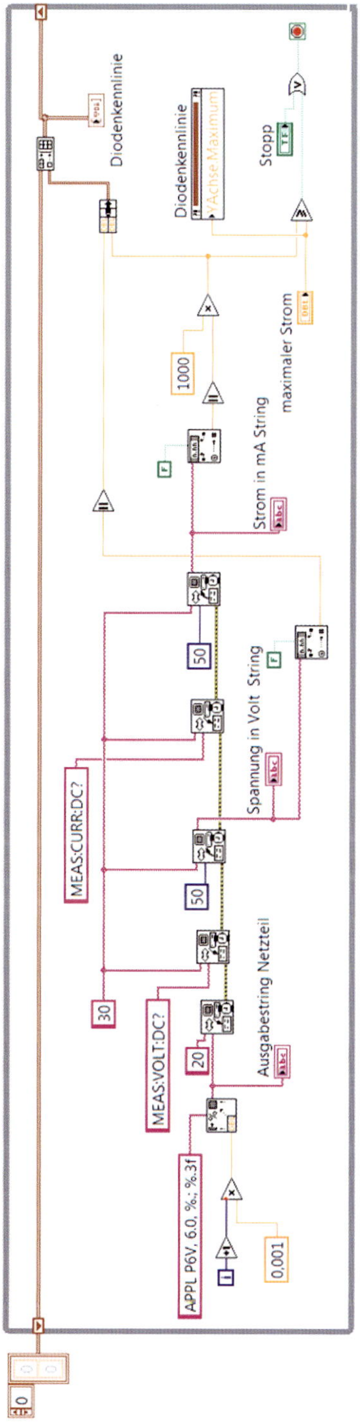

Zu Aufgabe 16.01 Pt100-Messung

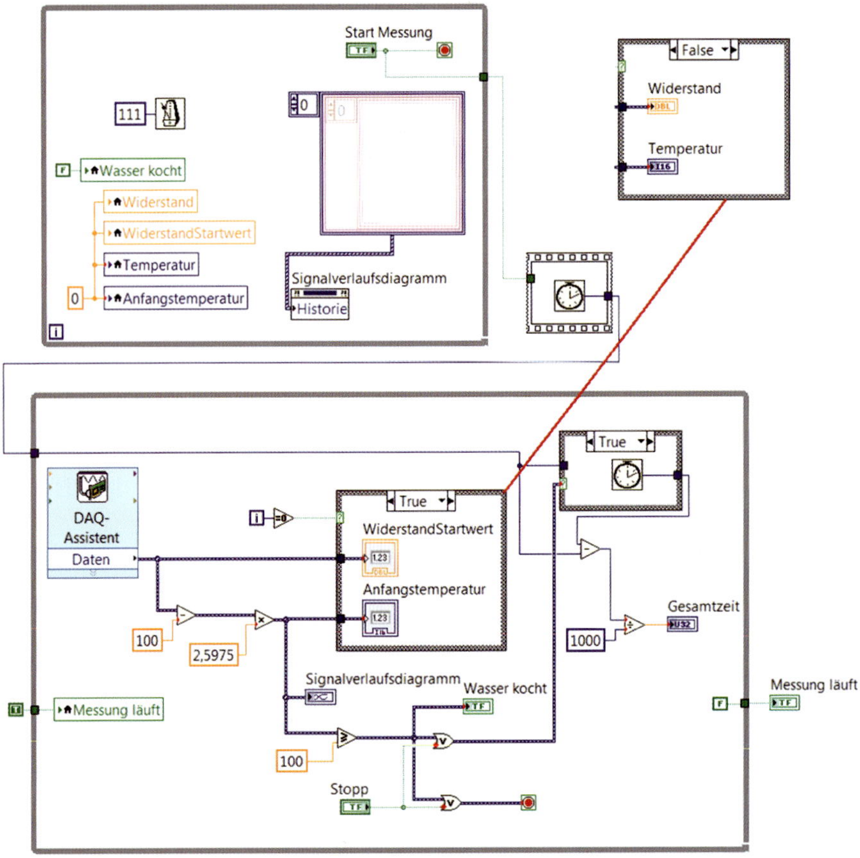

Hinweis: Wie man dem Programm entnehmen kann, wurde mit dem Start des Express-VI automatisch der Zeitverlauf der Messung mitprotokolliert und im Signalverlaufsdiagramm auf der x-Achse aufgetragen.

Zu Aufgabe 16.02 Sägezahnspannung

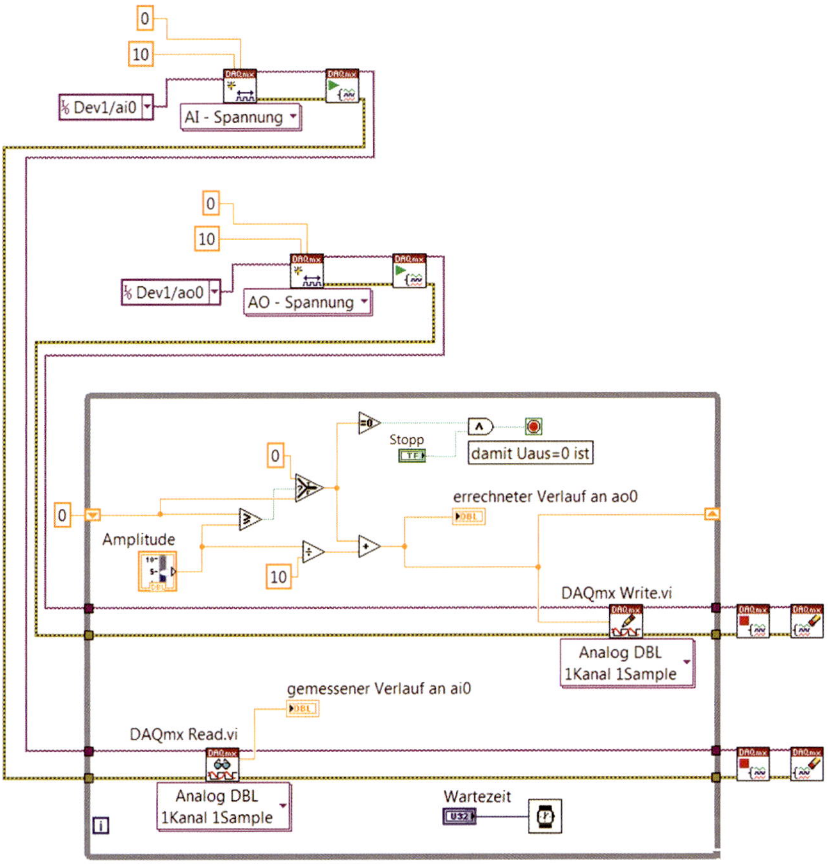

Damit die Abschaltung bei $U_{aus} = 0$ funktioniert, muss das Schaltverhalten von STOPP beachtet werden.

Zu Aufgabe 16.03 Kennlinie Solarmodul

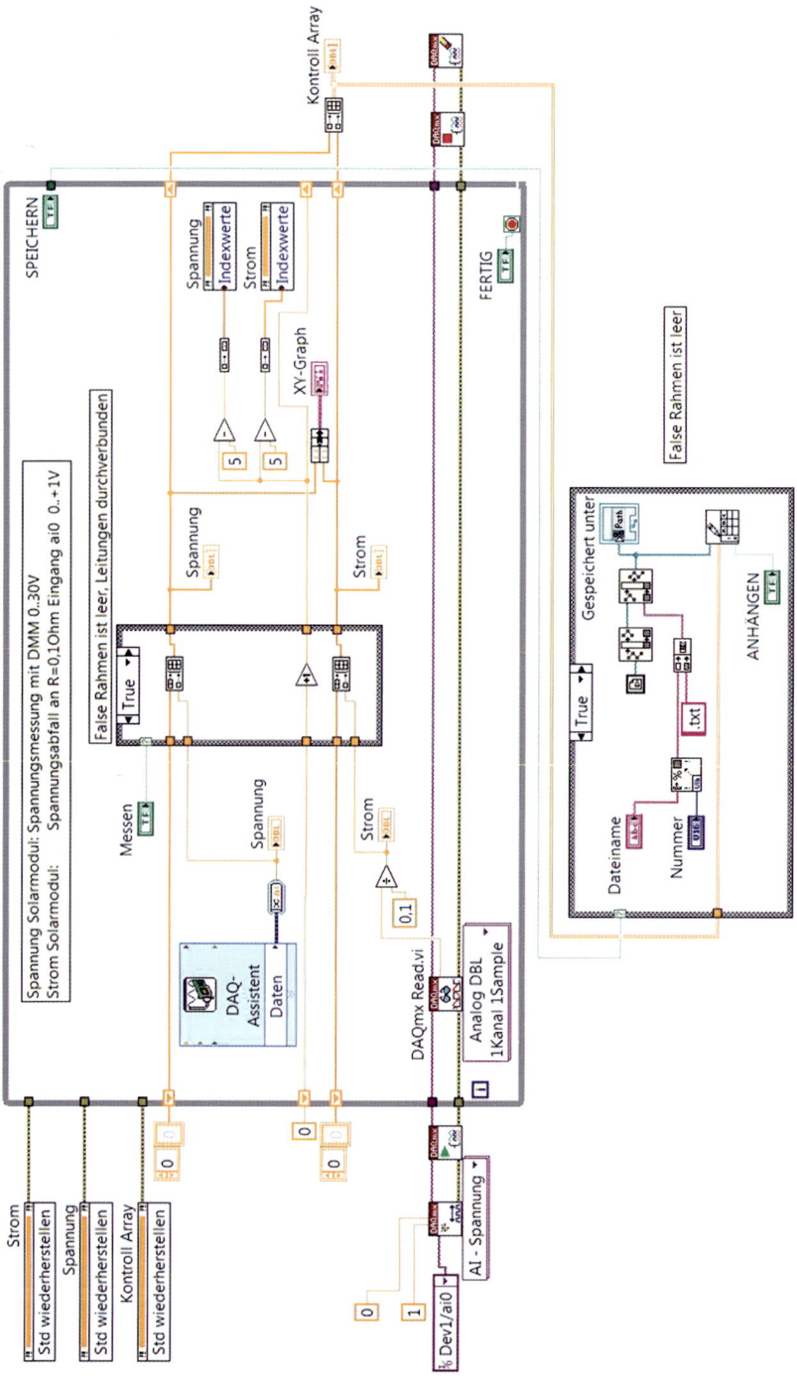

Zu Aufgabe 16.04 Kennlinien darstellen

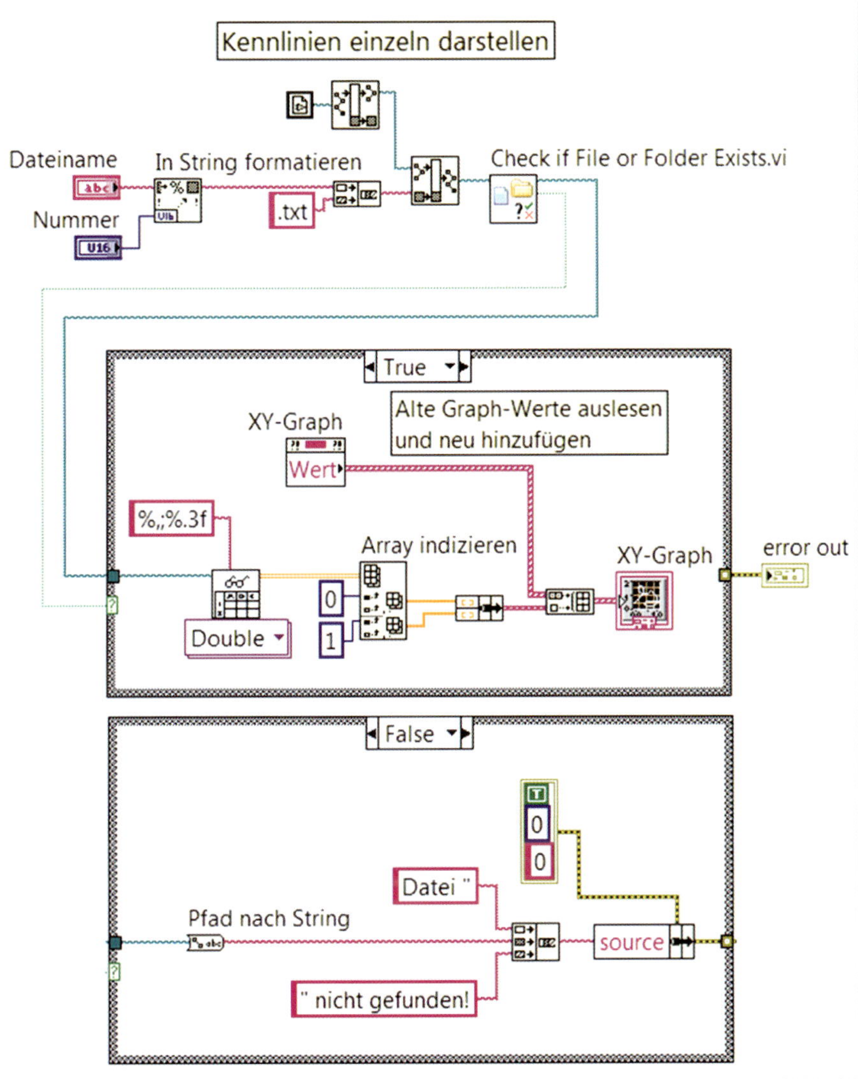

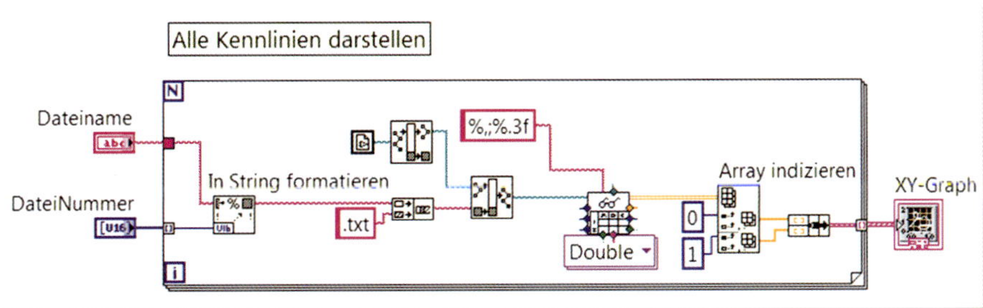

Zu Aufgabe 16.05 Klangkontrolle

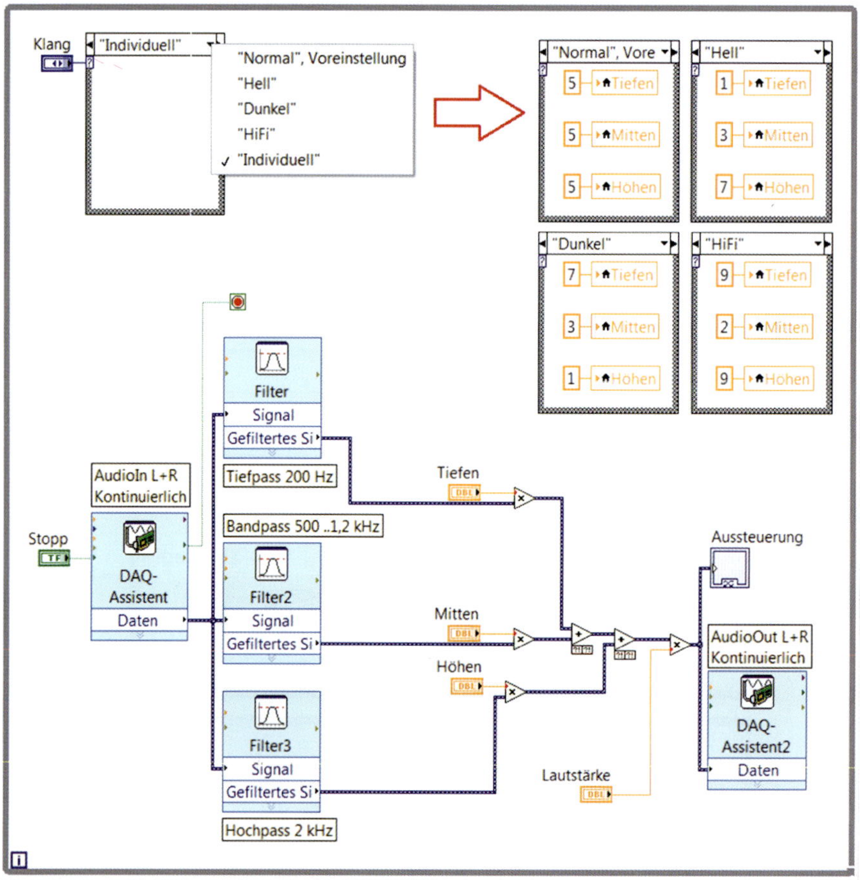

Zu Aufgabe 16.06 Signalverlauf

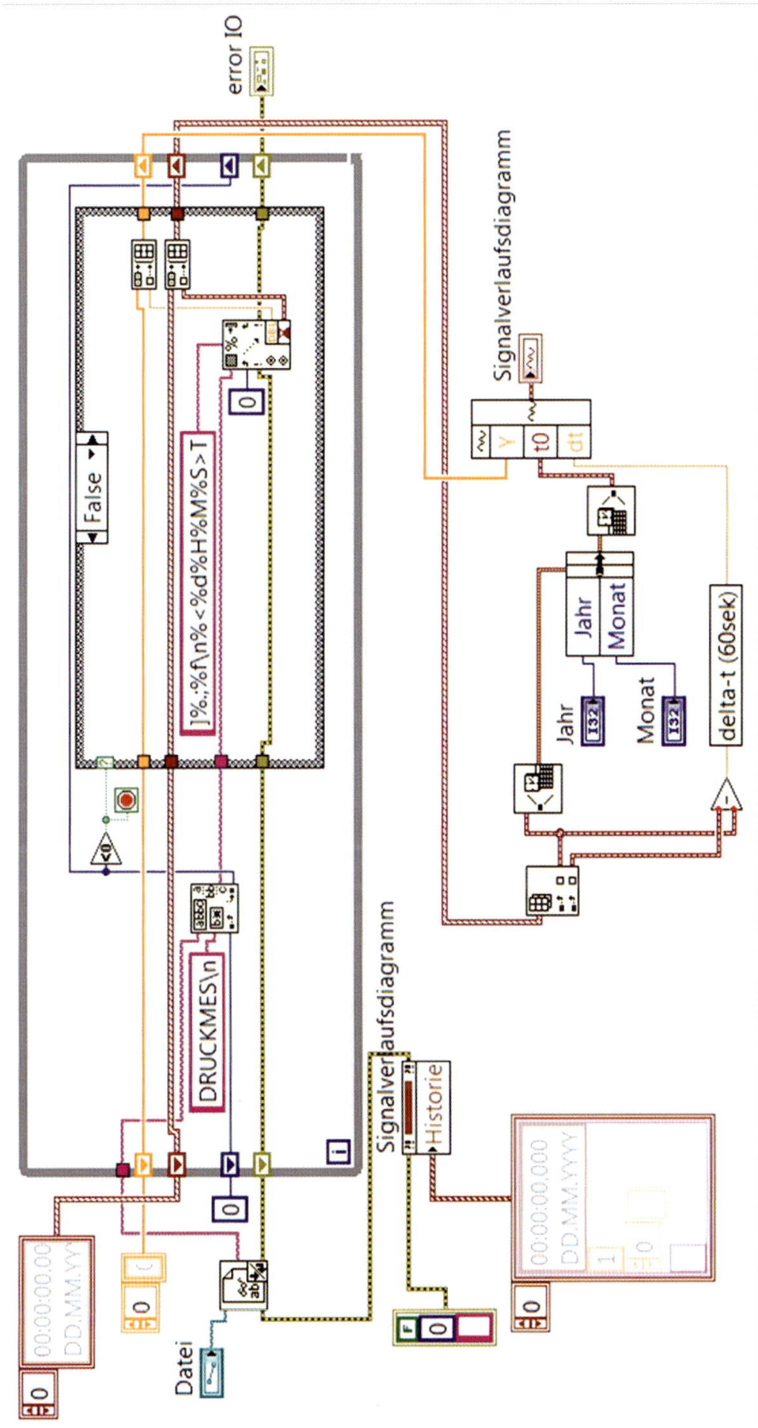

ASCII-Code

Steuerzeichen		Zahlen Satzzeichen		Großbuchstaben		Kleinbuchstaben	
NUL 00 0	**DLE** 10 16	**SP** 20 32	**0** 30 48	**@** 40 64	**P** 50 80	**`** 60 96	**p** 70 112
SOH 01 1	**DC1** 11 17	**!** 21 33	**1** 31 49	**A** 41 65	**Q** 51 81	**a** 61 97	**q** 71 113
STX 02 2	**DC2** 12 18	**„** 22 34	**2** 32 50	**B** 42 66	**R** 52 82	**b** 62 98	**r** 72 114
ETX 03 3	**DC3** 13 19	**#** 23 35	**3** 33 51	**C** 43 67	**S** 53 83	**c** 63 99	**s** 73 115
EOT 04 4	**DC4** 14 20	**$** 24 36	**4** 34 52	**D** 44 68	**T** 54 84	**d** 64 100	**t** 74 116
ENQ 05 5	**NAK** 15 21	**%** 25 37	**5** 35 53	**E** 45 69	**U** 55 85	**e** 65 101	**u** 75 117
ACK 06 6	**SYN** 16 22	**&** 26 38	**6** 36 54	**F** 46 70	**VI** 56 86	**f** 66 102	**VI** 76 118
BEL 07 7	**ETB** 17 23	**´** 27 39	**7** 37 55	**G** 47 71	**W** 57 87	**g** 67 103	**w** 77 119
BS 08 8	**CAN** 18 24	**(** 28 40	**8** 38 56	**H** 48 72	**X** 58 88	**h** 68 104	**x** 78 120
HT 09 9	**EM** 19 25	**)** 29 41	**9** 39 57	**I** 49 73	**Y** 59 89	**i** 69 105	**y** 79 121
LF 0A 10	**SUB** 1A 26	***** 2A 42	**:** 3A 58	**J** 4A 74	**Z** 5A 90	**j** 6A 106	**z** 7A 122
VT 0B 11	**ESC** 1B 27	**+** 2B 43	**;** 3B 59	**K** 4B 75	**[** 5B 91	**k** 6B 107	**{** 7B 123
FF 0C 12	**FS** 1C 28	**,** 2C 44	**<** 3C 60	**L** 4C 76	**** 5C 92	**l** 6C 108	**|** 7C 124
CR 0D 13	**GS** 1D 29	**-** 2D 45	**=** 3D 61	**M** 4D 77	**]** 5D 93	**m** 6D 109	**}** 7D 125
SO 0E 14	**RS** 1E 30	**.** 2E 46	**>** 3E 62	**N** 4E 78	**^** 5E 94	**n** 6E 110	**~** 7E 126
SI 0F 15	**US** 1F 31	**/** 2F 47	**?** 3F 63	**O** 4F 79	**_** 5F 95	**O** 6F 111	**DEL** 7F 127

ASCII Zeichen	
HEX	DEZ

Steuerzeichen

0	NUL	Null	Null	Strg+@
1	SOH	Start of heading	Anfang Dokumentkopf	Strg+A
2	STX	Start of text	Textanfang	Strg+B
3	ETX	End of text	Textende	Strg+C
4	EOT	End of transmission	Ende der Übertragung	Strg+D
5	ENQ	Enquiry	Rückfrage	Strg+E
6	ACK	Acknowlegde	Positive Bestätigung	Strg+F
7	BEL	Bell	Tonsignal	Strg+G
8	BS	Backspace	Rückschritt	Strg+H
9	HT	Horizontal Tabulator	Horizontaltabulator	Strg+I
10	LF	Line Feed	Zeilenvorschub / neue Zeile	Strg+J
11	VT	Vertical Tabulator	Vertikaltabulator	Strg+K
12	FF	Form Feed	Seitenvorschub / neue Seite	Strg+L
13	CR	Carriage Return	Wagenrücklauf	Strg+M
14	SO	Shift out	Umschaltung	Strg+N
15	SI	Shift in	Rückschaltung	Strg+O
16	DLE	Data link escape	Datenübertragungsumschaltung	Strg+P
17	DC1	Device Control1 / X-ON	Gerätesteuerung 1	Strg+Q
18	DC2	Device Control2	Gerätesteuerung 2	Strg+R
19	DC3	Device Control3 / X-OFF	Gerätesteuerung 3	Strg+S
20	DC4	Device Control4	Gerätesteuerung 4	Strg+T
21	NAK	No acknowledge	Negative Bestätigung	Strg+U
22	SYN	Synchronous idle	Synchronisationssignal	Strg+V
23	ETB	End transmission block	Ende des Übertragungsblocks	Strg+W
24	CAN	Cancel	Abbruch	Strg+X
25	EM	End of medium	Ende des Mediums	Strg+Y
26	SUB	Substitute	Ersetzen	Strg+Z
27	ESC	Escape	Fluchtsymbol	Strg+[
28	FS	File separator	Dateitrenner	Strg+\
29	GS	Group separator	Gruppentrenner	Strg+]
30	RS	Record separator	Datensatztrenner	Strg+^
31	US	Unit separator	Einheitentrenner	Strg+_
127	DEL	Delete	Entfernen / Löschen	

Literaturverzeichnis

PDF-Handbücher aus dem Internet **(www.ni.com/manuals/d/)**

LabVIEW-Benutzerhandbuch.
National Instruments Juni 2003 Artikelnummer 321200E-01

Grundlagen der Datenerfassung.
National Instruments Juli 1998 Artikelnummer 321987A-01

Bedienungsanleitung und Spezifikationen NI myDAQ.
National Instruments Dezember 2011 Artikelnummer 373060E-0113

LabVIEW LabVIEW-Grundlagen.
National Instruments Oktober 2005 Artikelnummer 374029A-0113

LabVIEW Erste Schritte mit LabVIEW.
National Instruments Juni 2013 Artikelnummer 373427J-0113

3 Erste Schritte mit NI-DAQ.
National Instruments Februar 2013 Artikelnummer 373737G-0113

Bücher

B. Mütterlein: *Handbuch für die Programmierung mit LabVIEW.*
Heidelberg: Spektrum Akademischer Verlag.

W. Georgi / E. Metin: *Einführung in LabVIEW.*
München: Hanser Verlag.

F. Plötzeneder / B. Plötzeneder: *Praxiseinstieg LabVIEW.*
Stuttgart: Franzis Verlag.

B. vom Berg / P. Groppe: *LabVIEW 1: Einstieg in die Praxis.*
Aachen: Elektor Verlag.

R. Parthier: *Messtechnik, Grundlagen und Anwendungen der elektrischen Messtechnik.*
Wiesbaden: Vieweg+Teubner.

W. Schmusch: *Elektronische Messtechnik.*
Würzburg: Vogel Buchverlag.

H. Weber: *Rechnergestützte Meßverfahren.* Würzburg: Vogel Buchverlag.

Stichwortverzeichnis